Herrn Dr. W. Horn
mit herzlichem Dank
für anregende Diskussionen
und gute Kooperation,

Ihr D. [illegible]

26.2.1980.

Prof. Dr. rer. nat.
Dietrich Altenpohl

Aluminium von innen betrachtet

Eine Einführung in die Metallkunde der Aluminiumverarbeitung

4. Auflage

Aluminium-Verlag Düsseldorf

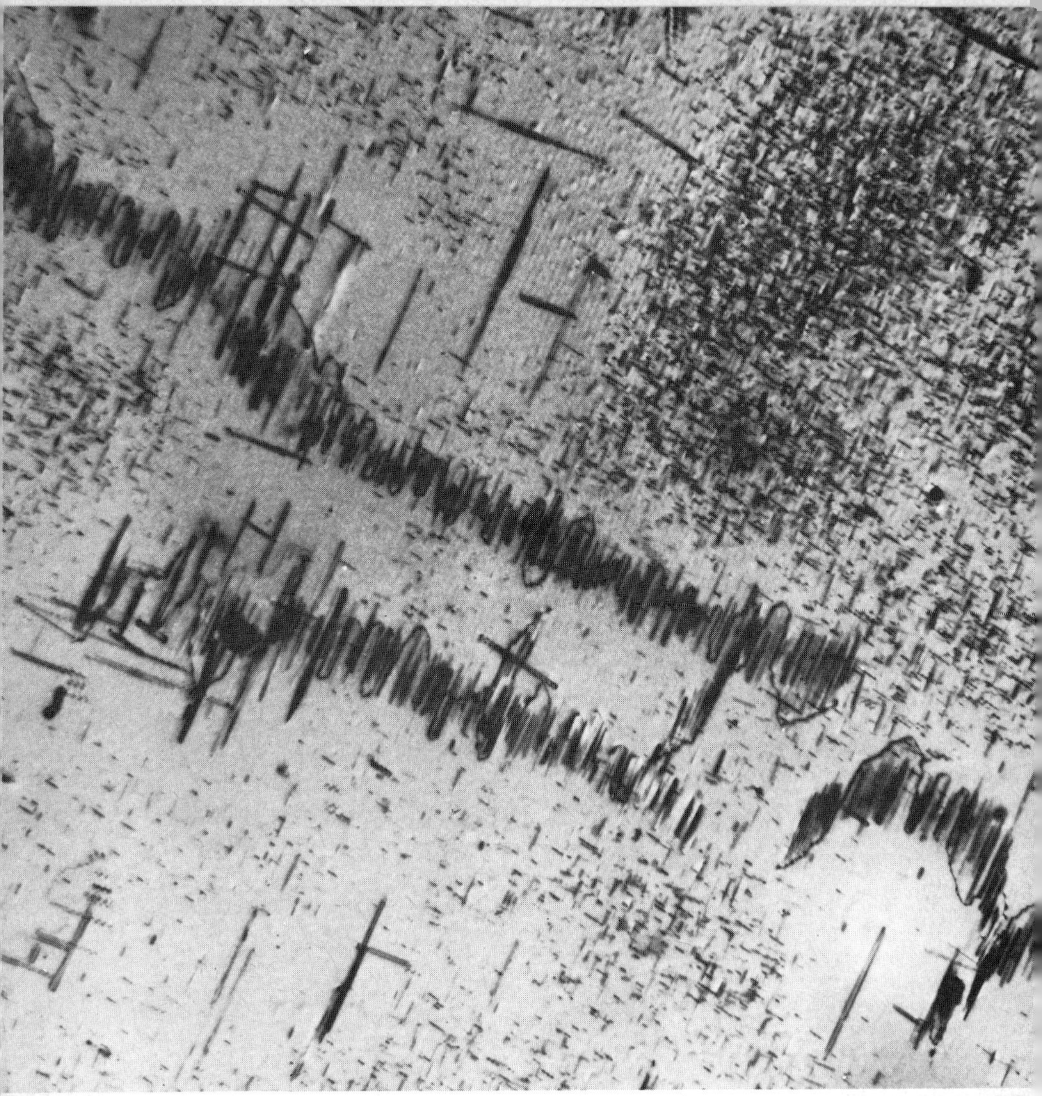

Aus Schraubenversetzungen entstandene Versetzungswendeln sowie feinverteilte und nadelförmige Ausscheidungen von Mg_2Si. Elektronenmikroskopische Durchstrahlungsaufnahme einer AlMgSi0,5-Legierung. Dieses Bild ist ein lehrreiches Beispiel für die Verknüpfung von Maßnahmen mit beobachteten Gefügeumlagerungen. Nach Hirasawa. V=12500.

Die Maßnahmen bestehen im vorliegenden Fall in der Auswahl einer aushärtbaren Legierungszusammensetzung (0,5% Mg, 0,4% Si) und insbesondere in dem thermischen Zyklus: Nach Lösungsglühen bei 550 °C wurde das Material auf 300 °C abgeschreckt und verblieb dort 5 Minuten. Anschließend wurde das Material in Wasser von 20 °C abgeschreckt und daraufhin bei 200 °C 2 Stunden lang warm ausgelagert.

Gefügeumlagerungen: Die nadelförmigen großen Ausscheidungen entstehen bei 300 °C, die kleineren bei der Warmauslagerung bei 200 °C. Das Wachstum der Schraubenversetzung in eine Versetzungsspirale erfolgt durch Anlagerung von Leerstellen innerhalb des genannten thermischen Zyklus.

Die resultierenden Änderungen der Eigenschaften sind insbesondere Zunahme der Härte und Festigkeit. Die relativ großen Mg_2Si-Nadeln bewirken einen Dehnungsrückgang durch innere Kerbwirkung („Überhärtung").

Prof. Dr. rer. nat.
Dietrich Altenpohl

Aluminium von innen betrachtet

Eine Einführung in die Metallkunde der Aluminiumverarbeitung

4. Auflage

Aluminium-Verlag Düsseldorf

ISBN 3-87017-137-5

Printed in Germany

Lithos: Droste Klischee und Litho, Martin-Luther-Platz 1, 4000 Düsseldorf
Gesamtherstellung: Gerhard Stalling AG, Ammergaustraße 72–78, 2900 Oldenburg

Ich widme dieses Buch dem Andenken an
meinen verehrten Lehrer
Professor Dr. phil. Dr.-Ing. E. h.
Georg Masing

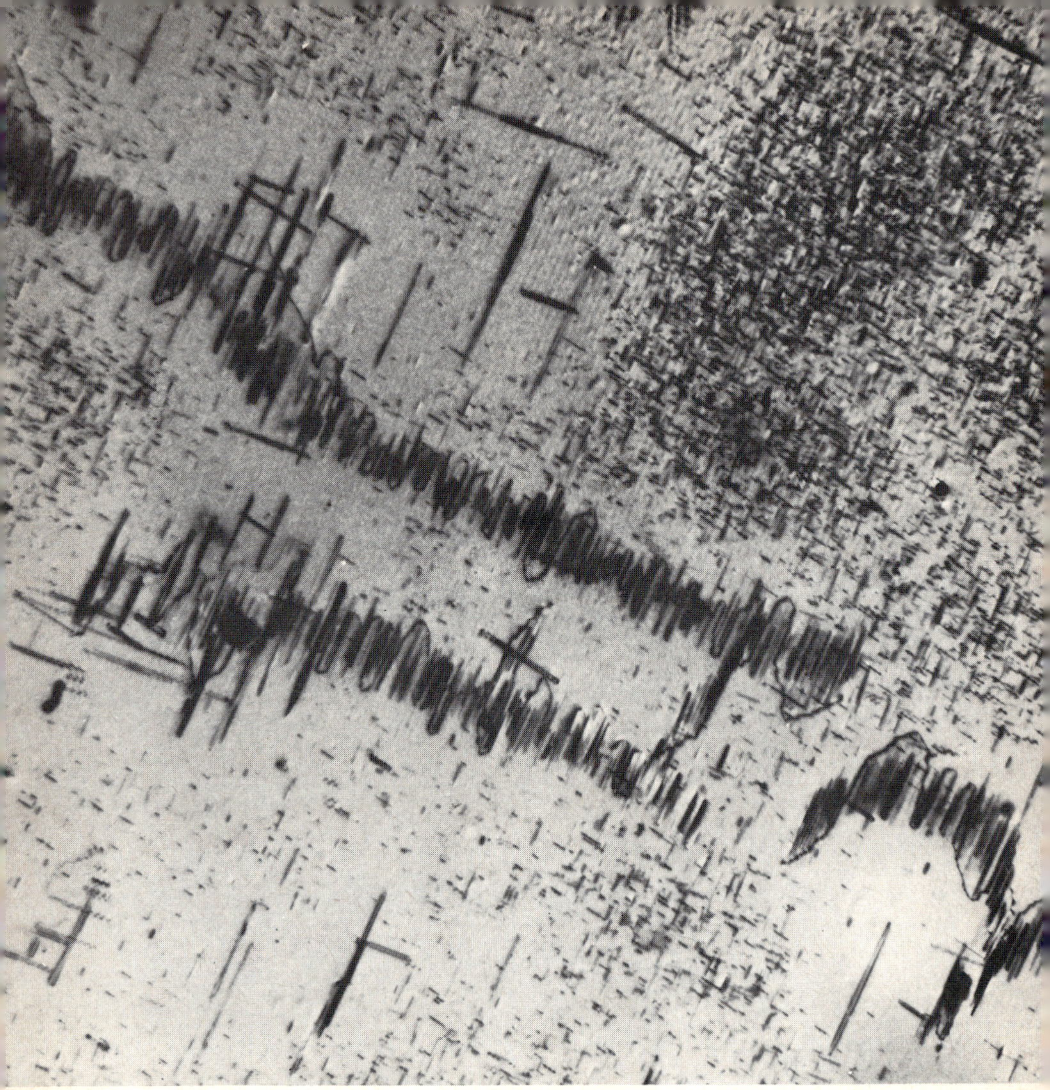

Aus Schraubenversetzungen entstandene Versetzungswendeln sowie feinverteilte und nadelförmige Ausscheidungen von Mg_2Si. Elektronenmikroskopische Durchstrahlungsaufnahme einer AlMgSi0,5-Legierung. Dieses Bild ist ein lehrreiches Beispiel für die Verknüpfung von Maßnahmen mit beobachteten Gefügeumlagerungen. Nach Hirasawa. V=12500.

Die Maßnahmen bestehen im vorliegenden Fall in der Auswahl einer aushärtbaren Legierungszusammensetzung (0,5% Mg, 0,4% Si) und insbesondere in dem thermischen Zyklus: Nach Lösungsglühen bei 550 °C wurde das Material auf 300 °C abgeschreckt und verblieb dort 5 Minuten. Anschließend wurde das Material in Wasser von 20 °C abgeschreckt und daraufhin bei 200 °C 2 Stunden lang warm ausgelagert.

Gefügeumlagerungen: Die nadelförmigen großen Ausscheidungen entstehen bei 300 °C, die kleineren bei der Warmauslagerung bei 200 °C. Das Wachstum der Schraubenversetzung in eine Versetzungsspirale erfolgt durch Anlagerung von Leerstellen innerhalb des genannten thermischen Zyklus.

Die resultierenden Änderungen der Eigenschaften sind insbesondere Zunahme der Härte und Festigkeit. Die relativ großen Mg_2Si-Nadeln bewirken einen Dehnungsrückgang durch innere Kerbwirkung („Überhärtung").

Geleit

Die Brücke, die Prof. Dr. rer. nat. Dietrich Altenpohl mit der ersten Auflage seines Buches „Aluminium von innen betrachtet" zwischen der Metallkunde und der industriellen Praxis dieses Metalles geschlagen hat, hat sich als gut gangbar erwiesen. Das Buch ist seither in zwei weiteren Auflagen erschienen und wurde überdies ins Japanische, Französische und Englische übersetzt.

An der Grundauffassung des Buches hat sich nichts geändert. Dem in der Aluminiumtechnik tätigen Menschen soll das Verständnis für seine Arbeitsverfahren erleichtert oder geweckt werden, indem die im Innern des Metalles und seiner Legierungen ablaufenden Vorgänge beschrieben werden. Für den Konstrukteur ist es nicht minder wertvoll, weil für ihn die Einsicht in die spezifischen Eigenschaften der Aluminium-Werkstoffe unerläßlich ist.

Geändert wurde lediglich das Niveau der wissenschaftlichen Ausführungen. Es ist angehoben worden, indem etwa die Gefügeumlagerungen bei den für die Aluminiumlegierungen so ausschlaggebenden Aushärtungsvorgängen eingehender dargelegt oder indem metallphysikalische Betrachtungen stärker als zuvor berücksichtigt werden. Diese Wandlung ist die Folge des Erscheinens eines starken Bandes „Aluminium und Aluminiumlegierungen", den der Verfasser in Zusammenarbeit mit anderen ausgezeichneten Fachleuten 1965 im Springer-Verlag herausgegeben hat. Auch hier ist ihm ein Brückenschlag in Buchform gelungen, durch die Verbindung der Ergebnisse der klassischen Metallkunde, der Metallphysik und der Werkstoffkunde mit denen der technologischen industriellen Forschung.

In dem vorliegenden Buch wird also stärkeres Gewicht auf das Wissen um die Zustandsänderungen gelegt, welche sich bei der Verarbeitung des Aluminiums und seiner Legierungen auf dem Wege vom Rohmetall zum Industrieerzeugnis abspielen.

Die im Verlaufe der Fertigung getroffenen Maßnahmen gliedern sich in thermische und mechanische Behandlungen. Die Wärmebehandlung besteht in einer Glühung oder einer Folge von Glühungen bei bestimmter Temperatur und von bestimmter Dauer, an die sich eine Abkühlung von zweckentsprechender Geschwindigkeit anschließt. Die mechanische Behandlung erfolgt in einer Vielzahl von Umformverfahren bei verschiedenen Temperaturen. Außerdem ist das Gießverfahren nicht nur für die Eigenschaften des Gußgefüges, sondern auch für die Walz- und Preßerzeugnisse von Bedeutung.

In jedem Fall beruht die Änderung der Eigenschaften auf Vorgängen im Innern des metallischen Werkstoffes, auf Wandlungen seines atomistischen Aufbaus. Nach wie vor wendet sich das Buch an den Praktiker im Betrieb, um ihm den Weg zum metallkundlichen Denken zu weisen. Er kann ihn ohne Sorge beschreiten, weil der Verfasser es verstanden hat, die Dinge einfach, auf geringstmöglichen Vorkenntnissen fußend, darzustellen.

Die Société Française de Métallurgie verlieh Prof. Dr. rer. nat. Dieter Altenpohl im Jahre 1967 die Sainte-Claire-Deville-Medaille in Anerkennung seiner zahlreichen wissenschaftlichen Arbeiten und seines unermüdlichen Einsatzes für den Werkstoff Aluminium und das Aufzeigen neuer Anwendungsgebiete.

Ich wünsche dieser neuen Auflage denselben Erfolg wie den bisherigen.

Prof. em. Dr. phil. Dr.-Ing. E. h. Werner Köster

Direktor em. des Max-Planck-Institutes für Metallforschung, Stuttgart.

Aus dem Vorwort zur 2. Auflage

Die vorliegende zweite Auflage unserer Einführung in die Metallkunde des Aluminiums ist wiederum für einen breiten Leserkreis mit recht unterschiedlichen Vorkenntnissen bestimmt. Gegenüber der ersten Auflage wurden der Formguß und die für den Konstrukteur wichtigen Werkstoffkennwerte eingehender abgehandelt. Sodann wurde besonderer Wert darauf gelegt, die bei der Aluminiumverarbeitung getroffenen Maßnahmen, die zugeordneten Vorgänge im Gefüge und die resultierenden Änderungen von Eigenschaften des Endproduktes zusammenfassend zu beschreiben.

In einer Reihe typischer Beispiele wird auf diese Weise der Zusammenhang zwischen Einflußgrößen und den beobachteten Phänomenen aufgezeigt. Im Unterschied dazu findet man in der Praxis oft eine empirische oder auf Vermutungen aufbauende Verknüpfung von Maßnahmen und auftretenden Eigenschaftsänderungen, indem über die Vorgänge im Gefüge keine klaren Beobachtungen oder Kenntnisse vorliegen. Für eine optimale Verarbeitung und einen zweckmäßigen Einsatz des Aluminiums ist aber ein gewisses Verständnis der kausalen Verknüpfung zwischen Ursache und Wirkung von Vorteil.

Der Verfasser dankt Herrn Dr.-Ing. H. Nielsen von der Aluminium-Zentrale Düsseldorf für wertvolle Hinweise und insbesondere für seine Beiträge zu den Kapiteln „Formguß" und „Verhalten bei mechanischer Beanspruchung". Des weiteren dankt der Verfasser für anregende Diskussionen oder für die Durchsicht einzelner Kapitel einer Reihe von Fachkollegen und Mitarbeitern, insbesondere den Herren

Dipl.-Ing. R. Bachmann, Prof. Dr. V. Gerold, Dr. M. v. Heimendahl, W. F. Kehler, Ing. F. Mannhart, Dr. H. Severus, Dr. D. Uelze, Dr. H. Wittig.

Feldmeilen (Schweiz), November 1969 D. Altenpohl

Aus dem Vorwort zur 3. Auflage

Bereits 2 Jahre nach dem Erscheinen ist die 2. Auflage nahezu vergriffen. Inzwischen ist außerdem eine japanische Ausgabe des Buches in sehr guter Aufmachung erschienen.

Dies zeigt das Interesse an unserem Brückenschlag zwischen der Technologie des Aluminiums und den metallkundlichen Grundlagen.

Zürich, Februar 1972 D. Altenpohl

Vorwort zur 4. Auflage „Aluminium von innen betrachtet“

Die vorliegende 4. Auflage unserer Einführung in die Metallkunde des Aluminiums ist für einen breiteren Leserkreis bestimmt als bisher. Der Umfang wurde erweitert, Text und Inhalt wurden aktualisiert. Im Einführungskapitel wird erstmalig auf die Wechselwirkung zwischen der Aluminiumindustrie und ihrem Umfeld eingegangen. Seit Anfang der 70er Jahre ist die Aluminiumindustrie zunehmend mit grundlegenden gesellschaftlichen und wirtschaftlichen Veränderungen konfrontiert, insbesondere im Hinblick auf Umweltschutz sowie Verfügbarkeit und Kosten von Energie und Rohstoffen. Es wird gezeigt, daß die Aluminiumindustrie sich diesen Veränderungen durchaus anpassen kann und daß Aluminiumprodukte bei Energiesparmaßnahmen eine wichtige Rolle spielen. Wir haben daher den Energiefragen ein besonderes Kapitel gewidmet. Das Kapitel Herstellung und Verarbeitung des Aluminiums wurde neu konzipiert, um das Verständnis für die Vorgänge bei der Bauxitgewinnung, Aluminiumoxidherstellung und Aluminiumelektrolyse zu fördern und einem größeren Leserkreis zugänglich zu machen.

Wir hoffen, daß das Buch in der vorliegenden überarbeiteten Form wiederum dazu beiträgt, den Kenntnisstand über einen der interessantesten Werkstoffe unserer Zeit, dem wir noch eine große Zukunft voraussagen, zu erhöhen. Der Verfasser dankt den Herren Dr. G. Friese und T. S. Daugherty für ihre Mitarbeit sowie Herrn W. F. Kehler für wertvolle Anregungen bei der Neufassung und Überarbeitung des Buches.

Der Generaldirektion der Schweizerischen Aluminium AG, Zürich, verdanken wir wiederum die großzügige Förderung dieses Buches.

Zürich, Oktober 1979 D. Altenpohl

Inhaltsverzeichnis

I. Einführung

Geschichte des Aluminiums

Metalle haben eine wichtige Rolle bei der Entwicklung der Zivilisation gespielt. Kein Metall hat sich dabei als so vielseitig erwiesen wie das Aluminium. Wegen seiner einzigartigen Eigenschaften konnte das Aluminium mit Kupfer, Stahl und Holz konkurrieren und in ihre Märkte eindringen. Es hat diese Stellung errungen, obwohl seine großtechnische Herstellung erst in der zweiten Hälfte des 19. Jahrhunderts begann, und somit Aluminium als „latecomer" betrachtet werden muß. Der Grund dafür liegt in der schwierigen Herstellung aus den Rohstoffen. Aluminium bildet eine sehr stabile Verbindung mit Sauerstoff, die nicht mit Kohle reduziert werden kann, wie z. B. bei Eisen.

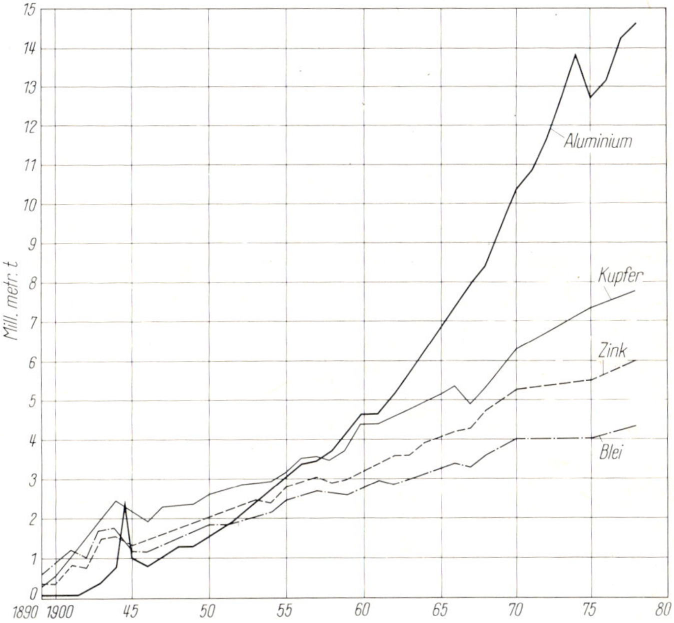

Bild 1: Hüttenaluminiumproduktion von 1890 bis 1978 im Vergleich mit anderen Metallen.

Die erste Herstellung von Aluminium im Laboratorium gelang Ørsted in Dänemark, 1825, und Wöhler in Deutschland, kurze Zeit später. Im technischen Maßstab wurde Aluminium 1855 von Sainte-Claire Deville in Frankreich hergestellt, wobei ein chemisches Verfahren angewendet wurde, das sich aber später als unwirtschaftlich herausstellte.

Werner von Siemens erfand 1866 den Dynamo. Die großtechnische Herstellung von Aluminium wäre ohne diese Erfindung nicht möglich gewesen, da erst durch sie die wirtschaftliche Stromerzeugung in großem Maßstab erfolgen konnte.

1886 entdeckten Charles Martin Hall, ein Amerikaner, und Paul L. T. Héroult, ein Franzose, unabhängig voneinander und praktisch gleichzeitig einen wirtschaftlichen Prozeß zur Aluminiumherstellung durch Elektrolyse einer Salzschmelze. Dieses Verfahren ist noch heute die Grundlage der Aluminiumgewinnung.

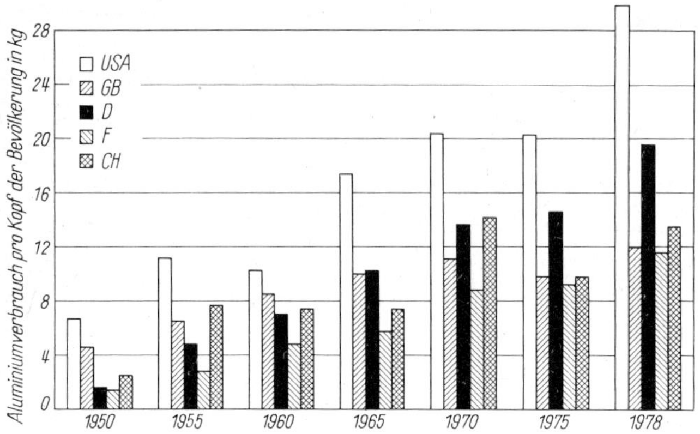

Bild 2: Pro-Kopf-Verbrauch von Aluminium in einigen Ländern.

Entwicklung des Aluminiumverbrauchs

Das Verfahren von Héroult wurde 1888 zuerst in Neuhausen (Schweiz) industriell ausgewertet, das von Hall etwa gleichzeitig in Pittsburgh (USA). Seitdem hat sich die Aluminiumproduktion in erstaunlich kurzer Zeit vervielfacht (Bild 1). 1921 erreichte die jährliche Aluminiumerzeugung die 200000-Tonnen-Grenze; 1950 waren es bereits 1,5 Millionen Tonnen und 1977 15 Millionen Tonnen (Ostblock-Werte geschätzt). Seit dem Zweiten Weltkrieg sind Produktion und Verbrauch von Aluminium mit einer durchschnittlichen jährlichen Zuwachsrate von mehr als 8% angestiegen. Aluminium rangiert heute unter den Gebrauchsmetallen, nach den Eisenwerkstoffen, an zweiter Stelle. Volumenmäßig (also z. B. in Kubikmetern gerechnet) übersteigt der Aluminiumverbrauch heute sogar denjenigen aller Nichteisenmetalle zusammengenommen, also von Kupfer und seinen Legierungen sowie Blei, Zink und Zinn. Es gibt viele Gründe für das schnelle und dauerhafte Wachstum des Aluminiumverbrauchs. Wir werden darauf im nächsten Abschnitt näher eingehen. In Bild 2 ist der Pro-Kopf-Verbrauch des Aluminiums für eine Reihe von Ländern dargestellt und man erkennt, daß hier erhebliche Unterschiede bestehen.

Typische Eigenschaften und Anwendungsgebiete des Aluminiums

Zunächst wollen wir in Stichworten einige typische Eigenschaften des Aluminiums aufzählen, die zu seiner raschen Verbreitung beigetragen haben.

1. Aluminium ist leicht, bei gleichen Abmessungen hat es ein Drittel der Masse von Stahl.
2. Aluminium ist weitgehend beständig gegenüber Witterung, Lebensmitteln und einer großen Zahl von Flüssigkeiten und Gasen des täglichen Gebrauchs.

3. Aluminium besitzt ein hohes Reflexionsvermögen. Es hat aus diesem Grunde dekorative Eigenschaften, das heißt, es kann in der Außen- und Innenarchitektur und ebenso für Verpackungszwecke durch seine silberglänzende Oberfläche wie kaum ein anderes Material wirken. Der Glanz der Oberfläche des Aluminiums kann durch geeignete Oxid-, Kunststoff- oder Lackschichten dauerhaft geschützt werden. In vielen Fällen genügt aber bereits die natürliche, wasserklare Oxidschicht des Aluminiums als Oberflächenschutz.

4. Aluminiumlegierungen erreichen und übertreffen die Festigkeit von normalem Baustahl.

5. Aluminium weist eine hohe Elastizität auf. Dies ist bei Konstruktionen, die stoßartigen Belastungen ausgesetzt sind, unter gewissen Umständen von Wert. Die Zähigkeit (Kerbschlagzähigkeit) sinkt bei tiefen Temperaturen nicht wesentlich ab, wie dies z. B. bei den Kohlenstoff-Stählen der Fall ist, der Werkstoff versprödet nicht.

6. Aluminium ist gut bearbeitbar sowie leicht formbar und kann daher z. B. sehr dünn zu Folien ausgewalzt werden, deren Dicke meistens etwa $^1/_{100}$ mm beträgt.

7. Aluminium leitet Elektrizität und Wärme nahezu so gut wie Kupfer.

Aus den genannten typischen Eigenschaften resultieren die wichtigsten Anwendungsgebiete des Aluminiums.

Die Tabelle 1 läßt erkennen, daß neben den physikalisch-chemischen Eigenschaften und dem dekorativen Aussehen besonders die vielfältigen Formgebungsmöglichkeiten für die Anwendungen des Aluminiums bestimmend sind*).

Tabelle 1: Eigenschaften des Aluminiums, welche für den Einsatz in den verschiedenen Anwendungsgebieten maßgebend sind

	Eigenschaften				Formgebung Art des Halbzeugs					
Anwendungsgebiete	Geringe Dichte	Gute Leitfähigkeit für Wärme und Elektrizität	Korrosionsbeständigkeit	Dekoratives Aussehen (mit oder ohne Oberflächenbehandlung)	Formguß- oder Schmiedeteile	Blechumformung	Fließpressen	Strangpreßprofile	Kabel, Drähte	Folie
Fahrzeugbau	●		○	○	○	○		○		
Architektur	○		○	●		○		○		
Verpackung	+	+	●	●		○	○			○
Elektroindustrie	+	●	○					○	○	
Haushalt	○	●	●	○		○				○
Maschinen, Apparate	●	○	○	○	○	○		○		
Chemie und Nahrungsmittelindustrie	○	○	●	○	+	○		○		○

Zeichen: + erwünscht, ○ wichtig, ● ausschlaggebend

---

*) Die physikalischen Eigenschaften können im einzelnen der Tabelle auf Seite 212 entnommen werden.

Tabelle 2: Prozentuale Anteile am Aluminiumverbrauch in zwei Industrieländern im Jahre 1977

	USA	Bundesrepublik Deutschland
Bauwesen	21,4	11,7
Verkehr	23,0	21,0
Elektroindustrie	13,6	13,0
Maschinenbau	6,6	8,2
Verpackung	10,2	7,7
Langlebige Verbrauchsgüter	10,0	14,0
Verschiedenes	9,4	7,6
Export	5,8	16,8

Ganz spezifisch für das Aluminium ist außer der Abwalzbarkeit zu Folie die Umformbarkeit in eine nahezu beliebige Vielfalt von Strangpreßprofilen, auch komplizierter Querschnitte. Während der Kriegsjahre ging in den meisten Aluminium erzeugenden Ländern ein beträchtlicher Prozentsatz der Aluminiumproduktion in den Flugzeugbau. Heute verbraucht der zivile Bedarf bei weitem den größten Teil des hergestellten Aluminiums. Dies geht aus der Tabelle 2 hervor, in welcher die Anteile am Aluminiumverbrauch für zwei Industrieländer aufgeführt sind.
Zu den Zahlen in Tabelle 2 muß gesagt werden, daß insbesondere im Fahrzeugbau die Anwendung des Aluminiums weiterhin stark zunimmt.

Aluminium und die Zukunft

Was hält die Zukunft für die Aluminiumindustrie bereit?

Zuwachsraten von 8% oder mehr pro Jahr beim Primäraluminiumverbrauch gehören der Vergangenheit an. Es ist in Zukunft mit wesentlich geringeren Zuwachsraten zu rechnen, sie mögen bis zum Ende dieses Jahrhunderts bei 4 bis 5% pro Jahr liegen. Auch bei anderen Metallen werden abnehmende Zuwachsraten erwartet; z. B. wird die Stahlindustrie in USA und Westeuropa künftig Wachstumsraten von etwa 2% pro Jahr aufweisen. Allerdings ist zu bedenken, daß dieses Wachstum auf der Grundlage der heutigen hohen Produktion erfolgt, die wesentlich größer ist als in der Vergangenheit, so daß auch bescheidene Zuwachsraten relativ große zusätzliche Mengen ergeben.
Das Wachstum der Aluminiumindustrie wird von einer Reihe von Faktoren beeinflußt, die es hier zu diskutieren gilt:
Seit Anfang der 70er Jahre haben politische, soziale und wirtschaftliche Wandlungen stattgefunden, welche die Kosten für Energie, Rohstoffe und Umweltschutz in der Grundstoffindustrie, einschließlich der Aluminiumindustrie, beeinflussen. Öl, das früher reichlich und billig war, ist jetzt teuer, und es wird allgemein angenommen, daß die Energie in vielen Ländern noch teurer und möglicherweise auch knapp wird. Die Rohstoffsituation erscheint jetzt in einem anderen Licht. Wachsende Bedeutung wird auch dem Umweltschutz beigemessen. Energie, Ökologie und Rohstoffe wurden natürlich auch in der Vergangenheit bei der Planung berücksichtigt. Aber die Bewertung dieser Faktoren hat sich geändert. Im folgenden werden wir diese kurz behandeln und erläutern, auf welche Weise sie die Aluminiumindustrie beeinflussen.

Rohstoffe

Im Vordergrund steht der tropische Bauxit, welcher etwa 40 bis 55% Aluminiumoxid enthält. Es handelt sich um ein im Tropengürtel häufig vorkommendes Verwitterungsgestein, das in gemäßigten Klimazonen, also beispielsweise in der UdSSR oder in Nordeuropa und den USA, kaum vorkommt. Um die heutige Aluminiumhüttenkapazität von 15 Millionen Tonnen pro Jahr zu versorgen, sind jährlich etwa 60 Millionen Tonnen Bauxit notwendig. Das ist weniger als ein halbes Prozent der mit Sicherheit nachgewiesenen Lagerstätten, so daß diese für etwa 300 Jahre reichen werden*). Hinzu kommen aber riesige Mengen an Bauxit mittlerer Qualität, mit etwa 30 bis 40% Aluminiumoxid, von dem es schätzungsweise zehnmal mehr gibt. Von diesen beiden Bauxitsorten, welche in den heute üblichen Aluminiumoxidwerken verarbeitet werden können, sind also Vorräte vorhanden, welche mehr als 1000 Jahre ausreichen. Später könnte man dann auf tonähnliche Mineralien zurückgreifen mit Aluminiumoxidgehalten unter 30%, von denen es praktisch unbegrenzte Mengen gibt.

Seit 1974 gibt es die International Bauxite Association (IBA), mit Hauptquartier in Jamaika, die etwa ²/₃ des heute geförderten hochwertigen Bauxits nach Art eines Kartells mit einer Abgabe („levy") belastet, welche an den Aluminium-Metallpreis gebunden ist. Dies hat zu einer Erhöhung der Rohstoffpreise geführt, ohne damit die Konkurrenzfähigkeit des Aluminiums entscheidend zu beeinflussen.

Es ist schwer vorherzusagen, ob die IBA in absehbarer Zeit eine Steigerung dieser Abgaben durchsetzen kann. Drastische Erhöhungen sind kaum möglich, weil dann die in vielen Ländern vorhandenen „low grade bauxite"-Lager für den Abbau herangezogen werden, was durch das IBA-Kartell kaum kontrolliert werden kann.

Wichtige Bestandteile des Elektrolyten in den Elektrolysezellen für die Aluminiumherstellung sind Aluminiumfluorid und Kryolith. Glücklicherweise existieren hier keine Verknappungserscheinungen; man kann eher von einem Überschuß reden.

Ein wichtiger weiterer Rohstoff für die Aluminiumherstellung ist Petrolkoks. Man braucht für 1 Tonne Hüttenaluminium rd. ½ Tonne Koks. Der Koks wird vorzugsweise von Erdölraffinerien geliefert, kann aber notfalls auch aus Steinkohle hergestellt werden. Unlösbare Versorgungsengpässe sind daher beim Petrolkoks, abgesehen von Qualitätsfragen, vorläufig nicht vorhanden.

Somit ist die Verfügbarkeit von Rohstoffen zur Herstellung von Hüttenaluminium nicht als kritisch zu bezeichnen.

Energie

Aluminium ist ein energieintensiver Werkstoff, was seine Herstellung betrifft. Beispielsweise benötigt die Aluminiumhüttenindustrie in den USA 1,7% der installierten Kraftwerkskapazität. Auch in westeuropäischen Industrieländern mit Aluminiumhütten liegt oftmals die Aluminiumindustrie nach den öffentlichen Verkehrsmitteln als Stromverbraucher an zweiter Stelle. Man benötigt zur Herstellung von 1 Kilogramm Aluminium rd. 15 kWh**). Weitere Energieaufwendungen sind im Aluminiumoxidwerk und Halbzeugwerk erforderlich, vorzugsweise thermische Energie.

Die Aluminiumindustrie hat in den letzten 30 Jahren bereits vieles getan, um den Energieverbrauch zu verringern. Zum Beispiel konnte der Energieverbrauch zur Herstellung von 1 Tonne Hüttenaluminium in der Bundesrepublik Deutschland in diesem Zeitraum um ⅓ gesenkt werden. Die Aluminiumindustrie in den USA hat sich freiwillig verpflichtet, die Energieausbeute bis 1980 um 10% gegenüber 1972 zu verbessern. Viel wichtiger aber ist der Umstand, daß der Einsatz von Aluminium als Konstruktionswerkstoff merkliche Energieeinsparungen bewirkt (siehe dazu Kapitel II).

---

*) Unter Annahme gleichbleibenden Verbrauchs wie 1978.

**) Industriedurchschnittswert westliche Welt.

Umweltschutz

Die Aluminiumindustrie ist, wie alle Grundstoffindustrien heutzutage, von Umweltschutzproblemen und -auflagen betroffen. Da die meisten Bauxitgruben im Tagebau betrieben werden, muß nach der Erschöpfung der ursprüngliche Zustand wiederhergestellt werden, entsprechend den Gesetzen und Bestimmungen im jeweiligen Land (Rekultivierung). Bei der Aluminiumoxidgewinnung fällt als Rückstand „Rotschlamm" an, für den bisher keine nennenswerte industrielle Verwertung gefunden wurde. Deponie ist die einzige Lösung. Die Aluminiumindustrie ist weiterhin auf der Suche nach Verwertungsmöglichkeiten für den Rotschlamm und nach verbesserten Deponiemethoden.

Obwohl einige neue Verfahren in der Entwicklung sind, wird heute bei der Aluminiumproduktion immer noch nach dem Hall-Héroult-Verfahren gearbeitet. Die Abgase der Elektrolysezelle enthalten gas- und staubförmige Fluorverbindungen (Einzelheiten siehe Seite 14).

Die Aluminiumhütten der ersten Generation waren mit offenen Zellen ausgestattet; gas- und staubförmige, fluorhaltige Emissionen, die sich während des Elektrolyseprozesses entwickelten, gelangten ungereinigt in die Atmosphäre. Seitdem hat die Aluminiumindustrie große Anstrengungen zur Reduzierung der Emissionen gemacht, um unerwünschte Umweltbeeinflussungen zu vermeiden. Entsprechende Abgasreinigungsverfahren wurden entwickelt. Heute wird bereits bei der Planung von neuen Hütten und bei der Standortwahl der entsprechende Stand der Technik berücksichtigt. Neue Hütten erhalten gekapselte Zellen, so daß die Ofenabgase direkt erfaßt und den Abgasreinigungssystemen zugeführt werden können. Die dabei abgeschiedenen fluorhaltigen Verbindungen werden den Zellen wieder zugeleitet (Rezirkulation). Bei neu zu errichtenden Aluminiumhütten können daher die Umweltschutzprobleme als weitgehend gelöst angesehen werden. Trotzdem wird es schwierig sein, in Industrieländern neue Hütten zu bauen, wegen der Vorbelastung in Ballungsgebieten einerseits und wegen des gestiegenen Umweltschutzbewußtseins andererseits.

Wachstumsperspektiven

Die Nachfrage nach Aluminium wird weiterhin wachsen. Grund dafür sind die speziellen Eigenschaften des Aluminiums, seine Vielseitigkeit, die Möglichkeiten zur Energieeinsparung, seine lange Lebensdauer und die Recyclierbarkeit.

Die Aluminiumindustrie ist in zahlreichen Ländern tätig. Bild 3 zeigt die weltweiten Aktivitäten der Aluminiumindustrie Mitte der 70er Jahre in Entwicklungsländern und in Industrieländern. Die Entwicklungsländer, einschließlich Australien, sind links von der Trennungslinie. Mehr als 90% der Bauxitreserven und nahezu 90% der Bauxitgewinnung befinden sich in Entwicklungsländern. Andererseits befinden sich zwei Drittel der Aluminiumoxidwerke in Industrieländern, und 90% des Primäraluminiums wird in Industrieländern hergestellt, wo auch mehr als 90% des Aluminiums verbraucht wird.

Wie bereits früher erwähnt, werden die hohen Zuwachsraten beim Primäraluminiumverbrauch, wie sie zwischen 1950 und 1975 auftraten, in Zukunft in den Industrieländern nicht mehr zu erwarten sein. Das bedeutet jedoch nicht, daß der Verbrauch abnimmt, sondern lediglich, daß der Zuwachs geringer sein wird als in der Vergangenheit. Da die Industrieländer bereits jetzt einen hohen Aluminiumverbrauch haben, bedeutet schon eine Zuwachsrate von 4 bis 5% mengenmäßig sehr viel. Obwohl das jährliche Wachstum des Primäraluminiumverbrauchs von 1965 bis 1976 in den Entwicklungskontinenten erheblich war (Afrika 13,7%, Asien 13,5% und Südamerika 12%), bedeutet dies mengenmäßig nur wenig, da der Ausgangspunkt niedrig liegt. Die Industrieländer werden daher für den Rest dieses Jahrhunderts die Hauptverbraucher von Aluminium bleiben.

Bei der Betrachtung des Aluminiumverbrauchs in den verschiedenen Regionen sind die unterschiedlichen Marktverhältnisse zu beachten. Die Aluminiumanwendung folgt zwar in den Industrie- und Entwicklungsländern einem ähnlichen Schema, aber mit zeitlicher Verschiebung. Zuerst wird Aluminium in Haushaltsartikeln verwendet, dann, sobald die Industrialisierung beginnt, im Elektrosektor, allerdings mit dem Unterschied, daß in den Industrieländern Kupfer durch Aluminium ersetzt wird, während in Entwicklungsländern Aluminium von vornherein zur Anwendung kommt. Das Kupferzeitalter wird sozusagen übersprungen. Anschließend beginnt

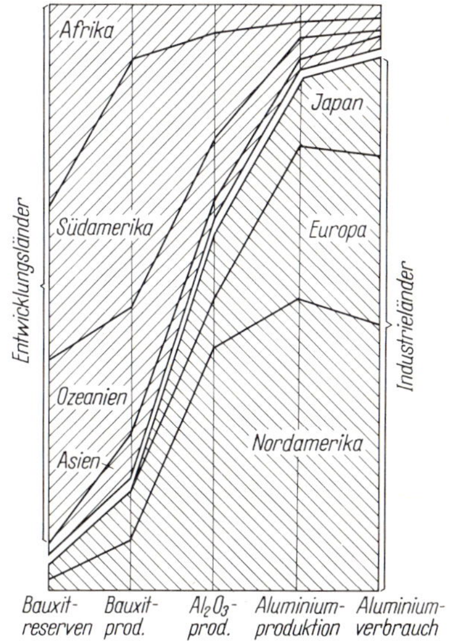

Bild 3: Struktur der Aluminiumindustrie in der westlichen Welt; Verhältnis zwischen Industrie- und Entwicklungsländern auf verschiedenen Verarbeitungsstufen. Australien mit rund 30% Anteil an der Bauxitförderung ist hier unter Ozeanien aufgeführt. Es gehört aber nicht zu den Entwicklungsländern. (Quelle: Revue économique de la Banque Nationale de Paris).

die Aluminiumanwendung auf dem Transportsektor und später auf dem Bau- und Verpakkungssektor. Bild 4 zeigt den Zusammenhang zwischen dem Pro-Kopf-Verbrauch von Primäraluminium und dem Pro-Kopf-Bruttosozialprodukt. Mit steigender wirtschaftlicher Entwicklung nimmt der Aluminiumverbrauch zu. In den Industrieländern bestehen noch auffallend große Unterschiede im Aluminiumverbrauch. In den Entwicklungsländern wächst der Aluminiumverbrauch mit steigender Industrialisierung, speziell auf den Sektoren Elektrizität, Verkehr und Bauwesen.

Zusammenfassend kann man sagen, daß die Entwicklungsländer einen zunehmenden Einfluß auf die Weltaluminiumindustrie haben werden, sowohl was Angebot und Nachfrage anbetrifft als auch bei der Wahl der Industriestandorte. Nordamerika und Europa werden die führenden Aluminiumproduzenten bleiben, wenn auch ihre Bedeutung abnehmen wird. Da die Produktionskosten für die Herstellung von Aluminium gestiegen sind, werden unwirtschaftliche Anlagen nach und nach geschlossen und neue Anlagen vorzugsweise dort gebaut werden, wo Energie und Rohstoffe kostengünstig verfügbar sind.

Es ist daher unschwer vorauszusagen, daß neue Aluminiumhütten und Aluminiumoxidwerke künftig zunehmend in Entwicklungsländern gebaut werden, speziell in solchen Ländern, welche über Bauxitreserven und/oder Überschuß an Energie verfügen. Die Hauptgründe für diesen Trend sind: Vorwärtsintegration in den Bauxitförderländern, das starke Interesse vieler Entwick-

lungsländer, ihr Wasserkraftpotential zu nutzen, und das Interesse der ölexportierenden Länder, ihr Industriepotential durch Investitionen in kapitalintensive Wachstumsindustrien im eigenen Land oder in Drittländern zu stärken.
Die Wechselwirkung zwischen Aluminium und Energie bietet interessante Aspekte. Zur Zeit wird in Venezuela neue Hüttenkapazität errichtet (mehrere 100000 Tonnen/Jahr), da dieses Land seine enormen Wasserkräfte nutzen möchte. Gleichzeitig möchte man die industriellen Aktivitäten erweitern und diversifizieren, da die Einnahmen aus fossilen Brennstoffen eines Tages geringer werden. Auch Kohlekraftwerke werden für neue Hüttenstandorte zunehmende Bedeutung haben, vor allem in Australien, teils auch in USA, Polen und China. Es ist somit zu betonen, daß für den weiteren Ausbau der Hüttenkapazität weltweit genug Energie zur Verfügung steht. Erzeuger- und Verbraucherländer haben ein gemeinsames Interesse, vorhandene Ressourcen zu nutzen.

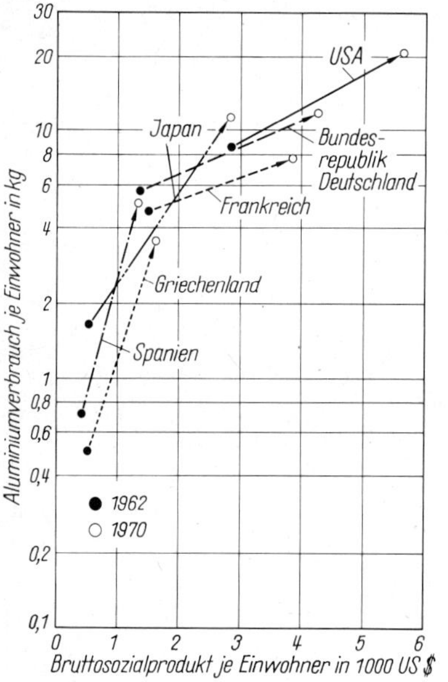

Bild 4: Verhältnis des Aluminiumverbrauchs zum Bruttosozialprodukt 1962 und 1970 in einigen Ländern (Quelle: Revue économique de la Banque Nationale de Paris).

Zusammenfassend kann gesagt werden, daß der Aluminiumverbrauch auch weiterhin wachsen wird, und zwar wegen der hervorragenden Eigenschaften dieses Metalls. Bis zum Jahr 1975 war die Aluminiumindustrie sehr erfolgreich in dem Bemühen, durch Forschung und Entwicklung und mit aggressivem Marketing neue Anwendungen für das Metall zu finden und andere Werkstoffe in vielen Anwendungsgebieten zu verdrängen. Jetzt werden Energiegesichtspunkte die Anwendung von Aluminium im Verkehr, bei Wärmeaustauschern, bei Solarzellen und elektrischen Systemen stimulieren.

II. Herstellung und Verarbeitung des Aluminiums

Die Gewinnung des Aluminiums

Die Gewinnung des Aluminiums und seine Weiterverarbeitung geschieht in mehreren aufeinanderfolgenden Fabrikationsstufen. Diese sind voneinander weitgehend unabhängig und werden daher in der Regel in räumlich voneinander getrennt liegenden Werken ausgeführt. In Bild 5 wird ein schematischer Überblick über die Gewinnung des Aluminiums gegeben.

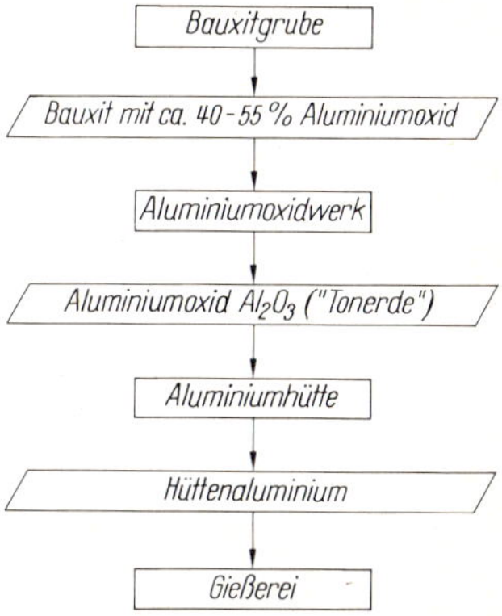

Bild 5: Die Fabrikationsstufen bei der Gewinnung des Aluminiums.

Die Bauxitgrube

In metallischer Form kommt Aluminium in der Natur nicht vor, wohl aber in der Form von Hydroxiden oder Silikaten (Kaoline, Tone). In der Erdkruste ist bei den Metallen das Aluminium mit 8% nach Silizium (27,7%) am stärksten vertreten, dagegen Eisen nur mit 5%. Das zur Herstellung des Aluminiums meistverwendete Erz ist Bauxit (benannt nach Les Baux, der ersten Fundstätte in Südfrankreich). Bauxit ist ein Verwitterungsprodukt. Es kommt hauptsächlich im Tropengürtel nördlich und südlich des Äquators, in der Karibik und in den Mittelmeerländern vor. Die Hauptabbaustätten liegen heutzutage in Australien, im Karibischen Raum und in Afrika.

Der meist rotbraune Bauxit enthält Aluminium in Form des Tri-Hydroxids $Al(OH)_3$ oder in Form des Mono-Hydroxids AlO(OH), die Gehaltsangaben werden aber in % Al_2O_3 (Aluminiumoxid) gemacht. Bauxit enthält sodann Eisenoxide, Silikate (Kaolin, Ton, Quarz) und Titandioxid. Ferner ist eine beträchtliche Menge Wasser kristallin gebunden (12 bis 30%). Die heute und sicher auch noch in einigen Jahrzehnten dominierenden tropischen Bauxite enthalten etwa 40 bis 55% Aluminiumoxid. Bauxitähnliche Gesteine mit geringerem Gehalt an Aluminiumoxid werden als Laterite bezeichnet. Beträchtliche Al_2O_3-Gehalte weisen auch Tone, Kaolin, Nephelin, Leuzit, Andalusit, Labradorit und Alunit auf, die in der Sowjetunion aus Autarkiebestrebungen zum Teil eingesetzt werden, sonst aber für die Aluminiumherstellung keine Rolle spielen. Nur während des zweiten Weltkrieges wurden Tone in Deutschland in kleinem Ausmaß zu Aluminiumoxid verarbeitet. In den USA und Frankreich werden in Pilotanlagen Versuche durchgeführt zur Entwicklung von Prozessen, die solche einheimischen Rohstoffe verwenden können. Es ist eher unwahrscheinlich, daß diese Verfahren von rein ökonomischen Gesichtspunkten gerechtfertigt werden können. Sie sind aber eine nicht zu verachtende Waffe gegen allfällige exzessive Bauxitpreissteigerungen. Wie erwähnt, werden in der UdSSR neben Bauxi-

ten große Mengen von Nephelin und auch Alunit zur Aluminiumoxidgewinnung verwendet. Bei der Herstellung von Tonerde aus Nephelin fällt als „Nebenprodukt" die 5- bis 10fache Menge Zement an. Doch auch die UdSSR beginnt in der zweiten Hälfte der 70er Jahre vermehrt importierten Bauxit als Rohstoff einzusetzen.
Die Weltreserven an Bauxit sind sehr groß; sie reichen aus, um die Aluminiumindustrie für mehrere Jahrhunderte mit Rohstoffen zu versorgen. Seit den Studien über die Grenzen des Wachstums hat sich in Massenmedien ein gewisser Pessimismus breitgemacht, Gebrauchsmetalle würden in einigen Jahrzehnten knapp werden („Club of Rome-Syndrom"). Für Aluminium und auch Stahl ist dies völlig ungerechtfertigt. Zum Beispiel wurde allein in einem Jahrzehnt 20mal mehr hochwertiger Bauxit gefunden als verbraucht (1966 bis 1975), und somit nahmen im gleichen Zeitraum die nachgewiesenen Reserven von 6 Milliarden Tonnen auf 17 Milliarden Tonnen zu. Auch preislich ist die Besteuerung des Bauxits durch das IBA-Kartell (das im Hinblick auf riesige Reserven in vielen Ländern auf schwachen Füßen steht) in keiner Weise mit der Preiserhöhung bei Erdöl 1973/74 durch das OPEC-Kartell vergleichbar. 1978 betrug z. B. nach Erhebungen der Metallgesellschaft, Frankfurt, der Kostenanteil des Bauxits am Rohaluminiumpreis weltweit etwa 5% – also auch hier keine beunruhigende Situation.

Das Aluminiumoxidwerk (Tonerdewerk)

Als Tonerde bezeichnet man das reine, wasserfreie Aluminiumoxid (Al_2O_3). Das weitaus wichtigste und in der westlichen Welt alleinige Verfahren zur Herstellung von Aluminiumoxid ist das Bayer-Verfahren*), das bereits vor der Jahrhundertwende entwickelt wurde. Inzwischen ist es sehr stark verfeinert und verbessert worden. Das Bayer-Verfahren ist in Bild 6 dargestellt. Der von der Grube kommende Bauxit wird gebrochen und meist naß vermahlen, wobei die als Aufschlußmittel dienende Natronlauge zugegeben wird. Der Aufschluß erfolgt in Autoklaven bei Temperaturen von 110 bis 270 °C. Das Aluminiumoxid geht dabei als Natriumaluminat in Lösung. Eisenoxide und Titanoxid bleiben praktisch ungelöst. Kieselsäure aus Kaolinen und Tonen geht zunächst zwar auch in Lösung, fällt aber im Laufe des Prozesses als Natrium-Aluminium-Silikat weitgehend wieder aus. Die unlöslichen Bestandteile werden in Eindickern abgeschieden; sie gehen als sogenannter Rotschlamm, der hauptsächlich Eisenoxide enthält, auf Halde. Zur Rückgewinnung von anhaftender Natronlauge wird der Rotschlamm zuvor gewaschen. Die Rotschlammdeponie kann gewisse Umweltprobleme ergeben. Ein Tonerdewerk mit einer Kapazität von 1 Million Tonnen/Jahr erzeugt als Nebenprodukt etwa die gleiche Rotschlammenge (Trockengewicht). Von einigen Aluminiumoxidwerken wird der Rotschlamm im Meer in entsprechend großer Tiefe deponiert. Meistens werden die Bauxitrückstände jedoch in der Nähe des Aluminiumoxidwerkes hinter festen Dämmen am Land deponiert, wobei ein Einsickern des überstehenden, leicht alkalischen Wassers in Grundwasser, Flüsse oder ins Meer strikt unterbunden wird. Neuerdings wird die aufgefüllte Deponie vielfach rekultiviert und bepflanzt, um auch einer „optischen Pollution" entgegenzuwirken. Es sind auch Verfahren entwickelt worden, aus dem Rotschlamm Eisen sowie Baustoffe herzustellen. Diese Verfahren sind aber noch weit von einer wirtschaftlich vertretbaren Rendite entfernt.
Die Natrium-Aluminat-Lauge wird zunächst mit Waschlauge verdünnt und dabei auf etwa 100 °C abgekühlt. Sie wird nach der Filtration in Rührbehälter gepumpt. Beim Abkühlen auf etwa 60 °C scheidet sich aus der übersättigten Lösung Aluminiumhydroxid $Al(OH)_3$ (Hydrargillit) aus. Gefördert wird dieser Vorgang durch Zugabe von festem Aluminiumhydroxid (Impfkristalle). Auf Vakuumfiltern wird das ausgeschiedene Aluminiumhydroxid abgetrennt und mit

*) Genannt nach dem Österreicher K. J. Bayer.

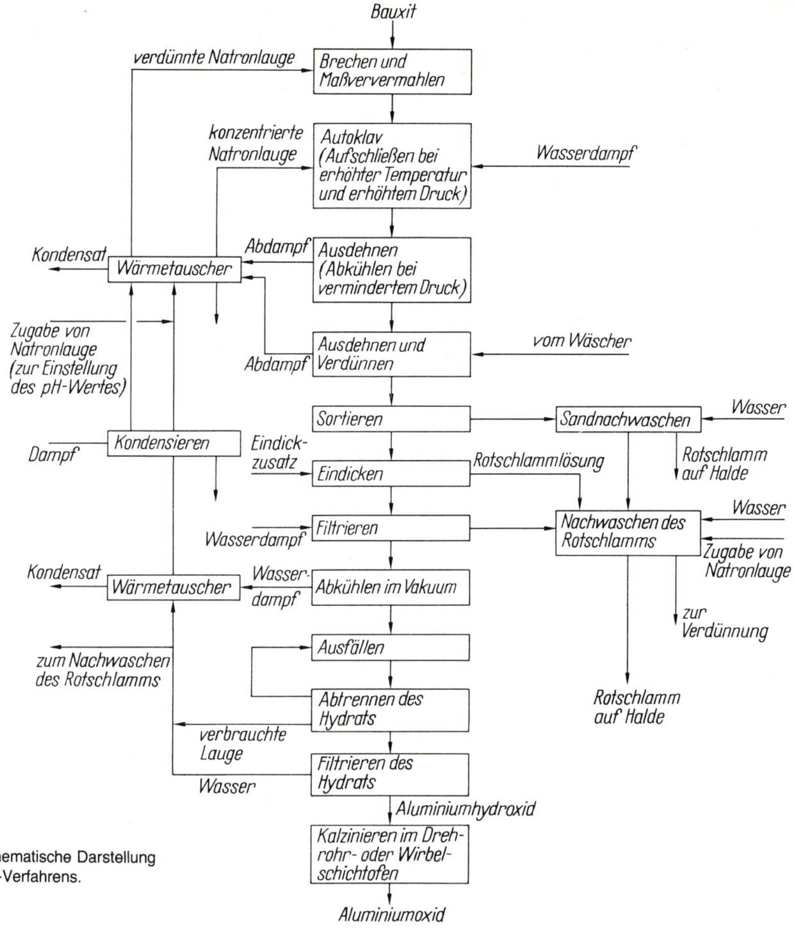

Bild 6: Schematische Darstellung des Bayer-Verfahrens.

reinem Wasser gewaschen. Anschließend wird es in Drehrohröfen oder Wirbelschichtöfen bei 1 000 bis 1 300 °C kalziniert. Es entsteht dabei technisch reines Aluminiumoxid, das höchstens 0,01 bis 0,02% SiO_2, 0,01 bis 0,03% Fe_2O_3 und 0,3 bis 0,6% Na_2O enthält. Die Qualität des Aluminiumoxids (Korngröße, Gehalt an α- und γ-Al_2O_3) kann durch die Fällungs- und Kalzinationsbedingungen beeinflußt werden. Man unterscheidet hauptsächlich zwei Formen: hochkalziniertes, „mehliges" Aluminiumoxid mit hohem Gehalt an α-Al_2O_3 und schwächer kalziniertes, „sandiges" Aluminiumoxid mit niedrigerem Gehalt an α-Al_2O_3. Das „sandige", schwächer kalzinierte Aluminiumoxid besitzt eine große aktive Oberfläche, es kann daher zur Abgasreinigung in den Hüttenwerken eingesetzt werden.

Aus 2 bis 3 Tonnen Bauxit entsteht je nach Qualität im Aluminiumoxidwerk 1 Tonne Aluminiumoxid neben etwa einer Tonne Rotschlamm (trocken). Neben Wärmeenergie für Dampferzeugung und Kalzination werden größere Mengen Natronlauge für den Aufschluß des Bauxites verbraucht. Außer den Kosten für Bauxit sind für die möglichst ökonomische Durchführung des Bayer-Verfahrens billige Brennstoffe, eine rationelle Verwendung dieser Wärmeenergie und niedrige SiO_2-Gehalte im Bauxit von ausschlaggebender Bedeutung. Wie schon erwähnt, wird

SiO_2 aus Tonen und Kaolinen im Aufschluß in ein unlösliches Natrium-Aluminium-Silikat umgewandelt, d. h., höhere SiO_2-Gehalte verursachen Verluste an Natronlauge und Aluminiumoxid. Das Endprodukt des Aluminiumoxidwerkes – das kalzinierte Aluminiumoxid – stellt ein trockenes, weißes Pulver dar, das nunmehr zur Aluminiumhütte gelangt.

Die Aluminiumhütte

Eine Aluminiumhütte benötigt größere Mengen an elektrischer Energie und wird daher dort errichtet, wo diese auf lange Sicht in der benötigten Menge und kostengünstig verfügbar ist. Es werden zwei verschiedene Aluminiumsorten hergestellt: – Hüttenaluminium („Reinaluminium") mit einem Gehalt von 99,0 bis 99,9% Aluminium – Reinstaluminium mit einem Gehalt von mindestens 99,99% Aluminium.

Die verschiedenen handelsüblichen Qualitäten von Hütten- und Reinstaluminium sind in bezug auf ihren Aluminiumgehalt und die zulässigen Beimengungen nach DIN 1712 genormt, ein kurzer Auszug ist in Tabelle 3 enthalten.

Tabelle 3: Aluminium nach DIN 1712 (Teil 1)

Kurzzeichen	Zulässige Beimengungen in Gew.-% insgesamt	Si	Fe	Cu	Zn	Ti	Ga	andere einzeln
Al99,99 R	0,010	0,006	0,005	0,003	0,005	0,002		0,001
Al99,9 H	0,10	0,050	0,040	0,005	0,030	0,005	0,030	0,010
Al99,8 H	0,20	0,15	0,15	0,01	0,04	0,02	0,03	0,02
Al99,7 H	0,30	0,20	0,25	0,01	0,04	0,02		0,03
Al99,5 H	0,50	0,25	0,35	0,02	0,05	0,02		0,03

Gewinnung von Hüttenaluminium (Reinaluminium)

Das Hüttenaluminium ist die Basis für die Mehrzahl der technischen Aluminiumlegierungen. Es wird auch oft ohne jeden Zusatz verwendet, z. B. für die Herstellung von Geschirr und Folien. Die Gewinnung des Hüttenaluminiums aus Aluminiumoxid (Tonerde) erfolgt durch „Schmelzflußelektrolyse" in sogenannten Elektrolyseöfen oder -zellen. Bei dem Hall-Héroult-Verfahren wird die Tonerde in einer Schmelze gelöst, die hauptsächlich aus Kryolith (Na_3AlF_6) besteht. Auf diese Weise ist es möglich, den Elektrolyseprozeß bei etwa 950 °C, also weit unterhalb des Schmelzpunktes von Aluminiumoxid (etwa 2150 °C), durchzuführen. Kryolith wurde früher in Grönland bergmännisch gewonnen, inzwischen wird es weitgehend synthetisch hergestellt. Außer Kryolith wird dem Bad noch Aluminiumfluorid (AlF_3) zugegeben. Zur Schmelzpunkterniedrigung gibt man auch Lithiumfluorid, Kalziumfluorid oder Magnesiumfluorid hinzu.

Die Elektrolysezellen (Bild 7) bestehen aus eisernen Wannen, die auf der Innenseite mit feuerfesten Schamottesteinen isoliert sind. Die von dem Elektrolyt benetzten Seitenwände und der Boden bestehen aus Kohlenstoffsteinen, die als Kathoden dienen. Die mit Schamotte und Kohle ausgekleidete Wanne nimmt die Salzschmelze auf, deren Oberfläche mit Aluminiumoxid abgedeckt wird, das unter dem Einfluß der hohen Temperatur eine Kruste bildet. Diese Kruste wird von Zeit zu Zeit mit einem Krustenbrecher bearbeitet. Von oben tauchen in die Salzschmelze die Kohleanoden hinein. Unter dem Einfluß des durchfließenden Gleichstromes scheidet sich das Aluminium an der Kathode ab und sammelt sich in flüssiger Form am Boden der Zelle. Von dort wird es von Zeit zu Zeit abgesaugt (Bild 8).

Bild 7: Elektrolysezelle mit Blockanoden und zentralem Krustenbrecher.

a = Einfülltrichter für Aluminiumoxid
b = Anodenträger
c = Abdeckhaube
d = erstarrtes Aluminiumoxid und Kryolith
e = Staub- und Gasabsaugung
f = Krustenbrecher
g = Kohlenstoffanode (Stromzuführung)
h = Aluminiumoxid-Kryolith-Schmelze (Elektrolyt)
i = Aluminiumschmelze
j = Kohlenstoffkathode (Kohlefutter)
k = Isolierung
l = Kathodenstromschiene
m = Stahlwanne

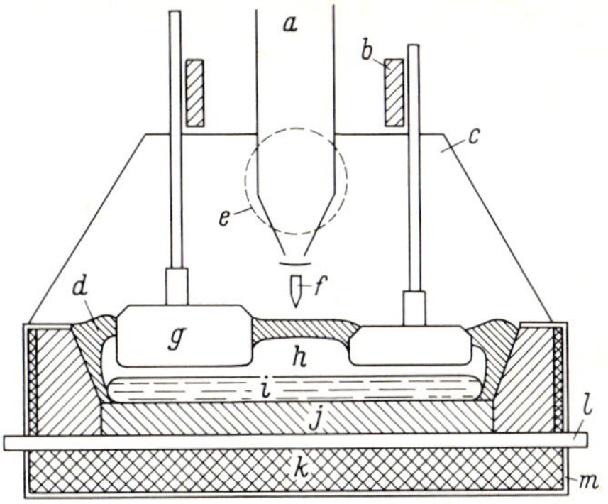

Bild 8: Zweischichtenelektrolyse. Blick auf die Badoberfläche einer Elektrolysezelle. Man erkennt mehrere Blockanoden, welche weitgehend in die Badoberfläche eintauchen. Die Blockanoden sind über Anodenträger aus Stahl mit der Stromzuführungsschiene verschraubt. Auf der Badoberfläche liegt locker aufgeschüttetes Aluminiumoxid, die sich darunter bildende Salzkruste wird von Zeit zu Zeit eingestoßen. Links im Bild erkennt man den hellglühenden Elektrolyt aus Kryolith und Aluminiumoxid, unter welchem sich das flüssige Aluminium ansammelt.

An der Kohleanode scheidet sich Sauerstoff ab, der sofort mit dem Anodenmaterial, unter Bildung von CO_2 und CO, reagiert. Die Betriebsspannung einer Zelle ist mit 4 bis 4,5 V erheblich größer als die Zersetzungsspannung des Aluminiumoxids, da in technischen Prozessen Spannungsverluste verschiedener Art nicht zu vermeiden sind. Die hierbei entwickelte Ohmsche Wärme dient zur Aufrechterhaltung der Betriebstemperatur der Zelle. Einen weiteren Beitrag hierzu leistet die Verbrennungswärme der Kohleanoden. Die bei der Elektrolyse auftretenden Einzelvorgänge sind auch heute noch nicht vollständig erforscht, da komplexe Ionen dabei eine Rolle spielen.

Moderne Elektrolyseöfen werden mit Stromstärken bis zu rd. 200000 A betrieben. Die einzelnen Zellen werden hintereinandergeschaltet, so daß man zu Gesamtspannungen von mehreren 100 V bis über 1000 V gelangt und die maximale Spannung moderner Siliziumgleichrichter

weitgehend ausnutzen kann*). Zur Erzeugung von 1 Tonne Aluminium benötigen neue Aluminiumhütten rd. 13000 bis 14000 kWh. Die Stromkosten machen einen beträchtlichen Teil der gesamten Fertigungskosten aus. Daneben sind Kapitalkosten, Rohstoffkosten (hauptsächlich für Aluminiumoxid, Anoden und Kryolith) und Arbeitskosten ausschlaggebende Faktoren.
Pro Tonne erzeugtes Aluminium werden etwa 2 Tonnen Aluminiumoxid (gewonnen aus 4 Tonnen Bauxit) benötigt sowie etwa 1/2 Tonne Anodenmaterial. Beim klassischen Hall-Héroult-Prozeß nimmt das Anodenmaterial an der Reaktion teil, mit anderen Worten, Kohleanoden werden verbraucht. Vorwiegend werden vorgebrannte Blockanoden benutzt, die aus einer Mischung von kalziniertem Petrolkoks und Steinkohlenteerpech in Anodenbrennöfen in einer separaten Anodenfabrik hergestellt werden. Es werden auch Söderberganoden verwendet, die aus „Söderberg-Masse" (kalzinierter Petrolkoks mit 25 bis 35% Teerpech) bestehen. Die Söderbergmasse wird in einen Stahlblechmantel eingefüllt; unter dem Einfluß der Ofenhitze backt sie zu fester Anodenkohle zusammen. Man unterscheidet horizontale oder vertikale Stromzuführung in die pastöse Anodenmasse durch spargelförmige Stahlstangen.

Tabelle 4: Typische Durchschnittswerte für Fluorgehalte in den Ofenabgasen

Zellentyp	als kg F/t Al gasförmig (F_g)	staubförmig (F_{st})	total (F_t)
Söderberg (vertikal)	18	2	20
Söderberg (horizontal)	14	6	20
Blockanoden	8	8	16

Quelle: Survey of Legislation, 1976, International Primary Aluminium Institute

Das Abgas der Zellen enthält neben Luftbestandteilen und Schwefeldioxid (falls das Anodenmaterial schwefelhaltig ist) Kohlendioxid und Kohlenmonoxid sowie geringe Mengen von fluorhaltigen Verbindungen, die aus dem Kryolith der Salzschmelze entstehen. Es handelt sich dabei um gasförmige Fluoride in Form von Fluorwasserstoff (HF) und staubförmige, fluorhaltige Verbindungen (vorwiegend Kryolith und Aluminiumfluorid). Die Tabelle 4 gibt einige Anhaltszahlen über die dabei auftretenden Mengen.
Die staubförmigen Fluoride können, wenn sie in größeren Mengen auftreten, bei pflanzenfressenden Tieren gewisse Schäden hervorrufen. Am größten ist die Umweltbeeinträchtigung durch Fluorwasserstoff, einer hochaggressiven Substanz, die daher weitgehend aus den Abgasen entfernt werden muß. Üblich ist daher die Wäsche der Hallenabluft bzw. der Ofenabgase mit Wasser oder wäßrigen Lösungen. Der Wirkungsgrad derartiger Waschanlagen ist, wegen der guten Absorptionsfähigkeit von Wasser für Fluorwasserstoff, sehr hoch, er liegt bei 90 bis 95%. Der Wirkungsgrad für die Abscheidung staubförmiger Fluorverbindungen liegt, je nach Bauart der Waschanlage, etwa zwischen 50 bis 70%. Bei weiter steigenden Umweltschutzanforderungen – von einigen Ländern werden neuerdings die Gesamt-Fluoremissionen auf 1 kg pro Tonne Aluminium begrenzt – müssen zusätzliche Maßnahmen ergriffen werden. Als sehr geeignet hierfür hat sich das Verfahren der Trockenadsorption (dry scrubbing) gezeigt. Als Adsorptionsmittel wird dabei Aluminiumoxid mit großer aktiver Oberfläche eingesetzt. Die Elektrolyseöfen müssen zu diesem Zweck eingekapselt werden, um die Ofenabgase konzentriert zu erfassen. Sie werden in einem Reaktor mit dem Aluminiumoxid in intensive Berührung gebracht, anschließend wird das „beladene" Aluminiumoxid in einem Filter abgeschieden und dem Elektrolyseprozeß wieder zugeführt. Das Verfahren hat den Vorteil, daß die abgeschiede-

*) Eine derartige Ofenhalle (potline) erzeugt 60000 bis 70000 t Aluminium im Jahr. Aus ökonomischen Gründen werden in modernen Hütten zwei oder drei Ofenhallen betrieben.

nen Fluorverbindungen wieder in die Elektrolysezelle zurückgelangen (Recycling). Wenn auch das geschilderte „dry scrubbing"-Verfahren technisch aufwendig und kapitalintensiv ist, so können damit doch die Emissionswerte erreicht werden, wie sie bei neuen Hütten heute gefordert werden.

Das Hall-Héroult-Verfahren

Das traditionelle Hall-Héroult-Verfahren wird noch für viele Jahre der Hauptprozeß bleiben, nach welchem Aluminium produziert wird. Die Aluminiumindustrie hat erhebliche Fortschritte seit Einführung dieses Grundprozesses gemacht und wird auch weiterhin an der Fortentwicklung arbeiten. Es wird z. Z. an der Automatisierung und Computerisierung gearbeitet, ferner an der Einkapselung der Zellen. Fortschritte wurden auch gemacht bei der Abgasbehandlung und bei der Recyclierung von Fluoriden. Entwicklungsarbeiten sind auch im Gange an den Anoden und Kathoden der elektrolytischen Zellen. Beispielsweise befinden sich langlebige Anoden in der Entwicklung als Ersatz für die Kohleanoden, welche während des Elektrolyseprozesses verbraucht werden. Zusätzlich wird Titanium-Diborid als Kathodenmaterial erprobt. Der erwartete Fortschritt besteht darin, daß das abgeschiedene flüssige Aluminium das Titanium-Diborid benetzt, so daß nur ein dünner Film von Aluminium auf der Kathode verbleibt. Hierdurch würde eine Verringerung des Abstandes zwischen Anode und Kathode möglich, wodurch sich eine Reduzierung des Spannungsabfalles ergeben würde. Ein weiterer Vorteil wäre, daß die Rückreaktion an der Anode vermieden oder zumindest stark eingeschränkt würde.
Gerade im Hinblick auf diese Entwicklungen dürfte der Hall-Héroult-Prozeß noch ein langes Leben haben.

Andere Verfahren zur Herstellung von Aluminium

Es wird neuerdings die Herstellung von Aluminium durch Elektrolyse von Aluminiumchlorid ($AlCl_3$) vorgeschlagen (Alcoa-Verfahren). Das dazu erforderliche wasserfreie Aluminiumchlorid wird durch Chlorierung von Tonerde gewonnen. Erforderlich ist dabei ein Reduktionsmittel (Kohlenstoff). Das Aluminiumchlorid wird in einer Salzschmelze gelöst, die meist Natriumchlorid und Kalium- oder Lithiumchlorid enthält. Beim Elektrolyseprozeß entstehen Aluminium und Chlor, letzteres wird zur Chlorierung von Tonerde in den Prozeß zurückgeführt. Zur Zeit (1979) arbeitet in USA eine kleinere Produktionsanlage von Alcoa nach diesem Verfahren. Der Hauptvorteil gegenüber dem Hall-Héroult-Verfahren besteht in einem um etwa 30% geringeren Stromverbrauch der Zellen. Ferner entfallen die Fluoremissionen sowie der Verbrauch von Anodenkohle, da mit dauerhaften Graphitelektroden (multipolar) gearbeitet werden kann. Die Elektrolysetemperatur liegt mit etwa 700 °C erheblich niedriger als beim Hall-Héroult-Prozeß.
Zahlreiche andere Verfahrensvorschläge haben sich bisher aus technischen oder wirtschaftlichen Gründen nicht durchsetzen können. Hierunter fallen z. B. die Direktreduktion von Bauxit mit Kohle oder das Toth-Verfahren, bei dem Aluminiumchlorid mit Mangan reduziert wird.

Herstellung von Reinstaluminium

Reinstaluminium, mit mindestens 99,99% Aluminiumgehalt, wird für Spezialzwecke , z. B. für Reflektoren und Elektrolytkondensatoren, verwendet. Weniger als 1% der insgesamt erzeugten Aluminiummengen werden einer Raffination zu Reinstaluminium unterzogen.

In der Vergangenheit wurde Reinstaluminium in der sogenannten ,,Drei-Schichten-Elektrolyse" hergestellt (Hoopes Cell). Heute werden Zonenschmelzen, Dekantation und Druckfiltration vorgezogen.

Die Sekundäraluminiumindustrie

Die Sekundäraluminiumindustrie, welche Aluminium aus Schrott und Krätze herstellt, gewinnt zunehmend an Bedeutung. Hierfür gibt es zwei Gründe: Zunächst ist die anfallende Schrottmenge wesentlich größer als früher, was mit der stärkeren Verwendung von Aluminium für Verpackungen und im Verkehr zusammenhängt; zum zweiten wegen der langen Lebensdauer von vielen Aluminiumprodukten (10 bis 30 Jahre). Da Aluminium erst relativ kurze Zeit im industriellen Maßstab hergestellt wird, fällt es erst jetzt in größeren Mengen als Schrott an. Bild 9 zeigt, daß das Sekundäraluminium bei einem wachsenden Primäraluminiummarkt immer nur ein kleiner Anteil der Gesamterzeugung sein kann.
Wieviel ,,alter" Schrott von irgendeinem Metall anfällt, hängt davon ab, wieviel in der Vergangenheit davon eingesetzt wurde. Schrott fällt ja erst an, wenn die Lebensdauer des Produktes (im Falle von Aluminium viele Jahre) vorüber ist. In Bild 9 ist beispielsweise angenommen, daß am Punkt a 50% des gesamten Aluminiumverbrauchs Primärmetall ist. Wenn dieses Metall einige Jahre später als Schrott recycliert wird (Punkt b), stellt das natürlich einen wesentlich kleineren Prozentsatz des Gesamtverbrauches zu diesem Zeitpunkt dar. Das heißt also, eine 50%ige Rückgewinnung von Schrott aus einer früheren Periode bedeutet einen wesentlich kleineren Prozentsatz, bezogen auf den laufenden Verbrauch.

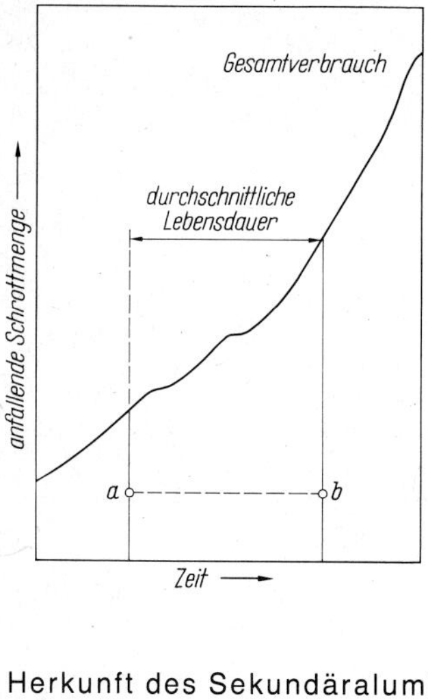

Bild 9: Verfügbarkeit von Schrott zur Herstellung von Sekundäraluminium. Das Intervall a–b lag 1979 im Mittelwert bei 11 Jahren (westliche Welt).

Herkunft des Sekundäraluminiums

Bild 10 ist eine schematische Darstellung der Herkunft und der Wiederverwendung von Aluminiumschrott. Schrott ist gewissermaßen das ,,Erz" für die Sekundäraluminiumindustrie. Zwei überraschende Tatsachen werden oft übersehen: 1. In der Vergangenheit wurden nur etwa 20 bis 25% der Sekundäraluminiumproduktion aus ,,altem" Schrott hergestellt, der Rest aus ,,neuem" Schrott (Produktionsabfälle). 2. Auch bei verstärkten Recyclierbemühungen kann die Produktion der Sekundäraluminiumindustrie unter Umständen sogar abnehmen.

Um dies zu verstehen, muß man sich vor Augen halten, daß „neuer" Schrott auch von der Primäraluminiumindustrie wieder verarbeitet werden kann. Wenn also eine Knappheit an Primärmetall auftritt, ist zu erwarten, daß die Primärindustrie einen zunehmenden Teil des Schrotts selber aufarbeitet, was einer mengenmäßigen Beschränkung der Sekundärindustrie gleichkommt.

Herstellung von Sekundäraluminium

In der Schmelzhütte wird der Schrott analysiert, separiert, zerkleinert, getrocknet, geschmolzen, raffiniert, legiert und schließlich als neues Metall vergossen. In den letzten Jahren wurde die Verfahrenstechnik für die einzelnen Schritte erheblich verbessert. Es würde über den Rahmen dieses Buches hinausgehen, die Details der einzelnen Verfahrensstufen zu beschreiben. Obwohl es sich um ein mehrstufiges Verfahren handelt, stellen die Investitionskosten für eine derartige Anlage nur einen Bruchteil derjenigen für eine neue Primärmetallhütte dar. Die Sekundäraluminiumindustrie verwendet vorwiegend gas- und ölbeheizte Flammöfen, daneben Induktionsöfen sowie Drehöfen, letztere häufig in Verbindung mit Salzbädern. Durch Vorreinigungsanlagen versucht man, die Verluste beim Einschmelzen in Grenzen zu halten und die Legierungsbestandteile des Schrottes zu erhalten.

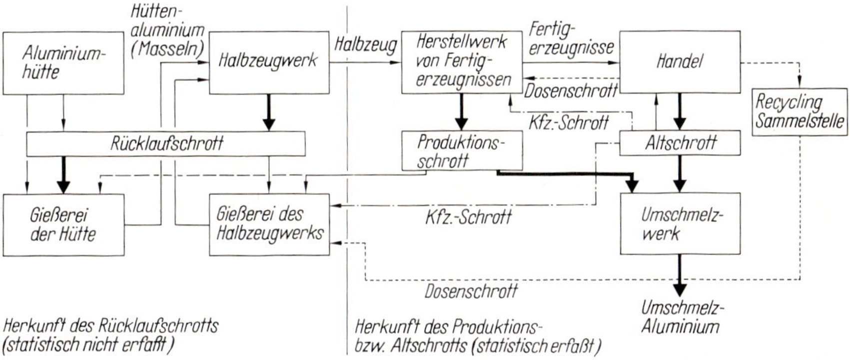

Bild 10: Herkunft und Wiederverwendung von Aluminiumschrott.

Die Hauptmenge des Sekundäraluminiums wurde bisher für Gußteile verwendet. Jetzt bemüht man sich, auch andere Anwendungsgebiete zu erschließen. Wenn größere Mengen eines Spezialproduktes, wie z. B. in den USA Getränkedosen, verfügbar sind, kann das darin enthaltene Metall wieder für das gleiche Produkt eingesetzt werden. Das Dosenband befindet sich daher in den USA immer mehr im geschlossenen Kreislauf.

Aussichten für die Wiedergewinnung

Das Recyclieren von Aluminium hilft Energie und Rohstoffe zu sparen. Zahlreiche Veröffentlichungen weisen darauf hin, daß die Rückgewinnung von Aluminium aus Schrott nur 5% des Energieaufwandes für die Herstellung von Primäraluminium erfordert. Recyclierung wird daher mit steigenden Energiekosten immer attraktiver.

Aluminium und Energie

Um über Energiefragen im Zusammenhang mit Aluminium ein zutreffendes Bild zu bekommen, sind die folgenden Teilaspekte zu betrachten:

I. Energieaufwand zur Herstellung von Aluminium.
II. Energieeinsparungen durch Konstruktionselemente aus Aluminium.
III. Aluminium als „Energiebank"

I. Der Energieaufwand zur Herstellung von Aluminium

Die Herstellung des Hüttenaluminiums erfordert zur Zeit etwa 15 kWh/kg Aluminium. Früher war der Energieverbrauch wesentlich höher (Bild 11). Für Sekundäraluminium werden dagegen nur etwa 0,8 kWh/kg benötigt. Von der in der westlichen Welt installierten elektrischen Leistung werden nur etwa 2% für Aluminiumhütten in Anspruch genommen, in hochentwickelten Industrieländern sogar nur 1,5 bis 1,9%. 58% der für Aluminiumerzeugung eingesetzten Energie stammen aus Wasserkraft.
Es ist festzuhalten, daß die Aluminiumhütten ihre elektrische Energie als Grundlast beziehen. Aluminiumhütten sind als Grundlastverbraucher großer thermischer Kraftwerke erwünscht. Nur wenige Industrien verbrauchen „rund um die Uhr" gleichmäßig Strom. Ein weiterer Aspekt des Stromverbrauchs von Aluminiumhütten resultiert daraus, daß elektrische Energie regional einen unterschiedlichen Stellenwert hat. In vielen Ländern mit Wasserkraft besteht das Problem, daß man die Ressourcen mangels Verbrauchern und wegen zu hoher Stromtransportkosten nicht ausnützen kann. Bei solchen „elektrischen Inseln", wie z. B. Island oder Venezuela, stellen die Herstellung und der Export von Hüttenaluminium eine sehr erwünschte Problemlösung dar.
Werfen wir einen Blick in die Zukunft, so besteht kein Zweifel, daß neue Hütten am ehesten in Entwicklungsländern mit großen Energiereserven entstehen werden. Diese Prognose wird dadurch gestützt, daß in der Dritten Welt ein riesiges ungenutztes Wasserkraftpotential besteht, das ohne weiteres gestatten würde, die heutige Weltaluminiumproduktion zu verzehnfachen.

II. Energieeinsparungen durch Konstruktionselemente aus Aluminium

Beim Energietransport ist Kupfer bereits in großem Maße durch Aluminium ersetzt worden, insbesondere bei Freileitungen und Stromschienen. Damit können die Kupferreserven geschont werden, welche schon in wenigen Jahrzehnten knapp werden. Außerdem werden die dann noch vorhandenen metallarmen Kupfererze in der Aufarbeitung extrem energieintensiv sein. Der Stromtransport über große Distanzen geschieht heute fast ausschließlich über Aluminiumleiter. Da neue Energieversorgungssysteme hauptsächlich auf elektrischer Energie basieren, ist somit Aluminium ein unentbehrliches Material.
Energie sollte nach Möglichkeit wirtschaftlich genutzt werden. Immer wichtiger wird daher die Wärmerückgewinnung, bei welcher die gute Wärmeleitfähigkeit und Korrosionsbeständigkeit des Aluminiums zum Tragen kommen. Der Einsatz eines Aluminiumwärmetauschers kann sich bereits innerhalb eines Jahres bezahlt machen, insbesondere in Gebäuden, bei denen der Luftwechsel über spezielle Belüftungssysteme erfolgt. Die gute Wärmeleitfähigkeit ist zusammen mit der Beständigkeit gegen Witterungseinflüsse auch der Grund, daß Aluminium bei der Nutzung der Sonnenenergie ein bevorzugter Werkstoff ist.

Beim Personenwagen schreitet die Aluminiumanwendung stetig voran. In USA, Japan und Europa ist man dabei, Teil für Teil auf Einsatzmöglichkeiten von Aluminium hin zu untersuchen. Die Einsparungsmöglichkeiten an Treibstoff durch Gewichtsverringerung der Wagen sind beachtlich. Weil die Wagen in Amerika zum überwiegenden Teil groß und schwer sind, ist dort auch die Chance, Aluminium einzusetzen, größer als in Europa oder Japan. Noch günstiger sind die Möglichkeiten bei Straßen-Nutzfahrzeugen, wenn zum Beispiel Mulde und Unterbau aus Aluminium hergestellt werden.

A = Mehraufwand an Energie gegenüber Stahl bei der Herstellung.

B = Energieeinsparung während der Lebensdauer des Wagens.

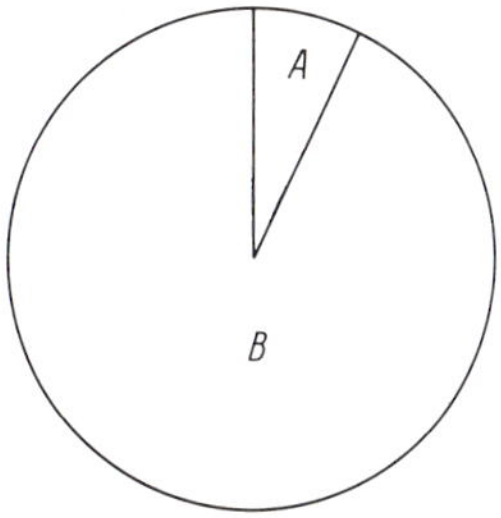

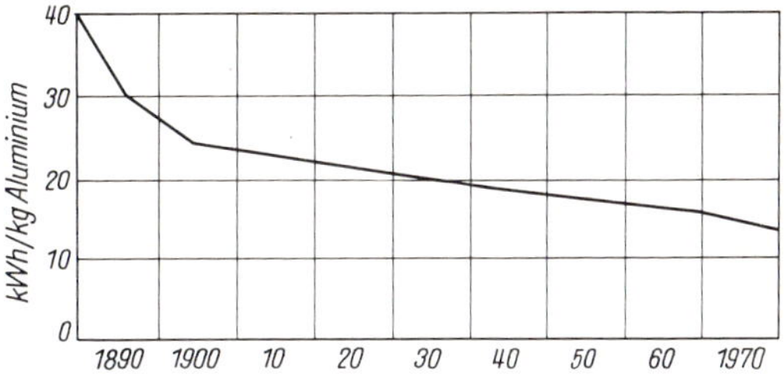

Bild 11: Sinkender spezifischer Energieverbrauch bei der Herstellung von Hüttenaluminium.

Bild 12: U-Bahn-Wagen aus Aluminium. Nach durchschnittlich 1,6 Betriebsjahren ist der Energieaufwand bei der Herstellung bereits durch Energieeinsparungen beim Betrieb ausgeglichen.

Nun eines von vielen Beispielen aus dem Schienenverkehr. Zum Transport von Phosphaten und auch anderen Schüttgütern wurden Spezialwagen entwickelt. Während einer Betriebszeit von ca. 30 Jahren „verdienen" diese Wagen 7,5mal den Energie-Mehraufwand, der für die Gewinnung von Aluminium gegenüber Stahl gebraucht wurde. Vorortszüge, Untergrund- und Schnellbahnen mit hohem Aluminiumanteil in Chassis und Aufbauten sind Paradebeispiele für einen sinnvollen Einsatz von Aluminium. Die Energieeinsparungen fallen hier wegen des häufigen Bremsens und Beschleunigens besonders ins Gewicht. Der Energiemehraufwand für das Aluminium ist gegenüber Stahlkonstruktionen oft schon in 1 bis 2 Jahren durch die Stromeinsparung beim Betrieb der Wagen ausgeglichen. Anschließend hat man für die restliche Lebensdauer von meist über 20 Jahren reine Nettoenergieeinsparungen (Bild 12).

III. Energiebedarf beim Recycling

Bei der Wiederaufbereitung gebrauchter Produkte bietet Aluminium Vorteile. Aluminium ist eine „Energiebank". Aluminiumschrott kann mit nur 5% des Energieaufwandes wieder aufbereitet werden, der sonst für die Gewinnung von Primärmetall aufgewendet werden müßte. Es ist daher logisch und vernünftig, die „Energiebank" durch Recycling zu nützen.

Ausblick

Wir kommen zu dem Schluß, daß Aluminium noch eine große Zukunft hat. Warum?
1. Zunächst einmal wird Aluminium von einer modernen Gesellschaft dringend benötigt: Es ist z. B. unersetzlich im Transportwesen und für die Elektrizitätsversorgung.
2. Die Aluminiumindustrie ist in der glücklichen Lage, daß ihre Energie- und Rohmaterialversorgung auf lange Zeit gesichert ist. Zur Deckung des Energiebedarfs steht, zumindest in Asien und Afrika, Wasserkraft ausreichend und für lange Zeit zur Verfügung. Das gleiche gilt für Kohle in Australien, China und den USA.
3. Die Verwendung von Aluminium führt zu erheblichen Energieeinsparungen, die den Energieaufwand für die Gewinnung des Primärmetalls in vielen Fällen bei weitem übertreffen. Diesbezügliche Kritik ist daher nicht angebracht. Wir sehen hier keine Bedrohung, vielmehr neue Chancen für das Aluminium. Für die weitere Entwicklung der Aluminiumindustrie sehen wir daher keine grundsätzlichen Schwierigkeiten.

Das einzig wirkliche Problem ist der hohe Kapitalbedarf für neue Hütten.

Die ersten zwei Kapitel dieses Buches sollten dem Leser die Grundlagen über die Aluminiumgewinnung, seine Anwendung und seine Zukunft, sowie einige Informationen über das Umfeld der Aluminiumindustrie und ihre Roh- und Hilfsstoffe geben. Jetzt wenden wir uns der Verarbeitung des Aluminiums zu.

Die Verarbeitung des Aluminiums

Gießereien

Strangguß

In den Gießereien der Hütten- und Halbzeugwerke werden Hüttenaluminium und Fabrikationsabfälle zu Walzbarren, Preßbolzen und Drahtbarren, in geringerem Ausmaße auch zu Schmiedebolzen vergossen. In den Schmelz- oder Gießöfen werden die in Frage kommenden Legierungsmetalle zugesetzt; diesen Arbeitsgang nennt man „Gattieren". Die Schmelze wird anschließend gereinigt und dann vergossen. In den Gießereien der Hüttenwerke wird außerdem ein Teil des aus der Elektrolyse kommenden Metalles in Form von Masseln vergossen.

Bild 13: Die wichtigsten Arbeitsgänge in Halbzeugwerk und Formgießerei. Sondergießverfahren wie Bandgießen oder Drahtgießen wurden nicht eingezeichnet.

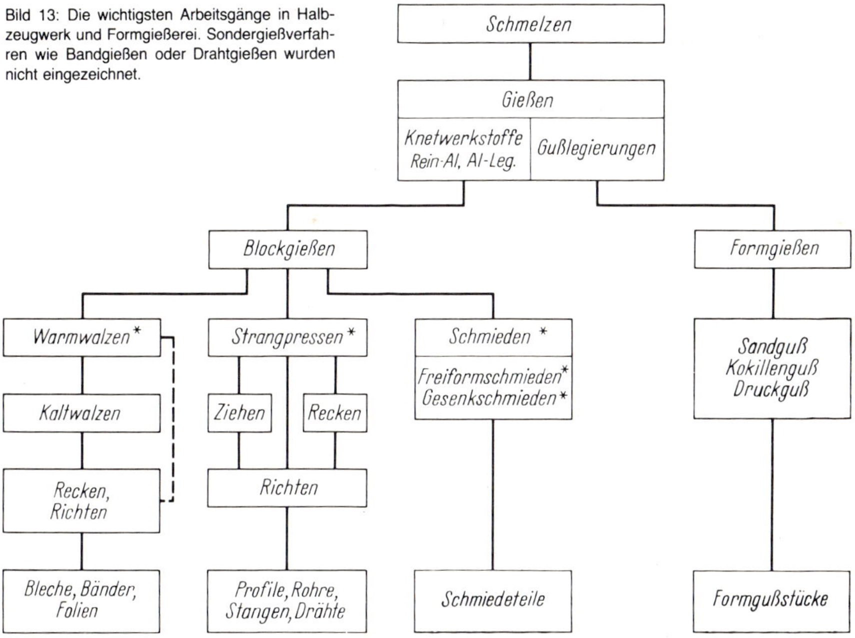

* Diese Formgebungsprozesse werden bei 350 bis 550 °C durchgeführt und daher als Warmumformung oder „Kneten" bezeichnet.

Formguß

In den Formgießereien werden „Gußstücke", auch Formgußteile genannt, meist aus fertig angelieferten Legierungen hergestellt. Die angelieferten Gußlegierungen stammen mehrheitlich aus Schrottumschmelzwerken. Teilweise werden sie auch aus Hüttenmetall hergestellt, insbesondere für Formgußteile, welche höheren Ansprüchen genügen müssen, die nur mit einem geringen Gehalt an Verunreinigungen (z. B. an Eisen) realisiert werden können.

Das Formgießen wird in drei Gruppen von Gießverfahren unterteilt: Sandguß, Kokillenguß und Druckguß, die jeweils in einem Arbeitsgang das fertige Formgußteil liefern.
Im Unterschied zu einem Halbzeugwerk liefert somit eine Formgießerei bereits Produkte, welche keiner weiteren Formgebung mehr unterworfen werden. In dem Sinne sind die Formgießereien nicht unbedingt zu den Halbzeugwerken zu zählen, daher sind sie in Bild 13 auch separat aufgeführt.

Sondergießverfahren

Hierzu gehört das kontinuierliche Gießen von Drahtmaterial oder Bändern. Das Bandgießen erfährt neuerdings eine rasche Verbreitung.

Halbzeugwerke

Das Aluminium-Halbzeugwerk erhält die zu verarbeitenden Barren, Bänder oder Bolzen entweder von einer Hütte oder aus einem eigenen Umschmelzbetrieb.
Die typischen Arbeitsgänge in einem Halbzeugwerk sind in Bild 13 wiedergegeben.
In den Halbzeugwerken wird zunächst ein „Kneten" der gegossenen Blöcke durchgeführt, d. h. eine Umformung bei Temperaturen von ca. 350 bis 550 °C. Je nach dem hierfür angewendeten Verfahren spricht man von Warmwalzen, Strangpressen oder Schmieden. Anschließend erfolgt oftmals eine Kaltumformung, z. B. das Kaltwalzen von Bändern oder Blechen oder das Ziehen von Drähten.
Ein Teil des Halbzeuges wird im warmumgeformten Zustand an die weiterverarbeitenden Firmen geliefert, und zwar in der Form von Strangpreßprofilen, Schmiedeteilen oder warmgewalzten Blechen oder Bändern.
Bei Profilen erfolgt vor der Auslieferung durch das Halbzeugwerk teilweise eine schwache Kaltumformung durch Recken oder Richten der nach dem Strangpressen zunächst leicht verworfenen Profile.

Die Weiterverarbeitung von Aluminiumhalbzeug

Bei der Weiterverarbeitung durchläuft das Halbzeug die letzte Fabrikationsetappe, bevor es in der Gestalt eines Fertigproduktes an den Verbraucher gelangt. Die Gruppe der Verarbeiter von Aluminiumhalbzeug ist sehr umfangreich. Die angewendeten Bearbeitungsverfahren sind mannigfaltig.
Die Verarbeiter geben dem Aluminiumhalbzeug zunächst die gewünschte Form. Die angewendeten Verfahren der Formgebung sind entweder spanlos (Tiefziehen, Streckziehen, Fließpressen, Drücken, Abkanten, Profilieren etc.) oder spanabhebend (Fräsen, Drehen, Bohren etc.).
Eine besondere Bedeutung kommt beim Aluminium sodann der Oberflächenbehandlung zu, wobei das mechanische Polieren, das Beizen oder das Glänzen des Aluminiums durch elektrolytische oder chemische Prozesse sowie das Aufbringen verstärkter Oxidschichten durch Anodisieren, z. B. „Eloxieren"*), zur Anwendung gelangen.
Schließlich dürfen auch die Verbindungsverfahren nicht vergessen werden, die in neuerer Zeit sehr verbessert werden konnten, vor allen Dingen durch die rasche Verbreitung des Schweißens unter Schutzgas sowie des Klebens.

---

*) geschütztes Markenwort.

Die verschiedenen Aluminiumlegierungen

Wir wissen bereits, daß zur Herstellung des Halbzeuges drei Metallsorten verwendet werden, nämlich: Reinstaluminium (99,99% Al), Reinaluminium (99,0 bis 99,9% Al) und Aluminiumlegierungen, wobei letztere meist auf Reinaluminium oder umgeschmolzenem Schrott basieren.
In Deutschland wird z. Z. etwas mehr als die Hälfte der Halbzeugfabrikation in Legierungen ausgeliefert, der Rest in Reinaluminium, abgesehen von kleinen Mengen an Reinstaluminium.
Die Zugabe der Legierungszusätze bezweckt allgemein eine Festigkeitssteigerung bei Knetlegierungen und eine Verbesserung der Gießbarkeit bei Gußlegierungen.
Die wichtigsten Metalle, die dem Aluminium üblicherweise zulegiert werden, sind in alphabetischer Reihenfolge: Blei (Pb), Bor (B), Cadmium (Cd), Chrom (Cr), Eisen (Fe), Kupfer (Cu), Magnesium (Mg), Mangan (Mn), Nickel (Ni), Silizium (Si), Titan (Ti), Wismut (Bi), Zink (Zn) und Zirkon (Zr).

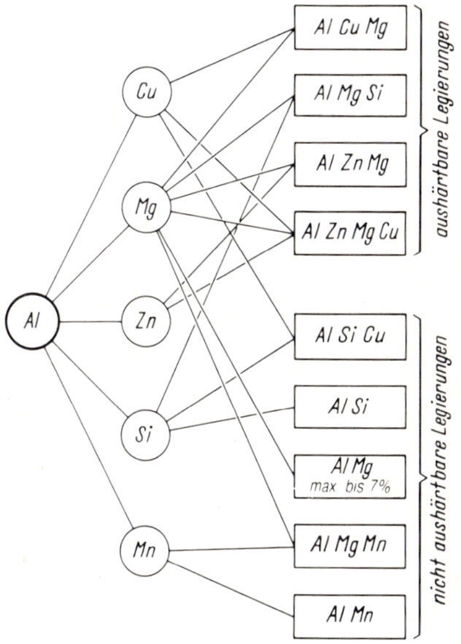

Bild 14: Übersicht über die gebräuchlichsten Aluminiumlegierungen (technische Legierungen auf Basis Reinaluminium) AL = Aluminium, Cu = Kupfer, Mg = Magnesium, Zn = Zink, Si = Silizium, Mn = Mangan. Bei Knetlegierungen liegen die einzelnen Zusätze meist zwischen 0,5 und 5%. Bei Gußlegierungen kommen höhere Zusätze vor, insbesondere von Silizium, welche bis zu 25% betragen.

Durch die meist verwendeten Legierungszusätze werden insbesondere folgende Eigenschaftsänderungen hervorgerufen:
Die Festigkeit wird erhöht durch Zusätze von Magnesium (max. bis 7%); für hochfeste Legierungen durch Zusatz von Magnesium gemeinsam mit Silizium, Zink oder Kupfer. Diese Elemente werden bei Knetlegierungen auch gleichzeitig bis zu insgesamt 8% zugesetzt. Bei Gußlegierungen liegen die Gehalte unter Umständen erheblich höher.
Die Gießbarkeit wird insbesondere verbessert durch Siliziumgehalte bis zu 13%.
Eine gute Maßkonstanz bei Erwärmung (Motorkolben) wird gewährleistet durch Siliziumgehalte bis 25%.
Eine gute Warmfestigkeit wird durch Zusätze von Kupfer (bis 4%) und/oder von Nickel, Mangan oder Eisen bis je 1% erzielt.
Gute chemische Beständigkeit haben Legierungen mit Zusätzen von Magnesium, Mangan oder einer Kombination von Magnesium und Silizium.

Für stark verbesserte Spanbarkeit werden die Elemente Blei, Wismut und Cadmium bis zu je 0,6% zugesetzt.
Feinkörnigkeit des Gußgefüges erhält man insbesondere durch Zusatz von Titan und Bor (bis 0,1%).
Ein feines Korn bei der Rekristallisation von Halbzeug wird oft durch einen Chrom- oder Zirkongehalt von ca. 0,1% erzielt. Auch andere Legierungselemente wirken in dieser Richtung, z. B. der Eisen- und Mangangehalt.
Im übrigen ist zu unterscheiden zwischen ,,Knetlegierungen" und ,,Gußlegierungen". Erstere sind für spanlose Formgebungsprozesse geeignet, also z. B. zum Abwalzen, Schmieden, Strangpressen. Letztere werden für das Formgießen verwendet und zeichnen sich durch besonders gute ,,Gießbarkeit" aus. Eine gut gießbare Legierung muß z. B. ein gutes Formfüllungsvermögen und eine geringe Rißempfindlichkeit beim Gießen haben. In Bild 14 wird ein schematischer Überblick über die in Deutschland z. Z. gebräuchlichsten technischen Aluminium-Legierungen gegeben.
Am häufigsten kommen Zusätze von Magnesium zu Aluminium vor. Bei einigen Legierungen wird außer Magnesium noch Kupfer, Zink, Silizium und/oder Mangan zugegeben. Auch gibt es Legierungen von Aluminium allein mit Mangan oder allein mit Silizium, wobei letztere hauptsächlich für Formgußstücke Verwendung finden (ebenso wie der Legierungstyp AlSiCu).
Die technischen Legierungen werden in nicht aushärtbare (oder ,,naturharte") und aushärtbare Legierungen unterteilt. Letztere erreichen oder übertreffen die Festigkeit von normalem Baustahl. Den Unterschied zwischen den beiden genannten Legierungsgruppen kann man allerdings erst richtig verstehen, wenn man gelernt hat, das Aluminium ,,von innen her" zu betrachten. Weiterhin gibt es noch Legierungen auf der Basis von Reinstaluminium. Hier werden in der Hauptsache Zusätze von Magnesium verwendet, welche zwischen 0,5 und 2% liegen. Die entsprechenden Legierungen werden auch als ,,Reflectal"*) bezeichnet (DIN-Bezeichnung: Al R Mg). Sie dienen in erster Linie zur Herstellung von Teilen, die einen hohen Glanz oder ein ausgezeichnetes Reflexionsvermögen aufweisen sollen, also z. B. von Schmuckgegenständen, Reflektoren oder Zierteilen.
Auch Reinaluminium wird für verschiedene Zwecke in ganz bestimmten Reinheitsgraden eingesetzt. Diese variieren zwischen 98,3 und 99,9% Aluminiumgehalt.
Schließlich gibt es noch verschiedene Speziallegierungen, welche aber nur einen relativ geringen Prozentsatz an der Gesamterzeugung des Aluminium-Halbzeuges ausmachen und daher in dem Schema nicht aufgeführt worden sind. Zu diesen Speziallegierungen gehören z. B. die Kolbenlegierungen oder die ,,Bohr- und Drehlegierungen"; letztere enthalten Blei- und andere Zusätze, die bewirken, daß beim spanabhebenden Bearbeiten des Aluminiums der entstehende Span in kleine Stücke zerbricht, was arbeitstechnisch erwünscht ist.
Nachdem wir nunmehr die wichtigsten äußeren Gegebenheiten bei der Herstellung des Aluminiums kennengelernt haben, können wir uns unserem eigentlichen Thema zuwenden.

---

*) geschütztes Markenwort.

III. Innerer Aufbau des Aluminiums

Gefügeuntersuchungen

Um die Eigenschaften des Aluminiums zu verstehen, sind einige Kenntnisse über die kleinen und kleinsten Bausteine notwendig, aus denen sich das Aluminium zusammensetzt. Die Gesamtheit dieser Bausteine wird als ,,Metallgefüge" bezeichnet.

Um das Gefüge zu untersuchen, wird durch eine Aluminiumprobe ein Schnitt gelegt. Die Schnittfläche wird nötigenfalls geschliffen und zur Sichtbarmachung des Gefüges meistens mit geeigneten Chemikalien geätzt.

Bei einer solchen ,,metallographischen Untersuchung" des Gefügeaufbaus können drei verschiedene Vergrößerungen angewendet werden. Dies wird in Bild 15 schematisch erläutert, und zwar am Beispiel des Gefüges einer kaltverformten sowie einer anschließend weichgeglühten Probe.

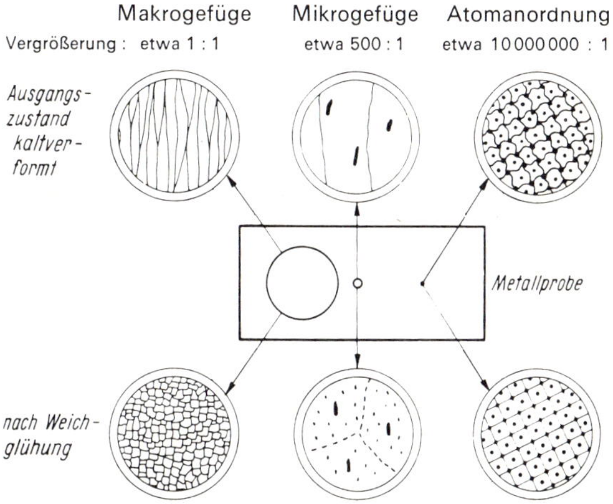

Bild 15: Untersuchung des Metallgefüges bei drei verschiedenen Vergrößerungen.

Makroskopischer Aufbau

Nach der Ätzung der Probenoberfläche erkennt man mit bloßem Auge die einzelnen Körner, aus denen das Metall zusammengesetzt ist, das ,,Makrogefüge" im linken Teil von Bild 15. Ein Korn hat im plastisch verformten Gefüge meistens Durchmesser zwischen 0,01 mm und 1 mm, im Gußgefüge kommen erheblich größere Körner vor. Im kaltverformten Gefüge sind die Körner meistens langgestreckt. Bei der Weichglühung entsteht ein neues Korngefüge. Hierauf werden wir noch im einzelnen zurückkommen.

Mikroskopischer Aufbau

Bei der lichtmikroskopischen Untersuchung werden meistens Vergrößerungen von etwa 50fach bis 1000fach angewendet. Dabei erkennt man das Mikrogefüge und insbesondere die in das Aluminiumgefüge eingebetteten Einlagerungen (,,Heterogenitäten"), welche durch Legierungs-

elemente oder natürliche Verunreinigungen des Metalles bedingt sind. Derartige Einlagerungen verändern sich bei einer thermischen Behandlung des Gefüges, wie bei der 500fachen Vergrößerung in Bild 15 zu erkennen ist. Außerdem finden sich im Metallgefüge Hohlräume („Poren" oder „Lunker"), welche teilweise auch mit bloßem Auge erkannt werden können.
Für verfeinerte oder wissenschaftliche Untersuchungen wird außer dem Lichtmikroskop auch das Elektronenmikroskop herangezogen. Dabei wird das Metallgefüge mit Vergrößerungen bis zu etwa 100000fach untersucht. Hierbei werden feinste Heterogenitäten, insbesondere „Ausscheidungen", welche im festen Zustand entstehen, sowie sogenannte „Subkörner" deutlich sichtbar gemacht. Bei den Subkörnern handelt es sich um Teilbereiche der Körner, welche bei einer Entfestigungsglühung oder bei der plastischen Verformung entstehen. Körner, Einlagerungen, Ausscheidungen und Subkörner haften innerhalb des Metallgefüges auf Grund der atomaren Anziehungskräfte fest zusammen, jedenfalls bei den technisch angewendeten Werkstoffen.

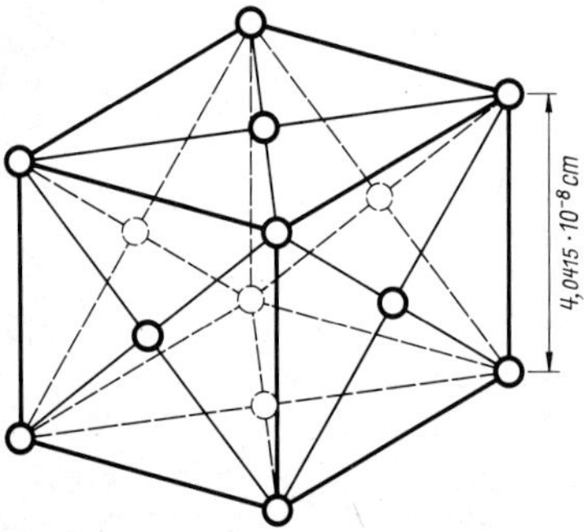

Bild 16a: Kubisch-flächenzentriertes Gitter des Aluminiums. Die Elementarzelle enthält 4 Atome. Für die Darstellung sind 14 Atome gezeichnet, von denen jedoch 10 den benachbarten Elementarzellen zuzuordnen sind.

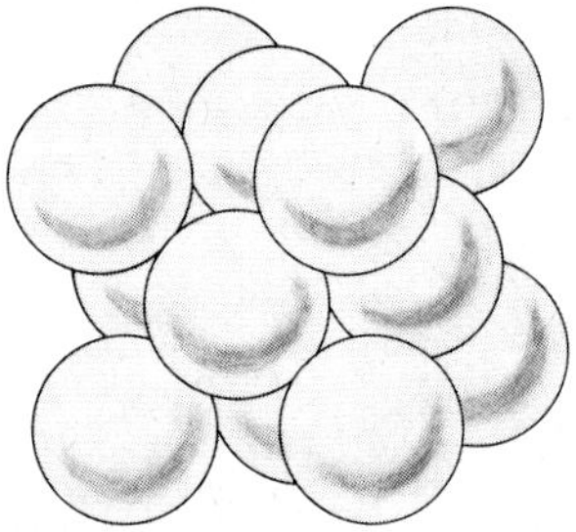

Bild 16b: Veranschaulichung der „dichtesten Kugelpakkung" der Atome im Gitterbau des Aluminiums. In Bild 16a wurden der besseren Übersicht halber nur die Kerne der Atome eingezeichnet. In Wirklichkeit berühren sich aber die Atome gegenseitig in einer „dichtesten Kugelpakkung".

Atomistischer Aufbau

Die Aluminiumatome, aus denen das Metall besteht, sind in einem dreidimensionalen gitterähnlichen Aufbau angeordnet. Dieser ist typisch für alle kristallinen Materialien, somit also auch für alle festen Metalle. Im Gegensatz dazu gibt es auch „amorphe" Substanzen, in denen die Atome keine regelmäßige Anordnung aufweisen; Flüssigkeiten sind typisch amorphe Körper. Aber auch feste Körper können amorph sein, so z. B. Glas.
Zur Untersuchung des Gitterbaus bedient man sich vorzugsweise der „Feinstrukturuntersuchung" durch Röntgenstrahlen.
In den Bildern 16a und 16b ist der Gitterbau des Aluminiums dargestellt („kubisch-flächenzentriertes Gitter").
Im rechten Teil von Bild 15 wurde schematisch angedeutet, daß eine Kaltumformung gewisse Gitterverzerrungen ergibt. Ein Korn im Metallgefüge des reinen und unverformten Aluminiums weist hingegen ein weitgehend kontinuierliches Gitter mit geradlinig verlaufenden Gitterebenen auf und ist somit als ein einheitlicher Kristall aufzufassen. An der Grenze zum Nachbarkorn wechselt die Richtung der Gitterebenen. Zwei benachbarte Körner haben somit unterschiedli-

che „Orientierungen“ im Gefüge. Dies wird z. B. in Bild 20 auf Seite 32 schematisch veranschaulicht. Wie man erkennt, treten an Korngrenzen gewisse Gitterbaufehler auf. Auf die verschiedenen Gitterbaufehler, welche für die Eigenschaften der Metalle auch unabhängig von den Korngrenzen große Bedeutung haben, werden wir später noch im einzelnen zurückkommen.

Warum das Aluminium von innen betrachten?

Eine Einführung in die Metallkunde des Aluminiums ist im Rahmen der metallverarbeitenden Industrie insbesondere für die folgenden Problemkreise von Interesse:

Vorgänge im Metallgefüge während der Verarbeitung des Aluminiums

Um eine Vorstellung von den z. B. beim Gießen, Umformen oder Glühen des Aluminiums ablaufenden Vorgängen zu erlangen, ist es notwendig, den meist bezogenen Standort einmal zu verlassen, d. h. das Aluminium nicht mehr von außen, sondern von innen her zu betrachten.
Bei der Verfolgung eines speziellen Problems, z. B. bei der Herstellung oder Verarbeitung von Halbzeug, empfiehlt es sich, die folgenden drei Gruppen von Einflußgrößen bzw. Beobachtungen zunächst gedanklich zu trennen.
A. Maßnahmen und die ihnen zugeordneten Einflußgrößen, wie Legierungszusammensetzung, Gießbedingungen sowie die Variablen bei der Umformung oder Wärmebehandlung des Metalles.
B. Vorgänge im Gefüge, verursacht durch eine oder mehrere der unter A genannten Einflußgrößen.
C. Eigenschaften des Zwischen- oder Endproduktes, z. B. Umformbarkeit, mechanische Kennwerte, Korrosionsverhalten.
Bei der Verfolgung eines betrieblichen Qualitätsproblems wird oft von einer vorliegenden Beobachtung am Endprodukt ein Rückschluß auf die in Frage kommende(n) Maßnahme(n) und die zugeordnete(n) Einflußgröße(n) gezogen (kausale Verknüpfung von C→A). Bei einem Entwicklungsprojekt oder bei betrieblichen Anstrengungen um Qualitätsverbesserung liegen oftmals A→C-Schlüsse vor. In beiden Fällen fehlt die Untersuchung der Vorgänge im Gefüge (B). Ein Hauptzweck des vorliegenden Buches ist es nun, dem Leser ein gewisses Verständnis für die in Gruppe B zusammengefaßten Phänomene zu vermitteln. Dies schafft die Voraussetzung, um für die Beurteilung einer speziellen Frage bei der Verarbeitung des Aluminiums die gesamte kausale Kette A→B→C oder C→B→A für die Abklärung heranzuziehen.

Anforderungen der Verbraucher an die Eigenschaften der Aluminiumwerkstoffe und des Halbzeugs

An die aus Aluminium hergestellten Fabrikate werden häufig spezielle Anforderungen gestellt, z. B. bezüglich Festigkeitswerten, Umformbarkeit oder Oberflächeneigenschaften. Dies führt dazu, daß zwischen Lieferanten und Verarbeitern von Aluminiumhalbzeug spezifische Probleme abzuklären sind, wobei Betriebstechniker, Laborpersonal, Einkäufer und Verkäufer miteinander ins Gespräch kommen – darunter vielfach Spezialisten für ein verhältnismäßig enges Gebiet. Dabei stehen oft Werkstoffkennwerte oder Gefügeeigenschaften des Aluminiums im einzelnen zur Diskussion. So kann es vorkommen, daß z. B. im Falle einer

Reklamation oder bei der Ausarbeitung von Abnahmebedingungen Worte wie „Korngröße", „Dehnung", „E-Modul" oder „Korrosionsbeständigkeit" usw. hin und her wechseln, ohne daß alle am Gespräch Beteiligten sich über diese Begriffe wirklich im klaren sind.
In vielen Fällen genügt es eben nicht, sich an Hand von Normblättern oder Firmenprospekten über die in Frage kommenden Werkstoffkennwerte zu orientieren, sondern es ist eine gewisse Kenntnis der Metallkunde des Aluminiums erforderlich, um die Ansatzpunkte zur Beeinflussung der Eigenschaften der Aluminiumwerkstoffe zu verstehen.

Gefügeaufbau und Eigenschaften

Das Aluminium hat im festen Zustand mit anderen Gebrauchsmetallen die folgenden Eigenschaften gemeinsam:
- Kristalliner Aufbau,
- Hohe elektrische und thermische Leitfähigkeit,
- Plastische Umformbarkeit,
- Gutes Reflexionsvermögen der Oberfläche.

Betrachtet man die für die Technik wichtigen Werkstoffkennwerte des Aluminiums, so können diese in folgende zwei Gruppen (I und II) unterteilt werden:

I. Gefügeunabhängige Eigenschaften

Hier sind vor allem Schmelzpunkt und Dichte (spez. Masse) zu nennen. Diese Eigenschaften sprechen auf den jeweiligen Gefügezustand nicht an. Der Elastizitätsmodul, eine für die konstruktive Anwendung des Aluminiums grundlegend wichtige Größe, ändert sich weder durch Legierungszusätze noch durch unterschiedliche Gefügezustände in merklichem Ausmaß*).
Auch die Wärmeleitfähigkeit ist weitgehend unabhängig von Gefüge und Zusammensetzung.

II. Gefügeabhängige Eigenschaften

Eine Anzahl der technologisch wichtigen Werkstoffkennwerte des Aluminiums kann durch geeignete Maßnahmen wie Legierungszusätze, plastische Verformung oder Wärmebehandlung um mehr als den Faktor zehn verändert werden. Hier sind insbesondere folgende Eigenschaften zu nennen: Festigkeitswerte, Umformbarkeit sowie Korrosionsbeständigkeit.
Auch die elektrische Leitfähigkeit gehört zu den deutlich gefügeabhängigen Größen. Die größten Unterschiede betragen hier etwa 1:2 (Al 99,99 zu G–AlSi 12). Bei den für die Stromleitung in größerer Menge verwendeten Aluminiumwerkstoffen treten allerdings lediglich Veränderungen um etwa ±20% in Abhängigkeit von Gefügezustand und Legierungselementen auf, was aber für die Elektrotechnik trotzdem erhebliche Bedeutung haben kann.
Mit den gefügeabhängigen Eigenschaften werden wir uns im folgenden noch eingehend befassen, um die kausale Kette zwischen Maßnahmen (A), Vorgängen im Gefüge (B) und gefügeabhängigen Werkstoffeigenschaften (C) an Hand konkreter Beispiele zu erläutern.
Als erstes Beispiel dieser Art werden wir auf die Erstarrung des Aluminiums aus der Schmelze eingehen.

---

*) Der E-Modul wird durch den Gitterbau und die atomistische Struktur des Basismetalls festgelegt. Ein relativ geringer Einfluß von Legierungszusätzen auf den E-Modul ist vorhanden. Seine genaue Bestimmung ist aber abhängig von Gefügezustand, Textur, Prüfmethode etc., so daß man für alle Aluminium-Werkstoffe (mit über ca. 75% Al-Gehalt) den E-Modul vorerst einheitlich mit 72000 N/mm² angibt, solange die Einflußgrößen nicht besser beurteilt werden können.

IV. Entstehung des Gußgefüges

Atomistische Betrachtung der Erstarrung von Aluminiumschmelzen

Erhitzt man das Aluminium, so geht oberhalb des Schmelzpunktes von 660 °C der kristalline Zustand verloren. In der Schmelze sind die Atome weitgehend ungeordnet. Kühlt man nun die Schmelze bis auf die Erstarrungstemperatur ab, so nehmen die Atome wieder ihre Plätze in dem regelmäßigen Kristallgitter ein (Bilder 16 und 17). Bei der Erstarrung ordnen sich die Atome so, daß an den Ecken und auch in den Flächenmitten eines Würfels je ein Atom liegt (Bild 16). Die Kristallisation des Aluminiums aus der Schmelze wollen wir in einem Vergleich veranschaulichen: Stellt man sich einen leeren Vortragssaal vor, in dem die Stühle in Reih und Glied stehen, so entspricht dies den starren Gitterplätzen, auf denen die Atome im kristallinen Zustand sitzen. Wenn man sich dazu einen benachbarten Raum vorstellt, in dem eine große Anzahl von Menschen herumläuft, so entspricht dieses Bild dem schmelzflüssigen Zustand.

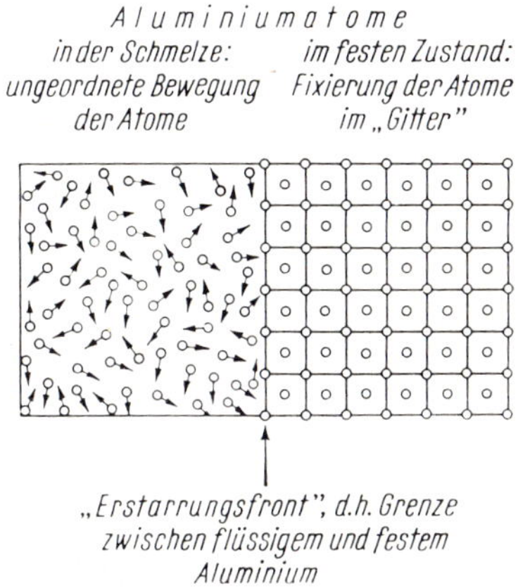

Bild 17: Verhalten der Atome bei der Kristallisation des Aluminiums (d. h. also bei der Erstarrung einer Aluminiumschmelze).

Wenn nun auf ein Kommando hin diese durcheinander laufenden Leute die festen Plätze in den Stuhlreihen aufsuchen, so entspricht dieser Vorgang der Kristallisation, das heißt der Erstarrung des Aluminiums beim Abkühlen der Schmelze (Bild 17). Natürlich brauchen diese vielen Menschen eine gewisse Zeit, bis sie alle ihre Plätze aufgesucht haben, und ebenso brauchen auch die Aluminiumatome eine gewisse Zeit, um auf ihre Gitterplätze zu kommen, wenn das Aluminium erstarrt.

In diesem Punkt aber beginnt nun der Vergleich zu hinken, denn die Menschen, die ihre Sitzplätze aufsuchen, sind denkende Wesen. Woher sollen aber die Atome wissen, in welchem regelmäßigen Verband sie sich ordnen müssen? Die Erklärung ist: Die Atome ziehen sich gegenseitig an, und haben außerdem einen bestimmten Atomdurchmesser, der bei jedem Metall anders ist. Die Atome werden durch ihre Anziehungskräfte bei der Erstarrung aneinander gezogen und ordnen sich so an, daß sie möglichst dicht beieinander liegen (Bild 16b). Dadurch ergibt sich für das Aluminium automatisch der bereits erwähnte Gitterbau, wobei eine sehr große Anzahl solcher würfelförmig angeordneten Atome nebeneinander und übereinander zu liegen kommt.

Eine Wärmebilanz

Jedes Aluminiumatom führt eine gewisse Energiemenge mit sich, die unterschiedlich groß ist, je nachdem ob das Metall flüssig oder erstarrt ist.
Betrachten wir vorerst den Vorgang des Aufschmelzens. Man benötigt eine bestimmte Wärmemenge, um das Aluminium auf seinen Schmelzpunkt von 660 °C zu bringen. Ist die Temperatur von 660 °C erreicht, so schmilzt das Aluminium keineswegs auf, sondern es muß zusätzlich eine sehr beträchtliche Wärmemenge aufgewandt werden, um die Atome aus ihrem Gitterverband zu sprengen und sie in die amorphe, d. h. flüssige Zustandsform zu überführen.
Um 1 kg Aluminium von 20° auf 660 °C (293 auf 933 K) zu erwärmen, sind 670 Kilo-Joule notwendig*). Um das Aluminium bei 660 °C ohne Ansteigen der Temperatur vom festen in den flüssigen Zustand zu überführen, benötigt man 396 Joule pro Gramm (auch „Schmelzwärme" genannt). Man sieht also, daß die Energie der Aluminiumatome beim Übergang fest–flüssig sehr stark zunimmt. Die höhere Energie der Atome im flüssigen Zustand macht sich in ihrer Beweglichkeit bemerkbar. Die Atome haben also im flüssigen Zustand eine höhere „Bewegungsenergie" als im festen Gefüge.

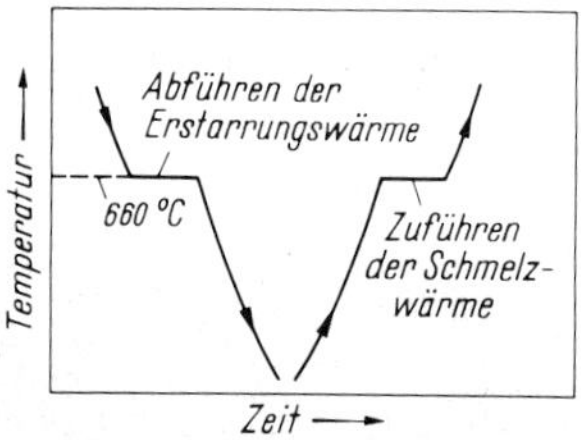

Bild 18: Erstarrungs- bzw. Aufschmelzkurve von Aluminium (99,99% Al).

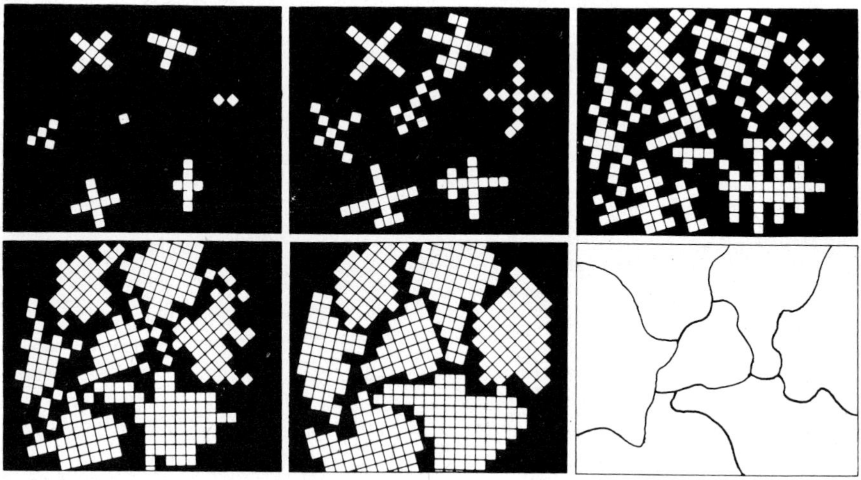

Bild 19: Entstehen des Gußgefüges (nach Rosenhain).

*) Diese Wärmemenge errechnet sich aus der „spezifischen Wärme" des Aluminiums. Die spezifische Wärme ist definiert durch die Anzahl Kilo-Joule, die man braucht, um 1 Gramm des Metalls um 1 K zu erwärmen. Sie beträgt im Bereich zwischen Raumtemperatur und Schmelztemperatur im Mittel 1,05 kJ/g K.

Betrachten wir nun den umgekehrten Vorgang, d. h. die Erstarrung der Schmelze bei 660 °C. Jetzt müssen umgekehrt wieder 396 Joule pro Gramm Aluminium durch Kühlung abgeführt werden, um die Atome in ihren energie-ärmeren kristallinen Zustand zurückzuführen. Diese „Erstarrungswärme“ ist also in ihrem Betrag genauso groß wie die „Schmelzwärme“, beide unterscheiden sich nur durch ihre Vorzeichen. Wenn man daher die Aufschmelzkurve bzw. die Erstarrungskurve von Aluminium aufnimmt, so sind sich diese spiegelbildlich gleich (Bild 18). Beim Aufschmelzen bzw. beim Erstarren erfährt die zeitliche Temperaturänderung eine Verzögerung. Die Temperatur bleibt trotz Wärmezufuhr bzw. Wärmeabfuhr solange unverändert, bis die gesamte Schmelzwärme zugeführt bzw. die Erstarrungswärme abgeführt ist.
Man erkennt aus obigen Angaben leicht, daß im Temperaturbereich der Erstarrung des Aluminiums der größte Teil der abzuführenden Wärme aus der Erstarrungswärme stammt und keineswegs von der Abkühlung des festen Metalls.

Wie entsteht ein Gußkorn?

Beim Übergang von der Schmelze in die feste Zustandsform des Metalls erfolgt die Kristallisation, wie wir schon gesehen haben, dadurch, daß sich die Atome in einer möglichst dichten Packung geordnet aneinander legen. Dabei setzt der Vorgang der Kristallisation an sogenannten „Keimen“ ein. Sobald beim Abkühlen der Schmelze die Temperatur von 660 °C erreicht ist, bilden sich an einzelnen Stellen innerhalb der Schmelze Kristallisationskeime.
Diese kleinen Keime vergrößern sich sehr rasch, indem sich immer weitere Aluminiumatome geordnet an die Keime anlegen. Die dabei freiwerdende Wärme muß aber abgeführt werden. Da bei den technischen Gießverfahren ständig für Abfuhr der Wärme gesorgt wird, wachsen diese Kristallisationskeime rasch weiter, wobei schließlich die benachbarten Kristalle bei ihrem Wachstum aneinander stoßen.
In Bild 19 wird modellmäßig die Entstehung von einigen benachbarten Körnern eines Gußgefüges veranschaulicht. Der dunkle Untergrund entspricht der noch flüssigen Schmelze, ein kleiner (weißer) Würfel einer „Elementarzelle“, wie wir sie aus Bild 16 bereits kennen. Links oben sehen wir den Beginn der Erstarrung: es haben sich 7 Kristallisationskeime gebildet, von denen 6 durch Anlagerung weiterer „Elementarzellen“ bereits gewachsen sind. Der in der Mitte liegende Keim ist soeben (durch geordnetes Zusammenlagern von Atomen) entstanden. Die folgenden Bilder zeigen das zeitliche Wachstum der Kristalle, bis schließlich die gesamte Schmelze aufgezehrt ist, so daß die entstandenen Kristalle – „Gußkörner“ genannt – nunmehr an den Korngrenzen zusammenstoßen. Das Gitter der einzelnen Gußkörner ist im Raum unter verschiedenen Winkeln angeordnet.
Innerhalb eines Kornes sind die Aluminiumatome – von gewissen lokalen Fehlern abgesehen – in einem einheitlichen Gitter ausgerichtet. Die wichtigsten Gitterebenen verlaufen parallel bzw. schneiden sich unter 90° oder 45° innerhalb des Kornes (Bild 20 a). Ein anderer Keim, der zum Beispiel das Wachstum des Nachbarkornes hervorgerufen hat, hatte im Augenblick seiner Entstehung meist eine andere Lage in der Schmelze. Hieraus erklärt es sich, daß an den Korngrenzen das regelmäßige Gitter abbricht, um sich dann, um einen bestimmten Winkelbetrag geneigt, fortzusetzen. Wie bereits früher beschrieben wurde, herrscht an den Korngrenzen ein gewisser Unordnungsgrad, der dadurch gesteigert wird, daß an den Gußkorngrenzen bei den in der Technik verwendeten Werkstoffen eine stark an Fremdatomen angereicherte „Restschmelze“ zusammengedrängt wird und dann dort erstarrt. Daher stellen die Korngrenzen bzgl. der chemischen Beständigkeit oftmals die schwachen Stellen des „Gefüges“ dar. Die Anzahl der Atome innerhalb eines Gußkornes ist sehr groß. Durchschnittlich ist ein Gußkorn

etwa reiskorngroß, obwohl es auch kleinere und erheblich größere Gußkörner gibt. Innerhalb eines durchschnittlichen Gußkornes sind etwa 10^{21} Atome enthalten (10^{21} ist eine 1 mit 21 Nullen dahinter). Diese große Anzahl einzelner Atome hat sich innerhalb von etwa einer Sekunde an ihren richtigen Platz begeben.

Um die große Geschwindigkeit, mit der die Ordnung der Atome bei der Erstarrung vor sich geht, verstehen zu können, wollen wir daran erinnern, daß man sich ein Aluminiumatom als ein kugelförmiges Gebilde von 0,000286 µm (1 µm = 1 Mymeter = 1/1000 mm) Durchmesser vorzustellen hat. Wirft man nun eine große Anzahl solcher Atome in einen Kasten und rüttelt diesen einen kurzen Augenblick, so ordnen sich die Kugeln von selbst in der dichtesten Packung die möglich ist. Hierbei kommt im Falle der Aluminiumatome der in Bild 16b beschriebene Gitterbau der „dichtesten Kugelpackung" automatisch und in kürzester Zeit zustande. Der Inhalt des erwähnten Kastens entspricht dann einem „Gußkorn". Als „Rütteln" wirken die zahllosen, raschen Bewegungen der Atome. Auf diese Weise kann man die in kürzester Zeit vollzogene Einordnung einer so großen Anzahl einzelner Atome in ein regelmäßiges Gitter verstehen*).

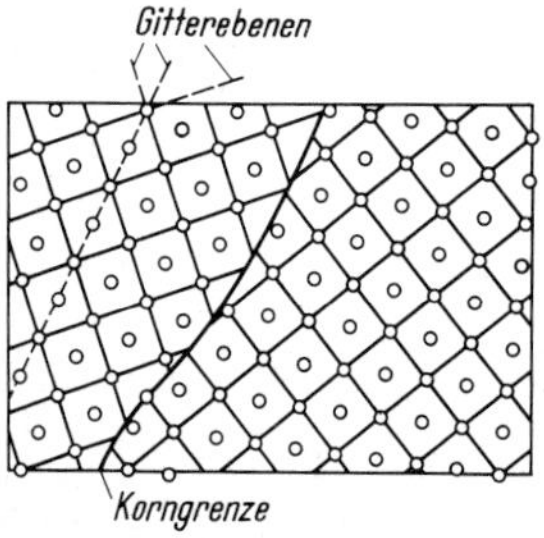

Bild 20a: Schematische Darstellung der Atomanordnung in zwei benachbarten Kristallen („Körnern"). An der Korngrenze ist der Gitterbau gestört.

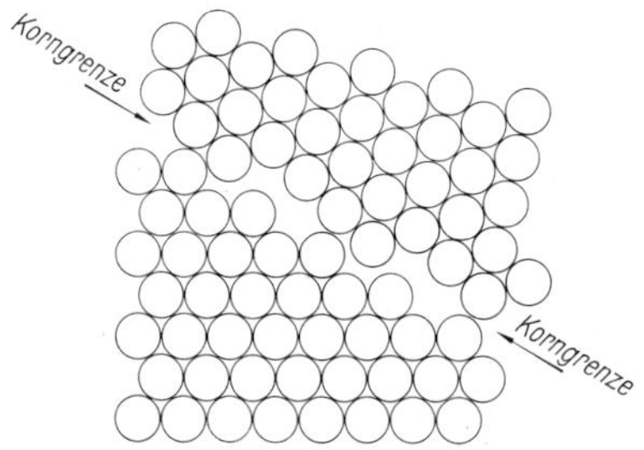

Bild 20b: Vergrößerter Ausschnitt aus Bild 15a. Veranschaulichung der gestörten Atomanordnung an einer Korngrenze. Die Aluminiumatome liegen innerhalb eines Kornes in einer „dichtesten Kugelpackung". An den Korngrenzen entsteht eine Art Löcher, welche dort die Wanderung (Diffusion) von Fremdatomen begünstigen.

Bei der Erstarrung des Gußgefüges sind des weiteren eine Reihe von Phänomenen zu beachten, welche im folgenden nur stichwortartig erwähnt werden sollen. Bereits vor Beginn der Erstarrung erreicht die Schmelze im Regelfalle eine gewisse Unterkühlung unter die Erstarrungstemperatur („Liquidustemperatur"). Die Unterkühlung ist um so größer, je rascher der Wärmeentzug bei der Erstarrung erfolgt und je weniger keimbildende Legierungsbestandteile in der Schmelze vorhanden sind. Die Keimbildung selber erfolgt bei technischen Legierungen meistens dadurch, daß in der Schmelze bereits Kristallisationskeime vorhanden sind, noch bevor die eigentliche Erstarrung einsetzt. Es handelt sich bei diesen Keimen entweder um titanhaltige, borhaltige oder eisenhaltige Partikel, um Oxide oder aber um nicht vollständig aufgeschmolzene Aluminiumkristalle. Der letztgenannte Fall kommt vor, wenn der Schmelze unterhalb von ca. 700 bis 720 °C vor Beginn der Erstarrung festes Aluminium zugesetzt wurde, dessen Auflösung in der Schmelze eine gewisse Zeit in Anspruch nimmt. Insbesondere unterhalb

*) Bei verfeinerter Betrachtung zeigt sich, daß die Atome auch in der Schmelze bereits eine gewisse Ordnung aufweisen, welche etwa einem „verwackelten" Gitter nahe kommt. Hierdurch wird die Fixierung der Atome auf ihren Gitterplätzen bei der Erstarrung beschleunigt. Erst im Dampfzustand erlangen die Atome freie Beweglichkeit. Dies drückt sich auch darin aus, daß das Verdampfen von Aluminium etwa die 25fache Wärmezufuhr wie das Schmelzen benötigt.

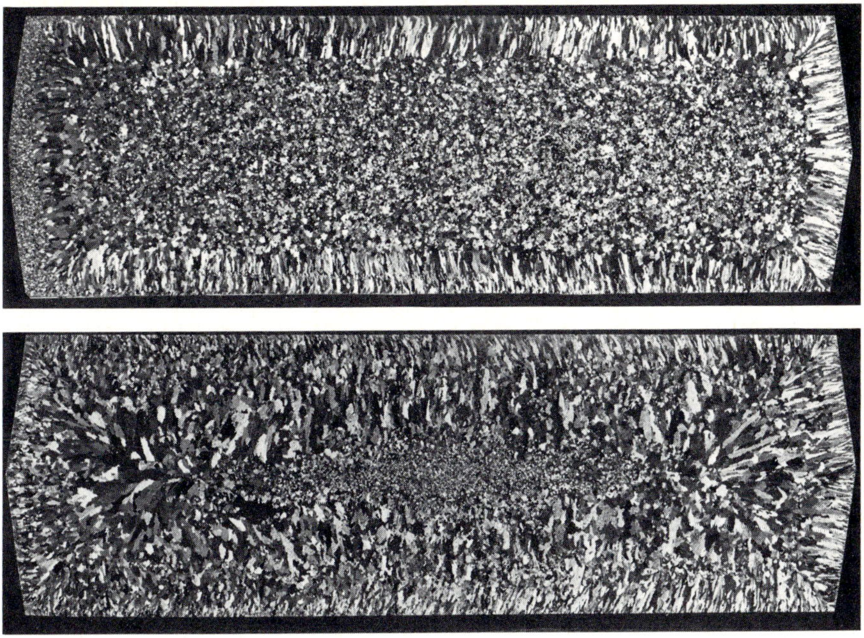

Bild 21 a: Querschnitte durch Reinaluminium-Gußbarren (im Stranggießverfahren hergestellte Walzformate). Durch Ätzung wurde das Korngefüge sichtbar gemacht. In den Außenzonen, insbesondere des oberen Barrens, typische Stengelkristalle, deren Wachstumsrichtung dem nach außen gerichteten Wärmefluß entgegengesetzt ist.

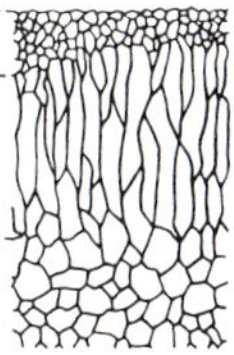

Bild 21 b: Aufbau des Gußgefüges in der Nähe der Oberfläche.
R = schmale Randzone aus kleinen Kristallen, entstanden durch die an der Oberfläche des Gußstückes gegebene rasche Abkühlung. St = Zone aus sog. Stengelkristallen, deren Achsen parallel zum maximalen Temperaturgefälle liegen. K = Kernzone ohne ausgeprägte Wachstumsrichtungen: ,,Globulitisches Gefüge".

700 °C bleiben Gitterreste erhalten, welche dann bei der anschließenden Erstarrung als Keime dienen. (Die gleichen Gitterreste sind auch vorhanden, wenn nach dem Aufschmelzen die Temperatur der Schmelze etwa 700 °C nicht überschritten hat.) Der in Bild 19 dargestellte Ablauf der Erstarrung stellt somit bezüglich Keimbildung eine gewisse Vereinfachung dar.

Sichtbarmachen des Gußgefüges durch Ätzung

Das ,,Gußgefüge" besteht aus Gußkörnern, die an den Korngrenzen fest miteinander verbunden sind (Bild 21 a). Um das Gefüge sichtbar zu machen, wird mit einem bestimmten Säuregemisch eine ,,Kornätzung" durchgeführt. Nach der Ätzung reflektieren die verschiedenen Körner das Licht auf unterschiedliche Weise und können deshalb leicht erkannt werden. Die Ätzung ruft kleine Ätzstufen hervor (Bild 22 a). Die Ätzsäure trägt die Atomschichten parallel

oder in einem bestimmten Winkel zur Würfeloberfläche ab (Bild 22b). Daher ist es verständlich, daß die einzelnen Körner nach dem Ätzen das Licht unterschiedlich reflektieren. Die entstandenen Ätzstufen sind sehr klein und haben meist nur einige Tausendstel mm Durchmesser.
Ein Kristallisationskeim wächst im allgemeinen entgegengesetzt der Richtung der Wärmeableitung. Oftmals sind die Gußkörner deshalb nicht kugel-, sondern säulenförmig. Besonders in den Außenzonen von Gußbarren oder Gußteilen tritt ein unregelmäßiges Gefüge auf (s. Bild 21 a). Die ersten Kristallisationskeime bilden sich nahe der gekühlten Wand der Gießform, der „Kokille". Dort entstehen meist zahlreiche Kristallisationskeime zu gleicher Zeit, was eine feinkörnige Gefügezone ergibt (Bild 21 b). Die anschließende Gefügezone besteht oft aus

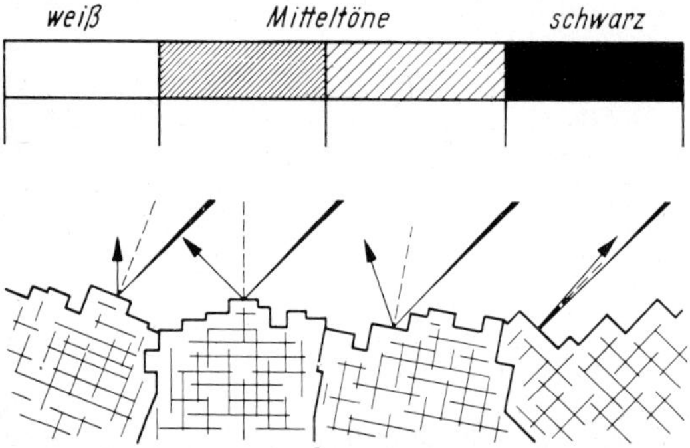

Bild 22a: Reflexion einfallenden Lichtes an geätzten Körnern. Der Beobachter sieht von oben auf die durch Ätzung freigelegten Treppen des Kristallgefüges. Je nach Neigung der Kristalloberfläche zur Beobachtungsebene fällt mehr oder weniger Licht in das Auge des Beobachters. Der Kristall ganz links reflektiert das Licht gerade in das Auge des Beobachters und schimmert daher sehr hell. Der Kristall ganz rechts wirft das Licht in die Ausgangsrichtung zurück und sieht daher sehr dunkel aus. Schematischer Schnitt senkrecht zur geätzten Oberfläche mit vier Kristallen, deren eine Kristallebene parallel zur Zeichenfläche liegt. Lichteinfallswinkel: 45° (nach M. Schenck).

Bild 22b: Geätzte Reinstaluminium-Oberfläche (Raffinal). Elektronenmikroskopische Aufnahme. Man erkennt, wie die Ätzsäure den Kristall parallel zu den Würfelflächen des Kristallgitters abgetragen hat, indem eine Atomschicht nach der anderen aufgelöst wird. V = 7500 : 1.

Säulen- oder „Stengel"-Kristallen. Diese haben sich schichtweise aus der Schmelze aufgebaut, wobei die freiwerdende Erstarrungswärme jeweils durch den bereits erstarrten Teil des Stengelkristalls zur Kokillenwand hin abgeleitet wurde. In der Kernzone des Barrens hat man meist annähernd kugelförmige Kristalle („Globuliten").
Je höher der Reinheitsgrad ist, um so größer sind im allgemeinen die Gußkörner. Dies ist darauf zurückzuführen, daß in der Schmelze befindliche Verunreinigungen als Kristallisationskeime wirken. Diese werden jedoch mit steigendem Reinheitsgrad seltener.

Nicht immer erfolgt die Kristallisation in annähernd kugelförmigen oder säulenförmigen Körnern. Eine verbreitete Kristallisationsform stellt das Wachstum sogenannter „Dendriten" dar. Dendriten sind Kristalle mit zerklüfteter Oberfläche. Ihr Wachstum wird dadurch bewirkt, daß an den Ecken und Kanten eines zunächst würfelförmig wachsenden Kristalles die Bedingungen für das weitere Wachstum günstiger sind als an den Flächenmitten. Dies führt bei der Erstarrung zu einer Voreilung der Ecken und Kanten des Würfels und ergibt schließlich sternförmige oder unregelmäßig eingefurchte Kristalle (Bild 23). Legierungen erstarren oft mit dendritischem Gefüge. Ein Gußkorn kann somit viele Dendritenarme aufweisen. Legt man einen Schnitt durch das Gußgefüge, so sind die Gußkörner oft in „Zellen" unterteilt. Diese Zellen sind Schnitte durch Dendritenarme (siehe dazu Seite 50).

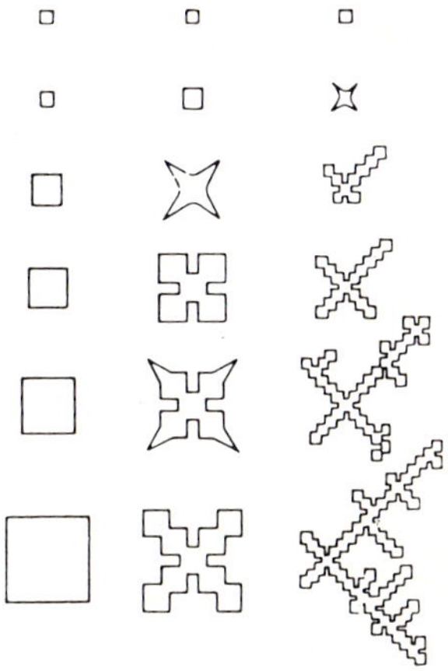

Bild 23a: Entstehung der Dendriten im Gußgefüge (nach Alexander). Ob ein Kristallkeim nahezu würfelförmig wächst (links) oder in der Form von „Dendriten" (Mitte und rechts), hängt von der Legierungszusammensetzung sowie von der Geschwindigkeit und Richtung des Wärmeentzuges beim Erstarren ab. Vor allem frei in der Schmelze erstarrende Körner sind dendritisch.

Bild 23b (unten): Schematische Darstellung der Kristallisation eines reinen Metalls in dendritischer Form (nach G. Sachs).

Gefügeaufbau bei Anwesenheit von Fremdatomen

Unsere bisherigen Betrachtungen beziehen sich im wesentlichen auf ein Aluminium höchster Reinheit, in dem fast nur Aluminiumatome anwesend sind. Normalerweise werden aber Reinaluminiumsorten mit einigen zehntel Prozent Eisen und Silizium oder die verschiedensten Legierungen vergossen. So erhebt sich die Frage, was mit den Fremdatomen beim Erstarrungsvorgang geschieht.

In der Schmelze sind die Verhältnisse einfach: die gemäß Zustandsdiagramm löslichen Fremdatome bewegen sich zwischen den Aluminiumatomen ohne jede Ordnung. Beim erstarrten Metall unterscheidet man hingegen je nach der Anordnung der Fremdatome zwischen homogenem und heterogenem Gefüge.

Homogenes Gefüge

Ein homogenes Gefüge ist dadurch gekennzeichnet, daß im Gefüge, selbst in kleinsten Kristallbereichen, alle Atome (Wirts- und Fremdatome) gleichmäßig miteinander vermischt sind. Ein solches Gefüge findet man bei Reinstaluminium (mit über 99,99% Aluminiumgehalt). Ätzt man einen Reinstaluminium-Querschliff, so erhält man lediglich eine schwache Abzeichnung der Korngrenzen, weil an den dort vorhandenen Gitterbaufehlern die Ätzsäure die Metallatome leichter in Lösung bringt (Bild 27, Seite 38).

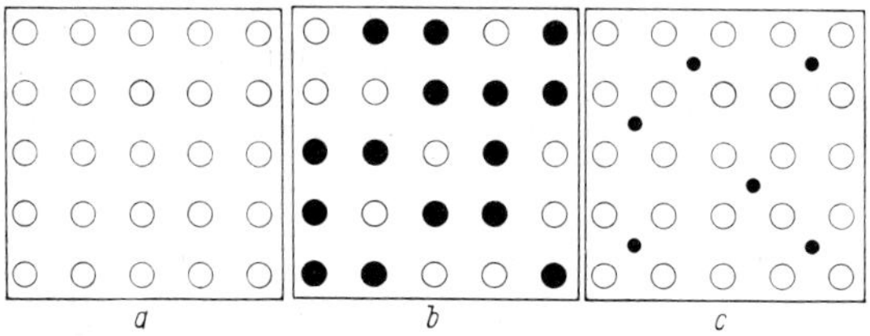

Bild 24: Atomanordnung in einem homogenen Gefüge (schematisch). a) reines Metall, b) Austausch-Mischkristall (z. B. Kupfer oder Magnesium in Aluminium gelöst), c) Einlagerungs-Mischkristall (z. B. Wasserstoff im Aluminium gelöst).

Wird dem Reinstaluminium ein Metall hinzulegiert, welches sich in Aluminium löst, z. B. 2% Magnesium, so ändert sich das Schliffbild nicht merklich. Es entsteht nach wie vor ein homogener Gefügeaufbau, denn die Mg-Atome und die Aluminium-Atome haben ja „Mischkristalle" gebildet, die als einzige Kristallart im Schliffbild erscheinen. Die einzelnen Atome kann man wegen ihrer Kleinheit ohnehin nicht sehen, so daß bei der Betrachtung im Metallmikroskop gelöste Metallatome nicht festgestellt werden können. Die Entstehung von Mischkristallen aus der Schmelze kann mit der Erstarrung von angefärbtem Wasser verglichen werden, wobei die Farbpartikel im Eis an ihrem zufälligen Lageort einfrieren.
Man kann in Bild 24b und c zwei verschiedene Arten von Mischkristallen erkennen. Beim Austausch-Mischkristall (Bild 24b) werden Aluminiumatome im Gitter durch Fremdatome ersetzt, ohne daß der Gitteraufbau dadurch grundlegend verändert würde. Austausch-Mischkristalle entstehen vorzugsweise dann, wenn die Fremdatome einen ähnlichen Durchmesser wie die Aluminiumatome haben*). Beispiele sind in Aluminium gelöstes Kupfer, Silizium oder Magnesium.
Außerdem gibt es „Einlagerungsmischkristalle" (Bild 24c). Bei diesen sind die Fremdatome in das Grundgitter der Aluminiumatome eingelagert, d. h. hineingezwängt. Voraussetzung ist, daß die Fremdatome einen sehr kleinen Atomdurchmesser haben. Der einzige für die Aluminiumtechnik interessante Fall dieser Art ist die Löslichkeit von Wasserstoffatomen im Aluminium.

Heterogenes Gefüge

Zahlreiche Metalle sind nicht oder nur zu einem sehr geringen Anteil im festen Aluminium löslich, z. B. das Eisen oder das Titan (beide mit maximal rd. 0,03%). Bei einer Temperatur der Schmelze oberhalb 700 °C befinden sich diese Fremdatome zwar noch in völliger Mischung mit den Aluminiumatomen, im Augenblick der Erstarrung stören sie jedoch den Gitterbau des

*) Darüber hinaus spielt auch die chemische Verwandtschaft („Affinität") sowie die einzusetzende Wertigkeit der Metalle (Anordnung der Elektronen im Metallgitter) eine Rolle.

Aluminiums und werden sozusagen von den Aluminiumatomen aus ihrem Gitter herausgequetscht. Die Fremdatome – z. B. die Eisenatome – bilden zusammen mit Aluminiumatomen eigene kleine Kristalle, in welchen z. B. je 3 Aluminiumatome auf ein Eisenatom kommen. Diese ausgeschiedene kristalline Verbindung hat dann die Zusammensetzung $FeAl_3$. Die Atomanordnung in einer heterogenen Legierung ist schematisch in Bild 25 wiedergegeben*).

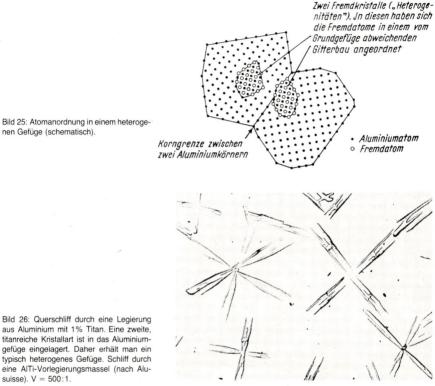

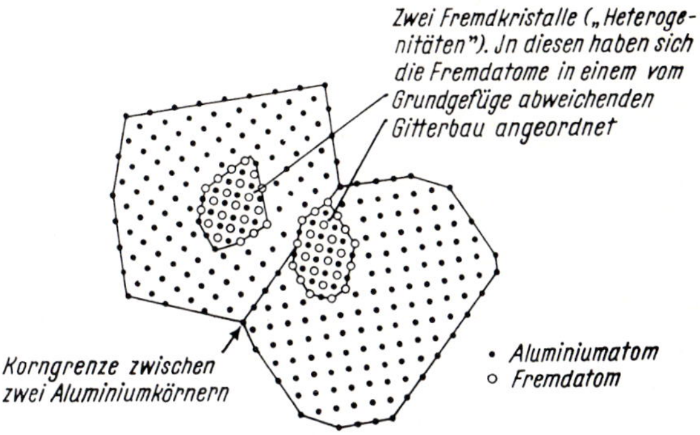
Zwei Fremdkristalle („Heterogenitäten"). Jn diesen haben sich die Fremdatome in einem vom Grundgefüge abweichenden Gitterbau angeordnet
Korngrenze zwischen zwei Aluminiumkörnern
• Aluminiumatom
○ Fremdatom

Bild 25: Atomanordnung in einem heterogenen Gefüge (schematisch).

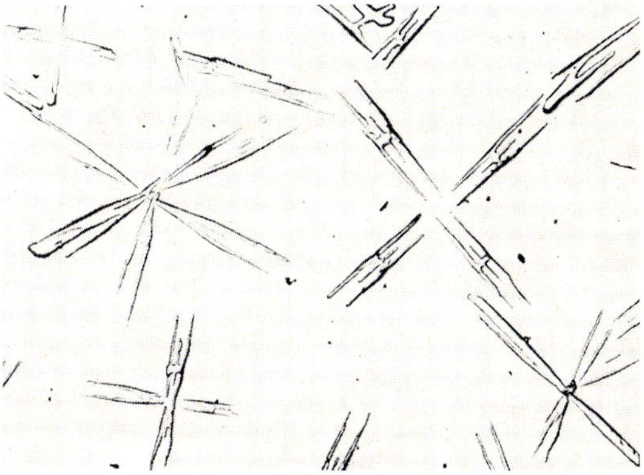

Bild 26: Querschliff durch eine Legierung aus Aluminium mit 1% Titan. Eine zweite, titanreiche Kristallart ist in das Aluminiumgefüge eingelagert. Daher erhält man ein typisch heterogenes Gefüge. Schliff durch eine AlTi-Vorlegierungsmassel (nach Alusuisse). V = 500:1.

Beim heterogenen Gefüge liegen somit zwischen und in den Aluminiumkörnern kleine Fremdkristalle eingebettet. Die Entstehung eines heterogenen Gußgefüges ist zu vergleichen mit der Kristallisation stark salzhaltigen Wassers. Dieses friert bekanntlich erst unter 0 °C, man hat also eine Gefrierpunktserniedrigung. Dasselbe ist auch bei Aluminium mit Zusatz anderer Metalle der Fall, z. B. bei den uns geläufigen Legierungen, die gleichfalls eine Gefrierpunkts- (oder Erstarrungspunkts-) Erniedrigung aufweisen. So erstarrt z. B. eine Legierung aus Aluminium mit 5% Magnesium unterhalb 580 °C statt bei 660 °C wie das Reinstaluminium. Die erwähnte Erniedrigung des Erstarrungspunktes tritt bei allen geläufigen Aluminiumlegierungen auf, unabhängig davon, ob sie „homogen" oder „heterogen" sind.

*) In anderen Fällen scheiden sich die Fremdatome allein aus (Silizium) oder aber zwei Fremdatomsorten scheiden sich gemeinsam aus (z. B. Magnesium und Silizium). – Später werden wir im übrigen erfahren, daß solche Ausscheidungen nicht nur bei der Erstarrung, sondern auch im festen Zustand entstehen, und zwar bei Temperaturen oberhalb etwa 200 °C.

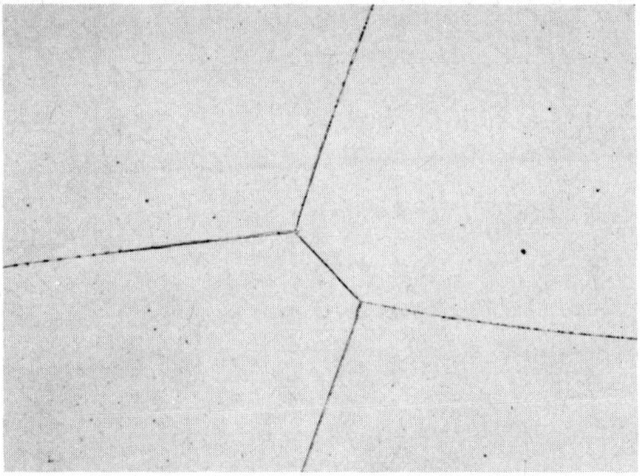

Bild 27: Querschliff durch ein homogenes Gußgefüge, auf Korngrenzen geätzt (99,99%iges Aluminium, „Raffinal"). V = 500:1.

Das Gußgefüge von den in der Praxis eingesetzten Aluminiumlegierungen besteht im Regelfall aus Mischkristallen mit eingelagerten Heterogenitäten, so daß die beiden zuvor atomistisch erläuterten Gefügearten fast immer gemeinsam vorkommen.
Das Gefügebild einer typisch heterogenen Legierung läßt anschaulich die eingelagerten Fremdkristalle erkennen (Bild 26).
Je nach Zustandsdiagramm und Legierungszusammensetzung sind die Heterogenitäten im ganzen Kornquerschnitt (z. B. bei übereutektischen Legierungen) oder vorzugsweise an Restschmelzeadern bzw. an Korn- und Zellengrenzen zu finden (siehe dazu Bilder 39 und 40, S. 50/51).

V. Verfeinerte Untersuchung des Gußgefüges

Thermische Analyse

Bei der thermischen Analyse wird der zeitliche Temperaturverlauf bei der Abkühlung einer Schmelze bis zu deren endgültiger Erstarrung gemessen.
Auf diese Weise erhält man Aussagen über den Erstarrungsablauf einer Legierung und über die Löslichkeit der verschiedenen Metalle im Aluminium. Hierdurch kommen die ,,Zustandsdiagramme" zustande, unter ergänzender Hinzuziehung metallographischer und physikalischer Meßmethoden.

Thermische Analyse einer homogen erstarrenden Legierung

Wir haben bereits erfahren, daß Legierungszusätze bei den üblichen Legierungen den Schmelzpunkt des Aluminiums deutlich herabsetzen. Die Kristallisation von Reinstaluminium und die einer Aluminiumlegierung unterscheidet sich insbesondere in der Temperatur-Zeit-Kurve beim Erstarrungsprozeß, wie wir sie bereits aus Bild 18 (linker Teil) kennen. Solche ,,Erstarrungskurven" sind einfach aufzunehmen (siehe Bild 28). Man bringt dazu beispielsweise eine Reinstaluminiumschmelze auf eine Temperatur von 700 °C, dabei ist alles Metall flüssig (A). Dann überläßt man die Schmelze sich selbst und verfolgt den zeitlichen Verlauf der Temperatur mit Hilfe eines eingetauchten Thermometers. Sobald die Schmelze bis auf 660 °C abgekühlt ist, beginnt die Erstarrung (B).

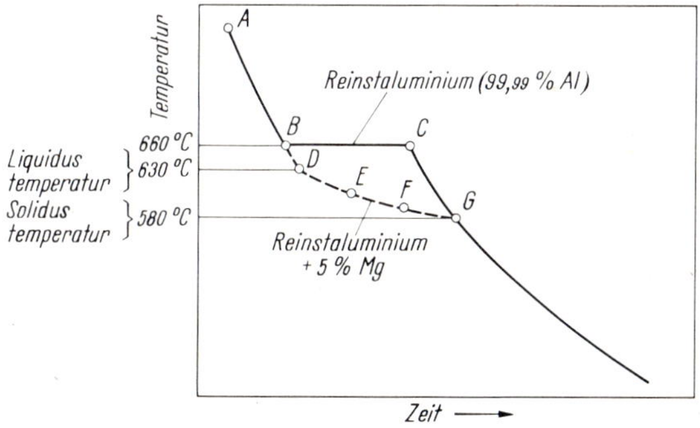

Bild 28: Erstarrungskurven von Reinstaluminium und einer Legierung mit 5% Magnesium-Gehalt. Gerade B–C = Erstarrung von Reinstaluminium, Kurve D–G = Erstarrung der Legierung mit 5% Magnesium, für welche die Liquidus- und Solidustemperatur eingetragen ist.

Durch die freiwerdende Erstarrungswärme tritt nun eine Verzögerung der Abkühlung auf. Im Falle des Reinstaluminiums bleibt dabei die Temperatur von B nach C absolut konstant, und zwar solange, bis die Schmelze vollständig erstarrt ist. Daraufhin kühlt sich das Gußgefüge weiter ab, wie es die Kurve C–G zeigt.
Anders liegen dagegen die Verhältnisse bei einer Legierung. Betrachten wir z. B. eine Legierung aus Reinstaluminium und 5% Mg (gestrichelte Kurve in Bild 28). Der Beginn der Erstarrung erfolgt zur Zeit D, und zwar, wie wir bereits wissen, unterhalb der Erstarrungstemperatur des Reinstaluminiums. Die Erstarrung einer Legierung erfolgt außerdem in einem ,,Erstarrungsintervall", dessen Breite ganz von der betreffenden Legierung abhängt. Die Temperatur,

bei der die Erstarrung beginnt, nennt man Liquidus-Temperatur und diejenige, bei der die Erstarrung beendet ist, Solidus-Temperatur.
Das unlegierte Aluminium erstarrt in der Weise, daß zwischen bereits erstarrtem Gefüge und der Schmelze ein unstetiger Übergang auftritt. Hingegen weisen die meisten Legierungen zwischen festem Gefüge und Schmelze eine breiige Zone auf, deren Breite durch das Erstarrungsintervall gegeben ist (Bild 29). Eine Ausnahme machen hier die eutektischen Legierungen (s. hierüber S. 47).

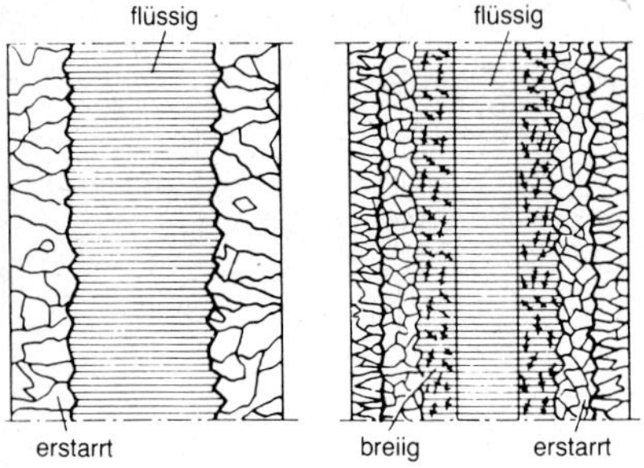

Bild 29: Zwei verschiedene Ausbildungsformen der Erstarrungsfront. Links: Reinstaluminium (mit 99,99% Al) oder eutektische Legierung. Rechts: Legierung mit Erstarrungsintervall.

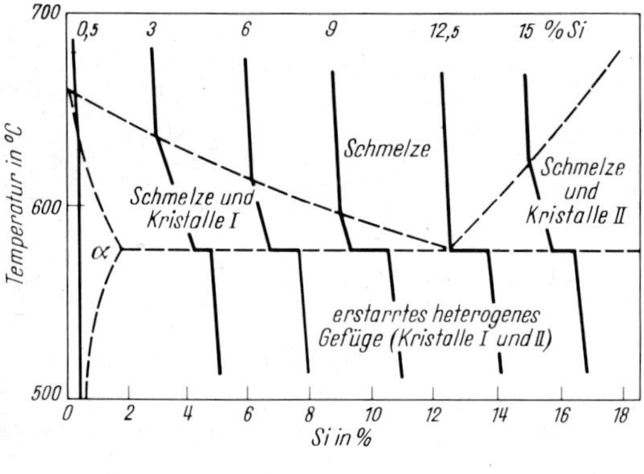

Bild 30: Zeitlicher Abkühlungsverlauf und daraus konstruiertes Zustandsdiagramm für das System Aluminium-Silizium. E = eutektischer Punkt. Kristallart I = aluminiumreiche Mischkristalle mit eingelagerten Si-Atomen („α-Mischkristall"). Kristallart II = Siliziumkristalle (mit sehr geringem Gehalt an Al-Atomen). α = erstarrtes homogenes Gefüge (Kristallart I).

Zustandsdiagramme

Bei den Aluminiumlegierungen ist die Lage des Erstarrungsintervalls von Art und Menge der zugesetzten Fremdatome abhängig. Der Zusatz der verschiedenen Legierungselemente wirkt sich sehr unterschiedlich auf Solidus- und Liquidus-Temperatur aus. Darüber orientiert man sich im einzelnen an Hand der „Zustandsdiagramme", die aus zahlreichen Abkühlungskurven gewonnen worden sind. In Bild 30 wird für das System Aluminium-Silizium (Al-Si) anschaulich dargestellt, wie man aus den Temperaturen, bei denen eine Verzögerung oder ein kurzes Anhalten der Abkühlung einsetzt, die Liquidus- und Soliduspunkte und daraus schließlich das „Zustandsdiagramm" in Gestalt der gestrichelten Linie erhält. Man erkennt, daß mit zunehmendem Siliziumgehalt die Liquidustemperatur zunächst ab- und dann wieder zunimmt, während die Solidustemperatur konstant ist (577 °C), ausgenommen bei den Legierungen mit weniger als 1,65% Si. Außerdem kann man aus dem Zustandsdiagramm ablesen, daß bei 577 °C maximal 1,65% Si im Aluminium löslich sind, wobei die Löslichkeit des Siliziums im festen Zustand mit sinkender Temperatur abnimmt.

Die Zustandsdiagramme gelten für den „Gleichgewichtszustand“, d. h. für Kristalle, die über ihren ganzen Querschnitt die gleiche analytische Zusammensetzung haben. Bei den technischen Gießverfahren wird aber ein solcher idealer Aufbau der Kristalle nicht erreicht, denn die Beweglichkeit der Atome reicht nicht aus, um in der zur Verfügung stehenden kurzen Zeit Kristalle aufzubauen, die über ihren gesamten Querschnitt die gleiche Konzentration an Fremdatomen haben. Damit sind wir beim Begriff der „Kornseigerung“ angelangt.

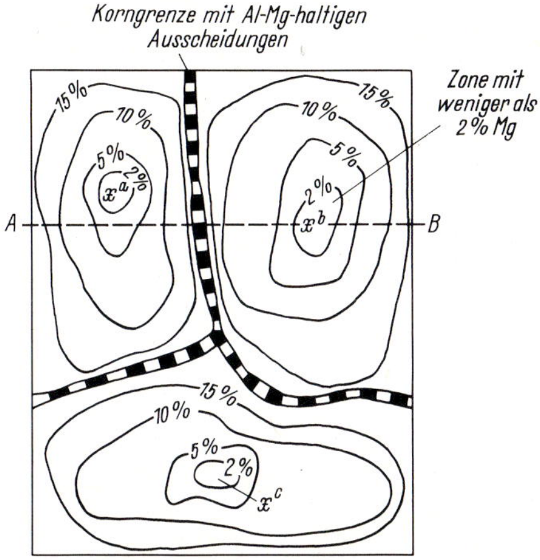

Bild 31a: Querschnitt durch das Gußgefüge einer Aluminiumlegierung mit 5% Mg mit Kornseigerung. Die Ringe geben die Gefügebereiche mit gleicher Mg-Konzentration an. Die Kristallisationszentren liegen jeweils in der Mitte der innersten Zone (schematisch).

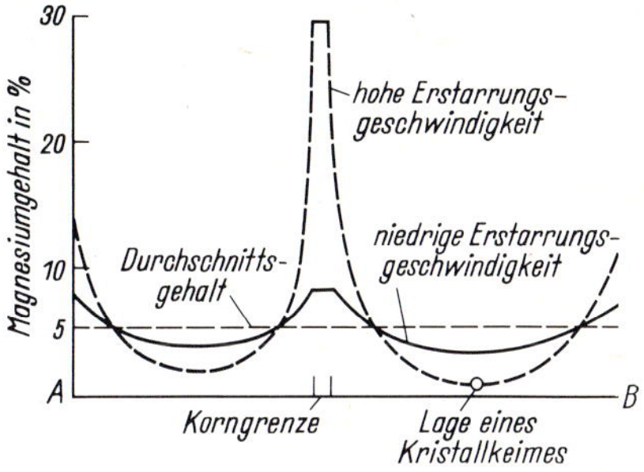

Bild 31b: Einfluß der Erstarrungsgeschwindigkeit oder einer Hochglühung auf die Kornseigerung.
— — = Schnitt A-B durch Bild 31a
—— = Mg-Verteilung bei der gleichen Legierung, wenn die Erstarrung langsamer erfolgt (z. B. Kokillenguß oder Sandguß) oder nachdem das schnell erstarrte Gefüge einer Glühung zur gleichmäßigen Verteilung der gelösten Fremdatome unterworfen wurde.

Kornseigerung

Wir wollen uns vorerst auf die Verhältnisse im Gußgefüge beschränken. Eine weitgehende Konservierung der im frisch erstarrten Gußgefüge vorliegenden Verhältnisse erreicht man, indem man die Legierung unterhalb der Solidustemperatur möglichst rasch auf Raumtemperatur abkühlt. Dadurch werden Gefügeveränderungen unterbunden, die auftreten können, wenn das Material im festen Zustand längere Zeit bei erhöhten Temperaturen verbleibt.

Untersucht man die Erstarrung einer Legierung, so haben die erstarrenden Kristalle bei den uns interessierenden Legierungen stets eine andere Zusammensetzung als die Schmelze, welche zur Erstarrung gelangt.

Betrachtet man z. B. eine Legierung aus Aluminium und Magnesium, so ergibt sich aus dem „Zustandsdiagramm“ Al-Mg, daß bei der eutektischen Temperatur (449 °C) 17,4% Mg im festen Aluminium gelöst sind (Bild 33a).

Wir wollen den Aufbau des Gußgefüges einer Legierung aus Aluminium und 5% Magnesium näher untersuchen. Die wachsenden Kristalle enthalten zunächst nur etwa 1% Magnesium. Während des weiteren Ablaufes der Erstarrung reichert sich die Schmelze und damit auch der wachsende Kristall immer mehr mit Magnesium an.

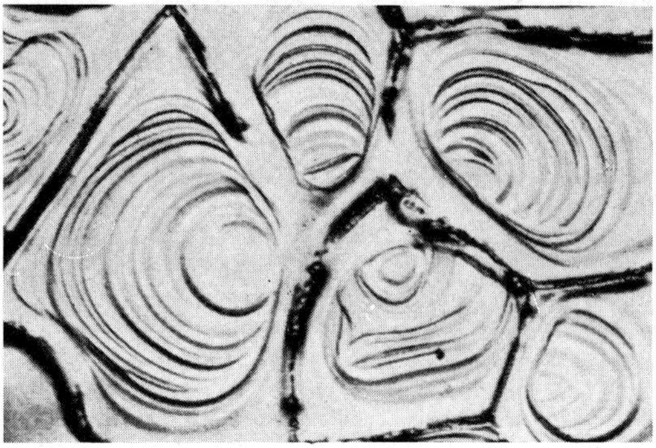

Bild 32a: „Jahresringe“ in 99,5%igem Reinaluminium. Querschliff durch das Gußgefüge eines betrieblich hergestellten Stranggußbarrens. Man erkennt mehrere Dendritenarme des gleichen Gußkornes, mit eingelagerten Restschmelzeadern (schwarz). Die „Jahresringe“ kennzeichnen jeweils einen kurzen Stillstand der Erstarrung (nach Kostron). V = 140:1.

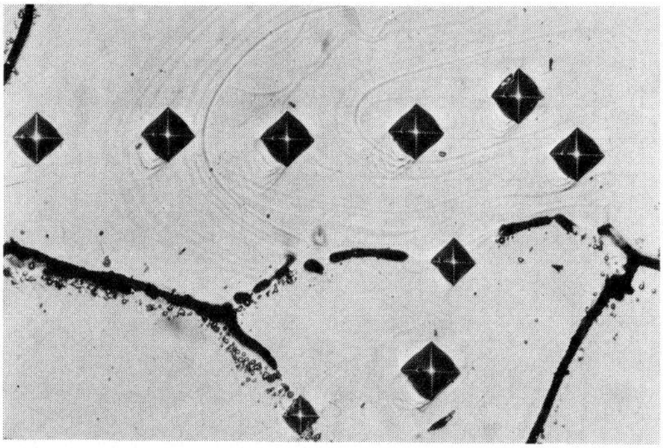

Bild 32b: Kornseigerung im Bereich mehrerer benachbarter Dendritenarme, kenntlich gemacht durch Mikrohärtemessung. Die Größe der Eindrücke ist ein Maß für die Konzentration an gelösten Fremdatomen. V = 500:1.

Man erkennt, daß 2 benachbarte Dendritenarme („Zellen“) teilweise durch Restschmelzeadern getrennt sind, teilweise aber lediglich durch einen homogenen Gefügebereich mit erhöhter Konzentration an Fremdatomen.

In Bild 28 enthalten somit die Kristalle zur Zeit D im Durchschnitt nur etwa 1,0% Mg, zur Zeit E 3% Mg und zur Zeit F ca. 5% Mg. Die dann zur Zeit G schließlich erstarrende Korngrenzensubstanz kann erheblich höhere Magnesiumgehalte aufweisen, welche die Löslichkeitsgrenze bereits wesentlich überschreiten.

Diese ungleichmäßige Verteilung des zulegierten Metalles im Gefüge wird als „Kornseigerung“ bezeichnet. Sie wird in Bild 31a veranschaulicht. Man erkennt, daß an den Korngrenzen eine stark magnesiumhaltige, zweite Kristallart entsteht, so daß man dort ein „heterogenes“ Gefüge vor sich hat. Das Ausmaß der Kornseigerung hängt zunächst von der Erstarrungsgeschwindigkeit ab. Je langsamer eine Legierung erstarrt, um so schwächer ist die Kornseigerung.

Die Atome haben bei hohen Temperaturen auch im festen Zustand noch eine merkliche Beweglichkeit, d. h. bei genügend hohen Temperaturen können die Atome im festen Gefüge ihren Platz wechseln. Den entsprechenden Vorgang bezeichnet man als „Diffusion“. Hierdurch kann ein Ausgleich der Kornseigerung und somit eine gleichmäßige Verteilung der Fremdatome im Gefüge erreicht werden. Dazu wird eine gewisse Zeit benötigt. Wenn also das soeben erstarrte Gefüge sehr langsam abkühlt, oder wenn man die Legierung im festen Zustand lange genug bei Temperaturen nahe unter der Solidustemperatur glüht („Hochglühung“), gleichen sich die Unterschiede im Gehalt an Fremdatomen innerhalb des Kornes weitgehend oder ganz aus.

Der Einfluß der Erstarrungsgeschwindigkeit oder einer Hochglühung wird in Bild 31b veranschaulicht. Die mit Kornseigerung behafteten Körner enthalten sogenannte „Jahresringe“, da der Gehalt an Fremdatomen sich in konzentrischen Ringen verändert (Bild 31a und 32a).

„Ungleichgewicht" bei technischen Legierungen

In Bild 33a kann man im Gußgefüge von Aluminium mit 7% Magnesium deutlich das Auftreten einer magnesiumreichen zweiten Kristallart erkennen, verursacht durch Kornseigerung. Diese Kristallart schmilzt bereits bei 449 °C, was die technische Bedeutung der Kornseigerung besonders deutlich macht, denn die homogene, seigerungsfreie Legierung beginnt erst rd. 100 °C höher zu schmelzen (siehe rechter Teil des Bildes 33a). Im System Aluminium/Kupfer liegt die maximale Löslichkeit des Kupfers im Aluminium bei 5,7% bei 547 °C, dennoch tritt im Gußgefüge bereits bei 1% Cu die kupferreiche zweite Kristallart auf (Bild 33b).

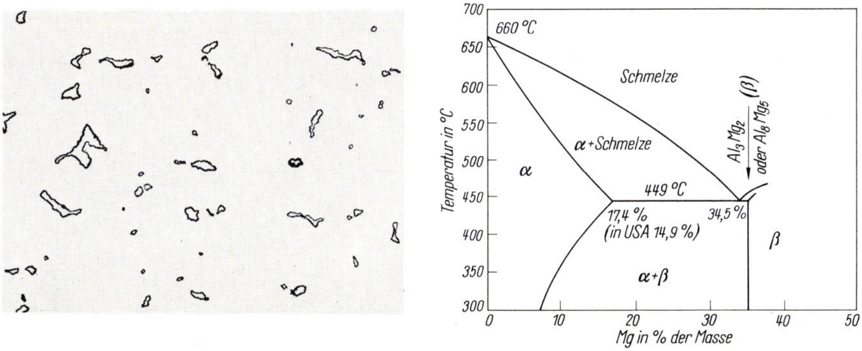

Bild 33a: Kornseigerung und Zustandsdiagramm von Al-Mg.
Links: Gußgefüge einer Legierung aus Aluminium und 7% Magnesium (Mg). Obwohl die Löslichkeitsgrenze bei 17,4% Mg liegt, treten auf Grund starker Kornseigerung Mg-haltige Einlagerungen auf (nach Hanemann-Schrader). V = 100:1.

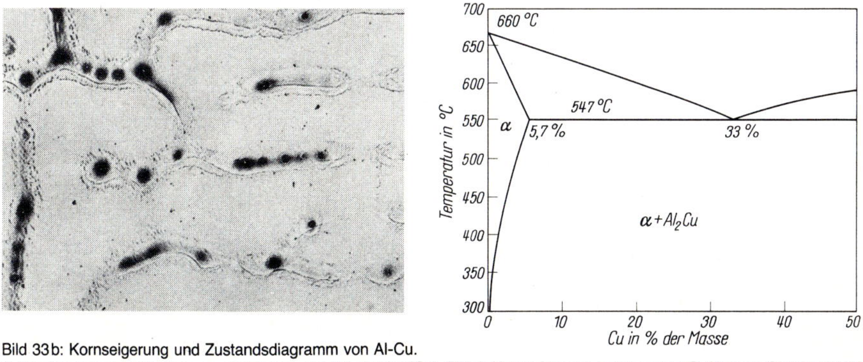

Bild 33b: Kornseigerung und Zustandsdiagramm von Al-Cu.
Gußgefüge einer Legierung aus Aluminium und 1% Kupfer (Cu). Durch Kornseigerung heterogenes Gefüge; im Gleichgewicht sind 5,7% Cu im Aluminium löslich (nach Hanemann-Schrader). V = 300:1.

Bei den technischen Gießverfahren sind Erstarrungsgeschwindigkeit und Abkühlung des soeben erstarrten Gefüges fast immer eng verkoppelt, und zwar durch den Wärmeentzug pro Zeiteinheit. Daher ist z. B. eine rasche Erstarrung meist mit einer schnellen Abkühlung des erstarrten Gefüges verbunden. Insbesondere erfolgt beim Stranggießen oder Bandgießen die Erstarrung und auch die Abkühlung nach dem Erstarren so rasch, daß außer der Kornseigerung auch eine starke „Übersättigung" an Legierungselementen im Gußgefüge auftritt. Während beispielsweise nach dem Zustandsdiagramm maximal 1,8% Mangan im Aluminium löslich sind, können durch rasches Erstarren 9,2% Mangan in Lösung gehalten werden, wovon bei Solidus-Temperatur 7,8% in übersättigter Lösung vorliegen. Bei der zuvor erwähnten Hochglühung des Gußgefüges wird die Übersättigung durch Ausscheidungsvorgänge weitgehend beseitigt. Oft wird aber Strangguß auch ohne oder nach relativ kurzer Hochglühung verarbeitet. Daher hat man auf Grund der Vorgeschichte des Gußgefüges auch im Halbzeug oftmals ein „Ungleichgewicht", also durch Kornseigerung oder Übersättigung andere Ausscheidungs- oder Verteilungszustände der Legierungselemente, als sie nach dem Zustandsdiagramm zu erwarten sein würden. Zunächst soll im folgenden der Gleichgewichtsfall beschrieben werden.

Erstarrung im Gleichgewichtszustand, Hebelbeziehung

In Bild 34a kann man an Hand des Zustandsdiagrammes die Erstarrung einer homogenen Legierung verfolgen. Die Erstarrung wird so langsam vorgenommen, daß sich der Gleichgewichtszustand während der Erstarrung einstellen kann. Man erkennt, daß bei Beginn der Erstarrung aus einer Schmelze der Zusammensetzung S_1 ein Kristall der Zusammensetzung K_1 entsteht, der ärmer an Zusatzmetall ist als die durchschnittliche Zusammensetzung. Die Konzentration der Schmelze verschiebt sich im Verlauf der Kristallisation stetig nach rechts (von S_1 bis S_4).

Hat die Legierung die Temperatur A erreicht, so steht eine Schmelze der Zusammensetzung S_2 mit Kristallen der Zusammensetzung K_2 im Gleichgewicht. Die Mengenverhältnisse kann man in dem Zustandsdiagramm aus der „Hebelbeziehung" ablesen. Es verhält sich nämlich die Länge der Strecke K_2-A zur Länge der Strecke K_2-S_2 so, wie die Menge an vorhandener Schmelze zur Menge an bereits erstarrtem Metall. Auf Grund der Hebelbeziehung sind bei der Temperatur B bereits 80% der Legierung erstarrt. Die Kristalle der Zusammensetzung K_3 stehen mit 20% Restschmelze der Zusammensetzung S_3 im Gleichgewicht. Im Punkt K_4 schneidet die Linie der durchschnittlichen Zusammensetzung unserer Legierung die Soliduslinie des Zustandsdiagrammes. Bei dieser Temperatur erstarrt der letzte Rest an Schmelze, und es entstehen Kristalle der durchschnittlichen Zusammensetzung der Legierung, nämlich K_4. Die erwähnten Kristalle sind Mischkristalle; der Anteil an Zusatzmetall ist im Kristallgitter des Grundmetalles gelöst. Derartige zuerst erstarrende aluminiumreiche Mischkristalle werden mit dem griechischen Buchstaben α bezeichnet, im Gegensatz zu den aluminiumarmen β-Mischkristallen des Zusatzmetalles; wie in Bild 33a angegeben.

Es bereitet gedankliche Schwierigkeiten zu verstehen, wie aus dem letzten Rest Schmelze der Zusammensetzung S_4 eine Kristallzone ganz anderer Zusammensetzung, nämlich K_4, entstehen kann. Dies erklärt sich daraus, daß zur Erreichung des Gleichgewichtes während der Erstarrung von der Oberfläche soeben erstarrter Kristalle die Fremdatome zur Kristallmitte hindiffundieren, wo ja ein Unterschuß an Fremdatomen herrscht. Man sieht hieraus, welche Bedeutung der Konzentrationsausgleich während und nach der Erstarrung hat.

Ungleichgewicht und Zustandsdiagramm

Bei technischen Gießverfahren wird der Gleichgewichtszustand nicht erreicht. Die aus Bild 34a bereits bekannte homogene Legierung wird beispielsweise mit mittlerer Erstarrungsgeschwindigkeit (etwa 5 bis 10 cm/min.) zur Kristallisation gebracht, was den Bedingungen beim Stranggießen entspricht (siehe Seite 57).

Bilder 34a bis c: Verfolgung der Kristallisation an Hand des Zustandsdiagramms.

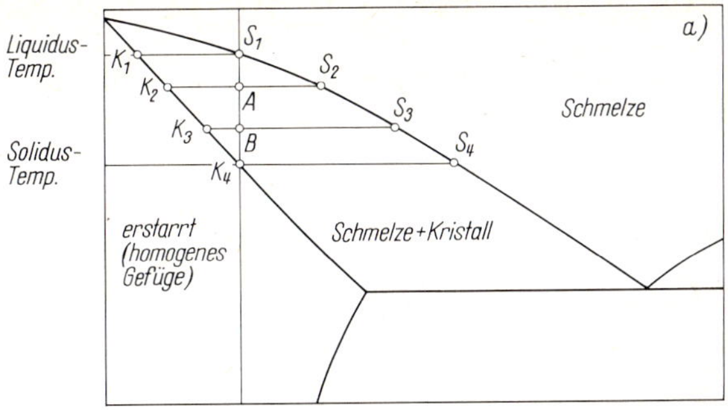

Bild 34a: Erstarrung einer homogenen Legierung im Gleichgewicht.

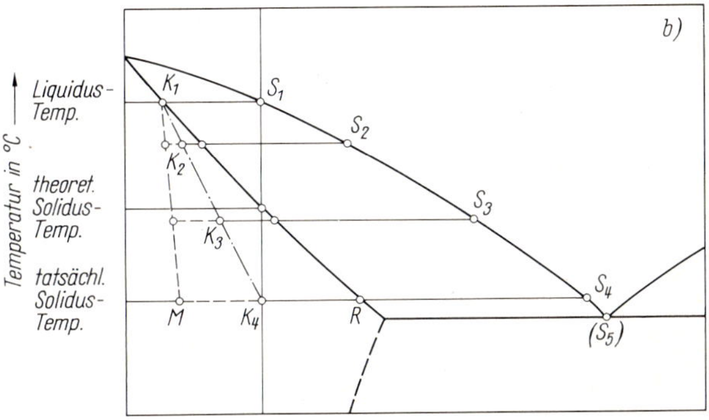

Bild 34b: Erstarrung einer homogenen Legierung im Ungleichgewicht.

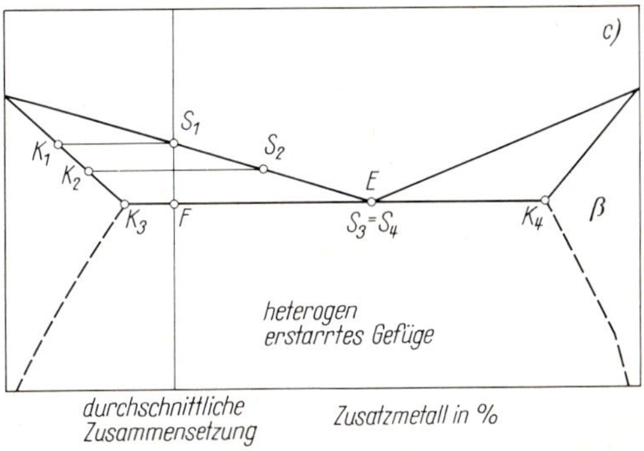

Bild 34c: Erstarrung einer heterogenen Legierung (im Gleichgewicht). Die β-Kristalle sind Mischkristalle, reich an Zusatzmetall.

An Hand von Bild 34b kann man erkennen, daß nun die Zeit zu einer Diffusion der Atome gemäß dem Gleichgewicht nicht ausreicht. Es treten daher Schmelzen und Kristalle (S_3, S_4, K_2–K_4) von einer Zusammensetzung auf, die laut Zustandsdiagramm gar nicht möglich sein sollten. Die Zusammensetzung in der Mitte der Kristalle ändert sich während der Erstarrung nur wenig, die Zeit reicht zur Herandiffusion von Fremdatomen nicht aus. (Kurve K_1–M.) Die Wachstumszone der Kristalle – also ihre äußere Hülle – reichert sich dementsprechend während der Erstarrung an Legierungselementen immer mehr an (Kurve K_1–R), wobei die Durchschnittskonzentration der Legierung stark überschritten wird. Erst wenn der Mittelwert aus der Konzentration im Zentrum und in der Randzone der Kristalle (Kurve K_1–K_4) die

durchschnittliche Zusammensetzung erreicht (bei K_4), kommt die Erstarrung zum Abschluß (unterhalb der theoretischen Solidustemperatur).
Wenn die Kornseigerung noch etwas verstärkt wird – durch schnellere Abkühlung –, so würde schließlich eine Schmelze der Zusammensetzung S_5 und damit ein heterogenes Gefüge auftreten (praktische Beispiele siehe Bild 33). Ein heterogenes Gefüge wird auch dadurch verursacht, daß beispielsweise in Bild 34a oder b der Zusatz an Legierungsmetall erhöht wird. Dies führt uns zum Erstarrungsmechanismus heterogener Legierungen.

Erstarrung von Legierungen mit heterogenem Gefüge

Als „heterogene Legierungen" werden hier solche bezeichnet, deren Gehalt an Fremdatomen größer ist, als es der maximalen Löslichkeit im festen Zustand entspricht, die dem Zustandsdiagramm entnommen werden kann. Bei den „heterogenen" Legierungen muß im Gefüge auf jeden Fall eine weitere Kristallart auftreten, während dies bei den „homogenen" Legierungen vom Ausmaß der Kornseigerung*), der Übersättigung an Legierungselementen und der Wärmebehandlung abhängig ist.
Um die maximale Löslichkeit z. B. von Silizium im Aluminium festzustellen, geht man wie folgt vor: Man stellt eine Reihe von Legierungen mit steigendem Siliziumgehalt her. An seigerungsfreien Schliffproben – die nahe unter der Solidustemperatur längere Zeit geglüht und dann rasch abgekühlt wurden – läßt sich erkennen, daß oberhalb eines Gehaltes von 1,65% Si zum ersten Male kleine siliziumhaltige Einlagerungen, also eingebettete Fremdkristalle auftreten; somit ist die maximale Löslichkeit von Silizium im Aluminium 1,65%, vgl. Bild 30.
Die „heterogenen" Legierungen lassen bei der Betrachtung im Metallmikroskop daher stets mindestens zwei Kristallarten erkennen, siehe z. B. Bild 26. Der Anteil der Einlagerungen am Gußgefüge wird durch Kornseigerung weiter gesteigert.
Schließlich muß daran erinnert werden, daß die meisten Legierungen auf der Basis von Reinaluminium hergestellt werden und daher in jedem Falle eisen-siliziumhaltige Einlagerungen aufweisen. Vor allem der Eisengehalt des Reinaluminiums liegt weit über der Löslichkeitsgrenze. Man vernachlässigt aber im allgemeinen bei der Einteilung der Legierungen diese geringen Gehalte an Eisen und Silizium und spricht daher z. B. bei AlMg 5 (Al mit 5% Mg) von einer „homogenen" Legierung, obwohl sie in ihrem Gefüge winzige eisen-siliziumhaltige Einlagerungen und bei Vorliegen starker Kornseigerung außerdem magnesiumhaltige Einlagerungen aufweist.

Zustandsdiagramm einer heterogenen Legierung

An Hand von Bild 34c läßt sich die Erstarrung einer heterogenen Legierung im Gleichgewicht verfolgen. Wiederum entsteht bei Beginn der Erstarrung aus der Schmelze S_1 ein am Zusatzelement ärmerer α-Mischkristall K_1, „Primärkristall" genannt. Auch wenn 50% der Schmelze

*) Wir haben im Rahmen unserer Ausführungen den Ausdruck Kornseigerung als Oberbegriff verwendet, der in Wirklichkeit zwei Teilvorgänge umfaßt: Aus den Bildern 34a–c ist zu entnehmen, daß bei der Erstarrung einer untereutektischen Legierung die Ausgangsschmelze sich entsprechend ihrer Legierungszusammensetzung aufspaltet, und zwar in einen wachsenden Kristall und eine Schmelze. Beide verändern ihre Zusammensetzung in Richtung zunehmender Legierungsgehalte, wenn die Erstarrung fortschreitet. Strenggenommen ist lediglich die Konzentrationsveränderung eines Kristalls als „Kornseigerung" zu bezeichnen, während die Anreicherung der Legierungselemente in der Restschmelze ein teilweise unabhängiger Vorgang ist, welcher durch die Kornseigerung indirekt bewirkt wird. Die Erstarrung der Restschmelze ruft im Gefüge spezielle Ausscheidungen hervor, welche bei rascher Erstarrung mit dem Zustandsdiagramm nicht in Übereinstimmung sind (s. Bild 33). Zur kurzen Kennzeichnung des gesamten Sachverhaltes verwenden wir den Ausdruck „Kornseigerung".

erstarrt sind, ist im vorliegenden Beispiel das erstarrende Gefüge (Zusammensetzung K_2) noch homogen. Wenn die Schmelze die Zusammensetzung S_3 erreicht hat, kristallisieren gleichzeitig zwei verschiedene Kristalle K_3 und K_4, die sich in ihrer Zusammensetzung sehr stark unterscheiden. Der Kristall K_4 besteht in unserem Beispiel aus β-Mischkristall, welcher erheblich mehr Zusatzmetall enthält und einen anderen Gitterbau hat, als der α-Mischkristall. So entsteht ein „heterogenes Gefüge", in diesem Falle als „Eutektikum" bezeichnet. Da die Zusammensetzung der Schmelze zwischen derjenigen der beiden Kristallarten K_3 und K_4 liegt, ändert sich im weiteren Verlauf der Erstarrung die „eutektische" Zusammensetzung der Schmelze nicht mehr (daher $S_3=S_4$).
Die in Bild 34c betrachtete Legierung, deren durchschnittliche Zusammensetzung links des eutektischen Punktes E liegt, wird als „untereutektische" Legierung bezeichnet. Legierungen mit der Zusammensetzung des Punktes E werden als „eutektische" bezeichnet, solche mit einem Gehalt an Zusatzmetall, größer als E, heißen „übereutektische".

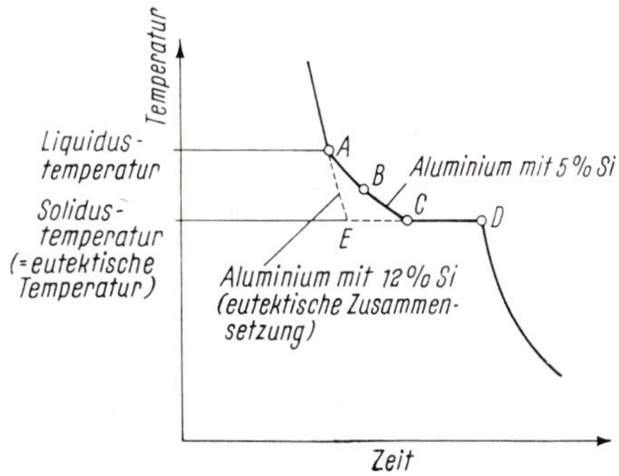

Bild 35: Erstarrungskurven von Aluminium mit 5% bzw. 12% Siliziumgehalt (vgl. Bild 30).

A-C: Beginn der Kristallisation. Wachstum aluminiumreicher Primärkristalle (α-Mischkristalle).
C-D: Gleichzeitiges Wachstum zweier Kristallarten, Entstehung eines eutektischen Saumes rings um die Primärkristalle.
E-D: Rein eutektische Kristallisation.
D: Ende der Kristallisation.

Was ist ein Eutektikum?

Um dieser Frage nachzugehen, wollen wir einmal eine heterogene Legierung in ihrer Abkühlungscharakteristik genauer betrachten. Dazu wählen wir eine Legierung aus Aluminium und 5% Silizium, so daß die maximale Löslichkeit im festen Zustand von 1,65% Si überschritten ist. (In etwa entsprechend der in Bild 34c eingetragenen Zusammensetzung.)
Wir messen wieder den zeitlichen Verlauf der Temperatur der Schmelze, die langsam abkühlt. In Bild 35 sind die Meßergebnisse veranschaulicht. Zum Zeitpunkt A setzt bei der Legierung mit 5% Si-Gehalt die Kristallisation der aluminiumreichen Primärkristalle (α-Mischkristalle) ein*). Von A über B bis C nimmt der Siliziumgehalt der α-Mischkristalle, in Übereinstimmung mit dem Zustandsdiagramm, stetig zu. Bei C ist die Wachstumszone so stark mit Silizium angereichert, daß dort die Löslichkeitsgrenze für Silizium überschritten wird. Nunmehr beginnen sich Siliziumkristalle als Kristallart II auszuscheiden, d. h. es entstehen vom Zeitpunkt C an gleichzeitig zwei verschiedene Kristallarten**), die in ihrer Gesamtheit nunmehr die gleiche durchschnittliche Zusammensetzung haben wie die Schmelze, aus der sie entstehen. Die Konzentration von Kristall und Schmelze ändert sich vom Zeitpunkt C an nicht mehr.

*) Als „Primärkristall" bezeichnet man die zuerst erstarrende Kristallart.

**) Tritt bei der Erstarrung neben den α-Mischkristallen eine zweite Kristallart auf, so gibt es hier 3 Fälle: Die zweite Kristallart besteht aus einem Mischkristall (β-Kristall in Bild 34c), einer intermetallischen Verbindung (z. B. Al_2Cu wie in Bild 33b), oder den Kristallen des Zusatzmetalles. Der letztgenannte Fall liegt beim System Al-Si vor. Eine verfeinerte Betrachtung zeigt allerdings, daß die bei der Erstarrung von AlSi-Legierungen entstehenden Siliziumkristalle einen sehr kleinen Anteil an Aluminiumatomen gelöst enthalten, also ebenso auch als β-Mischkristalle bezeichnet werden können.

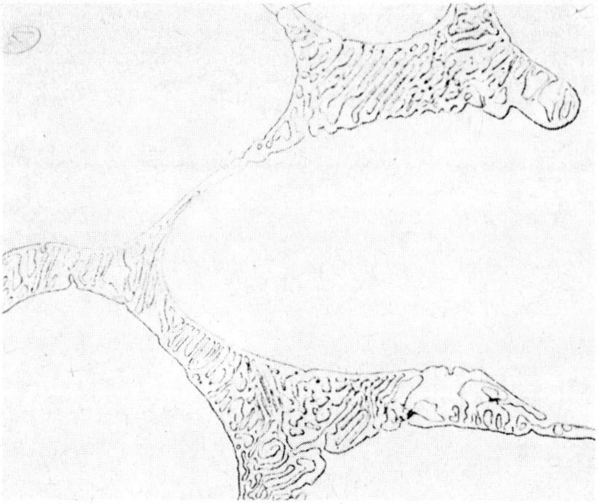

Bild 36: Gefügebild einer untereutektischen Legierung. Nach Hanemann-Schrader. Legierung aus Aluminium und 10% Kupfer (Cu), Eutektikum an den Korngrenzen der größeren aluminiumreichen Primärkristalle (α-Mischkristalle). V = 550:1.

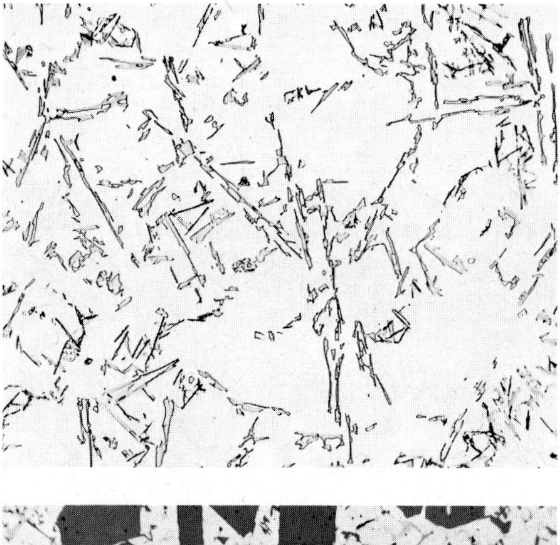

Bild 37a: Aluminium mit 8% Silizium (Si). „Untereutektische" Legierung mit Aluminiumprimärkristallen. V = 85:1.

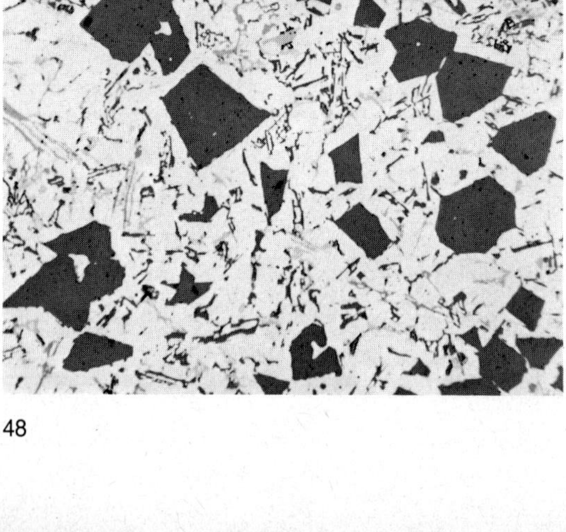

Bild 37b: Aluminium mit 20% Silizium. „Übereutektische" Legierung mit primären Siliziumkristallen. Schliffbild nach Alusuisse. Gefüge der eutektischen Legierung „Silumin", sieht Bild 38. V = 120:1.

Bilder 37a und b: Schliff durch das Gußgefüge (Sandguß) von Aluminium-Silizium-Legierungen.

Die Mischung zweier gleichzeitig erstarrter Kristallarten bezeichnet man als „Eutektikum" (Eutektikum kommt aus dem Griechischen und heißt „das Wohlgefügte", oft wird Eutektikum auch als „das Leichtschmelzende" übersetzt). Die zum Zeitpunkt C herrschende Temperatur nennt man die eutektische Temperatur. Wir sehen, daß sie konstant bleibt bis zur Zeit D, d. h. bis die Schmelze restlos erstarrt ist. Danach erfolgt dann die normale Abkühlung des erstarrten Gußgefüges.

Im Schliffbild ist das eutektische Gefüge oftmals sehr feinkörnig. Bild 36 demonstriert dies durch Darstellung des Gefüges einer Legierung aus Aluminium und 10% Kupfer. Bei dieser „untereutektischen" Legierung ist der Volumenanteil des eutektischen Gefüges relativ klein. Das Eutektikum besteht aus kleinen langgestreckten Al_2Cu-Kriställchen, umhüllt von α-Mischkristall, der somit sowohl als Primärkristall wie im Eutektikum auftritt. In Bild 37 sind Schliffbilder aus dem System Aluminium-Silizium wiedergegeben, dessen Zustandsdiagramm wir schon kennen (Bild 30). Wie Bild 37 erkennen läßt, wird der Anteil der aluminiumreichen Primärkristalle im Gußgefüge mit zunehmendem Siliziumgehalt kleiner. Bei Siliziumgehalten über rund 12% treten Siliziumkristalle als Primärkristalle auf, welche im eutektischen Gefüge eingebettet sind.

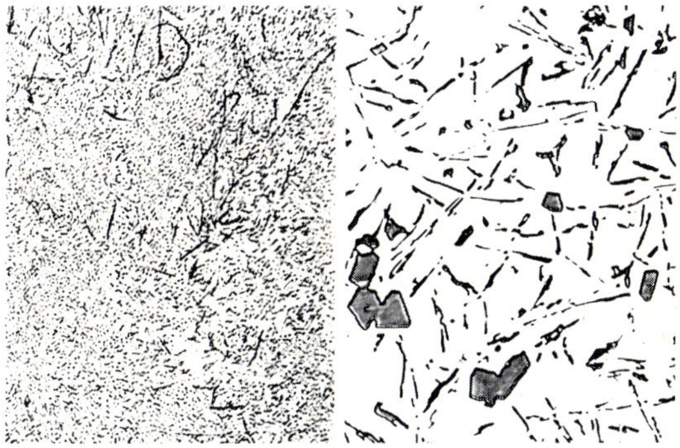

Bild 38: Mikrogefüge von Aluminium mit ca. 12% Silizium: „Silumin" (geschütztes Markenwort). Eutektische Legierung, links veredelt, rechts unveredelt. V = 150:1.

Wie aus Bild 30 ersichtlich ist, nehmen mit zunehmendem Siliziumgehalt die Liquidustemperatur und die Breite des Erstarrungsintervalls zunächst stetig ab. Bei 12% Si-Gehalt ist die eutektische Zusammensetzung erreicht, d. h. von Anfang an kristallisieren die beiden Kristallarten I (aluminiumreiche α-Mischkristalle) und II (Siliziumkristalle) gleichzeitig, wobei die Erstarrung bei konstanter Temperatur erfolgt, und zwar bei der „eutektischen" Temperatur von 575 °C. Eine eutektische Legierung erstarrt somit ohne Erstarrungsintervall (gestrichelte Kurve in Bild 35). Jedoch muß die eutektische Zusammensetzung genau eingehalten sein.

Die gleichzeitige Kristallisation der beiden Kristallarten, ohne das Auftreten von Primärkristallen, ergibt ein besonders feinzelliges, eutektisches Gefüge. Eine typisch eutektische Legierung stellt das Silumin dar (geschütztes Markenwort, DIN-Bezeichnung G-AlSi 12), d. h. eine Legierung aus Aluminium und etwa 12 bis 13% Silizium.

Ein rein eutektisches Gefüge hat für Formgußteile technisch besondere Vorteile. Wenn man eine Legierung der eutektischen Zusammensetzung vergießt, so ist dies noch keine Gewähr für die Erzielung des gewünschten feinzelligen Gefüges. Oft dominiert eine Kristallart bei der eutektischen Kristallisation, dann kommt es zur Bildung eines „entarteten" Eutektikums. Die eutektische Kristallisation von Silumin kann durch winzige Natriumzusätze stark beeinflußt werden. Auf diese Weise erhält man das „veredelte" Silumingefüge (Bild 38 links).

Die Wirkungsweise der Veredelung durch Natriumzusätze ist noch nicht endgültig geklärt. Wahrscheinlich begünstigt das Natrium eine gewisse Unterkühlung der Schmelze und damit eine feinkörnige eutektische Kristallisation. Durch den Na-Zusatz verschiebt sich der eutektische Punkt etwas (zu 13% Si). Wie in Bild 38 ersichtlich, enthält das rechte Teilbild der unveredelten Legierung primäre Siliziumkristalle, während das linke Teilbild der veredelten Legierung keine großen Siliziumprimärkristalle zeigt.
Bei ,,untereutektischen" oder ,,übereutektischen" Legierungen umgibt das Eutektikum die zuerst erstarrten Primärkristalle meistens vollständig (Bild 36, 37).
Das bisher über Legierungen aus zwei Metallen Gesagte gilt sinngemäß auch für drei oder mehr Legierungskomponenten. Eine ,,ternäre" eutektische Temperatur kann dabei wesentlich unter den eutektischen Temperaturen der beiden ,,binären" Randsysteme liegen.

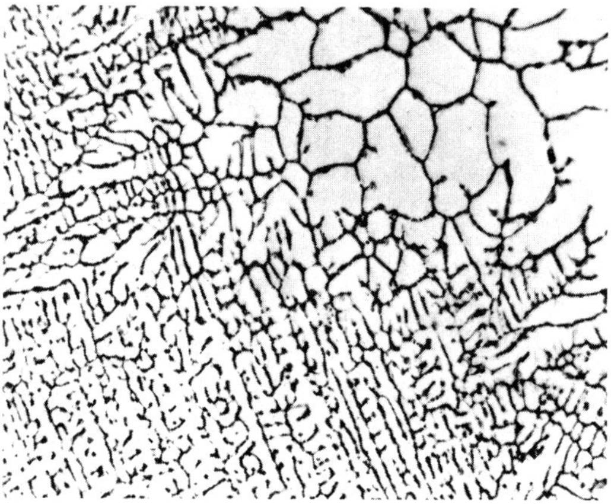

Bild 39: Feine und grobe Zellen im Stranggußgefüge aus Al 99,5. Der grobzellige Gefügebereich ist relativ langsam erstarrt und gehört zu einem ,,Schwebekristall", s. Seite 61 (nach Alusuisse). V = 40:1.

Unterteilung der Gußkörner durch Restschmelzeadern in Zellen

Insbesondere bei Knetlegierungen und Reinaluminium unterteilen sich die Gußkörner in eine Anzahl von Zellen, wobei innerhalb einer Zelle die Aluminiumatome eine einheitliche Orientierung aufweisen. Innerhalb eines Kornes weisen benachbarte Zellen einen relativ kleinen Orientierungsunterschied zueinander auf. Es handelt sich bei diesen Zellen um Dendritenarme, welche von demselben Keim aus gewachsen sind und während des Wachstums leichte Orientierungsunterschiede aufgewiesen haben. Der Durchmesser der Zellen ist meistens eine Größenordnung kleiner als derjenige der Gußkörner. Die zuvor beschriebene Kornseigerung tritt gleichfalls innerhalb der Zellen auf, so daß bei den untereutektischen Legierungen an den Zellengrenzen ebenso wie an den Korngrenzen ein lokales Maximum in der Konzentration an Fremdatomen auftritt. Meistens findet man an den Zellengrenzen Ausscheidungen, was in Bild 39 gut erkennbar ist. Es handelt sich hier um die an Legierungselementen stark angereicherte Restschmelze, welche gegen Ende der Erstarrung noch flüssig war und somit die Dendritenarme, aber auch die einzelnen Gußkörner umhüllte, bevor schließlich auch diese Restschmelze erstarrte. In Bild 40 erkennt man die einzelnen Gußkörner deutlich an ihrer unterschiedlichen Orientierung, welche wiederum in einer unterschiedlichen Lichtreflexion zum Ausdruck kommt. Auch sieht man, daß an den Gußkorngrenzen gleichfalls Restschmelze eingelagert ist.

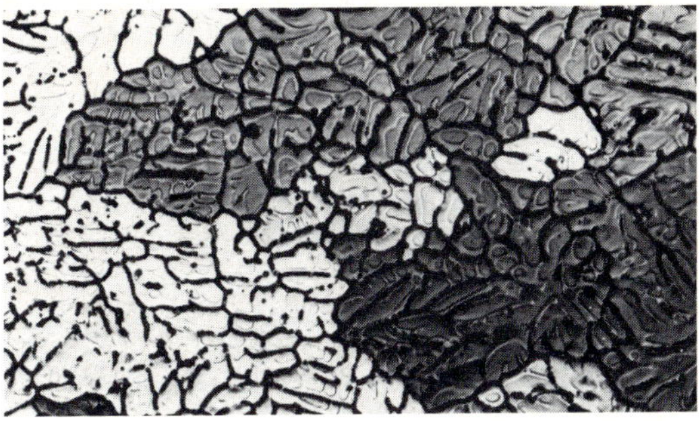

Bild 40: In Zellen unterteilte Gußkörner, Stranggußgefüge aus Al 99,5 (nach Alusuisse). V = 40:1.

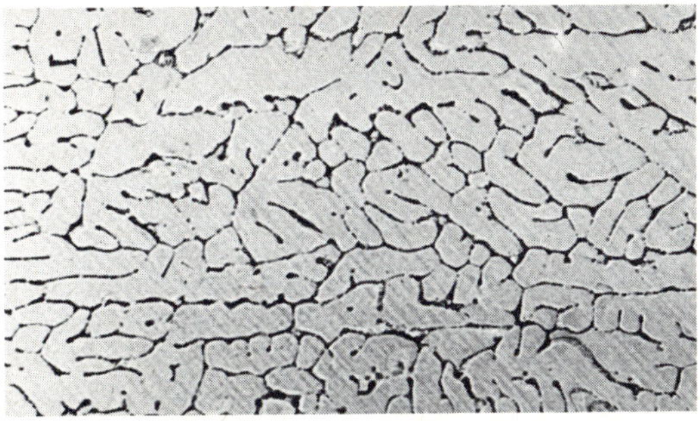

Bild 41 a: Grobes Zellengefüge, verursacht durch langsame Erstarrungsgeschwindigkeit, Stranggußgefüge aus Al 99,5. Mittlerer Zellendurchmesser: 90 μm (nach Alusuisse). V = 45:1.

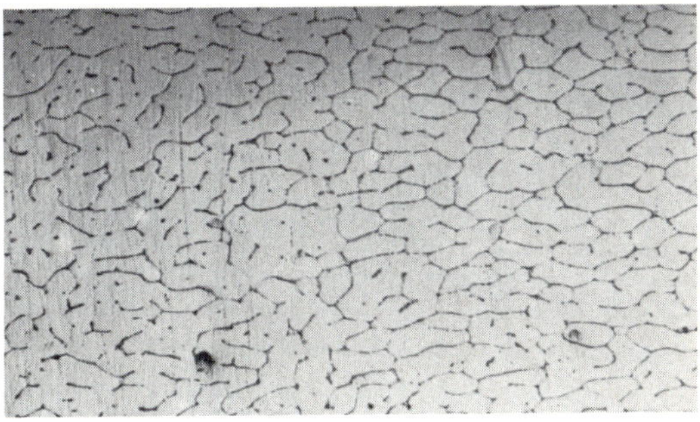

Bild 41 b: Feines Zellengefüge. Normale Erstarrungsgeschwindigkeit. Stranggußgefüge aus Al 99,5. Mittlerer Zellendurchmesser: 60 μm (nach Alusuisse). V = 45:1.

Die Zellengröße ist sehr stark abhängig von der Erstarrungsgeschwindigkeit. Dies wird in Bild 41 veranschaulicht, und man erkennt, daß mit zunehmender Erstarrungsgeschwindigkeit der Zellendurchmesser deutlich abnimmt. Bei Knetlegierungen ist meistens ein feinzelliges Gefüge erwünscht, damit sich bei der Barrenhochglühung die Seigerung innerhalb der Körner und innerhalb der Zellen möglichst rasch durch Diffusionsvorgänge ausgleicht. Je größer der Zellendurchmesser ist, um so längere Zeit braucht die Diffusion der Fremdatome zu einer gleichmäßigen Verteilung über den Kornquerschnitt. Generell kann man sagen, daß mit zunehmender Erstarrungsgeschwindigkeit die Einlagerungen (Heterogenitäten) des Gußgefüges immer feiner werden, analog zu der abnehmenden Zellengröße. Dies kommt z. B. in Bild 51 auf Seite 59 klar zum Ausdruck. Der Durchmesser der Gußkörner hingegen wird von der Erstarrungsgeschwindigkeit wenig beeinflußt, wie überhaupt Zellendurchmesser und Durchmesser der Gußkörner weitgehend voneinander unabhängig sind.

Wasserstoffgehalt und Oxideinschlüsse

Unter den natürlichen Verunreinigungen des Aluminiums gibt es nichtmetallische und metallische; wichtig sind bei letzteren der Eisen- und Siliziumgehalt des Elektrolysemetalls. Bei den nichtmetallischen stehen Wasserstoff und Oxide im Vordergrund. Die wichtigste Ursache für die Entstehung von Wasserstoff besteht in der Reaktion zwischen dem flüssigen Metall und Wasser, welches meistens in der Form von Wasserdampf in der Atmosphäre vorliegt.
Die Reaktion zwischen Aluminiumschmelze und Wasserdampf verläuft nach der Formel:

$$2\,Al + 3\,H_2O \rightarrow Al_2O_3 + 3\,H_2$$

Der dabei entstehende Wasserstoff wird großenteils von der Schmelze aufgenommen („gelöst"). Gelegenheit zum Ablauf dieser Reaktion besteht vor allem bei der Reaktion von flüssigem Aluminium mit der Luftfeuchtigkeit oder feuchten Verbrennungsgasen sowie beim Einschmelzen von öligem, feuchtem oder korrodiertem Schrott (das Korrosionsprodukt des Aluminiums ist ein wasserhaltiges Oxid).

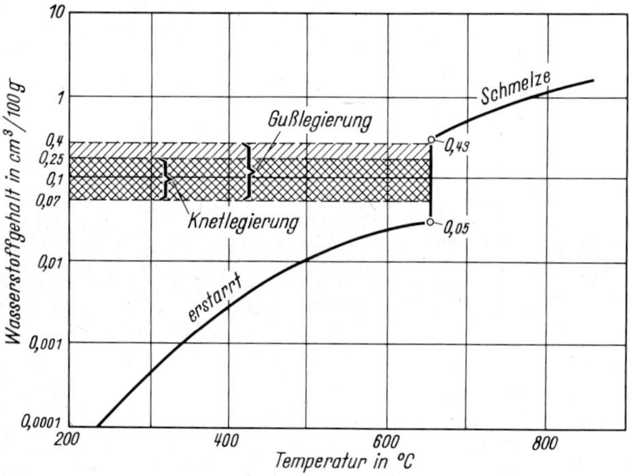

Bild 42: Wasserstoffgehalt im Aluminium in Abhängigkeit von der Temperatur. Gleichgewichtswerte im Kontakt mit Wasserstoff unter einem Druck von einer Atmosphäre.

Je größer der Wasserdampfdruck über der Oberfläche und je höher die Temperatur der Schmelze, um so höher ist der Wasserstoffgehalt, der sich in der Schmelze einstellt. Der Einfluß der Temperatur auf die Gleichgewichtslöslichkeit des Wasserstoffs im Aluminium ist in Bild 42 wiedergegeben. Da das frisch geschöpfte Elektrolysemetall eine hohe Temperatur von 900 °C aufweist, reagiert es begierig mit Wasserdampf und weist daher meist einen relativ hohen Wasserstoffgehalt auf (u. U. über 1,0 cm^3/100 g Al). Man erkennt in Bild 42 insbesondere einen sprunghaften Rückgang der Löslichkeit des Wasserstoffs bei der Erstarrung. Die Wasserstoffgehalte, welche im Regelfall in der Praxis vorliegen, sind in Bild 42 schraffiert eingezeichnet. Die Löslichkeit des Wasserstoffs in Aluminium beträgt im festen Zustand (bei der Solidustemperatur) nur noch etwa 10% der Löslichkeit in der Schmelze (bei Liquidustemperatur). Dennoch kann der in der Schmelze vorhandene Wasserstoff bereits im Verlaufe der Erstarrung und erst recht im festen Aluminium stark übersättigt vorliegen*). Bei rascher Erstarrung, wie sie bei

*) Bild 42 gilt für einen Wasserstoffdruck von einer Atmosphäre. Die Verhältnisse in der Praxis weichen davon ab. Die Reaktion mit Wasserdampf resultiert z. B. in höheren Wasserstoffdrücken. Trotzdem trifft die Aussage von Bild 42 prinzipiell zu, d. h. der Wasserstoff ist im erstarrten Gefüge stets übersättigt.

technischen Gießverfahren vorliegt, hat der Wasserstoff nicht genug Zeit, um aus dem erstarrenden Gefüge in die Schmelze zu entweichen, so daß man im festen Aluminium fast immer mehr Wasserstoff findet, als im Gleichgewicht löslich ist.
Aus der zuvor wiedergegebenen Formel der Reaktion zwischen Aluminium und Wasser (oder Wasserdampf) ging hervor, daß außer Wasserstoff auch Aluminiumoxid (Al_2O_3) entsteht, das sich auf der Oberfläche des festen oder flüssigen Metalles schichtartig ansammelt. Diese Oxidhaut kann beim Einschmelzen sowie beim Bewegen oder Fließen der Schmelze in das Innere des flüssigen Metalls gelangen, wo das Oxid dann als Einschluß vorliegt (Bild 43).

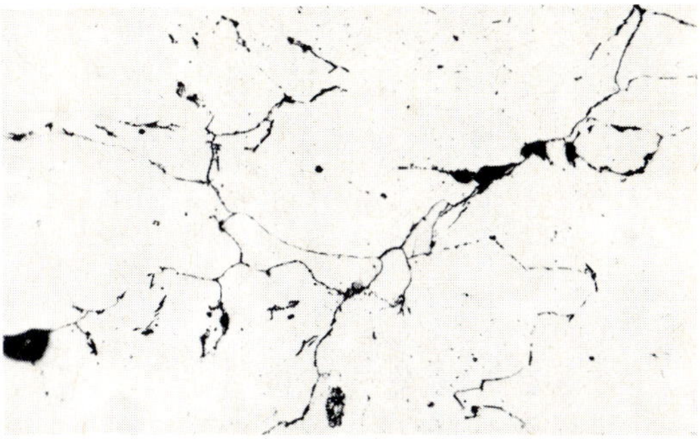

Bild 43: Oxidnest im Gußgefüge (nach Alusuisse). V = 90:1.

Zu hoher Wasserstoffgehalt und Oxideinschlüsse sind beim Stranggießen wie auch beim Formgießen gleichermaßen unerwünscht. Daher trachtet man danach, vor dem Vergießen Oxide und Wasserstoff aus der Schmelze möglichst weitgehend zu entfernen. Die entsprechenden Verfahren werden teilweise auch als Raffination der Schmelze bezeichnet. Wichtig ist insbesondere das Durchperlen von Chlorgas (Chlorieren), eine Salzwäsche der Schmelze oder ein längeres Abstehenlassen der Schmelze vor dem Vergießen. Alle drei genannten Verfahren verringern sowohl den Wasserstoff- als auch den Oxidgehalt.

Schmelzefiltration

Im vorhergehenden Absatz wurde auf die Rolle des Wasserstoffgehalts sowie von Oxideinschlüssen im Aluminium hingewiesen. Zur Herstellung von Aluminiumprodukten (Gußteilen oder Halbzeug) mit hoher Qualität müssen Oxideinschlüsse und Wasserstoff bereits vor der Erstarrung zu einem großen Teil entfernt werden. In der Vergangenheit wurde dazu hauptsächlich eine Chlorgasbehandlung der Schmelze durchgeführt. Die Chlorierung von Aluminiumschmelzen hat aber verschiedene Nachteile. Unter anderem wird der Magnesiumgehalt der Schmelze verringert, und insbesondere entstehen Probleme in Sachen Umweltschutz, da das entweichende Aluminiumchlorid in die Umwelt gelangen kann. Auch für die Arbeitsplatzhygiene ist der Umgang mit Chlor mehr und mehr als unerwünscht erkannt worden. Daher werden heute teilweise Gasmischungen von 90% Stickstoff mit 10% Chlor benutzt, oder es wird anstelle einer Gasbehandlung mit Chlor eine Filtration der Schmelze durchgeführt.
Seit einigen Jahren haben sich insbesondere zwei Filtrierverfahren durchgesetzt:
- Anwendung eines porösen Keramikfilters oder eines Filterbetts, welches entweder aus Aluminiumkugeln oder Petrolkoks besteht. In jedem Falle eignet sich dieses Verfahren dazu, die meisten Oxideinschlüsse zurückzuhalten.

– Außerdem kann man in einer Durchlauffiltration der zuvor genannten Art einen Gasgegenstrom einbauen, wobei entweder Argon oder absolut trockener Stickstoff Verwendung findet. In diesem Fall werden Oxidnester und Wasserstoff entfernt, und man kann mit diesem Verfahren Produkte herstellen, welche einen extrem niedrigen Gehalt an Oxidnestern und auch einen niedrigen Wasserstoffgehalt aufweisen.
Bild 44 zeigt einen porösen Keramikfilter in der Anwendung. Es handelt sich um einen kreisrunden oder rechteckigen porösen Filterstein, der meist unmittelbar vor der Stranggußanlage Anwendung findet und jeweils am Ende einer Gießcharge ersetzt werden kann (Wegwerffilter im Hinblick auf seine geringen Kosten).

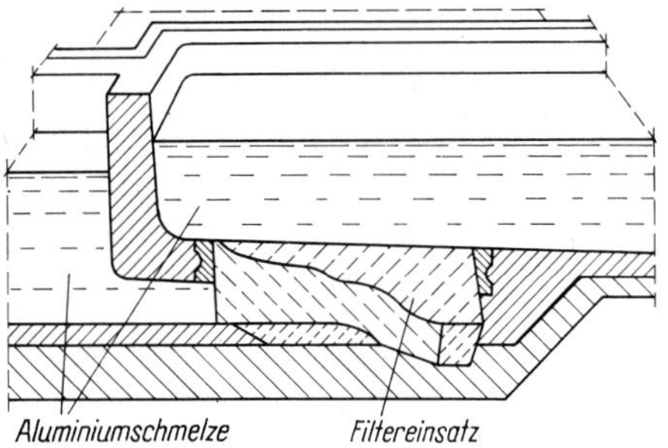

Bild 44: Auswechselbarer Keramikfilter zur Schmelzefiltration. Dieses Filtersystem läßt sich mit nur kleinen konstruktiven Änderungen in bestehende Stranggießanlagen einbauen.

Entstehung von Wasserstoffporen

Im Gußgefüge können drei verschiedene Arten von Hohlräumen auftreten:
Lunker, hervorgerufen durch die starke Volumenabnahme, die das erstarrende Metall beim Übergang vom flüssigen zum festen Zustand erleidet (6 bis 7% bei Reinaluminium, bei Legierungen meist weniger).
Lufteinschlüsse, entstanden durch Luft, die beim Gießen in das Metall gelangt und nicht mehr rechtzeitig vor dem Erstarren entweichen kann.
Wasserstoffporen, in denen sich der während der Erstarrung oder im festen Zustand ausgeschiedene Wasserstoff angesammelt hat.
Die beiden ersten sind beim Formguß wichtig und werden im nächsten Kapitel besprochen. Wasserstoffausscheidungen spielen sowohl beim Strangguß und Knethalbzeug als auch bei Formgußstücken eine Rolle und sollen hier näher betrachtet werden.
Wasserstoffausscheidungen im Gußgefüge treten in der Form von feinen bis mittleren Poren auf (Durchmesser etwa 0,001 bis 0,5 mm). Diese Poren können nicht nur während, sondern auch nach der Erstarrung entstehen und werden dementsprechend in primäre und sekundäre Porosität unterteilt. Je höher der Wasserstoffgehalt der Schmelze ist und je langsamer die Erstarrung erfolgt, um so mehr wird die primäre Porosität begünstigt.
In Bild 45 ist der Anteil primärer Porosität in Abhängigkeit vom Wasserstoffgehalt für Stranggußbarren aus Reinaluminium sowie Legierungen mit breitem Erstarrungsintervall dargestellt. Bild 53, Seite 60, zeigt das Auftreten primärer Porosität.
Die primäre Porosität ist meist relativ ungleichmäßig im Gefüge verteilt. Bei Reinaluminium-Strangguß mit den meist vorliegenden Wasserstoffgehalten von 0,1 bis 0,2 ccm/100 g liegt die primäre Porosität bei oder unter 0,1 Vol.-%, was bei diesem Werkstoff und den Knetlegierungen mittlerer Festigkeit noch als unschädlich gilt. Höhere Wasserstoffgehalte verursachen

merkliche primäre und sekundäre Porosität, wodurch Rißbildung beim Warmwalzen und Blasenbildung beim Weichglühen der Bleche begünstigt werden. Beim Stranggießen hochfester Legierungen muß der Wasserstoffgehalt der Schmelze bedeutend niedriger, und zwar unter 0,08 ccm/100 g gehalten werden. Einmal, weil das breite Erstarrungsintervall und das meist dendritische Kristallwachstum dieser Legierungen die Ausscheidung von Wasserstoff als primäre und sekundäre Porosität begünstigen; zum anderen, weil die hochfesten Legierungen gegenüber derartigen Störungen des Gefügezusammenhangs empfindlicher sind als relativ weiche Werkstoffe.

Die sekundäre Porosität besteht aus sehr feinen Poren von meist nur einigen µm Durchmesser (0,001 bis 0,01 mm). Diese Poren entstehen oder vergrößern sich oftmals beim Glühen von Barren und Halbzeug. Die sekundäre Porosität tritt sehr gleichmäßig auf und wurde bisher, im Gegensatz zur primären Porosität, als weitgehend oder völlig unschädlich erachtet.

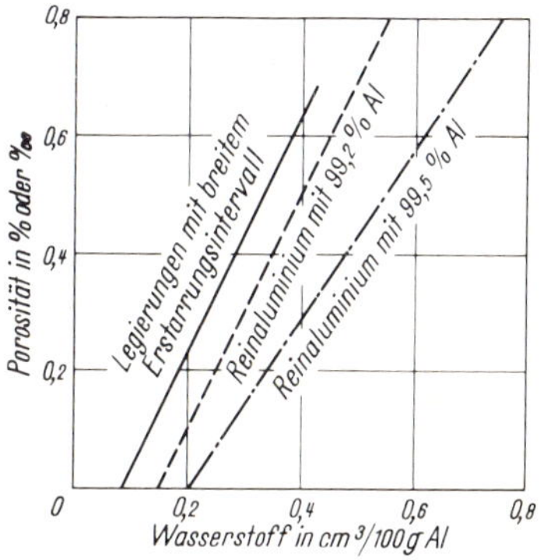

Bild 45: Primäre Porosität von Stranggußbarren in Abhängigkeit vom Wasserstoffgehalt.

Bei der Herstellung von Formgußstücken gelten zum Teil etwas andere Gesichtspunkte. Bei hochfesten Gußlegierungen ist gleichfalls ein möglichst niedriger Wasserstoffgehalt der Schmelze einzuhalten, etwa unter 0,1 ccm/100 g, um höchste Festigkeitswerte zu erzielen. Das gilt besonders für Sandguß, weil hier infolge der niedrigeren Erstarrungsgeschwindigkeit mehr Zeit für die Ausscheidung des Wasserstoffs zur Verfügung steht als z. B. bei Kokillenguß. Andererseits neigen derart weitgehend entgaste Legierungen verstärkt zur Lunkerbildung und stellen sehr hohe Anforderungen an die Gieß-, Anschnitt- und Speisertechnik. Deshalb stellt man bei Gußstücken mit gleichmäßiger Wanddicke und durchschnittlichen Ansprüchen an die Festigkeit einen etwas höheren Wasserstoffgehalt in der Schmelze ein, ca. 0,3 bis 0,4 ccm/100 g. Die geringe primäre Wasserstoffporosität, die hierbei auftritt, wirkt sich günstig auf das Lunkerverhalten aus, ohne bei Legierungen mittlerer Festigkeit die mechanischen Eigenschaften nennenswert zu beeinträchtigen. Zu hoher Gasgehalt ist beim Stranggießen wie auch beim Formgießen unbedingt zu vermeiden. Dieser führt zu ausgedehnter primärer Porosität, beeinträchtigt die Dichtheit des Gefüges, die Festigkeit und besonders die Bruchdehnung. Außerdem wird bei schwer gießbaren hochwertigen Legierungen die Gefahr von Warmrissen und Feinlunkerung innerhalb des Gefüges begünstigt.

VI. Technische Gießverfahren

Einfluß der Erstarrungsgeschwindigkeit auf das Gußgefüge

Im Prinzip spielen sich bei allen Gießverfahren die gleichen Grundvorgänge ab.
Der hauptsächliche Unterschied bei den einzelnen Verfahren liegt in der Erstarrungsgeschwindigkeit, die wiederum durch das Ausmaß der Wärmeableitung festgelegt ist. Auch die Richtung der Wärmeableitung sowie Unterschiede in der Erstarrungsgeschwindigkeit der einzelnen Zonen des Gußstückes oder Barrens spielen eine Rolle.
Eine langsame Erstarrung begünstigt bei untereutektischen Legierungen die Anreicherung der Legierungselemente nahe der Gußhaut („umgekehrte Blockseigerung"): Knetlegierungen werden daher zur Unterdrückung der Blockseigerung*) und grober Einlagerungen mit relativ hoher Erstarrungsgeschwindigkeit vergossen („Stranggießen, Bandgießen"). Allerdings bewirken eine rasche Erstarrung sowie eine schnelle Abkühlung des erstarrten Gefüges, außer Übersättigung und Kornseigerung, das Auftreten von starken mechanischen Spannungen im Gußgefüge, die durch ein Nachhinken der zuletzt abkühlenden Gefügezonen in der Schrumpfung (der „thermischen Kontraktion") bedingt sind.
Diese Spannungen sind wesentlich kleiner, wenn das ganze Gußstück gleichmäßig abkühlt; sie können durch Entspannungsglühen nachträglich abgebaut werden.

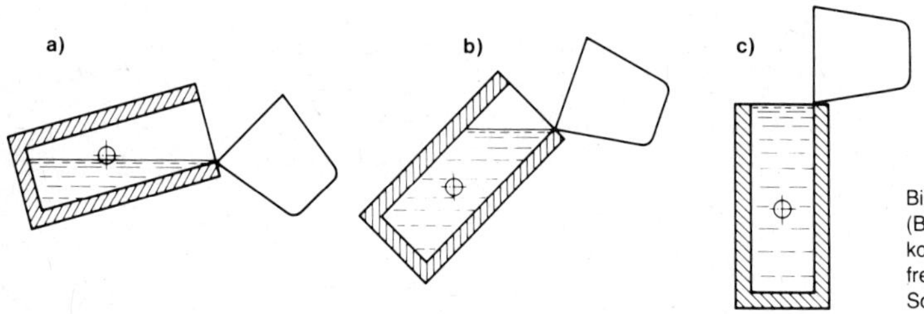

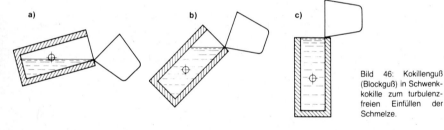

Bild 46: Kokillenguß (Blockguß) in Schwenkkokille zum turbulenzfreien Einfüllen der Schmelze.

Gießen von Formaten (Barren- oder Blockguß)

Beim Blockgießen werden meist rechteckige, quadratische oder runde Barren hergestellt, welche später abgewalzt bzw. durch Strangpressen oder Schmieden weiterverarbeitet werden. Für den Blockguß werden zwei Gießverfahren benutzt: der Kokillenguß**) und der Strangguß. Der Strangguß hat sich seit etwa 1940 in immer stärkerem Ausmaß durchgesetzt und den Kokillenblockguß heute fast vollständig verdrängt.
Beim Kokillenguß wird die Schmelze in eine eiserne Form gefüllt (Bild 46). Sobald der größte Teil der Schmelze erstarrt ist, droht sich infolge der Erstarrungsschrumpfung im Innern des Blockes ein trichterförmiger Lunker zu bilden. Das Entstehen dieses Lunkers wird durch sogenanntes „Aufgießen" unterbunden, d. h. der Gießer füllt mit einem Schöpflöffel vorsichtig Schmelze nach, so daß für eine Nachspeisung gesorgt ist (Bild 47).
Der Kokillengußbarren ist auf Grund seiner langsamen Erstarrung in starkem Ausmaß mit der oben erwähnten „Blockseigerung" belastet (Bild 48).

---

*) Im folgenden sprechen wir der Einfachheit halber von „Blockseigerung", wobei es sich stets um die umgekehrte Blockseigerung handelt (vgl. Bild 48).
**) Kokillenguß kommt somit ebenso beim Formgießen wie beim Blockgießen zur Anwendung.

Es ist verständlich, daß die zur Erzielung bestimmter Eigenschaften zugesetzten Legierungsmetalle nur in gleichmäßiger Verteilung ihre gewünschte Wirkung – z. B. Festigkeitssteigerung am Endprodukt – haben, so daß jede Art von Seigerung – sei es nur die im mikroskopischen Rahmen auftretende ,,Kornseigerung" oder die viel gröbere ,,Blockseigerung" – unerwünscht ist. Lunker und Blockseigerung lassen sich durch eine scheibenförmige Erstarrung vermeiden (vgl. hierzu Bild 50). Man hat lange nach entsprechenden Gießverfahren gesucht. Der ,,Strangguß" kommt der scheibenförmigen Erstarrung schon ziemlich nahe.

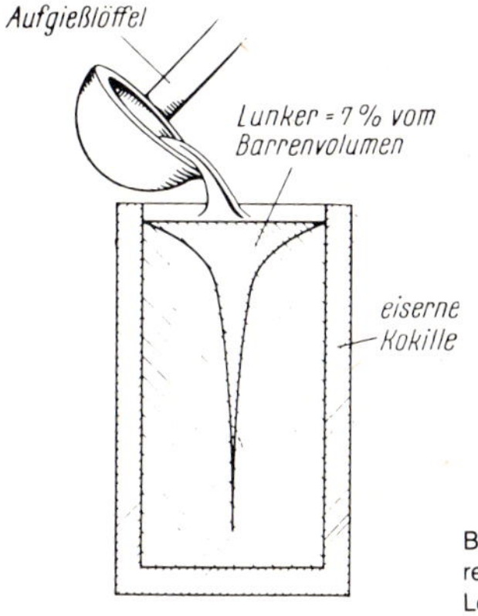

Bild 47: Kokillenguß. Aufgießen von Schmelze zur Verhütung von Lunkern (Blockguß).

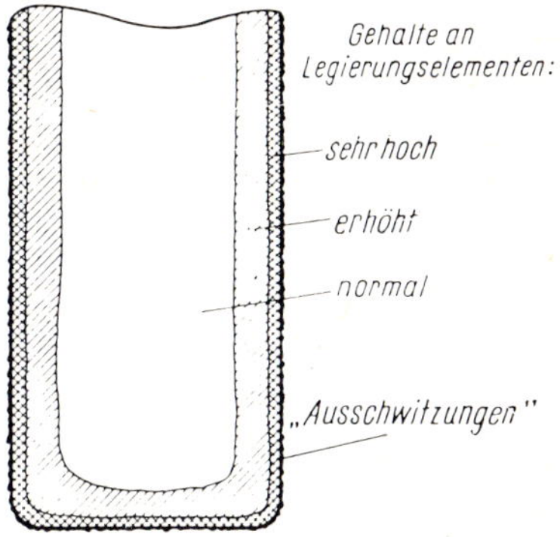

Bild 48: Schematische Darstellung der ,,umgekehrten" Blockseigerung. Rein theoretisch wäre eine ,,normale" Blockseigerung zu erwarten, d. h. Ansammlung der Legierungselemente in den zuletzt erstarrenden Teilen des Blockes, also im Barreninnern. Es sind ziemlich komplizierte Überlegungen notwendig, um die in der Praxis auftretende ,,umgekehrte" Blockseigerung in ihrem Mechanismus zu verstehen. Hauptursache: Durch Schrumpfungsvorgänge gelangt eine stark angereicherte Restschmelze in die Außenzonen des Barrens. Sie tritt teilweise sogar als ,,Ausschwitzung" aus der Barrenoberfläche aus.

Strangguß (oder ,,Wasserguß")

Das Stranggießverfahren in der hier beschriebenen Weise ist ein halbkontinuierlicher Prozeß*). Wie in Bild 49 gezeigt, wird das flüssige Metall in eine wassergekühlte, rahmenartige Kokille mit absenkbarem Boden gegossen. Hat die Schmelze in der Kokille eine bestimmte Füllhöhe erreicht, so wird der erstarrte Strang nach unten stetig abgesenkt, und zwar im selben Ausmaß, wie flüssiges Metall zuläuft. Der Querschnitt des gegossenen Stranges wird durch die Form der Kokille vorgegeben, die rechteckig für Walz- und Preßbarren, rund für Preßbolzen und quadratisch für Drahtbarren ausgeführt ist.

Das kontinuierliche Heraustreten des Stranges aus der Kokille wird dadurch ermöglicht, daß nach einem ersten Kühlkontakt der Schmelze mit der Kokillenwand eine erstarrte Kruste entsteht, welche die Hülle für das noch flüssige Metall bildet. Vor dem Austritt aus der Kokille hebt sich diese Kruste infolge Volumenkontraktion von der Kokillenwand ab. Eine zweite, schnell folgende Kühlung wird durch Kühlwasser erreicht, das am unteren Rand der Kokille austritt und gegen die Barrenoberfläche gespritzt wird. Weitere Einzelheiten sind den Bildern 49 und 50 zu entnehmen.

*) Eine horizontale Anordnung oder beim vertikalen Gießen eine mehrstöckige Anlage mit mobiler Säge ermöglichen ein kontinuierliches Gießen.

Die wassergekühlte Kokille und das Anspritzen des noch heißen Barrens mit Wasser bewirken eine sehr rasche Erstarrung. Man erkennt in Bild 50 b, daß nahe der mit Wasser angespritzten Blockoberfläche Temperaturen von etwa 300 bis 500 °C herrschen.

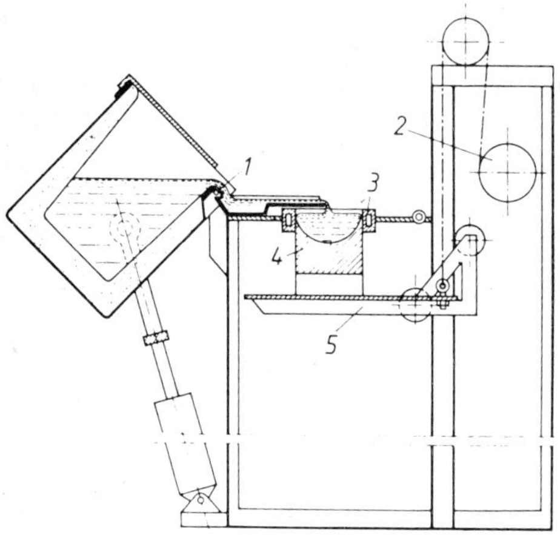

Bild 49 (links): Stranggießanlage. Einzelheiten der Wasserkühlung siehe Bilder 50 und 52.

Bild 50 (unten): Temperaturverteilung im Block während des Stranggießens (nach A. Roth), a) für spannungsfreie Blöcke anzustreben, b) Stranggießen mit mittlerer Geschwindigkeit, c) Langsames Stranggießen, 1 = Erstarrungsfront.

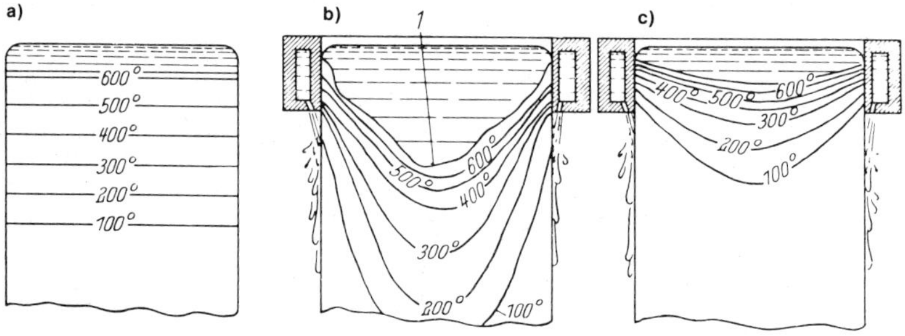

Je nach den Gießbedingungen ist der „Sumpf", d. h. das noch flüssige Metall, verschieden tief. Ideal wäre eine scheibenförmige Erstarrung (siehe Bild 50 a), die aber nicht auf wirtschaftliche Weise realisiert werden kann. Also nimmt man eine gewisse Sumpftiefe in Kauf (Bild 50 b). Besonders empfindliche Legierungen gießt man langsamer (Bild 50 c), so daß der Sumpf flacher wird*).

Normalerweise wird beim Stranggießen eine Absenkgeschwindigkeit von 5 bis 10 cm/min angewendet. Bei dieser Gießgeschwindigkeit ist die Erstarrungsgeschwindigkeit im Mittel etwa 10mal größer als beim Blockguß in eiserne Kokillen ohne Wasserkühlung. Die unterschiedliche Erstarrungsgeschwindigkeit macht sich im Gußgefüge deutlich bemerkbar. Im Strangußgefüge sind Zellen und Einlagerungen wesentlich feiner als beim Kokillenguß (siehe Bild 51). Auf Grund der raschen Erstarrung ist der Strangußbarren weitgehend frei von „Blockseigerung", d. h. man findet über den Barrenquerschnitt kaum Unterschiede in der chemischen

*) Gießgeschwindigkeit v_G und Erstarrungsgeschwindigkeit v_E sind bei scheibenförmiger Erstarrung (Bild 50 a) gleichgroß. Je tiefer der Sumpf, um so niedriger ist an den Flanken des Sumpfes der Wert von v_E. Bilden z. B. die Seitenflanken des Sumpfes mit der Horizontalen einen Winkel von 45°, so ist dort $v_E = 0{,}4 \times v_G$. Es ist aber die Größe von v_E (nicht von v_G), welche das Gußgefüge und somit z. B. den Durchmesser der Zellen oder der bei der Erstarrung entstehenden Ausscheidungen festlegt.

Zusammensetzung, wie dies beim Kokillenguß als nachteilige Eigenschaft auftritt. Der rasche Wärmeentzug beim Stranggießen verhindert allerdings einen Ausgleich der Legierungselemente in den Körnern des Gußgefüges, so daß die Übersättigung und ,,Kornseigerung" stärker ist als beim langsam erstarrten Kokillenguß. Allerdings kann man Übersättigung und Kornseigerung durch eine Hochglühung des Gußgefüges beseitigen, im Unterschied zur Makroseigerung (Blockseigerung), die nicht mehr ausgeglichen werden kann.

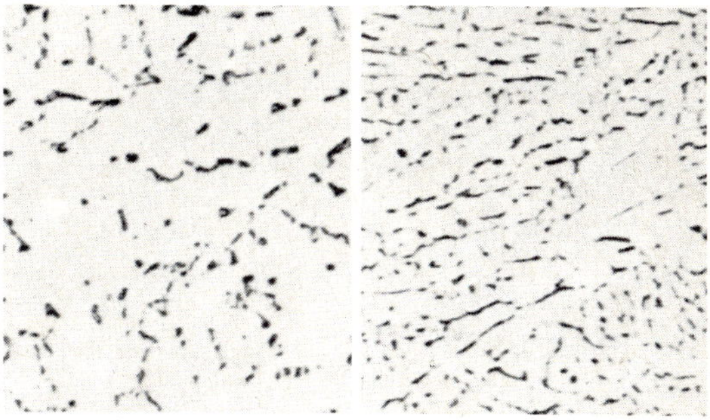

Bild 51: Vergleich des Gußgefüges von Walzbarren der Legierung AlMn aus Strangguß (links) und Kokillenguß (rechts). V = 150:1.

Die Gußhaut von Stranggußbarren weist im allgemeinen starke Ausschwitzungen auf, in welchen eine deutliche Anreicherung der Legierungsmetalle festgestellt werden kann. Hier handelt es sich also um eine Blockseigerung, welche durch eine Barrenhochglühung nicht beseitigt werden kann; allerdings ist die Erscheinung auf einen Bereich von wenigen Millimetern unter der Oberfläche beschränkt, welcher nach dem Gießen meistens durch Abfräsen entfernt wird. Zur Unterdrückung der Ausschwitzungen sowie zur Steigerung der Gießgeschwindigkeit kommt es darauf an, den durch Kontraktion der bereits erstarrten Außenzone entstehenden Schrumpfspalt zwischen Gußhaut und Kokillenwand möglichst klein zu halten, da durch dieses Luftpolster fast keine Wärme abgeleitet wird (Bild 52).

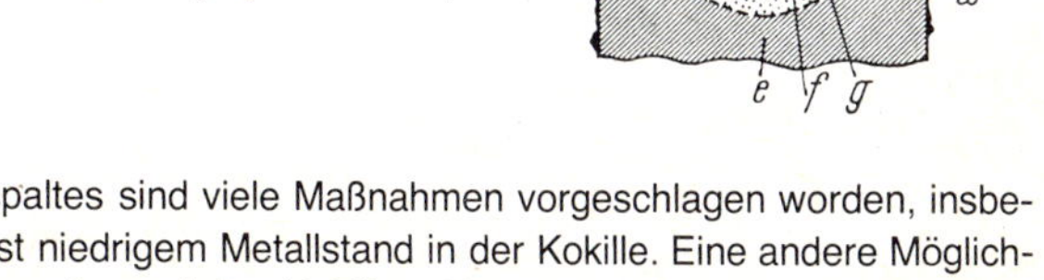

Bild 52: Entstehung des Schrumpfspaltes beim Stranggießen. Hierdurch verschlechtert sich die Wärmeableitung, und es entstehen Ausschwitzungen. a=Wasserkühlung, b=Flüssiges Metall (,,Sumpf"), c=Ausschwitzungen, d=Breiige Gefügezone, e=Erstarrter Strang, f=Liquidusfläche, g=Solidusfläche, h=Schrumpfspalt.

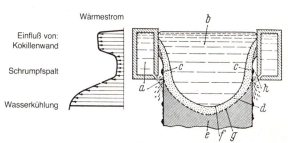

Zur Reduzierung des Schrumpfspaltes sind viele Maßnahmen vorgeschlagen worden, insbesondere das Gießen mit möglichst niedrigem Metallstand in der Kokille. Eine andere Möglichkeit besteht im Einsatz konischer oder geriefter Kokillen. Eine geriefte Kokille bewirkt durch Lufteinschlüsse zwischen Kokillenwandung und flüssigem Metall eine Verzögerung der Wärmeabfuhr, wodurch bei gleich hohem Metallstand in der Kokille das Metall länger in Kontakt mit der Kühlfläche bleibt. Die Kontraktion verschiebt sich weiter nach unten, d. h. der Schrumpfspalt wird kürzer. Neuerdings wurde das in der UdSSR erfundene berührungslose Stranggießen in einem Magnetfeld durch Alusuisse zur industriellen Reife entwickelt. Das Schrumpfspaltproblem wird hierdurch eliminiert.

Untersuchung des Stranggußgefüges

Im Regelfall wird beim Stranggießen ein feinkörniges Gußgefüge erzielt, wie in Bild 54 dargestellt. Es gibt allerdings in Stranggußbarren eine Reihe von Gefügephänomenen, welche örtlich auftreten und bei der Halbzeugverarbeitung gewisse Störungen verursachen können. In Bild 53 wird grobe primäre Porosität gezeigt, welche in einem Strangpreßbolzen nahe der Gußhaut festgestellt werden konnte. Grobe Porosität dieser Art verschweißt bei der starken Durchknetung, wie sie beim Strangpressen in einem Arbeitsgang erfolgt, sie könnte allerdings beim Warmwalzen zu Einrissen oder bei einer Weichglühung zu Blasenbildung führen.

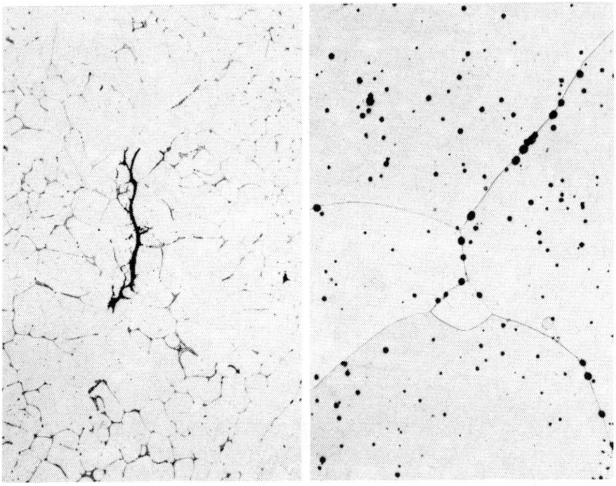

Bild 53a (links) und 53b (rechts): Zwei verschiedene Erscheinungsformen von primärer Porosität in Stranggußbarren, verursacht durch Wasserstoffausscheidung (nach Alusuisse). V = 110:1 (a), 350:1 (b).

In Bild 55 wird ein grobzelliges Gußkorn gezeigt, welches ringsherum von feinzelligen Körnern umgeben ist. Solche grobzelligen Körner erstarren freischwebend in der Schmelze und haben daher eine geringere Erstarrungsgeschwindigkeit als das feinzellige Gefüge, welches in direktem Kontakt mit der Erstarrungsfront und somit bei erheblich höherer Wärmeableitung entstanden ist. Solche grobzelligen Gefügebereiche sind auch noch im Blech durch eine unterschiedliche Verteilung der Heterogenitäten wiederzuerkennen, wie in Bild 56 gezeigt wird. Dies kann nach Glänzen oder anodischer Oxidation zu einem stark streifigen Gefüge führen, so daß für die Herstellung dekorativer Bleche ein feinzelliger Stranggußbarren anzustreben ist, der außerdem keine starken Schwankungen in der Zellengröße aufweist.

In Bild 57 wird ein Schnitt durch einen Stranggußwalzbarren gezeigt, der drei verschiedene Gefügebereiche erkennen läßt. Nahe der Gußhaut hat man Stengelkristalle, welche in direktem Kontakt mit der Kokille gewachsen sind. Der größere Teil des Barrenquerschnittes ist von großen Fiederkristallen ausgefüllt, welche in direktem Kontakt mit der Erstarrungsfront gewachsen sind. In diesen Fiederkristallen sind einzelne Schwebekristalle eingelagert, die, wie zuvor erwähnt, freischwebend und ohne direkten Kontakt mit der Erstarrungsfront erstarrt sind. In Bild 58 wird ein vergrößerter Schliff durch einen solchen Schwebekristall gezeigt, und man erkennt hier wiederum das grobzellige Gefüge, verursacht durch langsame Erstarrung der Schwebekristalle. Der Fiederkristall selbst weist ein lamellenartiges Zellengefüge auf, da er durch sogenannte Zwillingsebenen aufgeteilt ist, worauf wir aber im einzelnen nicht eingehen können.

Bild 54: Korngeätzter Ausschnitt aus einem stranggegossenen AlMgSi0,5-Preßbolzen in natürlicher Größe. Feinkörniges globulitisches Gefüge (nach Alusuisse).

Bild 55: Schnitt durch den Kern eines Schwebekristalls, Al99,5 (nach Alusuisse). V = 150:1.

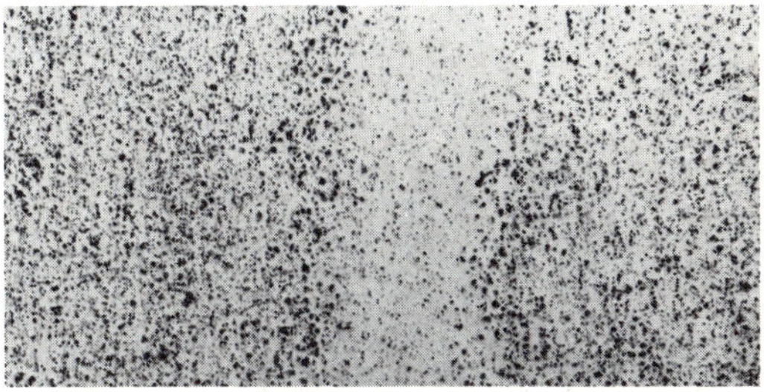

Bild 56: Blech mit ausgeprägten Eloxalstreifen, Al99,5. V = 40:1.

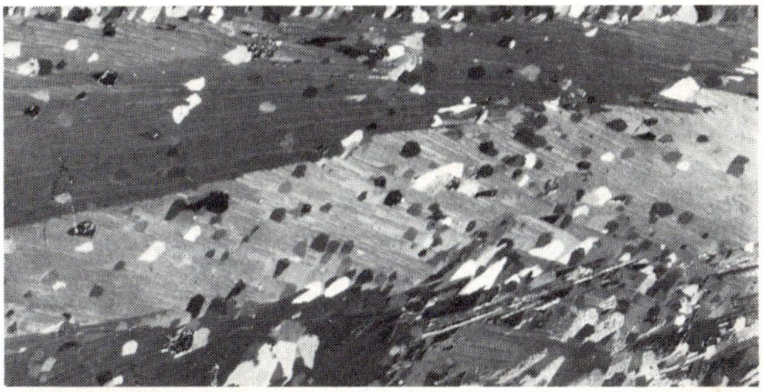

Bild 57: Gefüge über den Querschnitt eines Stranggußbarrens. In der Randzone sind Stengelkristalle, im Innern Schwebekristalle in Fiederkristallgefüge eingebettet, Al99,5. Oberkante des Bildes=Gußhaut (nach Alusuisse). V = 1:1,3.

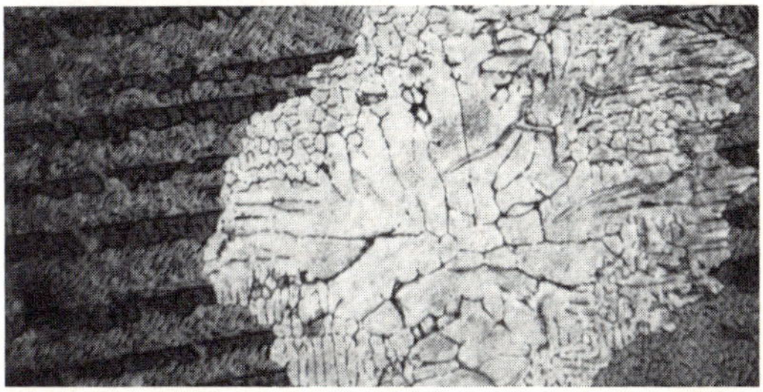

Bild 58: Grobzelliger Schwebekristall im Fiederkristallgefüge, Al99,5. Der Fiederkristall ist durch parallel verlaufende „Zwillingsebenen" unterteilt, an denen das Aluminiumgitter eine spiegelbildliche Unstetigkeit aufweist (nach Alusuisse). V = 40:1.

Bandgießen

Seit etwa 20 Jahren werden auch Bänder oder Platten von etwa 5 bis zu ca. 25 mm Dicke kontinuierlich gegossen (Hunter-Douglas-Verfahren; Hazelett-Verfahren; Hunter-Engineering-Verfahren). Bei den Bandgießanlagen bewegen sich die Kokillenwände im Bereich der Erstarrung mit dem Gießgut (Bild 59 und 60). Die Kokillen sind als wassergekühlte rotierende Trommeln, Raupenketten oder endlose Bänder ausgebildet. Auf diese Weise kann ein Schrumpfspalt und somit die Ausbildung von Ausschwitzungen weitgehend vermieden werden, so daß die gegossenen Bänder oder Platten unter Umständen ungefräst und noch mit der Gießwärme abgewalzt werden können. Auch Drahtbarren können kontinuierlich gegossen werden. Man arbeitet meist mit Durchmessern von etwa 50 bis 80 mm (Properzi-Verfahren).

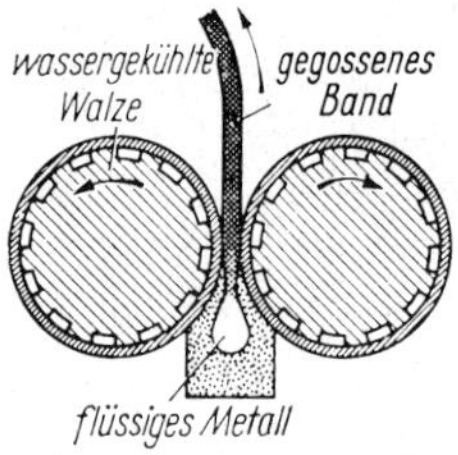

Bild 60: Bandgießanlage System Hunter-Engineering (schematisch).

Bild 59: Bandgießmaschine; System Alusuisse Caster II, Bandbreite 1,8 m. Die Schmelze erstarrt zwischen Metallblöcken, welche im Erstarrungsbereich mit der gegossenen Oberfläche mitlaufen. Entzug der Erstarrungswärme beim Rücklauf der Blöcke. Ansicht von der Austrittsseite.

Beim Bandgießen wird oft eine rasche Erstarrung der Schmelze sowie eine schnelle Abkühlung auf Temperaturen weit unter der Soliduslinie herbeigeführt. Legierungen, deren Gehalt an Zusatzelementen über der Löslichkeitsgrenze (bei Solidustemperatur) liegt, erstarren hierbei teilweise in übersättigter Lösung, so daß die Ausscheidung einer zweiten Kristallart im Gefüge ganz oder teilweise unterbleibt. Dies gilt insbesondere für die Übersättigung an Eisen, Mangan, Chrom, Titan und anderen in Aluminium nur schwach löslichen Legierungselementen*). Somit nimmt die erwähnte Übersättigung der Primärkristalle in der Reihenfolge Kokillenguß (Blockguß), Strangguß, Bandguß zu, während die Blockseigerung in der gleichen Reihenfolge abnimmt.

*) Die erwähnte Übersättigung bewirkt insbesondere eine markante Steigerung der Rekristallisationstemperatur.

Formguß*)

Beim Formguß besteht die Aufgabe, Werkstücke von meist komplizierter Gestalt durch Gießen rationell herzustellen. Die Schmelze wird in eine entsprechende Form gefüllt und dort zur Erstarrung gebracht. Im Gegensatz zum Strangguß, dessen Gefüge bei der weiteren Verarbeitung weitgehend umgewandelt wird, kann das Gefüge von Formgußteilen nur noch in begrenztem Umfang (durch Wärmebehandlung) beeinflußt werden, sobald die Erstarrung einmal abgeschlossen ist. Der Gießer hat durch geeignete Maßnahmen dafür zu sorgen, daß bereits bei der Erstarrung ein möglichst günstiges Gefüge erzielt wird. Die Mittel, die hierfür zur Verfügung stehen, reichen von der Legierungstechnik über Schmelzebehandlung, Überführung des flüssigen Metalls in die Form bis zur Lenkung des Erstarrungsablaufs im Gußstück. Wesentliche Voraussetzung für die Erzeugung hochwertiger Gußstücke ist neben der treffsicheren Beherrschung dieser gießtechnischen Maßnahmen auch eine „gießgerechte Konstruktion", d. h. eine den Erfordernissen des Verfahrens hinreichend angepaßte Gestaltung des Gußstückes.

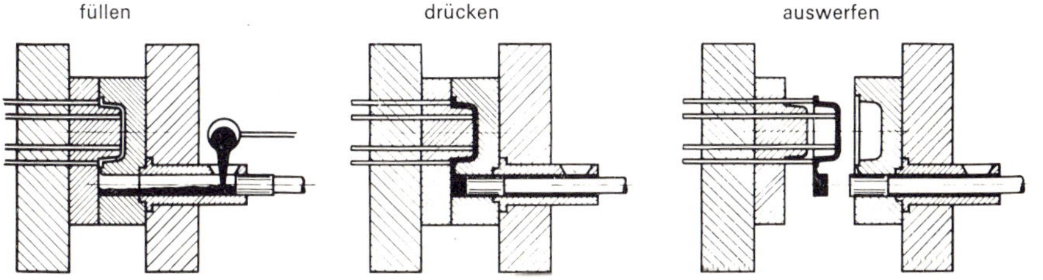

Bild 61: Kaltkammer-Druckgießverfahren.

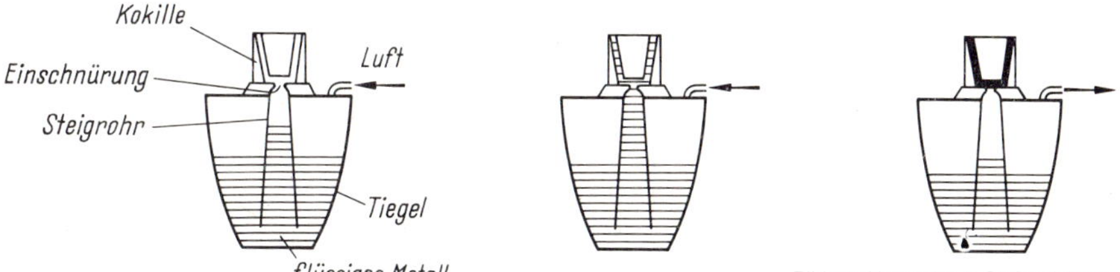

Bild 62: Niederdruck-Gießverfahren.

Gießverfahren

Je nach dem Material, aus dem die Gießform besteht, unterscheidet man zunächst zwischen Sand- und Kokillenguß. Die Sandformen werden nach jedem Abguß zerstört. Kokillen sind Dauerformen aus Stahl oder Grauguß, deren Oberfläche gegen das „Anschweißen" des flüssigen Aluminiums durch einen Anstrich (Schlichte) geschützt wird. Beim Sand- und Kokillenguß fließt die Schmelze nur unter dem Einfluß ihrer eigenen Schwere in die Form und erstarrt unter normalem Druck. Man spricht deshalb auch von „Schwereguß". Im Gegensatz dazu erfolgt die Formfüllung beim Druckgießverfahren (siehe Bild 61) mit hoher Geschwindigkeit

*) Unter Mitarbeit von Dr.-Ing. H. Nielsen.

unter erheblichen Stempeldrücken bis zu mehreren Atmosphären, die während der Erstarrung noch erhöht werden können. Infolgedessen lassen sich mit diesem Verfahren bedeutend geringere Wanddicken und feinere Konturen gießen als bei den vorgenannten Verfahren.
Das sogenannte Niederdruck-Gießverfahren ist im Prinzip eine Abart des Kokillen-Gießverfahrens, bei dem die Gießform oberhalb eines luftdicht abgeschlossenen Schmelztiegels angeordnet ist (Bild 62). Das flüssige Metall wird mit Hilfe eines auf die Badoberfläche wirkenden Luftpolsters mit geringem Überdruck durch ein Steigrohr von unten in die Form gedrückt. Der Druck wird bis zum Abschluß der Erstarrung aufrechterhalten.
Alle genannten Gießverfahren werden bei Aluminiumlegierungen angewendet. Im Einzelfalle richtet sich die Wahl des Verfahrens nach der Größe und Gestalt des Gußstückes, nach Stückzahl, Anforderungen an die Form- und Maßgenauigkeit sowie an mechanische und Oberflächeneigenschaften.

Tabelle 5: Einige wichtige Aluminiumgußlegierungen

Kurzzeichen nach DIN	Hauptlegierungszusätze in % (ungefähr)						Festigkeitswerte			
	Si	Cu	Mg	Mn	Ti	Gießverfahren Zustand[1])	0,2-Grenze $R_{p0,2}$ N/mm²	Zugfestigkeit R_m n/mm²	Bruchdehnung A_5 %	Härte HB 5/250
G–AlSi12	12			0,3		S–	70–100	160–210	5–10	45–60
GD–AlSi12						D–	140–180	220–280	(1–3)[2])	60–80
G–AlSi9Mg wa	9,5		0,3	0,03		S wa	200–270	250–300	2–5	75–110
G–AlSi9Mg wa						K wa	200–280	260–340	4–7	80–115
G–AlSi5Mg	5,5		0,6	0,2	0,10	S–	100–130	140–180	1–3	55–70
G–AlSi5Mg wa						S wa	220–290	240–300	0,5–2	80–110
G–AlSi8Cu3	8,5	2,7	0,2	0,4		S–	100–150	160–200	1–3	65–90
						K–	110–160	170–220	1–3	70–100
						D–	160–240	240–310	0,5–3	80–110
G–AlMg3			3	0,2	0,10	S–	70–100	140–190	3–8	50–60
G–AlMg3Si wa	1,1		3	0,2	0,10	S wa	120–160	200–280	2–8	65–90
G–AlCu4TiMg ka		4,5	0,25		0,25	K ka	220–300	320–420	8–18	95–115
G–AlCu4TiMg wa						K wa	260–380	350–440	3–12	100–130

[1]) S=Sandguß, K=Kokillenguß, D=Druckguß, – unbehandelt, ka kaltausgehärtet, wa warmausgehärtet. [2]) A_{10}

Gußlegierungen und ihre Eigenschaften

Die Tabelle 5 enthält einige wichtige Aluminiumgußlegierungen mit ihren typischen Legierungsbestandteilen. Von Gußwerkstoffen erwartet man in erster Linie ein günstiges Erstarrungsverhalten und brauchbare mechanische Eigenschaften im gegossenen Zustand. Gußlegierungen sind deshalb zum Teil höher legiert als die üblichen Knetwerkstoffe. Die größte Bedeutung haben heterogene Legierungen auf der Basis Aluminium–Silizium mit Si-Zusätzen zwischen 5% und 13%*).
Die siliziumhaltigen Legierungen haben besonders günstige gießtechnische Eigenschaften. Maßgebend hierfür ist das bei 570 °C erstarrende Al-Si-Eutektikum mit 12,5% Si, das bei allen Legierungen dieser Gruppe in der Endphase der Erstarrung auftritt. Durch kleine Zusätze an

*) Für Fahrzeugkolben, die in der Regel aus Aluminiumguß hergestellt sind, verwendet man Speziallegierungen, sogenannte Kolbenlegierungen mit 12 bis 25% Si und weiteren Zusätzen. Der hohe Anteil an Si-Kristallen im Gefüge dient zur Verminderung der Wärmeausdehnung und Erhöhung der Verschleißfestigkeit.

Magnesium werden die AlSi-Legierungen aushärtbar (Mg_2Si-Ausscheidung) und erreichen hohe Festigkeitswerte bei ausreichender Zähigkeit. Festigkeit und insbesondere Bruchdehnung und Zähigkeit dieser Legierungen lassen sich erheblich steigern, wenn man bei ihrer Herstellung von Hüttenaluminium und Silizium mit einem verringerten Gehalt an Beimengungen ausgeht, so daß z. B. der Eisengehalt in der Legierung unter 0,15% gehalten werden kann.
Gut gießbar sind auch die Legierungen mit Silizium- und Kupferzusatz, wobei die Summe von Si + Cu zwischen 6 und 13% liegen kann. Legierungen dieser Gruppe werden vorwiegend aus Schrotten durch sorgfältige Umschmelz- und Reinigungsvorgänge gewonnen und werden für durchschnittliche Ansprüche in großem Umfang verwendet.

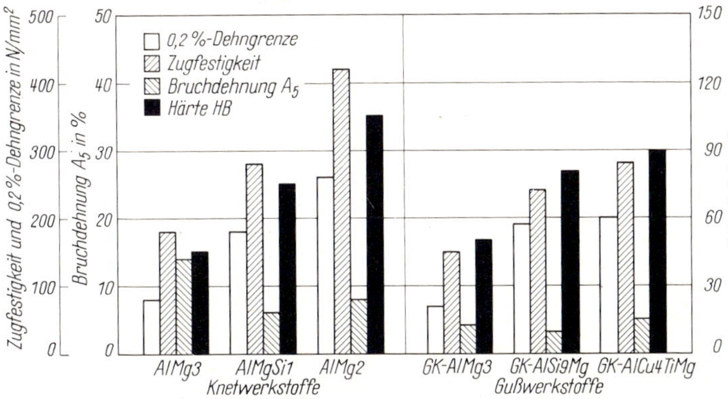

Bild 63: Vergleich der Festigkeitswerte von Schmiedestücken und Formgußteilen. GK = Kokillenguß.

Die Legierungen G-AlMg3 und G-AlCu4TiMg sind als Gußvarianten der entsprechenden Knetlegierungen (der Gattung AlMg bzw. AlCuMg) anzusehen. Ihre Zusammensetzung ist bis auf charakteristische Zusätze zur Verbesserung der Gießeigenschaften ähnlich. So kann G-AlMg3 z. B. Silizium bis zu etwa 1% enthalten, wodurch der Erstarrungsablauf verändert und die Herstellung von dichten Gußstücken erleichtert wird. Außerdem wird die Legierung durch den Siliziumzusatz aushärtbar (Mg_2Si-Bildung). Bei G-AlCu4TiMg wird ein Titanzusatz von rund 0,3% vorgenommen, um die für gute mechanische Eigenschaften wesentliche Feinkörnigkeit des Gußgefüges zu erzielen. G-AlMg- und G-AlCuTi-Legierungen haben auf Grund ihrer Zusammensetzung bereits ein nahezu homogenes Gefüge. Deshalb erzielt man auch bei dieser Legierung die günstigsten mechanischen Eigenschaften, wenn sie im Gefüge möglichst wenig Heterogenitäten aufweist. Hierfür sind Hüttenlegierungen mit verminderten Eisenbeimengungen vorteilhaft.
Zwischen Guß- und Knetwerkstoffen besteht, auch bei ähnlicher Zusammensetzung, ein grundsätzlicher Unterschied in den Festigkeitseigenschaften. Dies zeigt Bild 63 am Beispiel der zuletzt erörterten Legierungen. Die 0,2%-Dehngrenze und die Härte sind bei Guß- und Knetgefüge durchaus vergleichbar, letztere beim Gußgefüge zum Teil sogar etwas höher. Dagegen äußert sich die bessere Verformbarkeit des Knetgefüges deutlich in einer höheren Bruchdehnung und im Zusammenhang damit in einer höheren Zugfestigkeit. Allgemein erträgt ein Knetgefüge gegenüber dem vergleichbaren Gußgefüge eine höhere plastische Verformung bis zum Bruch. In der Praxis spielt dieser Unterschied eine Rolle, wenn ein bestimmtes Bauteil

wahlweise als Gußstück oder z. B. als Schmiedestück oder Blechformteil hergestellt werden kann. Beide Ausführungen lassen sich zwar in der Regel so dimensionieren, daß sie für die normale Betriebsbeanspruchung als gleichwertig anzusehen sind. Jedoch wirkt sich die höhere Verformbarkeit bei einer Überbeanspruchung, die auch örtlich begrenzt sein kann (Spannungsspitze), günstig aus. Der Konstrukteur muß entscheiden, ob das Bauteil in einem solchen Falle durch Bruch versagen darf oder sich nur verformen soll, und kann seine Anforderungen an Bruchdehnung und Zähigkeit dementsprechend stellen.

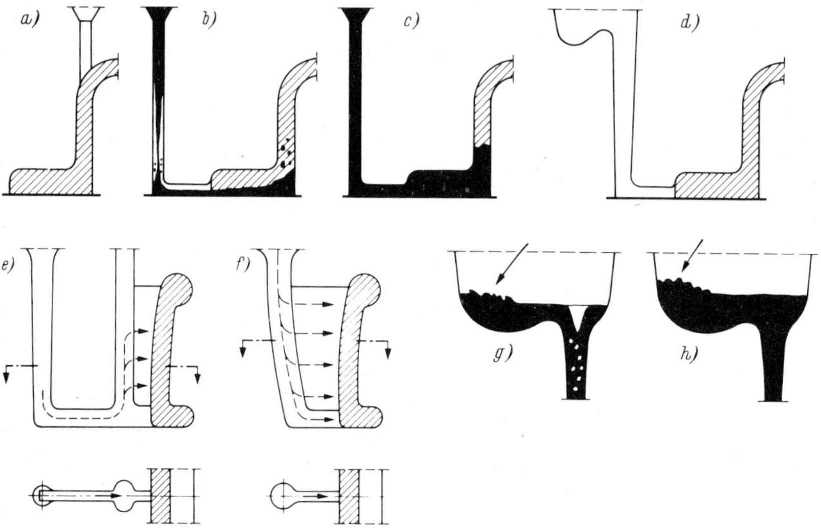

Bild 64: Eingießtechnik bei Sandguß. a)–b) schlecht, c)–d) gut, e)–f) spezielle Systeme für schwierig gießbare Legierungen, g) und h) Wirkungsweise eines Gießtümpels. Der Pfeil deutet den Gießstrahl aus dem Gießlöffel an. Die Oxidhäute sammeln sich bei richtiger Arbeitsweise an der Oberfläche und können nicht in das Gußstück gelangen. Bei g) ist die Füllhöhe im Gießtümpel zu gering, so daß Luft mitgerissen wird; h) zeigt die richtige Füllhöhe.

Schmelz- und Gießtechnik

Unabhängig vom Gießverfahren ist für die Herstellung von Qualitätsguß eine saubere Schmelze Voraussetzung. Die wichtigsten Maßnahmen sind
- sorgfältige Auswahl des metallischen Einsatzes,
- sorgfältige Temperaturkontrolle während des gesamten Schmelzprozesses,
- Beseitigung von nichtmetallischen Verunreinigungen (Oxiden, Nitriden),
- Einhaltung des günstigsten Gasgehaltes,
- Wirksame Kornfeinung. Feinkörnige Erstarrung steigert nicht nur die Festigkeit und Zähigkeit der Gußstücke, sie beeinflußt auch das Erstarrungs- und Warmrißverhalten der Legierung günstig.

Die Gestaltung des Eingusses wird bei Aluminium von der Forderung diktiert, der Luft während der Überführung der Schmelze in die Form eine möglichst geringe Angriffsfläche zu bieten, an der das Metall erneut oxidieren kann. Der anfänglich gebildete Oxidschlauch, der das strö-

mende Metall von der Atmosphäre abschirmt, darf nicht abreißen oder durch Wirbelbildung gestört werden. Daher verbietet sich das einfache Eingießen von oben durch den Speiser (Bild 64), bei dem große Mengen an Oxid entstehen und zusätzlich Luft in die Schmelze eingewirbelt wird, was im Gußstück zu Fehlstellen (Schaum) führt. Man gießt bei Aluminium im allgemeinen „steigend“, d. h. die Schmelze wird zunächst durch einen senkrechten Eingießkanal bis auf die Höhe der Unterkante des Gußstückes und von dort aus durch sorgfältig angelegte Öffnungen (Anschnitte) in den Formhohlraum geleitet. Einige Eingießsysteme sind in Bild 64 erläutert.
Die Gießtemperatur wird bei Aluminiumguß möglichst niedrig gehalten, damit die Erstarrung rasch abläuft. Nur wenn das Stück nicht vollständig ausläuft, kann die Gießtemperatur in gewissen Grenzen erhöht werden.

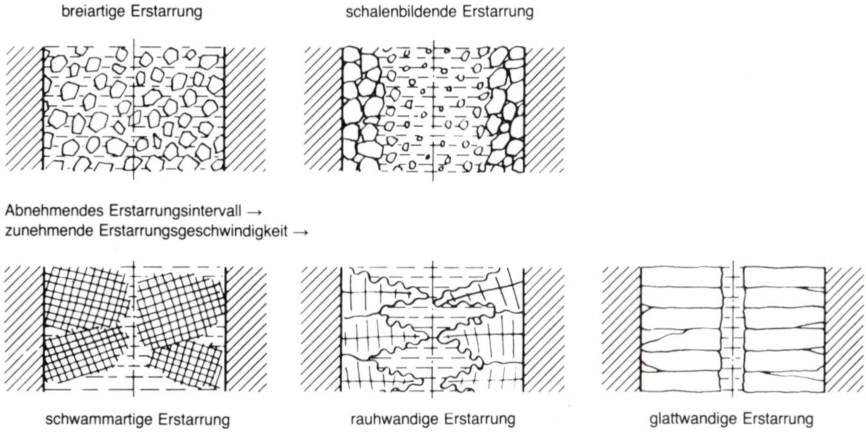

Bild 65: Typische Erstarrungsformen und ihre Beeinflussung durch die Erstarrungsgeschwindigkeit. Obere Reihe: endogene, untere Reihe: exogene Erstarrungstypen.

Erstarrungsverhalten von Legierungen

Bereits auf Seite 31 wurde erläutert, daß bei der Erstarrung von Metallen und Legierungen zuerst eine Keimbildung und danach ein Keimwachstum erfolgt. Entsprechend diesen beiden Vorgängen kann man das Erstarrungsverhalten von Gußlegierungen zwei Grundtypen zuordnen (Bild 65).

1. Endogene Kristallisation: Hierbei ist die Keimbildung in reichlichem Ausmaß vorhanden. Die Erstarrung vollzieht sich in einem gewissen Volumenbereich gleichzeitig an zahlreichen, in der Schmelze frei schwimmenden Kristallen. Mit zunehmendem Anteil an fester Phase nimmt die Schmelze eine breiartige Konsistenz an und erstarrt schließlich vollständig, wenn die gesamte, zwischen den Kristallen befindliche Restschmelze aufgezehrt ist (breiartige Erstarrung).
2. Exogene Kristallisation: Hierbei ist die Keimbildung gehemmt. Die Kristallisation beginnt an der Formwand, an der stets genügend wachstumsfähige Keime vorhanden sind. Von dort aus wachsen die Kristalle meist dendritisch in die Schmelze hinein, während in den Zwischenräumen zwischen den Dendritenästen noch Schmelze verbleibt, die erst im weiteren Verlauf der Erstarrung bei tieferer Temperatur kristallisiert (schwammartige Erstarrung).

Erstarrungsablauf im Gußstück

Bei der Erstarrung von Gußstücken muß das flüssige Metall seine Wärme an die Formwände abgeben. Dies erfolgt um so rascher, je größer das Abschreckvermögen des Formstoffs ist, was von seiner Wärmeleitfähigkeit, spezifischen Wärme und Dichte abhängt. Den Idealfall einer glatten „Erstarrungsfront" (Bild 65), d. h. einer scharfen Grenzlinie zwischen dem flüssigen und dem festen Zustand, findet man nur bei sehr reinen Metallen und angenähert bei rasch erstarrenden eutektischen Legierungen. Bei den übrigen Legierungen vollzieht sich die Kristallisation gemäß Bild 29 auf Seite 40 in einem mehr oder minder ausgedehnten Bereich parallel zur Formwand, der sich mit fortschreitender Erstarrung immer weiter in das Gußstück hinein verlagert. Die Ausdehnung des Erstarrungsbereichs hängt einerseits von der Größe des Erstarrungsintervalls, andererseits von der Steilheit des Temperaturgefälles, d. h. von der Erstarrungsgeschwindigkeit ab. Der Erstarrungsbereich kann sich bei Legierungen mit großem Erstarrungsintervall und langsamer Erstarrung (Sandguß) über die gesamte Wanddicke des Gußstücks erstrecken. Je nach Erstarrungstyp (s. Bild 65) spricht man dann von einer breiartigen bzw. schwammartigen Erstarrung. Mit zunehmender Kristallisationsgeschwindigkeit (Kokillenguß, Druckguß) bzw. abnehmendem Erstarrungsintervall wird der Erstarrungsbereich enger. Legierungen mit endogener Kristallisationstendenz können bei kleinem Erstarrungsintervall unter Bildung einer relativ glattwandigen, festen „Schale" erstarren, die einer glatten Erstarrungsfront sehr nahe kommt, während die Erstarrungsfront bei exogener Kristallisation relativ zerklüftet und rauhwandig bleibt.

Gießeigenschaften von Legierungen

Die gießtechnischen Eigenschaften von Gußlegierungen werden in erster Linie vom Erstarrungstyp und vom Erstarrungsintervall bestimmt. Diese beiden Größen hängen ihrerseits von der Legierungszusammensetzung ab, insbesondere von der Lage der Legierung in dem jeweiligen Zustandsschaubild, die nicht nur die Größe des Erstarrungsintervalls, sondern auch – innerhalb eines gewissen, vom Grad der Kornfeinung und der Erstarrungsgeschwindigkeit abhängigen Bereichs – den Erstarrungstyp bestimmt. Der Zusammenhang zwischen Zustandsschaubild und Gießeigenschaften ist in Bild 66 stark schematisiert dargestellt.

a) Das Fließvermögen kennzeichnet die Fähigkeit der Legierung, innerhalb der Gießform große Strecken zurückzulegen, ehe sie so weit erstarrt, daß die Strömung zum Stillstand kommt. Das Fließvermögen hängt hauptsächlich vom Wärmeinhalt der Schmelze ab. Endogene Erstarrung begünstigt das Fließvermögen.

b) Das Formfüllungsvermögen gibt ein Maß für die Konturenschärfe der Formfüllung. Günstig ist ein möglichst kleines Erstarrungsintervall und endogene Erstarrungstendenz. Daher zeichnen sich eutektische Legierungen durch hohes Formfüllungsvermögen aus.

c) und d) Diese beiden Kurven geben über das im folgenden Abschnitt näher behandelte Lunkerverhalten Auskunft, d. h. über die Art, wie sich die Schrumpfung der erstarrenden Schmelze auf das Gußstück auswirkt. Diese Kenntnis ist für die Anlage der Form, besonders für die Anordnung der Speiser wichtig.

e) Die Kurve der Warmrißneigung beschreibt die Gefahr, daß das Gußstück vor Abschluß der Erstarrung unter dem Einfluß der Schwindungskräfte Risse bekommt. Warmrißgefahr besteht dann, wenn bei großem Erstarrungsintervall gegen Ende der Erstarrung keine eutektische Kristallisation auftritt, wie das bei homogenen Legierungen mit Legierungszusätzen weit unterhalb der maximalen Löslichkeit der Fall ist. Die eutektische Restschmelze ist nämlich in der Lage, in evtl. entstandene Risse einzudringen und sie vollständig „auszuheilen".

Zur Ermittlung der Gießeigenschaften verwendet man spezielle Versuchsformen, das sind idealisierte „Gußstücke", die durch ihre Gestalt an die eine oder andere Eigenschaft besondere Anforderungen stellen. Z. B. bestimmt man das Fließvermögen, indem man versucht, eine mehrere Meter lange Spirale von geringem Querschnitt zu gießen. Die ausgelaufene Länge wird als Maßzahl für das Fließvermögen benutzt. Die Warmrißneigung wird an einem Kokillengußstück bestimmt, bei dem infolge schroffer Querschnittsunterschiede hohe Schrumpfkräfte auftreten. Zur Ermittlung der Lunkerneigung gießt man massive Körper und untersucht Größe und Lage der Schrumpfungshohlräume. Die so ermittelten Zahlenwerte haben keine absolute Bedeutung. Sie unterrichten den Gießer jedoch über die Tendenz und lehren, welche Maßnahmen er ergreifen muß, um die entsprechenden Gießfehler zu vermeiden. Außerdem kann man mit ihrer Hilfe die Wirksamkeit bestimmter Maßnahmen, z. B. weiterer Legierungszusätze, Schmelzebehandlung, Kornfeinung usw., studieren.

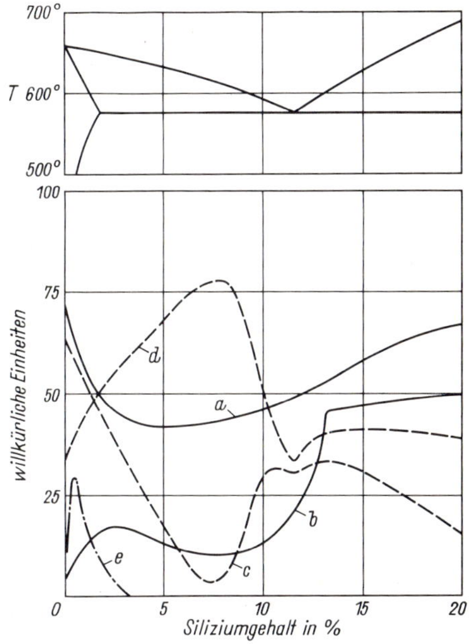

a Fließvermögen
b Formfüllungsvermögen
c Groblunkerneigung
d Gleichmäßiges Schwinden
e Warmrißneigung

Bild 66: Beziehungen zwischen Zustandsschaubild und Gießeigenschaften bei Aluminium-Silizium-Legierungen (schematisch nach Versuchen des Gießereiinstituts Aachen).

Lunkerverhalten

Wir haben bereits erfahren, daß die Schmelze während der Abkühlung und Erstarrung eine beträchtliche Volumenverminderung erleidet. Sie liegt bei Aluminiumgußlegierungen um 7%. Wenn man daher eine Form mit flüssigem Metall füllt und ohne besondere Vorkehrungen sich selbst überläßt, wird man mit Sicherheit an irgendeiner Stelle des Gußstücks einen Erstarrungshohlraum (Lunker) finden. Der Lunker entsteht immer in den Partien des Gußstücks, die am längsten flüssig sind bzw. als letzte erstarren (Wärmepole). Je nach dem Erstarrungstyp der Legierung tritt der Lunker in unterschiedlichen Ausbildungsformen auf.

1. Bei schalenförmiger Erstarrung findet man bevorzugt Groblunker (Makrolunker). Sie erscheinen als Außenlunker an der zuletzt erstarrten Oberfläche (meist im Speiser) oder als Innenlunker in isolierten dickwandigen Stellen („Materialanhäufungen" genannt), die später erstarrt sind als ihre Umgebung (Bild 67 und 70).

2. Bei breiartiger Erstarrung kann eine teilweise erstarrte Schmelze zum Ausgleich der Volumenabnahme meist noch als ganzes ,,sacken" (sogenannte Massenspeisung). Dies setzt allerdings einen gleichmäßigen Erstarrungsablauf voraus. An Stellen mit einer gegenüber der Umgebung verzögerten Erstarrung findet man jedoch örtliche Einfallstellen oder undichtes Gefüge. Dies kommt dadurch zustande, daß – im mikroskopischen Maßstab betrachtet – die zwischen den Kristalliten befindliche Restschmelze erstarrt. Wenn das hierbei entstehende Volumendefizit nicht durch Nachfließen von weiterer Restschmelze aus wärmeren Stellen des Gußstücks gedeckt werden kann (Speisung), entstehen in der letzten Phase der Kristallisation fein verteilte Schrumpfungsporen (Mikrolunker) zwischen den Kristalliten (Bild 68).

3. Bei schwammartiger Erstarrung sind die Verhältnisse ähnlich. Durch die dendritischen Kristallformen wird das Setzen behindert, damit steigt der Bedarf an Nachspeisung flüssiger Restschmelze bzw. bei unzureichender Speisung die Neigung zur Mikrolunkerung*).

Bild 67: Innenlunker in einer dickwandigen Stelle (Materialanhäufung) eines Kokillengußstücks.

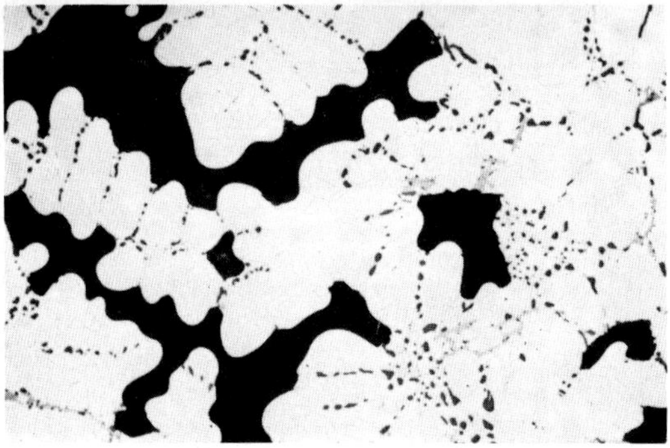

Bild 68: Mikrolunker und Mikroporen im Gußgefüge von G-AlSi9Mg, veredelt (nach Alusuisse). V = 330:1.

Speisertechnik

Die Maßnahmen zur Bekämpfung von Lunkern richten sich nach dem Erstarrungstyp in Abhängigkeit von der Gestalt des Gußstückes.

1. Bei schalenförmiger Erstarrung genügt es meist, an den zuletzt erstarrenden Stellen der Gußstücke einen oder mehrere Speiser anzuordnen (Bild 69). Die Speiser müssen lediglich so

*) Schrumpfungsporen sind bei diesen Erstarrungstypen von primären Gasporen nicht zu unterscheiden. Man spricht deshalb zusammenfassend von Mikroporen. Zwischen beiden Arten besteht insofern eine Wechselwirkung, als die Anwesenheit von Gasblasen zwischen den Dendriten das Nachsaugen von Restschmelze behindert und umgekehrt Schrumpfungsporen sich nachträglich mit ausgeschiedenem Wasserstoff füllen können.

angelegt und bemessen werden, daß sie selbst als letztes erstarren und außerdem bis zum Ende der Erstarrung des übrigen Gußstückes noch genügend flüssige Schmelze enthalten, um das Volumendefizit des Gußstückes zu decken. Örtliche Materialanhäufungen, die langsamer erstarren als ihre Umgebung, versieht man, soweit sie nicht konstruktiv zu vermeiden sind, mit einem eigenen Speiser oder man versucht, ihre Erstarrungszeit durch verstärkten Wärmeentzug der Umgebung anzugleichen (Bild 70). Hierzu verwendet man bei Sandguß Platten (Abschreckplatten, Kühleisen) aus Gußeisen, Stahl, Kupfer oder Aluminium, die in die Sandform eingelegt werden. Durch Kühleisen erzielt man gleichzeitig ein feinkörnigeres Gefüge infolge rascherer Erstarrung.

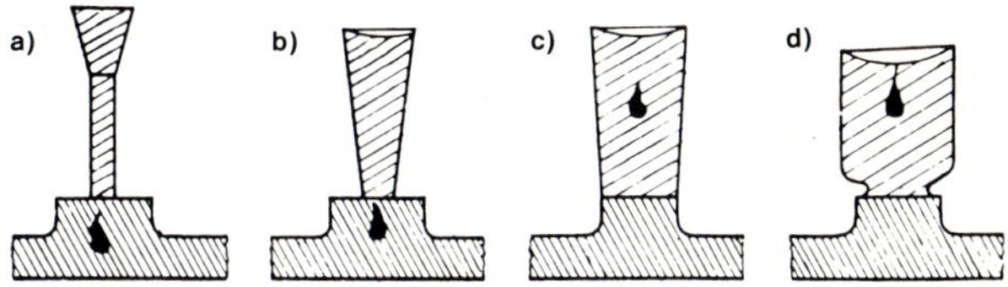

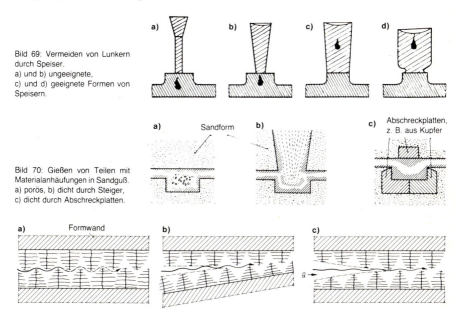

Bild 69: Vermeiden von Lunkern durch Speiser.
a) und b) ungeeignete,
c) und d) geeignete Formen von Speisern.

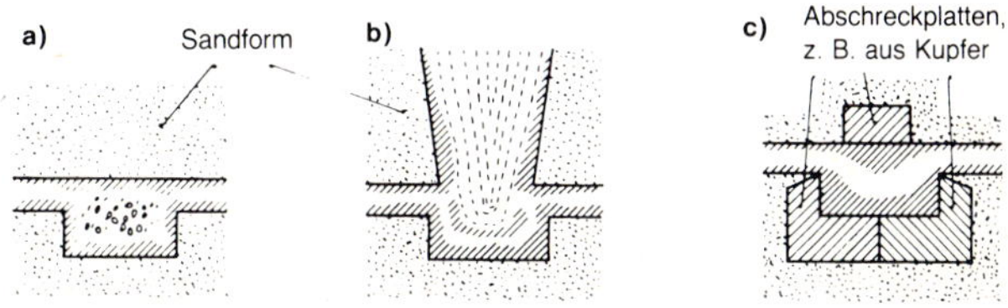

Bild 70: Gießen von Teilen mit Materialanhäufungen in Sandguß.
a) porös, b) dicht durch Steiger,
c) dicht durch Abschreckplatten.

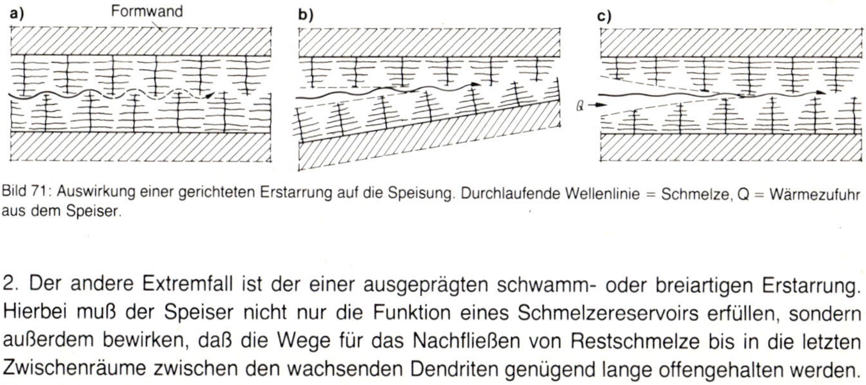

Bild 71: Auswirkung einer gerichteten Erstarrung auf die Speisung. Durchlaufende Wellenlinie = Schmelze, Q = Wärmezufuhr aus dem Speiser.

2. Der andere Extremfall ist der einer ausgeprägten schwamm- oder breiartigen Erstarrung. Hierbei muß der Speiser nicht nur die Funktion eines Schmelzereservoirs erfüllen, sondern außerdem bewirken, daß die Wege für das Nachfließen von Restschmelze bis in die letzten Zwischenräume zwischen den wachsenden Dendriten genügend lange offengehalten werden. Nach Bild 71 ist dies dadurch zu erreichen, daß die Erstarrungsfronten nicht parallel sind, sondern einen gewissen Winkel miteinander bilden. Das wird z. B. in Bild 71 b durch eine Zunahme der Wanddicke in Richtung auf den Speiser erzielt. Bei parallelbegrenzten Formwänden kann man durch verstärkten Wärmenachschub vom Speiser her erreichen, daß die Erstarrung innerhalb der Wände deutlich auf den Speiser zu gerichtet ist (Bild 71 c). Zu diesem Zweck muß der Speiser allerdings einen größeren Wärmeinhalt aufweisen als bei schalenförmiger Erstarrung bzw. entsprechend isoliert oder künstlich beheizt werden. Die Erzeugung eines derartigen, longitudinalen Temperaturgefälles parallel zur Formwand ist eine der wesentlichen Maßnahmen zur Beherrschung der schwieriger gießbaren Legierungen. Man spricht bei diesem Prinzip von „gerichteter Erstarrung“.

Das wichtigste gießtechnische Hilfsmittel zur Lenkung des Erstarrungsablaufes ist die sachgemäße Anwendung von Speisern und Kühleisen. Ferner kann der Gießer durch die Verteilung der Anschnitte am Gußstück die anfängliche Temperaturverteilung und damit den Erstarrungsablauf günstig beeinflussen. Bei Dauerformen wendet man abgestufte Wanddicken und örtliche Kühlung oder Beheizung der Form an. Schließlich kann der Konstrukteur die Entstehung einer gerichteten Erstarrung durch entsprechende Gestaltung des Gußstückes unterstützen, indem er beispielsweise, wie in Bild 72, die Wanddicken in Richtung auf den Speiser zunehmen läßt.

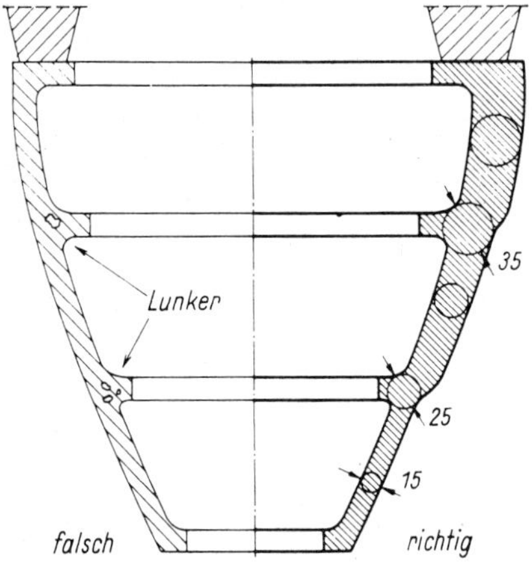

Bild 72: Zweckmäßige Abstufung der Wanddicke für eine gerichtete Erstarrung. Das Bild veranschaulicht die Heuverssche Regel. Danach darf der Durchmesser der eingeschriebenen größten Kreise in Richtung auf den Steiger nicht abnehmen, weil sonst Lunkergefahr besteht. Maße in mm.

Entwicklungstendenzen beim Formgießen

In neuerer Zeit werden dem Praktiker Hilfsmittel an die Hand gegeben, die es ihm gestatten, mit exakten Methoden Formgußteile von hoher und gleichmäßiger Qualität nach den bekannten Herstellverfahren zu fertigen. Die Möglichkeiten, die heute hauptsächlich verwendeten Formgießverfahren weiter zu entwickeln, sind keineswegs ausgeschöpft.
Einige Ansatzpunkte zur grundsätzlichen Weiterentwicklung der Formgießverfahren sind erkennbar. Da der Sektor Formguß in der Aluminiumverarbeitung heute den bedeutenden Anteil von 25% einnimmt, ist es erwünscht, durch Erschließung weiterer Anwendungsgebiete und durch Entwicklung besserer Verfahren die Verwendung von Formgußteilen universeller zu gestalten.
Gegenüber Werkstücken aus geknetetem Material weist das Formgußteil gewisse Nachteile auf. Neben gefüge- und legierungsbedingten, niedrigeren Festigkeitswerten können Gefügeauflockerungen und evtl. Fremdeinschlüsse bei Formgußteilen die Anwendbarkeit einschränken. Dagegen sind auch dem Schmiedeverfahren durch bestimmte Anforderungen an die Formgebung Grenzen gesetzt. Die Erzielung eines dichten Gefüges ist somit ein Hauptproblem bei der Herstellung von Formgußteilen für hohe Ansprüche.
Will man also Qualitätsguß herstellen, so hat man zunächst dafür zu sorgen, daß die zur Erstarrung gelangende Schmelze keine Oxideinschlüsse und einen niedrigen Wasserstoffgehalt aufweist. Außerdem muß die Erstarrung richtig gelenkt werden, wie zuvor beschrieben.
In Tabelle 6 werden Richtwerte für die Dichtheit typischer Formgußteile angegeben. Es handelt sich um geschätzte Werte, welche als typisch für die jeweils undichtesten Gefügebereiche des Formgußteiles festgestellt werden können.

Tabelle 6: Bewertung und Entwicklungstendenz einzelner Formgießverfahren

Verfahren	Dichtheit Vol.-%	Bemerkung	Vorteile (V) und Nachteile (N)	Weiterentwicklung
Druckguß	90–96%	Porosität durch Lufteinschlüsse und Schmiermittel	V: hohe Stückzahl pro Zeiteinheit	Steigerung der Dichtheit
Druckguß mit vergrößertem Anschnitt und /oder Nachverdichtung	98–100%	Eigenschaften wie Kokillenguß Porosität geringer als bei Druckguß	N: nur für dickwandige Gußteile, Verminderung der Stückzahl pro Zeiteinheit	zur Zeit im Gang
Sandguß	98–99%	gerichtet erstarrt, Porosität durch Schrumpfung und Gasausscheidung	V: komplizierteste Abgüsse möglich N: sehr arbeitsintensiv	Einsatz verbesserter Formstoffe und automatischer Formanlagen
Kokillenguß a) Normal b) Niederdruck	 98–100% 99–100%	schwache Porosität gerichtet erstarrt	V: hohe Dichtheit	Erhöhung der Gießfrequenz durch Automation und Formkühlung
Preßguß	100%	Pressen des erstarrenden Gefüges eliminiert Poren	N: nur für einfache und flache Formteile	zur Zeit noch ungeklärt

Insbesondere in Rußland studiert man Verfahren, die auf der Schwelle zwischen Gießen und Schmieden stehen und als Preß- oder Schmiedegießen bezeichnet werden können. Ein Beispiel ist das „Extrusion-Casting". Hierbei wird eine erstarrende Schmelze durch eine gekühlte Matrize gedrückt, ähnlich wie beim Strangpressen. In einer anderen Variante wird die bereits breiige, erstarrende Schmelze in eine Art Schmiedewerkzeug gedrückt. Gefügemäßig haben derartige Prozesse offensichtliche Vorteile, inwieweit sie verfahrenstechnisch gut beherrschbar sind, bedarf noch der Klärung.

Das Druckgießen stellt ein Verfahren für die Massenproduktion von Gußstücken mit guter Oberflächenqualität und engen Maßtoleranzen dar. Allerdings haben die Druckgußstücke auf Grund der raschen, oftmals turbulenten Formfüllung noch nicht die Gefügemerkmale eines guten Kokillenguß- oder Sandgußstückes erreicht, welche durch hohe Dichtheit des Gefüges und hohe mechanische Eigenschaften gekennzeichnet sind*). Bei allen heute angewendeten Formgießverfahren kann man einige ganz spezifische Vorteile und Nachteile erkennen. Es ist nicht daran zu zweifeln, daß mehrere der Formgießverfahren noch eine erhebliche Entwicklung vor sich haben, wobei dann das Produkt in seinen Eigenschaften immer näher an geknetetes Material herankommen wird. Eine vollkommene Annäherung der Eigenschaften eines Gußteiles an beispielsweise die eines Schmiedeteiles wird nie ganz gelingen, da die Gefügemerkmale und auch die anwendbaren Legierungen grundlegende Unterschiede aufweisen. Dennoch kann ein Qualitäts-Druckguß dank der raschen Erstarrung oft bessere mechanische Eigenschaften (mit Ausnahme der Dehnung) erreichen als normaler Kokillen- oder gar Sandguß. Der letztere ist auf Grund eines gröberen Gefüges von vornherein benachteiligt.

Bei Abschluß des Manuskriptes war insbesondere die Entwicklung von verbessertem Druckguß in einer Phase intensiver Innovationstätigkeit zur Erzielung eines porenfreien Gefüges sowie verbesserter Oberflächeneigenschaften.

---

*) Druckgußstücke mit Porositätsnestern scheiden z. B. für eine Lösungsglühung und somit für den Einsatz aushärtbarer Legierungen aus (Blasenbildung an der Oberfläche).

VII. Eigenschaften des Aluminiums bei mechanischer Beanspruchung und Verformung*)

Gewisse Grundregeln gelten bei jeder Verformung eines Metalles, gleichgültig, ob es sich um einen Stauchvorgang (z. B. beim Gesenkschmieden) oder um das Ziehen eines Metallstabes in der Längsachse (z. B. beim Zerreißversuch) oder um eine Biegeumformung handelt.
Für unsere prinzipielle Erörterung ist das Umformverfahren vorerst ohne Belang. Betrachten wir zunächst beispielsweise das Biegen eines Metallstabes. Jedermann weiß, daß es ganz allgemein zwei grundverschiedene Arten der Biegeumformung gibt:

Elastische Verformung

Wird der Metallstab nur schwach gebogen und dann losgelassen, geht er von selbst wieder in seine Ruhelage (er „federt zurück"). Wir haben ihn also „im elastischen Bereich" verformt. Ein typisch elastisches Material ist zum Beispiel Gummi.

Plastische oder bleibende Verformung

Nach einer stärkeren Durchbiegung bleibt der Metallstab krumm und geht nicht mehr in seine Ruhelage zurück. Daher spricht man nunmehr von einer „bleibenden" (oder „plastischen") Verformung. Als typisch plastisches Material kann man z. B. Plastilin nennen.

Elastische und plastische Verformung bei Metallen

In einer anschaulichen Formulierung kann man sagen, daß die Metalle in ihrer Verformbarkeit zwischen dem Gummi und dem Plastilin stehen. Dabei hängt es ganz von der Art und auch von der Vorbehandlung des Metalles ab, welche Verformungsart bei einer aufgezwungenen Formänderung (z. B. beim Biegen) zu beobachten ist.
Blei hat z. B. fast gar keine elastische Verformbarkeit, und jede aufgezwungene Formänderung bewirkt eine plastische Verformung. Federstahl oder ein hartes Aluminiumblech lassen sich dagegen weitgehend elastisch verformen, ehe eine plastische Verformung erreicht wird.
Der Fall des zitierten harten Aluminiumbleches gibt nun zu denken, da dasselbe Blech in weichem Zustand – z. B. nach einer Glühung bei 400 °C – eine geringe elastische Verformbarkeit aufweist und vor allem durch viel kleinere Kräfte bereits plastisch verformt wird als im harten Zustand.
Anderseits lehrt die Erfahrung, daß elastische und plastische Verformungen auch gleichzeitig auftreten können: ein stark gebogener Stab federt, wenn er losgelassen wird, zunächst ein Stück weit zurück, wonach der plastische Teil der Verformung zurückbleibt. Die elastische Verformung der Metalle ist insbesondere für den Konstrukteur von Wichtigkeit, während das plastische Verhalten für die Umformverfahren im Vordergrund steht.

---

*) Statt „Verformung" wird oft der Ausdruck Umformung angewendet. Die Nomenklatur ist hier z. Z. in einer Umstellung. Für Verfahren der spanlosen Formgebung soll in Zukunft der Begriff der „Umformung" gelten. Bei metallkundlichen Abhandlungen wird hingegen dem Ausdruck „Verformung" weiterhin der Vorzug gegeben.

Der planende Ingenieur muß seine Konstruktion so bemessen, daß bei höchstmöglicher Belastung die auftretende Verformung im elastischen Bereich bleibt. Dazu benötigt er Angaben über die Eigenschaften des Werkstoffes unter verschiedenen Belastungsarten (z. B. Zug, Druck, Biegung, Verdrehung), die ihm die Werkstoffprüfung auf Grund von Versuchen bereitstellt.

In solchen Versuchen kann man sehr verschieden große Belastungen, stetig oder wechselnd, bei verschiedenen Temperaturen auf den Werkstoff einwirken lassen. Da aus kurzzeitigen Versuchen z. B. nicht ohne weiteres auf das Verhalten des Werkstoffes unter lange andauernder Belastung geschlossen werden kann, kennt die mechanische Werkstoffprüfung auch eine Anzahl von genormten Langzeit-Prüfmethoden. Am häufigsten wird jedoch der Kurzzeit-Zugversuch bei Zimmertemperatur angewandt, auf den zunächst im folgenden näher eingegangen wird.

Ermittlung der Festigkeitswerte im Zugversuch bei Raumtemperatur

An Hand des Zugversuches (auch „Zerreißversuch" genannt), wie dieser in der Metallindustrie zur Prüfung der Festigkeitswerte immer wieder durchgeführt wird, wollen wir der Frage der unterschiedlichen Verformungseigenschaften eines Metalls nachgehen.

Zunächst wird ein Probestab aus dem zu prüfenden Werkstück, z. B. einem Blech, herausgetrennt*).

Der „Zerreißstab", dessen Abmessungen genormt sind, wird an seinen beiden (im Querschnitt verstärkten) Enden in eine Zerreißmaschine eingespannt. Eine solche ist in Bild 73 dargestellt. Sie erlaubt es, den Stab unter stetig zunehmende Zugbelastung zu setzen, wobei die auftretende prozentuale Verlängerung des Stabes („Dehnung" genannt) gemessen wird.

Wir wollen das Verhalten eines Metalls unter Zugbeanspruchung an Hand einer graphischen Darstellung verfolgen („Zerreißdiagramm", Bild 74).

Bild 73: Zerreißmaschine zur Ermittlung der mechanischen Eigenschaften (Werkfoto: Zwick, Ulm).

*) Bei Gußlegierungen wird ein Zerreißstab gegossen, was mit großer Sorgfalt geschehen muß, damit der Stab frei von Gießfehlern (Hohlräumen usw.) ist.

Elastische Dehnung (im Bereich der „Hooke'schen Geraden")

Beim Zugversuch wird wie folgt vorgegangen:
Man belastet einen Stab von z. B. 10 mm^2 Querschnitt mit einem Gewicht von 70 kg*) und erhält den Meßpunkt 1, indem man beobachtet, daß der Stab bei der angelegten Zugspannung**) von 70 N/mm^2 um 0,1% länger ist als vor Beginn der Belastung. Nun nimmt man die Zuglast fort und stellt fest, daß diese Längenveränderung elastisch war, denn der gedehnte Stab geht auf seine Ausgangslänge zurück. So verfährt man weiter mit steigenden Gewichten (=steigender Zugbelastung).

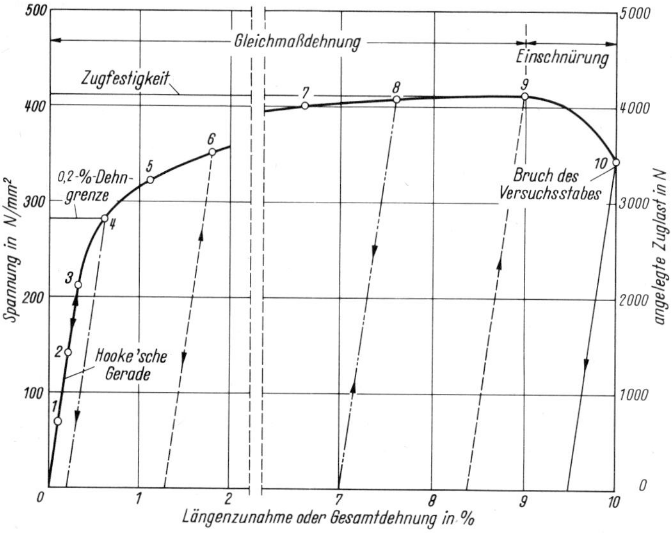

Bild 74: Allgemeines Zerreißdiagramm oder „Spannungs-Dehnungsdiagramm". Die Abbildung ist schematisch, sie dient zur Einführung und grundsätzlichen Erörterung. Im Bild 93 sind charakteristische Zerreißdiagramme für Aluminium wiedergegeben.

Bis Meßpunkt 3 erfolgt die Verlängerung des Stabes rein elastisch, d. h. der Metallstab verhält sich bisher ebenso wie ein Gummiband. Außerdem stellt man fest, daß Zuglast und elastische Dehnung sich im gleichen Verhältnis ändern, d. h. einander „proportional" sind. Also: 3fache Zuglast = 3fache Dehnung usw. Dieser „Proportionalitätsbereich" ist durch die zu Beginn des Zerreißdiagramms steil ansteigende Gerade, die „Hooke'sche Gerade"***), gekennzeichnet. Wenn man im Bereich der „Hooke'schen Geraden" die Last wegnimmt, so geht der Zerreißstab wieder auf seine Ausgangslänge zurück (= 0% bleibende Dehnung). Dies ist durch einen abwärtsgerichteten Pfeil im Zerreißdiagramm angedeutet. Die Steilheit der „Hooke'schen Geraden" ergibt einen wichtigen Materialkennwert, den Elastizitätsmodul (kurz: E-Modul). Er entspricht jener Zugspannung, die notwendig wäre, um eine Probe auf das Doppelte ihrer ursprünglichen Länge elastisch zu dehnen.

---

*) kg (Kilogramm) = Einheit der Masse; die Masse von 1 kg übt eine Kraft von ca. 10 N (Newton, Einheit der Kraft) auf die Unterlage (genauer Wert: 9,80665 N) aus.

) $\text{Zugspannung} = \frac{\text{Belastung (in N)}}{\text{Ausgangsquerschnitt (in mm}^2\text{)}}$; *) R. Hooke, engl. Physiker, 1635 bis 1703.

Plastische Dehnung nach Überschreiten der „Streckgrenze" (0,2%-Dehngrenze)

Werden nun in unserem Beispiel als 4. Belastung 280 kg (≙280 N/mm²) an den Stab gehängt, so wird der Stab um weitere 0,3% länger. Wenn wir das angelegte Gewicht nach und nach verringern, so verkürzt sich der Stab entlang der strichpunktierten Linie. Bei der Zugbelastung Null stellen wir fest, daß der Stab um 0,2% länger geworden ist als vorher, d. h. der Stab hat 0,2% plastische (=bleibende) Dehnung erfahren*). In diesem Augenblick, d. h. bei Vorliegen von 0,2% bleibender Dehnung, ist die 0,2%-Dehngrenze (die „Streckgrenze")**) erreicht. Sie beträgt in unserem Beispiel 280 N/mm². Eine Dehnung von 0,2% ist die kleinste bleibende Dehnung, die man mit einer üblichen Meßvorrichtung bequem messen kann. Erhöhen wir die Last weiterhin schrittweise (Meßpunkte 4–8), so erkennen wir, daß nun eine immer kleinere zusätzliche Last ausreicht, den Stab um ein weiteres Prozent zu dehnen.

Beim Meßpunkt 6 hatten wir 350 kg angehängt und festgestellt, daß der Stab nun insgesamt 1,8% länger wurde (=1,8% Gesamtdehnung). Dann haben wir das Gewicht abgenommen, und der Stab hat sich dabei um den Betrag seiner elastischen Dehnung wieder verkürzt (gestrichelte Linie in Bild 74). Wir messen aus, daß die bleibende Dehnung 1,3% beträgt, somit betrug die elastische Dehnung unter angelegter Last 1,8 bis 1,3 = 0,5%.

Ermittlung von Zugfestigkeit, Bruchdehnung und Brucheinschnürung

Bei einem Zerreißversuch tritt schließlich der Bruch des Probestabes ein (in unserem Beispiel bei Meßpunkt 10). Als Zugfestigkeit R_m bezeichnet man die höchste im Zerreißdiagramm aufgetretene Zugspannung (Meßpunkt 9). Die Zugfestigkeit beträgt in unserem Beispiel (Bild 74) etwa 410 N/mm². Die zugeordnete bleibende Dehnung beträgt 8,4%. Sie wird als Gleichmaßdehnung bezeichnet, weil die Verlängerung des Probestabes bis zum Erreichen der Höchstlast im Meßpunkt 9 über die ganze Stablänge gleichmäßig ist.

Nach Überschreiten des Meßpunktes 9 tritt dann, meist in Probenmitte, eine örtliche Einschnürung des Probenquerschnitts auf, die von einer weiteren, jedoch örtlich begrenzten Verlängerung des Stabes begleitet ist. Im Bereich der Einschnürung nimmt die Tragfähigkeit des Probestabes infolge der Verminderung des tragenden Querschnitts ab. Infolgedessen sinkt die auf den ursprünglichen Probenquerschnitt bezogene Spannung von Punkt 9 nach Punkt 10. Die Bruchdehnung wird gemessen, indem man den zerrissenen Stab wieder aneinanderlegt und seine während des Zerreißversuches eingetretene plastische Verlängerung ausmißt und prozentual angibt. Sie beträgt in unserem Beispiel 9,5%.

Die Bruchdehnung A ist von der Form des Probestabes abhängig, nicht jedoch der als Gleichmaßdehnung bezeichnete Anteil. Meist wird der Wert „A_{10}" ermittelt, d. h. die Meßlänge ist 10mal größer als der Durchmesser des Zerreißstabes (bei Rundstäben); „Kurzstäbe" (A_5) werden für spezielle Zwecke benötigt, z. B. um in Profilen oder Schmiedeteilen lokale Festigkeiten zu ermitteln.

---

*) Die Dehnung errechnet sich wie folgt: $\frac{\text{Endlänge} - \text{Ausgangslänge}}{\text{Ausgangslänge}} \times 100$ [%]

**) Der Ausdruck „Steckgrenze" stammt ursprünglich aus der Stahlindustrie. Er wird auch in der aluminiumverarbeitenden Industrie vielfach angewendet, obwohl dies nicht ganz korrekt ist, da beim Zugversuch der Übergang von der elastischen zur plastischen Verformung beim Aluminium fast immer stetig erfolgt, während hier beim Stahl unstetige „Streckgrenzeneffekte" auftreten (siehe dazu Bild 77). In den die Festigkeitswerte des Aluminiums betreffenden Normen wird deshalb nur noch der Begriff „0,2-Grenze" bzw. „0,2%-Dehngrenze" verwendet.

Die Brucheinschnürung Z*), die bleibende Querschnittsänderung an der engsten Stelle des Stabes, wird ebenfalls am gebrochenen Stab ausgemessen und in Prozent vom Ausgangsquerschnitt angegeben.
Bruchdehnung und Brucheinschnürung geben einen Hinweis auf die Möglichkeit, das Material plastisch zu verformen und damit ein Kriterium für die Anwendbarkeit der Umformverfahren bzw. für das Verhalten von Konstruktionsteilen bei Überbeanspruchung.

Verfestigung durch Kaltverformung

Man kann sich an Hand von Bild 74 klarmachen, daß durch eine plastische Verformung auch die elastische Verformbarkeit erhöht wird. Nach Erreichen des Meßpunktes 6 trägt der Stab z. B. 350 kg. Wenn man ihn jetzt entlastet, verkürzt er sich elastisch längs der strichpunktierten Linie um rund 0,5%. Bei einer erneuten Belastung vermag der Stab nunmehr Gewichte bis 350 kg rein elastisch aufzunehmen, ohne sich weiter plastisch zu verlängern. Erst wenn wir das Gewicht weiter auf 405 kg (Meßpunkt 8) steigern, so verlängert sich der Stab wieder durch plastische Verformung. Bei dieser Verformung wird er aber weiter verfestigt, denn auf einmal kann er ja 405 kg tragen, ohne sich weiter zu dehnen, während er vorher (beim Meßpunkt 6) z. B. nur 350 kg tragen konnte.
Durch die zunehmende plastische Verformung wird der Stab also fester (natürlich auch härter). Diese Erscheinung nennt man ,,Verformungsverfestigung" oder ,,Kaltverfestigung". Von ihr wird später noch eingehender die Rede sein.

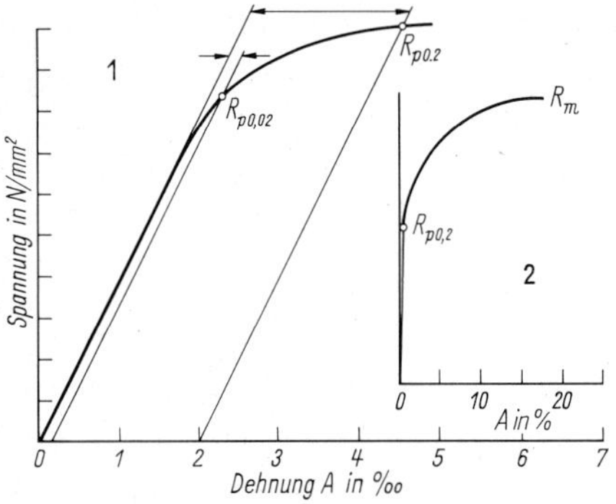

Bild 75:
Registriertes Spannungs-Dehnungs-Diagramm.
1 Feinmessung,
2 von der Zerreißmaschine aufgezeichnet.

Registrierung eines Zerreißdiagramms (einschließlich „Proportionalitätsgrenze")

Die meisten Zerreißmaschinen sind für eine Registrierung des Versuchsverlaufes eingerichtet. Je nach Legierungstyp und Vorgeschichte des Materials können die Zerreißdiagramme sehr unterschiedlich aussehen. Gleich bleibt bei einem bestimmten Metall lediglich die Neigung der Hooke'schen Geraden, die durch den E-Modul festgelegt ist. In Bild 75 (2) ist ein charakteristisches Zerreißdiagramm für Aluminium wiedergegeben. Man sieht, daß die Hooke'sche Gerade

*) $Z = \frac{\text{Ausgangsquerschnitt} - \text{Endquerschnitt}}{\text{Ausgangsquerschnitt}} \times 100\ [\%]$

sehr steil verläuft. In einem ,,Feinmeßdiagramm" (1) kann man auch die $R_{p0,02}$-Grenze ablesen. Diese wird Proportionalitätsgrenze genannt und gibt an, bei welcher Zugspannung eine bleibende Dehnung von 0,02% auftritt. Eine solche kleine bleibende Dehnung ist oft bei konstruktiven Fragen von Interesse. Für die meisten Zwecke kommt man aber mit der bequemer zu messenden 0,2%-Dehngrenze aus.

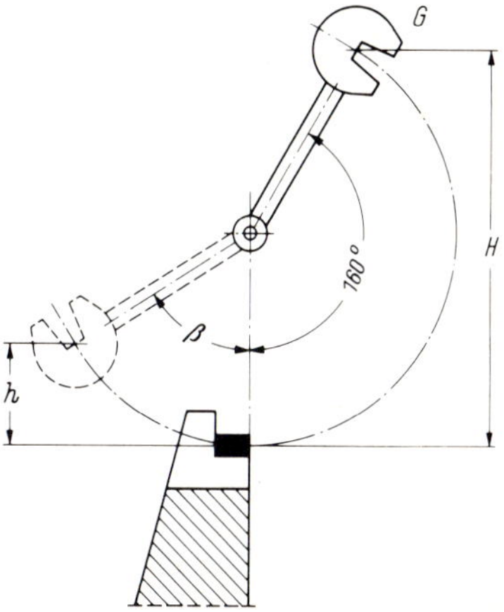

Bild 76: Das mit einer Schneide versehene Pendel G wird aus der Ruhelage H fallengelassen, die Schneide schlägt gegen die der Kerbe gegenüberliegende Seite der Probe, zerschlägt diese und steigt dann bis zur Endlage h an, die durch einen Schleppzeiger markiert wird.

Kerbschlagbiegeprüfung

Im Zugversuch wird das Verhalten eines Werkstoffes unter langsam steigender Belastung geprüft. In vielen Fällen ist jedoch das Material schlagartigen Belastungen ausgesetzt. Gekerbte Werkstücke mit scharfen Querschnittsübergängen sind besonders schlagempfindlich*). Ein praxisnahes Prüfverfahren, um das Verhalten eines Werkstoffes unter schlagartigen Beanspruchungen zu prüfen, ist der Kerbschlagbiegeversuch. Dabei wird eine Probe, die mit einer genormten Einkerbung versehen ist, mit einem Pendelschlag zerschlagen, wie es in Bild 76 dargestellt ist.

Die Größe des Ausschlages β ist ein Maß für die verbrauchte Schlagarbeit. Je größer β ist, desto geringer ist die verbrauchte Arbeit. Durch Division der Schlagarbeit durch den engsten und somit gefährdeten Querschnitt erhält man den Wert der Kerbschlagzähigkeit. Dies stellt eine rein technologische Qualitätsziffer dar, durch welche das Verhalten unter schlagartiger Belastung – die ,,Sprödigkeit" – charakterisiert wird.

Alle Aluminiumwerkstoffe zeigen beispielsweise bei tiefen Temperaturen (von z. B. −20 bis −100 °C) eine erheblich bessere Kerbschlagzähigkeit als die meist verwendeten Stähle.

Härtemessung

Man spricht oft von weichen, harten oder halbharten Blechen, worauf wir später noch genauer eingehen werden. Die Härte des Aluminiums kann man unmittelbar messen, wobei die Härtewerte in etwa mit den Werten der Zugfestigkeit parallel laufen.

---

*) Aluminiumlegierungen sind nicht ,,schlagempfindlich" in dem Sinne, daß ihre Belastbarkeit mit zunehmender Belastungsgeschwindigkeit geringer würde; sie nimmt im Gegenteil zu. Das Besondere der Schlagbeanspruchung liegt vielmehr darin, daß sie vom Werkstoff die Fähigkeit erfordert, eine gewisse Schlagenergie zu absorbieren, was in der Regel nur durch plastische Verformung zu erreichen ist. Gekerbte Bauteile sind deshalb gegen Schlagbeanspruchung empfindlich, weil durch den Einfluß von ,,Kerben" örtliche Spannungsspitzen am Kerbgrund auftreten und ein mehrachsiger Spannungszustand entsteht.

Die Ermittlung der Härte nach Brinell geschieht so, daß man eine Stahlkugel von z. B. 2,5 mm Durchmesser auf die Aluminiumprobe aufsetzt und mit einer konstanten Kraft (z. B. 153 N) 30 Sekunden lang belastet und dadurch in die Aluminiumoberfläche eindrückt.
Anschließend wird die Stahlkugel entfernt und der Durchmesser des sich in der Aluminiumoberfläche abzeichnenden Kugeleindrucks ausgemessen. Dies ergibt ein Maß für die Härte der untersuchten Probe. Je weicher das Material ist, um so größer ist der Durchmesser der kreisrunden Einbuchtung, die die Kugel in die Oberfläche hineingedrückt hat. Härtemessungen ergeben aber für das Verformungsverhalten eines Metalles nur verhältnismäßig rohe Anhaltspunkte.
Es gibt noch weitere Härtemeßverfahren, z. B. nach Vickers oder Rockwell. Bei Aluminium stimmt die Vickers-Härte mit der Brinell-Härte zahlenmäßig nahezu überein.

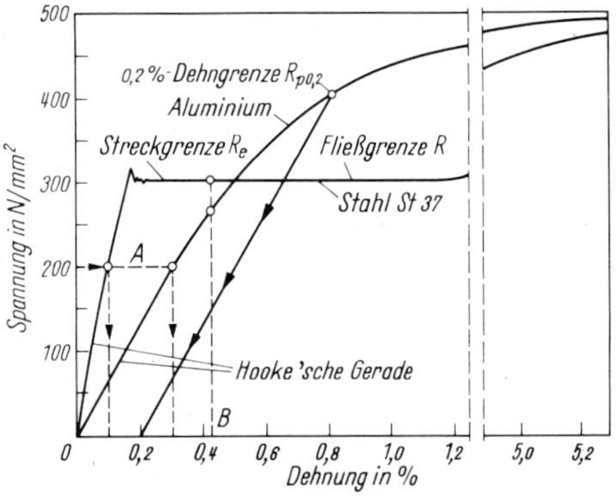

Bild 77: Vergleich der Spannungs-Dehnungs-Diagramme von Baustahl St 37 und einer hochfesten Aluminiumlegierung (z. B. AlZnMg1).

Unterschiedliche elastische Verformung von Stahl und Aluminium

In Bild 77 ist der elastische Bereich aus Zugversuchen an Stahl bzw. einer Aluminiumlegierung wiedergegeben, ebenso auch das Einsetzen der plastischen Verformung.
Bei Stahl ist eine Besonderheit zu erwähnen. Wenn man das Zerreißdiagramm z. B. von weichem Walzstahl genauer betrachtet, erkennt man nach dem Erreichen der Streckgrenze zunächst ein kurzzeitiges Nachlassen des Verformungswiderstandes, so daß man neben der ,,oberen" noch eine ,,untere" Streckgrenze findet. Beim Aluminium tritt dieser ,,Streckgrenzeneffekt" nur vereinzelt und auch dann relativ schwach auf (z. B. bei Al-Mg-Legierungen). Außerdem besitzt der Stahl an der Streckgrenze einen ausgeprägten Fließbereich, in dem er z. T. um mehrere Prozent gereckt werden kann, ohne daß die hierfür erforderliche Zugspannung ansteigt. (Wegen der Anwendung des Ausdruckes ,,Streckgrenze" verweisen wir im übrigen auf Seite 77.)
Wichtig ist vor allem, daß die Hooke'sche Gerade, durch welche die elastische Verformung eines Metalles gekennzeichnet ist, beim Eisen dreimal steiler als bei Aluminium verläuft. Dementsprechend hat Stahl einen dreimal höheren Elastizitätsmodul (210000 N/mm²) als Aluminiumwerkstoffe (70000 N/mm²), da ja der E-Modul die Neigung der Hooke'schen Geraden bestimmt*).

*) Definitionen: $\text{E-Modul} = \dfrac{\text{Spannung}}{\text{elastische Dehnung}}\ [\text{N/mm}^2]$

$$\text{Elastische Dehnung} = \frac{\text{Länge unter Last} - \text{Ausgangslänge}}{\text{Ausgangslänge}} \cdot 100\ [\%]$$

Der E-Modul des Aluminiums wird durch Legierungszusätze nicht merklich verändert. Ein E-Modul von z. B. 70000 N/mm² bedeutet, daß diese Zugbelastung erforderlich wäre, um 100% elastische Dehnung zu erzwingen, d. h. den Versuchsstab in seiner Länge elastisch zu verdoppeln. Natürlich ist das beim Aluminium oder Stahl nur als Gedankenexperiment möglich, da ja längst das plastische Fließen einsetzt und der Stab zerreißt*). Bei vorgegebener Belastung A zeigt eine Aluminiumlegierung die dreifache elastische Dehnung wie Stahl.
Eine vorgegebene Dehnung B kann eine Aluminiumlegierung noch im elastischen Bereich, d. h. unterhalb der Dehngrenze, auffangen, während der Stahl bei der gleichen Dehnung bereits plastisch verformt wird. Als weiterer Faktor kommt hinzu, daß bei unlegierten Baustählen (z. B. St 37) die Streckgrenze mitunter niedriger liegt als bei hochfesten Aluminiumlegierungen die 0,2%-Dehngrenze. Es lohnt, sich die in Bild 77 festgehaltenen Befunde einmal klarzumachen, denn man erkennt daraus den typischen Unterschied zwischen Stahl und Aluminium. Jedoch ist es wesentlich, ob wir bei dem Vergleich der beiden Metalle von einer gegebenen Belastung oder einer vorgegebenen Verformung ausgehen.

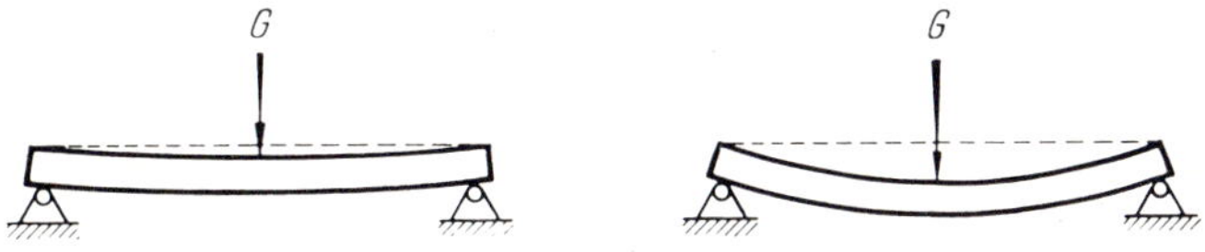

Bild 78: Veranschaulichung der unterschiedlichen Verformungseigenschaften von Stahl und Aluminium. Vorgegeben ist die Belastung der in Frage kommenden Konstruktion. Wenn das verformende Gewicht G (oder allgemein: die verformende Kraft) vorgegeben ist, so wird das Aluminium bei gleichen Abmessungen dreimal stärker elastisch durchgebogen als Stahl.

Verhältnisse bei gegebener Belastung

Stellen wir uns z. B. eine Brücke vor, die in ihrer Mitte mit einem bestimmten Gewicht belastet wird. Wir bauen diese Brücke einmal aus unlegiertem Baustahl und das andere Mal aus der Aluminiumlegierung AlMgSi1. Beide haben nahezu den gleichen garantierten Streck- bzw. Dehngrenzenwert von rund 250 N/mm². Der grundsätzliche Unterschied zwischen Stahl und Aluminium liegt in dem um den Faktor 3 unterschiedlichen Elastizitätsmodul, d. h. bei gleicher Belastung hat Aluminium eine dreimal größere elastische Dehnung als Stahl (siehe Bild 78). Dies bewirkt im Falle der Brücke, daß sich bei gleichen Abmessungen der verwendeten Träger die Aluminiumbrücke dreimal stärker durchbiegt als die Brücke in Stahlkonstruktion. Dies kann natürlich unerwünscht sein, da bei einer zu starken Durchbiegung Schwierigkeiten auftreten, indem die Brücke in zu große Schwingungen gerät.
Das Gesagte erkennt man auch in dem im Bild 77 wiedergegebenen Ausschnitt aus dem Spannungs-Dehnungs-Diagramm. Wenn man der gestrichelten Linie von links nach rechts folgt, so sieht man, daß bei einer gegebenen Spannung von z. B. 200 N/mm² (Punkt A) das Aluminium die dreifache elastische Dehnung wie der Stahl aufweist. Aus diesem Grunde müssen beim Übergang von Stahl auf Aluminium (oder Aluminiumlegierungen) die Abmessungen der tragenden Konstruktionselemente grundlegend anders gestaltet werden, um die elastische Durchbiegung des Aluminiums durch geeignete Formgebung zu verringern (z. B. durch höhere Stege bei I-Profilen).

*) Würde man somit in Bild 77 die Hooke'schen Geraden bis zur 100%-Dehnung verlängern, so würde die zugeordnete Spannung den E-Modul von Stahl bzw. Aluminium ergeben.

An sich ist Stahl bei gleichen geometrischen Abmessungen dreimal schwerer als Aluminium. Wegen des niedrigen Elastizitätsmoduls des Aluminiums muß man aber oft bei Konstruktionen aus Aluminiumwerkstoffen gegenüber solchen aus Stahl die Querschnitte verstärken, so daß der Vorteil des geringeren spezifischen Gewichtes des Aluminiums nicht voll ausgenutzt werden kann. Immerhin wiegt eine gleichwertige Aluminiumkonstruktion meist nur etwa 50% der zu ersetzenden Stahlkonstruktion.

Wie die Konstrukteure wissen, kommt es bei Profilen aus Aluminiumlegierungen als tragenden Konstruktionselementen darauf an, dem Querschnitt ein hohes „Trägheitsmoment" bei möglichst geringem Gewicht pro Längeneinheit zu verleihen. Dies geschieht z. B. dadurch, daß man von der zur Verfügung stehenden Masse möglichst viel an die Peripherie des in Belastungsrichtung möglichst groß dimensionierten Profilquerschnittes verlegt. In Bild 79 wird dies veranschaulicht. Dabei ergeben sich Aluminiumprofile, die mit relativ geringem Aufwand in einem Arbeitsgang durch Strangpressen hergestellt werden können.

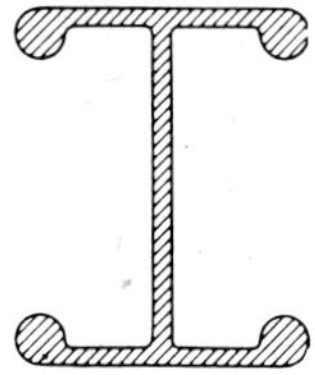

Bild 79 (rechts): Stranggepreßtes Profil mit hohem Trägheitsmoment.

Bild 80 (unten): Vergleich von C-Stahl, Al-Legierung und Mg-Legierung an Hand des Gewichtes P und des Trägheitsmomentes J eines rechteckigen Stabes. Zwischen den Abmessungen des Stabquerschnittes (a, h) und dem Trägheitsmoment J besteht folgende Beziehung: $J = ah^3/12$. Die 3 gezeichneten Querschnitte haben gleiche Steifigkeit ($J \cdot E$).
↓ = Belastungsrichtung.

	C-Stahl	Aluminium-legierung	Magnesium-legierung
Dichte (g/cm³)	7,85	2,7	1,75
E-Modul (N/mm²)	210 000	70 000	46 000
Höhe „h" des Querschnittes bei gleicher Basislänge „a"	100	144	166

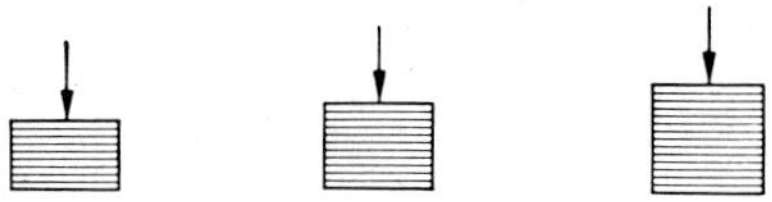

	C-Stahl	Aluminium-legierung	Magnesium-legierung
Gewicht: P	100	50	37
Trägheitsmoment: J	1	3,0	4,7

Im Bild 80 wird für drei verschiedene Metalle schematisch der Querschnitt von Rechteckprofilen gleicher Biegesteifigkeit zusammen mit den zugehörigen Werkstoffkennwerten wiedergegeben. Das Produkt aus E-Modul und Trägheitsmoment ($E \cdot J$) wird „Steifigkeit" genannt und bestimmt bei Biegebeanspruchung den Verformungswiderstand bzw. bei Knickbeanspruchung die Tragfähigkeit einer Konstruktion. Die Vergrößerung des Trägheitsmomentes läßt sich ohne störende Steigerung des Gewichtes um so besser erreichen, je geringer das spezifische Gewicht eines Werkstoffes ist.

Das Trägheitsmoment J nimmt z. B. bei den in Bild 80 gezeigten Querschnitten mit der dritten Potenz der Dicke zu. Der niedrigere E-Modul von Al oder Mg gegenüber Stahl kann bei den Leichtmetallen durch Vergrößerung des Querschnittes in Belastungsrichtung kompensiert werden, ohne daß die Konstruktion dadurch zu schwer würde.

Die Natur hat somit dem Aluminium zwar den Nachteil eines niedrigen E-Moduls mit auf den Weg gegeben, gleichzeitig aber durch das niedrige spezifische Gewicht und die leichte Umformbarkeit (z. B. zu Profilen) die Möglichkeit verliehen, durch Steigerung des Trägheitsmomentes trotzdem Konstruktionselemente, die leicht und steif sind, zu erhalten. Es ist nun aber keineswegs notwendig, den ganzen Querschnitt eines Konstruktionselementes aus kompak-

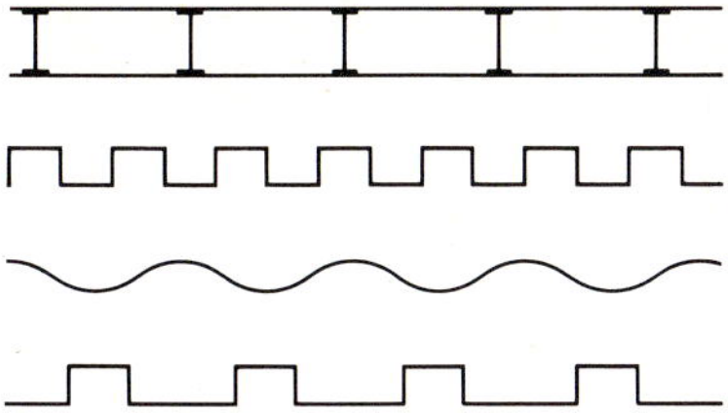

Bild 81:
Verrippte Bleche und Blech mit Abstandshaltern zur Erhöhung der Biegesteifigkeit.

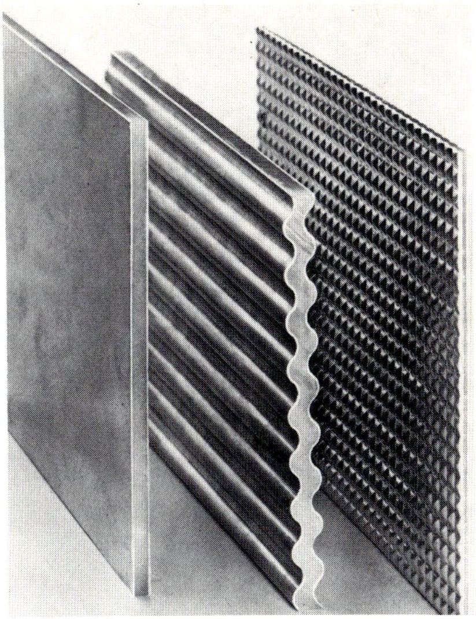

Bild 82: Unverformtes Verbundhalbzeug (links) sowie verripptes Verbundhalbzeug zur Erhöhung der Steifigkeit (Mitte) bzw. für dekorative Zwecke (rechts) (nach Alusuisse). Kunststoffkern 2,5 bis 6 mm dick, Aluminiumdeckschichten 0,3 bis 0,6 mm dick.

Bild 83: Schematische Darstellung der Spannungsverteilung bei elastischer Durchbiegung von kompaktem Al-Blech und Verbundhalbzeug (bei konstanter Last P).

Typische Dicken für Verbundhalbzeug Al-PE-Al: d_T = etwa 3 bis 8 mm, d_A = etwa 0,2 bis 0,6 mm, d_K = 2–7 mm.

Z = Zugspannungen
D = Druckspannungen
GFUP = glasfaserverstärkter ungesättigter Polyester, PE = Polyäthylen.

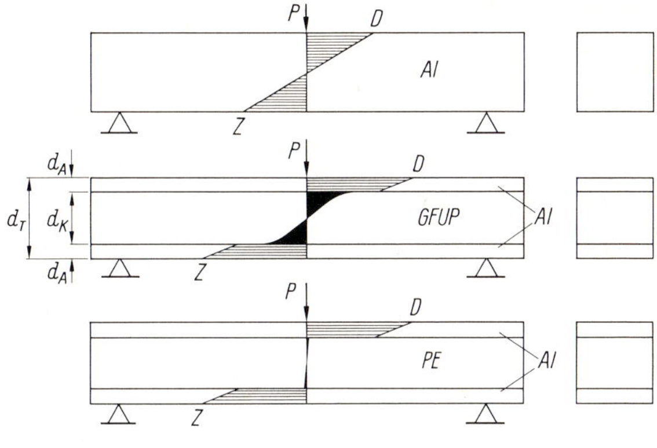

tem Metall auszuführen, wie dies im Beispiel von Bild 80 der Fall ist. In vielen Fällen genügt es, die Außenzonen, welche z. B. bei Biegebelastung die Zug- und Druckspannungen hauptsächlich aufnehmen, entsprechend zu gestalten (siehe Bild 79). Bild 81 zeigt, wie man durch Verrippen von Blechen hohe Trägheitsmomente erzielt.

In Bild 82 wird der Fall eines Verbundhalbzeuges mit Kunststoffkern erläutert, welches bei kurzzeitiger Belastung nahezu die gleiche Biegesteifigkeit hat wie ein gleich dickes Vollaluminiumblech. Das Verbundhalbzeug weist aber nur etwa das halbe Gewicht eines gleich steifen massiven Bleches auf.

In Bild 83 wird ein Biegeversuch an Verbundhalbzeug und an massivem Blech erläutert. Hieraus erkennt man, daß es in Betracht zu ziehen ist, im Bereich der „neutralen Faser“ das

Aluminium durch einen leichteren und/oder billigeren Werkstoff zu ersetzen, da die maximalen Zug- und Druckspannungen bei Biegebelastung in den Außenfasern liegen*).
In den Bildern 82 und 84 wird veranschaulicht, daß das Verbundhalbzeug, bei geeigneter Wahl der miteinander verbundenen beiden Werkstoffe und des Verbundsystems, wie ein kompaktes Blech umgeformt werden kann, z. B. durch Verrippen oder Tiefziehen usw. Hierdurch erhält man ein Maximum an Steifigkeit, kombiniert mit minimalem Gewicht**).

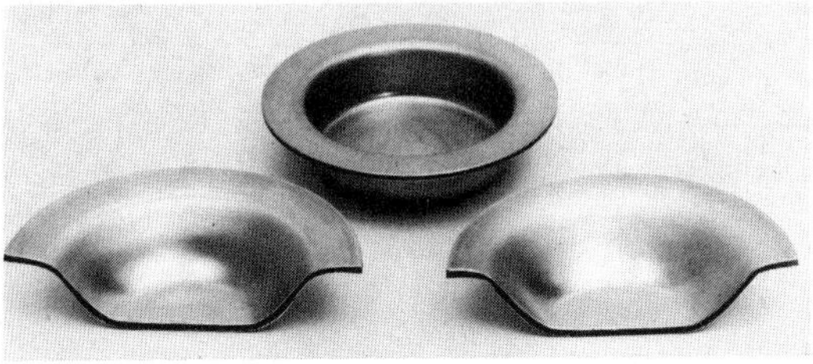

Bild 84: Tiefgezogenes Verbundhalbzeug (nach Alusuisse).

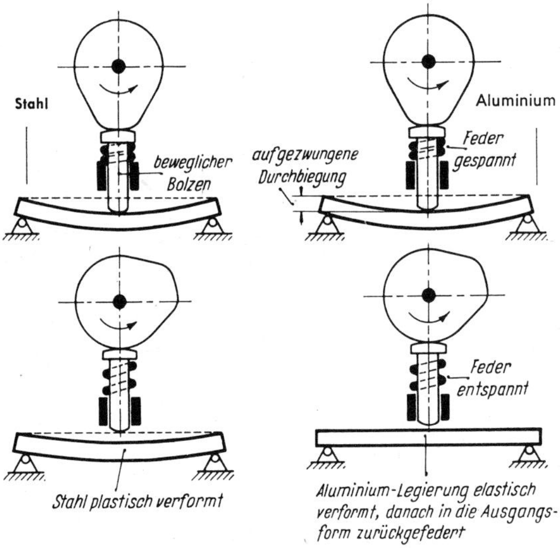

Bild 85: Vergleich Stahl–Aluminium bei vorgegebener Verformung. Wenn dem Metall eine bestimmte Verformung – in unserem Beispiel eine bestimmte Durchbiegung – vorgegeben ist, schneidet das Aluminium oft günstiger ab, da Stahl bereits bleibend, d. h. plastisch verformt sein kann, während Aluminium noch zurückfedert, da es nur elastisch verformt wurde.

Verhältnisse bei gegebenem Verformungsgrad

Betrachten wir nun einmal den umgekehrten Fall, daß eine bestimmte Dehnung von einer Konstruktion nach Möglichkeit elastisch aufgefangen werden soll. In solchen Fällen ist das Aluminium auch bei genau gleichem Querschnitt dem Stahl überlegen, denn eine Aluminiumle-

*) Analog wird in Bild 81 das kompakte Metall im Bereich der neutralen Faser (bei Biegebeanspruchung) durch Abstandhalter in periodischen Abständen und durch Luft ersetzt. Jedoch wird auf die in Bild 81 dargestellte Weise Steifigkeit in Kombination mit geringer plastischer Umformbarkeit erzielt, im Unterschied zum Verbundhalbzeug mit Kunststoffkern.

**) Trotz mancher Vorteile kommt das Verbundhalbzeug vorerst nur für spezielle Anwendungen in Betracht. Somit wird das kompakte Blech allein wegen seiner universellen Verwendbarkeit und seines überlegenen Langzeitverhaltens weiterhin dominieren.

gierung mit gleicher Dehngrenze kann ja eine dreimal größere Dehnung elastisch aufnehmen, ehe eine bleibende (plastische) Verformung beginnt. Dies erkennt man, wenn man in dem Spannungs-Dehnungs-Diagramm (Bild 77) der bei B einsetzenden Linie von unten nach oben folgt. Eine aufgezwungene Dehnung B, die das Aluminium noch elastisch auffängt, bewirkt beim Stahl bereits eine plastische Verformung (Bild 85).
Eine Aluminiumkonstruktion ist also unempfindlicher gegenüber einer aufgezwungenen Verformung, solange diese noch im elastischen Bereich der Aluminiumkonstruktion liegt.

Werkstoffkennwerte des Aluminiums als Grundlage für den Konstrukteur

Was den Konstrukteur betrifft, kann man über die vorerwähnten mechanischen Eigenschaften der Aluminiumlegierungen zusammenfassend folgendes sagen:
– Eine hohe Zugfestigkeit hat manchmal nur einen Sinn, wenn sie mit hoher Bruchdehnung verbunden ist, was bei vielen Werkstoffzuständen nicht der Fall ist. Die genannte Kombination von zwei Eigenschaften ist bei Konstruktionen wichtig, die sich in Katastrophenfällen noch gut verhalten sollen, so daß sie schwer zu zerstören sind. Dabei spielt die sog. Bruchenergie eine wesentliche Rolle; sie ist graphisch durch die Fläche, die unterhalb der Zerreißkurve im Zerreißdiagramm liegt, gekennzeichnet.
Für Leitplanken, bestimmte militärische Anwendungen und teilweise auch im Flugzeugbau strebt man deswegen nach Legierungen, die neben einer hohen Bruchfestigkeit auch eine große Bruchdehnung aufweisen.
Diese Eigenschaften erreicht man am ehesten mit aushärtbaren Legierungen oder hochprozentigen AlMg(Mn)-Legierungen.
– Die 0,2%-Dehngrenze spielt bei allen Konstruktionen, die statischen Beanspruchungen ausgesetzt sind, die maßgebende Rolle. Konstruktionen werden im Regelfall mit einer gewissen Sicherheit dimensioniert, unter Heranziehung des $R_{p0,2}$-Wertes. Z. B. legt der Konstrukteur den Wert $\sigma_{zul.} = 0,7 \times R_{p0,2}$ einer Konstruktion zugrunde.
– E-Modul: Wie zuvor schon erwähnt, kann sich z. B. bei langen Trägern oder hohen Fassadenelementen der relativ niedrige E-Modul des Aluminiums nachteilig auswirken, indem die notwendige Begrenzung der elastischen Durchbiegungen innerhalb annehmbarer Grenzen dazu zwingt, die Steifigkeit durch geeignete Formgebung des Querschnittes zu erhöhen (Steigerung des Trägheitsmomentes).
Der niedrige E-Modul des Aluminiums ist aber in manchen Fällen auch vorteilhaft, besonders im Straßenfahrzeugbau: Die Unebenheiten der Straßen zwingen einer Aluminiumkonstruktion entsprechende Verformungen auf, die ihrerseits Spannungen erzeugen. Diese sind aber für eine gleiche Konstruktion dreimal kleiner als bei Stahl. Dies verhindert nicht nur vorzeitige bleibende Verformungen, sondern hat außerdem auf die Dauerfestigkeit („Ermüdung") einen sehr günstigen Einfluß*).
Obwohl Aluminium eine doppelt so große Wärmeausdehnung hat als Stahl, sind aus Temperaturunterschieden herrührende Spannungen in einem eingespannten Konstruktionselement beim Aluminium nur etwa ²/₃ der bei Stahl unter analogen Verhältnissen auftretenden, wobei dies sich wiederum aus dem Unterschied der E-Moduln herleitet.

---

*) Ein großer Straßenanhänger („trailer") aus Ganz-Aluminiumkonstruktion für den Gütertransport war durch einen Unfall umgekippt und hierdurch um die Längsachse verdreht (tordiert). Jeder Fachmann, der mit den aus Stahl gefertigten analogen Fahrzeugen vertraut ist, mußte der Ansicht sein, dieser Wagen sei bleibend stark deformiert. Sobald der Wagen aber wieder in seine normale Lage gebracht war, stellte man zur großen Überraschung fest, daß er keine bleibende Verformung erlitten hatte, da die Aluminiumkonstruktion ohne weiteres die dreifache, aufgezwungene Verformung rein elastisch aufnehmen konnte, als dies bei einer vergleichbaren Stahlkonstruktion der Fall gewesen wäre.

Einflüsse, die zu einer Änderung der Festigkeitskennwerte führen*)

Die üblichen, in Werkstofftabellen und Normen niedergelegten Festigkeitskennwerte werden im normalen Zerreißversuch ermittelt, wie er bereits beschrieben wurde. Bei der Verwendung dieser Werte für die Bemessung von Konstruktionen sollte man sich an die Versuchsbedingungen erinnern und überlegen, ob diese den vorliegenden praktischen Beanspruchungsbedingungen hinreichend entsprechen. Die kennzeichnenden Merkmale des Zerreißversuchs sind: Versuchsdurchführung bei Raumtemperatur, stetig bis zum Bruch ansteigende Belastung, Herbeiführung des Bruchs innerhalb einiger Minuten. In der Regel entspricht dies auch den wirklichen Beanspruchungsbedingungen. Es gibt jedoch eine Reihe wichtiger Ausnahmen, in denen dies nicht zutrifft:

- Beanspruchung bei tiefen oder hohen Temperaturen,
- langzeitige Einwirkung der Belastung, besonders bei höheren Temperaturen,
- wechselnde oder sich häufig wiederholende Beanspruchung.

In solchen Fällen müssen für die Bemessung andere Festigkeitskennwerte verwendet werden, die unter entsprechend abgewandelten Versuchsbedingungen zu ermitteln sind.

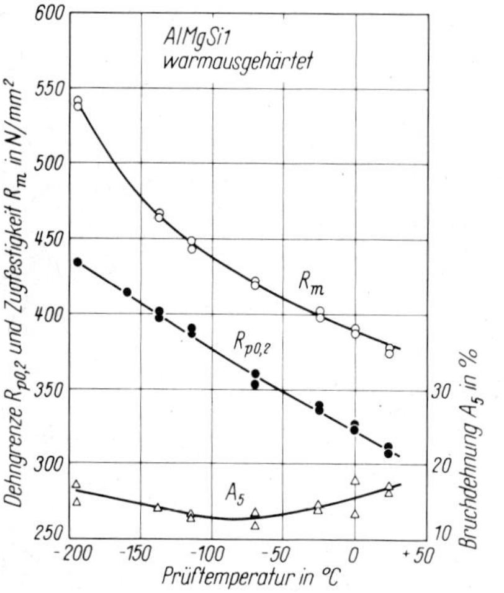

Bild 86: Einfluß tiefer Temperaturen auf die Festigkeitseigenschaften von AlMgSi1, warmausgehärtet (nach Mori).

Festigkeitseigenschaften bei tiefen Temperaturen

Bild 86 zeigt den Einfluß tiefer Temperaturen auf die Festigkeitswerte einer ausgehärteten Aluminiumlegierung. Man erkennt, daß Zugfestigkeit und 0,2%-Dehngrenze mit sinkender Temperatur ansteigen, die Bruchdehnung dagegen annähernd gleichbleibt. Während einige wichtige Konstruktionswerkstoffe wie Baustahl, Zinklegierungen sowie einige Kunststoffe bei tiefen Temperaturen zum Sprödbruch neigen, behält Aluminium, wie der Verlauf der Bruchdehnung anzeigt, bis zu den tiefsten Temperaturen seine Zähigkeit bei. Aluminiumlegierungen werden deshalb beim Bau von Tieftemperaturanlagen, z. B. Luftverflüssigungsanlagen usw., häufig verwendet.

---

*) Unter Mitarbeit von Dr.-Ing. H. Nielsen.

Warmfestigkeit

Mit steigender Beanspruchungstemperatur nimmt die Festigkeit der Metalle im allgemeinen ab. Das macht man sich bei der Warmumformung zunutze (siehe dazu Bild 107, S. 103). Den Einfluß der Temperatur auf die (Warm-)Zugfestigkeit von Aluminiumlegierungen zeigt Bild 87. Man erkennt, daß bei Werkstoffen, die im ausgehärteten oder kaltverfestigten Zustand vorliegen, die Dauer der Vorglühung wichtig ist; d. h., die Festigkeitswerte hängen außer von der Beanspruchungstemperatur auch davon ab, wie lange das Material der erhöhten Temperatur ausgesetzt war, ehe es geprüft wurde. Bei Werkstoffen im weichgeglühten oder gepreßten Zustand ist keine Abhängigkeit der Festigkeitswerte von der Erwärmungsdauer vorhanden (in Bild 87 z. B. AlMgMn).

Diese Beobachtungen zeigen, daß man bei höheren Temperaturen mit zwei verschiedenen Einflüssen zu rechnen hat: der allgemeinen Festigkeitsabnahme mit steigender Temperatur, wie sie in reiner Form bei weichen Werkstoffen festgestellt wird, und der bei ausgehärteten oder kaltverfestigten Werkstoffen überlagerten Veränderung des Gefügezustandes, die von der Dauer der Erwärmung abhängt und in der Regel zu einer weiteren Festigkeitsabnahme führt.

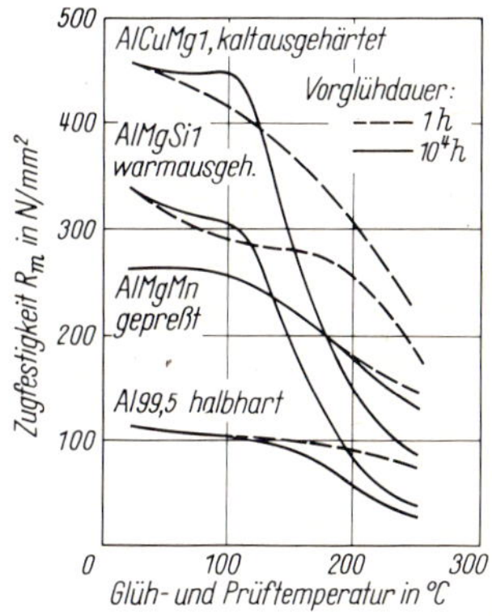

Bild 87: Zugfestigkeit verschiedener Aluminiumlegierungen bei erhöhten Temperaturen; Einfluß der Temperatur und Erwärmungsdauer.

Zeitstandverhalten

Bei den eben beschriebenen Warmfestigkeitswerten ist, der üblichen Prüftechnik des Warmzugversuches entsprechend, die Dauer der Lasteinwirkung verhältnismäßig kurz. Läßt man die Last längere Zeit (Stunden, Tage oder Monate) einwirken, beobachtet man, besonders bei höheren Temperaturen, daß der Werkstoff „kriecht". Dieser Vorgang ist in Bild 88 erläutert. Die Darstellung zeigt, wie sich eine Probe unter Einwirkung einer konstanten Last im Laufe der Zeit allmählich verlängert. Dabei ist die Dehngeschwindigkeit zunächst hoch, sie sinkt in der ersten Phase des Versuches auf niedrigere Werte ab (primäres Kriechen), bleibt dann lange Zeit annähernd konstant (sekundäres Kriechen) und nimmt später wieder deutlich zu (tertiäres Kriechen), was schließlich zum Bruch der Probe führt.

Ein qualitatives Verständnis für die hierbei im Gefüge ablaufenden Vorgänge ergibt sich aus dem Zusammenwirken von Verfestigung und Entfestigung (siehe Kap. X.). Im Bereich des „primären" Kriechens tritt zunächst eine Art von Verfestigung (als Folge der plastischen Dehnung) ein. Dann macht sich zunehmend eine Entfestigung durch Erholung (unter dem Einfluß der Temperatur und Zeit) bemerkbar. Im „sekundären" Kriechbereich halten sich beide

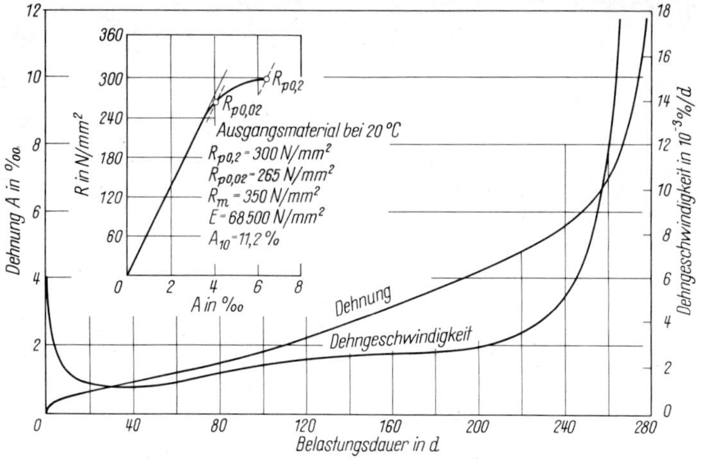

Bild 88: Zeit-Dehnungs- und Zeit-Dehngeschwindigkeits-Kurve von AlMgSi1, warmausgehärtet. Spannung=180 N/mm², Temperatur=130 °C (nach Alusuisse).

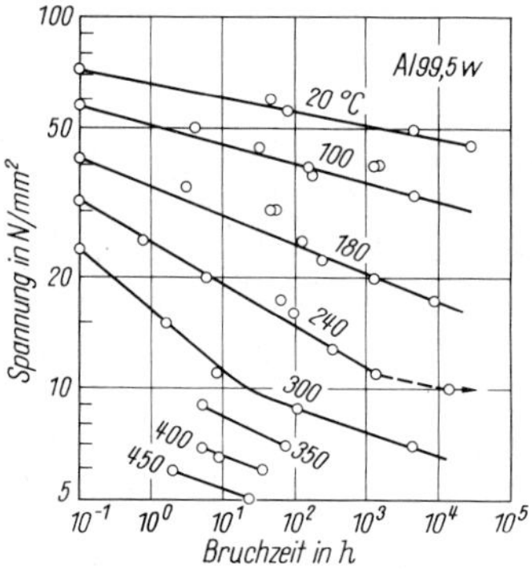

Bild 89: Zeit-Bruchlinien von Reinaluminium Al99,5 weich. Das Diagramm zeigt die Lebensdauer, d. h. die Zeit bis zum Eintritt eines Bruchs unter ruhender Belastung infolge von Kriechvorgängen, in Abhängigkeit von der Höhe der Spannung. Die einzelnen Linien beziehen sich auf verschiedene Prüftemperaturen.

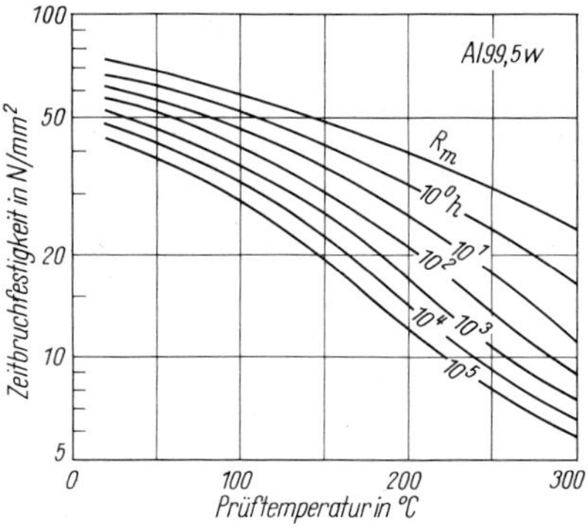

Bild 90: Zeitstandbild von Reinaluminium Al99,5 weich. Gegenüber Bild 89 sind die Koordinaten verändert. Diese Darstellungsart zeigt die Abhängigkeit der zum Bruch führenden Spannung von der Beanspruchungstemperatur, wenn eine bestimmte Lebensdauer vorgegeben wird. Die oberste Kurve resultiert aus dem Kurzzeitzugversuch (Daten nach Wellinger, Keil und Maier).

Vorgänge die Waage. Im Bereich des „tertiären" Kriechens überwiegt schließlich die Entfestigung, die zusammen mit der eintretenden Querschnittsverminderung den Bruchvorgang einleitet.

Je höher Temperatur und Belastung gewählt werden, um so rascher verläuft das Kriechen und um so kürzer ist die Lebensdauer der Probe. Um die Zusammenhänge zwischen Spannung, Temperatur und Lebensdauer zu ermitteln, führt man Standzeitversuche unter konstanter Last mit Laufzeiten von einem Jahr und länger durch. Bild 89 enthält Ergebnisse solcher Versuche an Reinaluminium und zeigt wie lange es bei unterschiedlichen Temperaturen dauert, bis eine Probe, die mit einer bestimmten, konstanten Spannung beansprucht wird, durch Kriechen zu

Bruch geht. Für die Verwendung als Berechnungsgrundlage stellt man die Ergebnisse in einer anderen Form dar (Bild 90), die es erlaubt, für jede Betriebstemperatur und geforderte Lebensdauer die zulässige Beanspruchung zu ermitteln. Apparaturen und Druckbehälter aus Reinaluminium und AlMg-Legierungen für die chemische Industrie werden an Hand derartiger Diagramme meist für eine sichere Betriebsdauer von rund 10 Jahren ausgelegt. Auch bei der Berechnung von Überschallflugzeugen, deren Außenhaut durch die Luftreibung auf höhere Temperaturen erwärmt wird, muß auf das Kriechverhalten Rücksicht genommen werden. Die Außenhaut des Überschallflugzeuges „Concorde" nimmt z. B. eine Temperatur von rd. 135 °C an. Sie besteht aus einer Aluminiumlegierung mit ca. 2,4% Kupfer und je 1,2% Ni, Fe und Mg, die durch den Schwermetallgehalt eine hohe Warmfestigkeit in Kombination mit einem besonders hohen Kriechwiderstand aufweist.

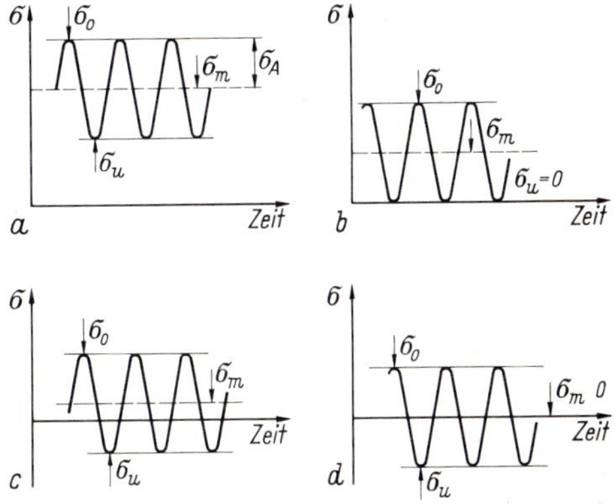

Bild 91: Dauerschwingprüfung durch wechselnde Zugbelastung (a und b) bzw. durch wechselnde Zug- und Druckbelastung (c und d).
a) Schwellbeanspruchung (ohne Durchlaufen eines Spannungsnullwertes);
b) reine Schwellbeanspruchung;
c) Wechselbeanspruchung;
d) reine Wechselbeanspruchung.

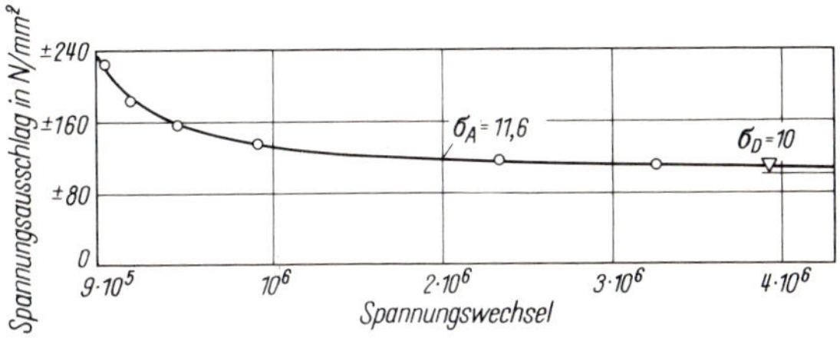

Bild 91 e: Wöhler-Kurve („Ermüdungskurve"), ermittelt an 5 mm dicken Blechen aus AlMgSi1, warmausgehärtet. Die 0,2%-Dehngrenze des Versuchswerkstoffes beträgt 250 N/mm^2. Reine Wechselbeanspruchung.

Dauerschwingfestigkeit

Wir haben bei der Betrachtung des Zugversuches (siehe S. 76) festgestellt, daß ein Probestab, der durch einmalige Beanspruchung oberhalb der Dehngrenze plastisch verformt und damit verfestigt wurde, sich beim Entlasten und bei erneuter Belastung infolge der eingetretenen Verfestigung weitgehend elastisch verhält. Dies gilt jedoch nicht ganz exakt. Sehr genaue Messungen lassen bei der Entlastung eine geringe, plastische Verkürzung und beim Wiederbelasten eine ähnlich große, plastische Verlängerung erkennen. Dies wirkt sich in der Praxis überall dort aus, wo der Vorgang des Belastens und Entlastens sehr oft wiederholt wird. Infolge der plastischen Wechselverformung wird dann das Formänderungsvermögen an irgendeiner Stelle einmal erschöpft sein, so daß ein feiner Riß entsteht, der von Lastwechsel zu Lastwechsel größer wird und schließlich zum Bruch führt. Auf diese Weise können Bauteile, die betriebsmäßig wechselnden Beanspruchungen unterworfen sind, auch bei Spannungen unterhalb der 0,2%-Dehngrenze scheinbar ,,überraschend" durch Ermüdungsbruch versagen, wenn sie falsch berechnet oder falsch konstruiert worden sind.

Zur Ermittlung der Schwingfestigkeit führt man Belastungsversuche aus, bei denen die Spannung zwischen zwei Grenzwerten pendelt. Bild 91 a–d zeigt schematisch die hierbei möglichen Kombinationen von ruhender und schwingender Beanspruchung. Ein häufig untersuchter Grenzfall ist Fall d), wobei die Spannung zwischen gleich großen positiven und negativen Werten verändert wird. Bild 91e enthält typische Versuchsergebnisse in Form einer ,,Wöhler"-Kurve. Diese Kurve gibt für unterschiedliche Spannungen jeweils die Anzahl der bis zum Bruch ertragenen Lastwechsel an. Man erkennt, daß diese Zahl mit sinkender Spannung immer größer wird. Unterhalb einer bestimmten Spannung, die hier bei rund 100 N/mm² liegt, tritt auch bei sehr langer Prüfdauer praktisch kein Ermüdungsbruch mehr ein. Diese Spannung wird als Dauer- oder Wechselfestigkeit bezeichnet. Für die Berechnung von Bauteilen mit überschaubaren Lebensdaueranforderungen, z. B. Motorenteilen, die bei einer Generalüberholung ausgetauscht werden, geht man aus Gründen der Wirtschaftlichkeit häufig auf die Zeitfestigkeit über, d. h. auf Spannungen, die nur eine begrenzte, jedoch genügend hohe Lastwechselzahl zulassen.

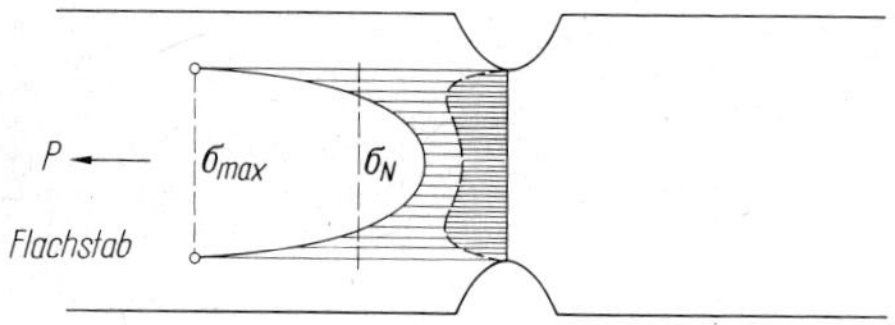

Nennspannung = $\sigma_N = \frac{P}{F_K}$

F_K=Querschnittsfläche am Kerbgrund.

Bild 92: Blechprobe mit Einkerbungen und Spannungsverteilung bei Zugbelastung. σ_{max} = max. Spannung am Kerbgrund in Zugrichtung. Dunkle Schraffierung: überlagerte Querspannung am Kerbgrund.

Durch Wechselbelastung hervorgerufene Ermüdungsbrüche beginnen meist an solchen Stellen einer Konstruktion, an denen infolge einer Unstetigkeit im Kraftfluß (sog. Kerben) örtlich überhöhte Spannungen (Spannungsspitzen) vorliegen. Bild 92 beschreibt die Spannungsverteilung in einem Blechstreifen mit zwei seitlichen Einkerbungen bei Beanspruchungen in der Längsrichtung. Bei einer einmaligen Belastung kann durch plastisches Fließen im Kerbgrund die Spannungsspitze abgebaut und eine gleichmäßige Spannungsverteilung herbeigeführt werden. Bei wechselnder Belastung tritt jedoch eine derartige Verfestigung im Kerbgrund ein, daß die Spannungsspitzen beträchtliche Werte erreichen können. Deshalb muß der Konstrukteur solche ,,Kerben" in schwingend beanspruchten Bauteilen vermeiden oder bei der Berechnung berücksichtigen, z. B. im Falle von Schweißnähten oder Nietlöchern.

Innerhalb des Werkstoffes können sich Fehlstellen oder grobe Einschlüsse als ,,innere" Kerben auswirken. Auch Fehler an der Oberfläche, Kratzer oder Korrosionsgrübchen können die Entstehung eines Ermüdungsbruchs begünstigen und die Dauerfestigkeit herabsetzen. Bei den durch Wechselbelastung hochbeanspruchten Bauteilen werden daher an das Gefüge und die Oberfläche des Halbzeugs höchste Anforderungen gestellt.

VIII. Elementarvorgänge bei der Verformung und Kaltverfestigung

Auswirkungen der Kaltverformung

Die mechanischen Eigenschaften von Aluminium, d. h. die Festigkeitswerte und das Verhalten bei mechanischer Beanspruchung können in weiten Grenzen variieren, je nach Legierung, Kaltverformungsgrad und Wärmebehandlung. Wir wollen uns in diesem Kapitel näher mit der Kaltverformung befassen. In Tabelle 7 werden einige typische Werte für Bleche aus Reinaluminium und AlMg3 mit verschiedenen, handelsüblichen Kaltwalzgraden aufgeführt.

Tabelle 7: Festigkeitswerte von Aluminiumblechen

Werkstoff	Kaltwalzgrad %	Zugfestigkeit R_m N/mm²	0,2%-Dehngrenze $R_{p0,2}$ N/mm² (min)	Bruchdehnung A_{10} % (min)	Brinellhärte HB (~)
Reinaluminium Al99,5					
w 7 (weich)	0	65–95	20–55*)	35	20
Al99,5 F 11 (halbhart)	30	110–150	90	4	35
Al99,5 F 15 (hart)	50	150	130	3	45
AlMg3 w 19 (weich)	0	190–230	80	17	50
AlMg3 F 24 (halbhart)	20–25	240–280	190	4	73
AlMg3 F 29 (hart)	50–60	290	250	2	85

*) nichtgenormter Mindestwert

Betrachten wir in Tabelle 7 zunächst die Werte für 99,5%iges Reinaluminium, so stellen wir fest, daß mit zunehmendem Kaltwalzgrad die 0,2%-Dehngrenze sehr stark angehoben wird. Ebenso steigen die Zugfestigkeit und die Härte, während die Bruchdehnung deutlich abnimmt. Analog verhalten sich die Festigkeitswerte bei der Legierung AlMg3, nur mit dem Unterschied, daß die Festigkeit bei der Legierung bereits im Ausgangszustand bedeutend höher ist als beim Reinaluminium und sich das ganze Festigkeitsniveau auf entsprechend höhere Werte verlagert. Die Steigerung der Festigkeitswerte durch Kaltverformung bezeichnet man als „Verformungs- oder Kaltverfestigung" im Gegensatz zur „Legierungsverfestigung", die in unserem Beispiel für den Unterschied zwischen Al 99,5 und AlMg3 im Zustand „weich" maßgebend ist. In Bild 93 sind die drei vollständigen Zerreißdiagramme für weiches, halbhartes und hartes Aluminiumblech (99,5% Al) schematisch wiedergegeben.
Der starke Einfluß der Kaltverfestigung auf den Verlauf der Zerreißkurven ist deutlich erkennbar. Man sieht, daß bei hohem Kaltwalzgrad 0,2%-Dehngrenze und Zugfestigkeit nahezu gleich groß sind, während die Bruchdehnung auf kleine Werte abgesunken ist. Für die Praxis bedeutet dies, daß ein maximal kaltverformtes Metall keine Dehnungsreserve mehr hat. Man kann also ein über 70% kaltgewalztes Blech im Regelfall nur noch wenig biegen oder sonstwie verformen, bis der Bruch des Materials eintritt.

Verformungsverfestigung beim Zerreißversuch

Wir wollen noch einmal zu unserem einführenden, schematischen Zerreißdiagramm (Bild 74) zurückkehren. Vergleichen wir dieses mit Bild 93, so erkennt man folgendes: Grundsätzlich ist es belanglos, ob die Verfestigung der Blechprobe durch Ziehen in der Längsachse (beim Zerreißversuch) oder durch Kaltwalzen erfolgte. In Bild 74 mag der Meßpunkt 6 einem „viertelhart" verfestigten Blech*) entsprechen.

Wenn wir also das Zerreißdiagramm eines viertelhart verfestigten Bleches aufnehmen, so beginnt man entlang der gestrichelt gezeichneten Linie aufsteigend und hat dann eine relativ kleine plastische Verformung (von Meßpunkt 6 bis 10) bis zum Bruch. Der ganze Teil des Zerreißdiagramms links von der genannten Linie wird also bei diesem Blech nicht erhalten. Nun ist es ohne weiteres klar, daß man ein analoges Ergebnis erhält, wenn man zunächst von einem weichen – d. h. nicht kaltverformten – Blech ausgeht, es bis zum Meßpunkt 6 im Zugversuch dehnt und dabei verfestigt, worauf man die Probe entlastet und nun mit dieser „viertelharten" Probe entlang der strichliniierten Linie aufsteigend den Zerreißversuch fortsetzt.

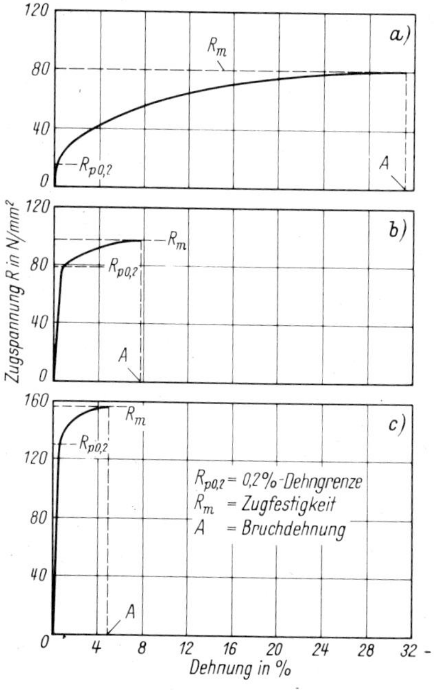

Bild 93: Zerreißdiagramme von drei Reinaluminiumblechen, die sich durch ihren Kaltwalzgrad unterscheiden (schematisch)
a) „Weiches Blech" (keine Kaltverfestigung vor dem Zugversuch)
b) „Halbhartes Blech" (mittlere Kaltverfestigung, erzeugt z. B. durch 30% Kaltwalzgrad)
c) „Hartes Blech" (hohe Kaltverfestigung, erzeugt z. B. durch 70% Kaltwalzgrad).

Entsprechend wäre ein walzhartes Blech etwa dem Meßpunkt 9 zuzuschreiben, d. h. man durchläuft nun das Zerreißdiagramm lediglich entlang der punktierten Linie aufsteigend, worauf nach geringer weiterer plastischer Verformung (zwischen Meßpunkt 9 und 10) der Bruch eintritt. Grundsätzlich ist also das Verfahren, mit welchem man die z. B. dem Meßpunkt 9 entsprechende Kaltverfestigung erzeugt hat, belanglos. Man kann die entsprechende Verformungsverfestigung ebensogut durch Kaltwalzen, Tiefziehen, Biegen, Stauchen oder Recken (beim Zerreißversuch) erzeugen.

---

*) Dieser Verfestigungszustand liegt etwa in der Mitte zwischen „weich" und „halbhart".

Allerdings zeigt Tabelle 7, daß man durch Kaltwalzen eine wesentlich höhere Kaltverfestigung in Aluminiumblech hineinbringen kann als durch das Recken beim Zerreißversuch*). Man stellt dies durch einen Vergleich der Festigkeitswerte des weichen und harten Reinaluminiums (99,5%) fest. Wenn man das weiche Blech in die Länge zieht und dadurch verfestigt, so ist die Zugfestigkeit nur halb so groß, als wenn die Verfestigung durch maximales Kaltwalzen vorgenommen wurde.

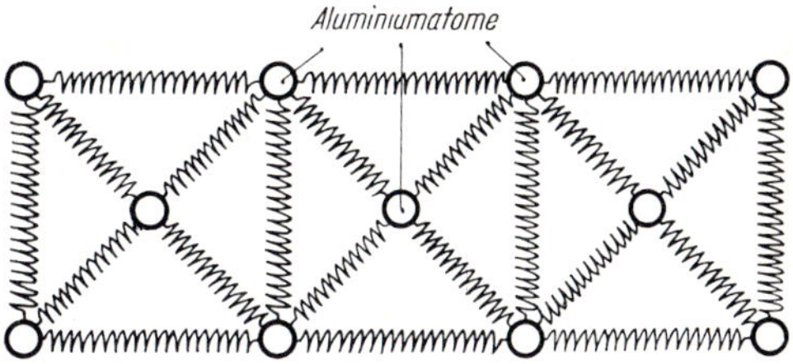

Bild 94: Veranschaulichung der Anziehungskräfte der Atome durch Spiralfedern. Diese erlauben in unserem Vergleich eine elastische Verformung des Metallgitters.

Elastische Verformung

Betrachtet man das elastische Verhalten der Metalle vom atomistischen Standpunkt, so muß man von der Vorstellung ausgehen, daß das Metall aus Atomen besteht, die in einem Kristallgitter regelmäßig angeordnet sind. Der Zusammenhalt innerhalb des Kristalls wird durch Anziehungskräfte bewirkt, die von den einzelnen Atomen auf ihre näheren Nachbaratome ausgeübt werden. Die Anziehungskräfte stehen im Gleichgewicht mit abstoßenden Kräften, die wirksam werden, wenn sich benachbarte Atome mit ihren äußeren Elektronenhüllen berühren. Dieses Wechselspiel von anziehenden und abstoßenden Kräften kann man sich nach Bild 94 durch Federn versinnbildlichen, die die benachbarten Atome in ihrer Lage festhalten.
Eine elastische Verformung kann man sich in diesem Modell so vorstellen, daß die Atome durch die von außen wirkende Kraft gegen die Federkräfte etwas verschoben und hierbei z. B. auseinandergezogen werden. Läßt die äußere Kraft nach, so kehren sie unter dem Einfluß der Federkräfte wieder in ihre Ruhelage zurück.
Für jedes Metall ist die zur elastischen Verformung notwendige Kraft anders, und zwar wird sie durch die Anziehungskraft zwischen den Atomen bestimmt. Als Meßgröße für diese Kräfte dient der E-Modul, der dementsprechend für jedes Metall einen anderen Wert hat. Es ist demnach leicht einzusehen, daß der E-Modul eines Metalls durch Legierungszusätze nicht nennenswert beeinflußt wird, da durch die zahlenmäßig meist weit unterlegenen Fremdatome die Anziehungskräfte zwischen den Atomen des Grundmetalls nicht wesentlich verändert werden.

Plastische Verformung

Wie wir bereits erfahren haben, geht plastisch (=bleibend) verformtes Material nicht von allein wieder in seine Ausgangslage zurück. Während bei der elastischen Dehnung die Atome ihre Gitterplätze nur um geringe Beträge verlassen und nach Entlastung wieder ihre Ruhelage einnehmen, treten bei der plastischen Verformung Verschiebungen der Atome über größere Strecken hinweg ein, die nach der Beseitigung der verformenden Kraft beibehalten werden. Man nennt diesen Vorgang „Gleitung".

*) Dies rührt daher, daß man den Stab durch Recken im Zerreißversuch nur bis zur „Gleichmaßdehnung" gleichmäßig verformen kann. Bei weiterer Verlängerung würde er sich einschnüren und reißen. Beim Walzen tritt dies nicht ein, weil die Verformungskräfte hier vorwiegend durch den Druck der Walzen erzeugt werden und nur zum Teil durch Zug (Haspelzug beim Band- und Folienwalzen).

Auftreten von Gleitlinien und Gleitstufen

Wenn man ein Metallgefüge plastisch verformt, treten an der Oberfläche häufig Unebenheiten in Erscheinung (Bild 95). Diese sind um so deutlicher zu erkennen, je größer die Körner des betreffenden Gefüges sind. Bei starker Verformung treten die einzelnen Körner des Werkstoffes auf Grund ihrer unterschiedlichen Orientierung wie die Steine eines Pflasters aus der Oberfläche heraus. Wird z. B. ein grobkörniges Aluminiumblech gebogen oder tiefgezogen, so nimmt die Oberfläche im Bereich der Verformung das Aussehen der rauhen Oberfläche einer Orangenhaut an (siehe Bild 96).

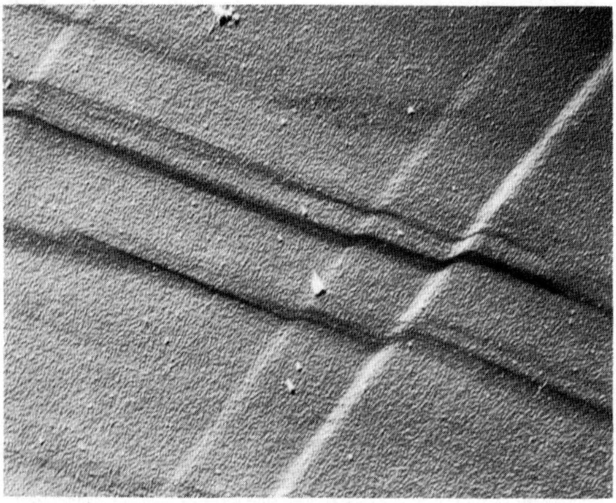

Bild 95: Gleitlinien und Gleitstufen auf Aluminium (nach Alusuisse). V = 580:1.

Bild 96: Narbige Oberfläche an zwei tiefgezogenen Näpfen. Korngröße des Aluminiumbleches: Links = mittel, rechts = grob, daher ausgesprochene ,,Orangenhaut".

Verhalten eines „Einkristalles" bei plastischer Verformung

Am einfachsten kann man die Verhältnisse an einem sogenannten Einkristall untersuchen, d. h. an einem Metallstab, der aus nur einem Kristall besteht. Durch besondere Verfahren lassen sich bei fast allen Metallen Einkristalle von mehreren Zentimetern Größe herstellen. Ein solcher z. B. aus der Schmelze entstandener Kristall hat in seinem Innern keine Korngrenzen. Sehr anschaulich ist z. B. ein Versuch mit einem Aluminiumeinkristall, der etwa die Form einer Stange von 10 mm Durchmesser und 100 mm Länge haben mag.

Dieser unverformte Einkristall ist fast so weich wie Kuchenteig und läßt sich darum spielend um einen Finger herumwickeln. Man ist dann äußerst überrascht, daß es großer Kraft bedarf, diesen verformten Einkristall nachher wieder gerade zu biegen. Durch die plastische Verformung, die der Kristall beim Biegen erlitten hat, ist das Kristallgitter stark ,,verfestigt" worden.

Bild 97: Makroskopische Abgleitung beim Verformen eines Einkristalls.
a) Stauchen eines Einkristalls unter Drehung der Gleitpakete (,,Homogene Verformung").
b) Biegen eines Einkristalls. ,,Inhomogene Verformung", da sowohl Zug (außen) wie Druck (innen) aufgebracht werden.

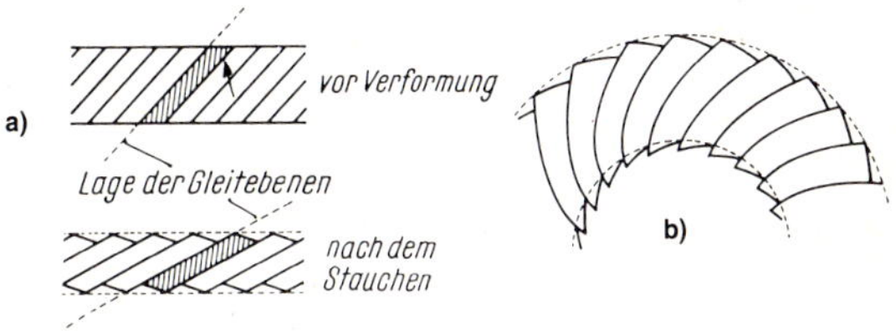

Die plastische Verformung eines Metalles wird häufig mit dem Kneten von Kuchenteig verglichen. Dieser Vergleich ist aber unzutreffend: beim Kuchenteig können die einzelnen Kuchenpartikel bei der Verformung wahllos aneinander vorbei gleiten und sich durcheinander bewegen. Dies ist beim Metall nur im flüssigen Zustand möglich, bei festen Metallen – also bei Kristallen – dagegen nur auf wenigen genau definierten Gitterebenen.
Bei der Verformung eines Einkristalles beobachtet man oft schon mit bloßem Auge auf der Oberfläche die bereits erwähnten treppenförmigen Stufen (vgl. Bild 97). Dies weist darauf hin, daß bei der plastischen Verformung einzelne Teile des Kristalles gegeneinander abgleiten, und zwar auf sogenannten ,,Gleitebenen". Bei einem grobkörnigen Gefüge kann man die Gleitlinien ähnlich gut wie bei einem Einkristall beobachten (siehe Bild 95). Die Ursache der in der Form von Gleitlinien oder Gleitstufen sichtbaren Gefügeverschiebungen ist ein Abgleiten der Atome innerhalb ihres Gitterverbandes. Dieses Abgleiten kann nur auf einigen in ihrer Lage im Gitter genau definierten Gleitebenen erfolgen. Eine weitere Voraussetzung sind die später noch im einzelnen erläuterten Versetzungen, die beim Abgleiten entlang der Gleitebenen wandern. Bild 102 auf Seite 100 zeigt ein Beispiel für das Entstehen einer Versetzung und ihre Wanderung durch das Gitter beim Ablauf der plastischen Verformung. Man spricht von einem ,,Gleitschritt", wenn die Versetzung gerade um einen Atomabstand weitergewandert ist. Als Gleitebenen fungieren bei den Metallen solche, die im Kristallgitter mit möglichst vielen Atomen besetzt sind. Das heißt, man hat durch das Aluminiumgitter gedanklich eine Ebene so hindurchzulegen, daß möglichst viele Atome geschnitten werden. Auf dieser Ebene können dann die Atome durch Verschiebung von Versetzungen besonders gut abgleiten. Das Aluminium hat – wie alle Metalle mit kubischflächenzentriertem Gitter – in seinem atomistischen Aufbau insgesamt 12 verschiedene Gleitmöglichkeiten und ist daher besonders gut verformbar.

Verformungsverfestigung von Vielkristallen

Wir erinnern uns, daß eine plastische Verformung das Metall zugleich ,,verfestigt". Das zeigte z. B. der Einkristall, der zuerst weich wie Kuchenteig war und nach einer gewissen Verbiegung nur sehr schwer zurückgebogen werden konnte. An Hand von Bild 97b ist dies zwar noch nicht zu verstehen, denn man sollte erwarten, daß das Abgleiten der Atome durch Einwirkung einer gleich großen Kraft, wie sie zur anfänglichen Verformung nötig war, wieder rückgängig gemacht werden könnte. Dies ist aber nicht der Fall, d. h. die plastische Verformung bewirkt eine bleibende Verfestigung des Gitters, so daß im Verlaufe nacheinander unternommener Verformungen der benötigte Kraftaufwand immer mehr zunimmt.

Bei vielkristallinem Gefüge ist die Verformungsverfestigung erheblich größer als bei Einkristallen. Bei abnehmender Korngröße wird dieser Effekt immer stärker. Der Grund liegt darin, daß an den Korngrenzen die Gleitebenen ihre Richtung unstetig ändern, so daß die benachbarten Körner sich in der Gleitung gegenseitig behindern, da ja das Gefüge auch bei der plastischen Verformung seinen festen Zusammenhang bewahrt.
Bild 98 zeigt schematisch vereinfacht zwei benachbarte Körner mit stark unterschiedlicher Orientierung. An der Korngrenze wird die Versetzungswanderung behindert.

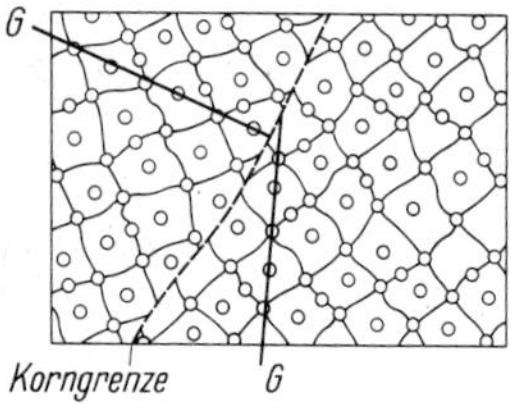

Bild 98: Gitter zweier benachbarter Körner im kaltverformten Metall. G = Lage von zwei Gleitebenen (zu der innerhalb eines Kornes jeweils parallele Gleitebenen vorliegen).

Aus dem bisher Gesagten erklärt es sich, daß beim vielkristallinen Material die plastische Umformbarkeit geringer und die Festigkeit viel höher ist als beim Einkristall. Ein grobkörniges Gefüge stellt ein Mittelding zwischen Einkristall und feinkörnigem Gefüge dar, d. h. die einzelnen Kristalle eines grobkörnigen Gefüges behindern sich bei der Gleitung nur wenig, so daß ein grobkörniges Material niedrigere Festigkeitswerte hat als ein feinkörniges aus demselben Werkstoff. Daher soll das Halbzeug aus Aluminium oder Aluminiumlegierungen möglichst feinkörnig sein, um hohe Festigkeitswerte zu haben und um bei Verformungsvorgängen (z. B. beim Tiefziehen) das Auftreten der Orangenhaut weitgehend zu unterdrücken, da diese zusätzliche Polierarbeiten notwendig macht*).

Verhältnisse beim Vorliegen einer „Textur"

Ein besonderer Fall kann nun vorliegen, wenn Bleche zwar feinkörnig sind, aber eine sogenannte „Textur" aufweisen. Von einer Textur spricht man dann, wenn die einzelnen kleinen Kristalle (z. B. in einem Blech) nicht regellos orientiert sind, sondern großenteils ähnliche oder sogar gleiche Orientierung aufweisen. Man kann sich leicht die daraus resultierenden (unerwünschten) Erscheinungen klarmachen: Verformung in Vorzugsrichtungen, was die Parabel- und Zipfelbildung verursacht.

Lüderslinien (Aufrauhung bei der Blechumformung)

Bei der Umformung nimmt die Rauheit des Bleches mehr oder weniger stark zu, wodurch nicht nur das Aussehen beeinträchtigt wird, sondern auch die Grenzen der Umformbarkeit herabgesetzt werden. Je nach der Art des Werkstoffs, seinem Zustand und je nach der Richtung der größten Formänderung kann diese Aufrauhung verschiedene Erscheinungsformen annehmen.

*) Es gibt vereinzelte Ausnahmen von dieser Regel: z. B. bevorzugt man beim Kaltfließpressen u. U. ein mittelfeines Korn, um eine möglichst leichte Verformbarkeit zu haben. Auch beim Strangpressen würde ein zu feines Korn des Preßbolzens eine merkliche Steigerung des Preßdruckes nach sich ziehen, so daß man z. B. bei dem meist verpreßten AlMgSi0,5 eine mittlere Korngröße von etwa 0,2 bis 0,8 mm Durchmesser wählt.

Die bekanntesten sind:

1. „Orangenhaut", eine ungerichtete Aufrauhung, verursacht durch grobes Rekristallisationskorn.
2. „Parabeln" beim Tiefziehen, in der ursprünglichen Walzrichtung verlaufende, langgestreckte Wülste und Rillen, hervorgerufen durch kleine Unterschiede in den Umformeigenschaften zwischen schmalen, streifenförmigen Bereichen.
3. „Lüderslinien" oder „Fließfiguren", vorwiegend in AlMg-Werkstoffen. In weichgeglühtem, feinkörnigem Blech treten unmittelbar nach Fließbeginn die den Lüderslinien von Stahl analogen „Fließfiguren Typ A" auf; diese bilden ein flammenartiges Muster quer zur Richtung der größten Streckung. Bei größerer Umformung von weichem Blech sowie allgemein im teilharten oder im harten Zustand erscheinen die „Fließfiguren Typ B", schmale Einschnürungen unter etwa 55° zur Zugachse. Fließfiguren Typ A, welche das Aussehen von Karosserieteilen besonders stören, können durch verschiedene Maßnahmen beschränkt oder unterdrückt werden, wie teilweise Verfestigung oder unvollständige Entfestigung (1/8 hart bis 1/4 hart), Korngröße über 50 μm, Abschrecken von Temperaturen über 500 °C oder Zusatz von Zink. Keinerlei Fließfiguren entstehen, wenn AlMg-Blech oberhalb von 150 °C umgeformt wird.

„Parabelbildung" als Folge gleicher Orientierung benachbarter Kristalle

Die Gleitebenen zweier benachbarter kleiner Kristalle können vielfach parallel liegen, so daß sie sich gegenseitig nicht nur wenig behindern, d. h. eine bei der Gleitung auftretende kleine Treppe kann sich durch die Korngrenze hindurch in den Nachbarkristall fortpflanzen und von dort weiter in einen dritten gleichorientierten Kristall usw. Gruppen gleichorientierter kleiner Kristalle verhalten sich also bei der Abgleitung ähnlich wie ein großer Kristall. Daher ist für die plastische Verformung eine ähnliche oder gleiche Orientierung größerer Kristallgruppen („Textur") in jedem Falle unerwünscht. Denn es treten beispielsweise unerwünschte Gleitlinien („Parabeln") bei der Verformung solcher Bleche auf, bei denen große Gruppen gleich orientierter kleiner Kristalle vorliegen, die somit auf parallel liegenden Gleitebenen verformt werden.

Die „Zipfelbildung" als Folge von Texturen

Schon im Gußblock sind die Kristalle nicht regellos orientiert, vielmehr liegen sie in einer „Gußtextur" in gewissem Ausmaß geordnet vor (parallel zueinander in Richtung der Wärmeableitung). Diese Gußtextur pflegt sich auch im fertigen Blech noch in gewissem Umfang bemerkbar zu machen.

Das Vorhandensein einer Textur in einem weichen Blech bemerkt man leicht, wenn man aus einer Ronde durch Tiefziehen oder Drücken ein kleines Näpfchen herstellt. Der obere Rand dieses Näpfchens ist nicht glatt, sondern weist im allgemeinen vier „Zipfel" auf (Bild 99).

Je ausgeprägter die gleiche Orientierung großer Kristallgruppen innerhalb des Bleches war, um so höher sind diese Zipfel. Man hat meistens vier Zipfel, d. h. die Verformung in der Blechebene ist in zwei aufeinander senkrecht stehenden Richtungen besonders begünstigt. Eine ähnliche Orientierung eines merklichen Anteils aller Körner innerhalb größerer Gefügebereiche kann nicht nur durch das Gießverfahren (Gußtextur), sondern auch beim Abwalzen oder Pressen (Verformungstextur) und auch beim Glühen (Rekristallisationstextur) entstehen. Auf die beim Weichglühen auftretende „Rekristallisation" werden wir noch zu sprechen kommen. Bei Blechen kann man die verschiedenen Texturen an der Lage der Zipfel unterscheiden. Die

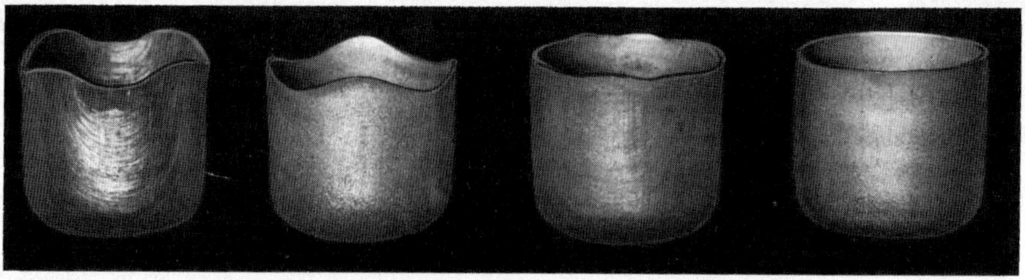

Bild 99: Näpfchenprobe zur Untersuchung der Zipfelbildung. Walzrichtung: Senkrecht zur Bildebene.
a) Vier Zipfel unter 45° zur Walzrichtung („Walztextur"). Außerdem erkennt man deutliche Parabelbildung, welche durch die ähnliche Orientierung größerer Kristallgruppen verursacht ist. b) Vier Zipfel unter 0 und 90° zur Walzrichtung („Rekristallisationstextur"). c) Acht Zipfel: Vier Zipfel unter 45° und vier Zipfel unter 0 bis 90° zur Walzrichtung (Mischung von Walz- und Rekristallisationstextur, bewirkt durch geeignete Zwischenglühung). d) ohne Zipfel (d. h. texturfreies Blech).

Walztextur (Verformungstextur) hat ihre vier Zipfel in einem Winkel von 45° zur Walzrichtung. Die beim Weichglühen unter bestimmten Bedingungen entstehende „Würfeltextur" hat dagegen ihre vier Zipfel in der Walzrichtung bzw. um 90° versetzt dazu. Indem man durch geeignete Zwischenglühung diese beiden Texturen in geschickter Weise gegeneinander ausspielt, kann man eine gemischte Textur erhalten, die acht flache, annähernd gleich hohe Zipfel besitzt (je vier unter 45° bzw. in 0 und 90° zur Walzrichtung). Dieser achtzipfelige Zustand ist beim Tiefziehen der günstigste, der sich bei dünnen, weichen, aus Strangguß stammenden Blechen erreichen läßt. Hingegen entsteht bei vier hohen Zipfeln nach dem Tiefziehen ein beträchtlicher Abfall, da der obere Rand des tiefgezogenen Teils abgeschnitten werden muß.
Des weiteren muß bei hohen Zipfeln die Ronde entsprechend größer gewählt werden, damit die „Zipfeltäler" noch über der Oberkante des endgültigen Tiefziehteils liegen. Hierdurch kann aber bereits das „Tiefziehverhältnis" überschritten werden, welches die Verwendung zu großer Ronden nicht zuläßt (Seite 121).
Durch genau abgestimmte Abwalz- und Glühverfahren kann die Zipfelbildung weitgehend zurückgedrängt werden. Dieser Zustand ist aber innerhalb einer Fabrikation auf wirtschaftliche Weise oft nicht erreichbar.

Gitterbaufehler

Ein Mensch ohne Fehler ist im praktischen Leben fast nicht akzeptabel. Analoges gilt für die Metalle. Ohne Baufehler im Kristallgitter wären die Metalle und ihre Legierungen in der Praxis, insbesondere für die plastische Umformung, gar nicht zu gebrauchen. Ein tiefes Verständnis der Eigenschaften der Metalle ergibt sich somit insbesondere aus der Kenntnis der Gitterfehler. Die wichtigsten Gitterbaufehler sind in Bild 100 schematisch dargestellt.

Leerstellen

Unter einer Leerstelle versteht man das Fehlen eines Atoms im Metallgitter. Die Leerstellen spielen eine wichtige Rolle bei den Atombewegungen im festen Metall, die als „Diffusion" bezeichnet werden. Wir wollen wieder zu einem Vergleich greifen: In einer mit zahlreichen Autos vollständig gefüllten Garage können die einzelnen Wagen nicht bewegt werden, wohl aber, wenn eine „Leerstelle" vorhanden ist, in welche man einen benachbarten Wagen hineinbewegt, worauf sich dann die einzelnen Wagen nacheinander verschieben lassen. Analog wirken im Metallgitter die Leerstellen, um die Wanderung („die Diffusion") der Metallatome im Gitter zu ermöglichen. Die Diffusion ist wichtig bei der Lösungsglühung von aushärtbaren Legierungen oder bei der Barrenhochglühung, um zu bewirken, daß sich gelöste Atome im Kristall gleichmäßig verteilen. Dies geschieht durch Sprünge über Leerstellen (Bild 101).

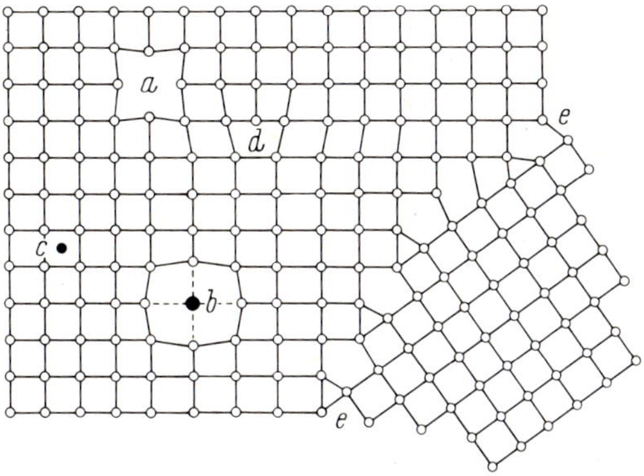

Bild 100: Schematische Übersicht über wichtige Gitterbaufehler.

a Leerstelle
b metallisches Fremdatom, im Mischkristall gelöst (z. B. Mg oder Cu)
c Fremdatom auf Zwischengitterplatz (Wasserstoffatom)
a–c Punktförmige Gitterbaufehler
d Schnitt durch linienförmigen Gitterbaufehler (Versetzungslinie)
e–e Schnitt durch flächenförmige Gitterstörung (Korngrenze = Oberfläche eines Kornes)

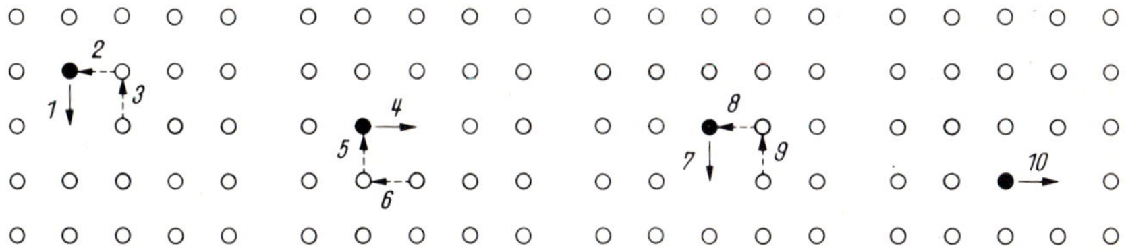

Bild 101: Diffusion eines Fremdatomes über Leerstellen in 10 nacheinanderfolgenden Schritten.
●=Fremdatom ○=Aluminiumatome

Tabelle 8: Gitterplätze pro Leerstelle bei verschiedenen Temperaturen

Temperatur °C	20	200	300	400	500	600	658 (fest)
Besetzte Gitterplätze pro Leerstelle	1 000 000 000 000	12 250 000	500 000	52 000	9 800	2 660	1 440

Leerstellen entstehen insbesondere auf zweierlei Weise, entweder durch Kaltumformung oder durch Erwärmung. Wichtig sind vor allem die letztgenannten, die „thermischen Leerstellen". In Tabelle 8 ist für einige Temperaturen die Anzahl der besetzten Gitterplätze pro Leerstelle angegeben. Man erkennt, daß kurz vor dem Aufschmelzen bereits auf etwas mehr als 1 000 Atome eine Leerstelle kommt. Beim Aufschmelzen des Aluminiums nimmt die Anzahl der Leerstellen stark zu, was teilweise die Volumenzunahme beim Aufschmelzen verursacht.
Wie zuvor erwähnt, werden auch durch Kaltumformung Leerstellen erzeugt, jedoch verschwinden diese im Bruchteil einer Sekunde wieder in sogenannten „Senken" (z. B. Korngrenzen), während die Leerstellen im thermischen Gleichgewicht erhalten bleiben (Tabelle 8).

Fremdatome

Im Mischkristall können Fremdatome an Gitterplätzen der Aluminiummatrix und in Zwischengitterplätzen sitzen (Bild 100). Welche Anordnung nun die Fremdatome im Gitter einnehmen, hängt vom Verhältnis ihres Atomdurchmessers zu demjenigen der Matrixatome ab. Außerdem spielt die chemische Verwandtschaft („Affinität") der in Frage kommenden Elemente eine Rolle, inwieweit die Fremdatome zur Ausscheidung neigen. Ausscheidungen können gleichfalls als Störungen des Gitterbaus bezeichnet werden, wurden in Bild 100 aber nicht eingezeichnet (dazu Bild 155 auf Seite 147).

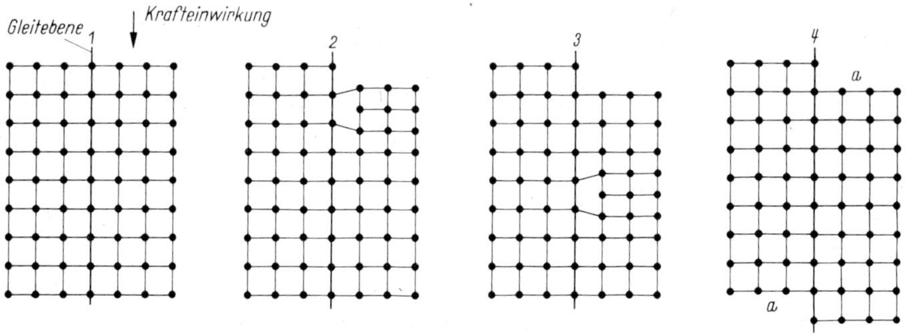

Bild 102: Abgleitung der Atome bzw. Wanderung einer Stufenversetzung entlang einer Gleitebene bei plastischer Verformung durch Scherung; a Gleitschritt (=Atomabstand). 1 unverformter Zustand. 2 Bildung einer „Versetzung"*). 3 Wanderung der Versetzung auf einer Gleitebene. 4 verformter Zustand.

Versetzungen

Die Versetzungen sind das Grundelement der plastischen Verformbarkeit kristalliner Materialien. In Bild 102 wird die Bildung und anschließende Verschiebung einer Versetzung bei der plastischen Verformung schematisch erläutert.
Die Versetzung liegt an der Stelle, an der zwei Atomen des ungestörten Gitters drei Atome der benachbarten Atomreihe zugeordnet sind. Auf diese Stelle konzentriert sich die Gitterstörung. Im Metallkristall muß man sich die ebene Atomanordnung von Bild 102 nach vorn und hinten räumlich fortgesetzt denken. Man erkennt dann, daß die Versetzung als linienförmige Gitterstörung den Kristall durchzieht.
Es gibt verschiedene Arten von Versetzungen, von denen die zwei wichtigsten in Bild 103 erläutert werden. Man stelle sich jeweils einen Gummiklotz vor, der bis zur Mitte längs eingeschnitten ist, und dessen eine Hälfte dann im Falle A senkrecht zur Versetzungslinie und im Falle B in Richtung der entstehenden Versetzungslinie verschoben ist. Die Verschiebung in Richtung b geschieht um ungefähr einen Atomabstand a. Die Atomanordnung in der Umgebung einer Stufenversetzung A entspricht dem Momentbild 3 in Bild 102. Sie läßt sich also in der Ebene durch eine zusätzlich in das Gitter hineingezwängte Atomreihe bzw. räumlich durch eine eingeschobene Netzebene veranschaulichen. Dagegen sind nach dem Durchlaufen einer

---

*) Dies ist eine Vereinfachung. In Wirklichkeit reichen die bei der Verformung auftretenden Kräfte nicht aus, um eine Versetzung auf die dargestellte Weise einfach durch örtliches Zusammendrücken des Gitters zu erzeugen. Versetzungen entstehen bereits bei der Erstarrung. Bei der Verformung werden sie zunächst nur in Bewegung gesetzt, wobei sich dann ihre Anzahl durch Neubildung aus vorhandenen Versetzungen (Quellen) laufend erhöht.

Schraubenversetzung durch das Gitter die der Gleitebene benachbarten Atome in Richtung der Versetzungslinie gegeneinander verschoben. Umfährt man die Versetzungslinie einige Atomabstände entfernt auf einer Gitterebene, so bewegt man sich ähnlich wie auf einer Wendeltreppe, wobei der Höhenunterschied je Umlauf einem Atomabstand entspricht.

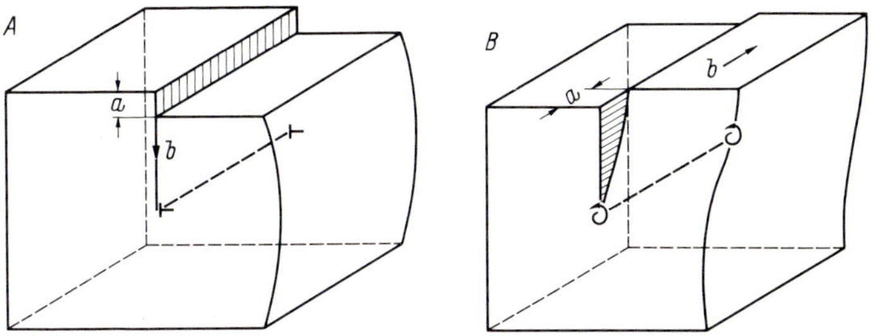

Bild 103: Schematische Darstellung einer Stufenversetzung A und einer Schraubenversetzung B: a Gleitschritt (=Atomabstand), b Gleitrichtung. Das Bild veranschaulicht zugleich die Formänderung eines Würfels, wenn sich die gestrichelt gezeichnete Versetzungslinie von oben nach unten bewegt.

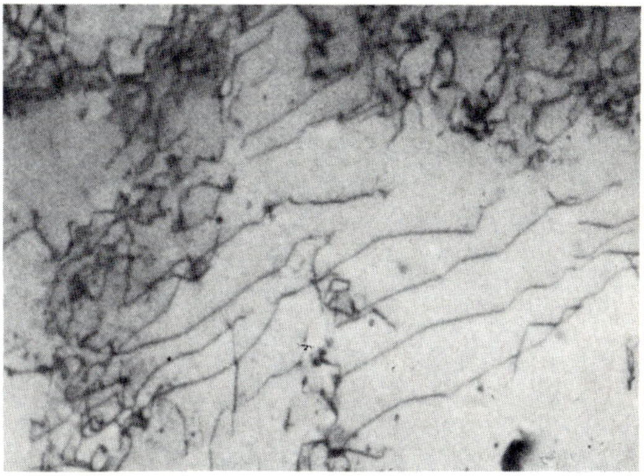

Bild 104: Versetzungslinien in Reinaluminium 99,0. Im unteren Bildteil langgestreckte Versetzungen, die auf der gleichen Gleitebene liegen. Im oberen Bildteil Versetzungsknäuel als Kennzeichen starker Gitterstörungen (nach Alusuisse).

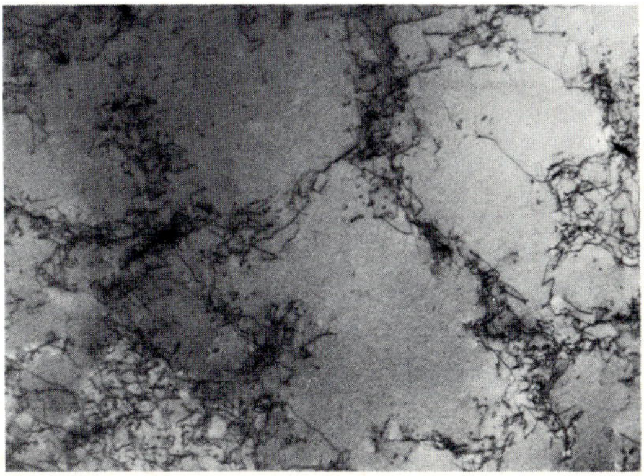

Bild 105: Zellenförmige Versetzungsanordnung im Stranggußgefüge von Reinaluminium 99,0 (nach Alusuisse).

Jede Versetzungslinie kann sich über Hunderte oder Tausende benachbarter Atome hinweg erstrecken. Legt man einen Schnitt durch ein kaltverformtes Metall, dann werden pro cm^2 Schnittfläche ca. 10^{12} Versetzungslinien geschnitten, in schwach kaltverformtem Gefüge etwa 10^{10} und im Gußzustand 10^8. Letzteres bedeutet z. B., daß sich in einem kleinen Würfel von 1 mm Kantenlänge 1 km Versetzungslinien befinden, wobei diese jeweils einen durchschnittlichen Abstand von ca. 1 μm haben. Bild 104 zeigt eine elektronenmikroskopische Aufnahme von Versetzungslinien. In Bild 105 erkennt man, daß bereits im Gußgefüge Versetzungslinien vorliegen. An der plastischen Verformung sind die Versetzungen in dreierlei Weise beteiligt:

- Die Bewegung der Versetzungen auf den Gleitebenen ermöglicht die plastische Verformung.
- Bei der Verformung entstehen laufend neue Versetzungen.
- Die Stauung von Versetzungen erschwert die weitere Verformung und bewirkt somit die Kaltverfestigung.

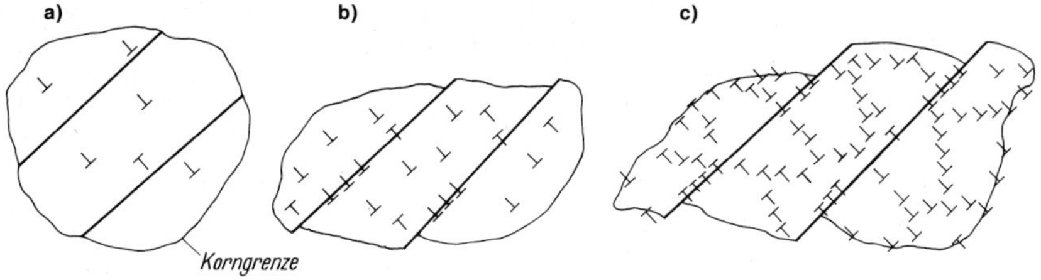

Bild 106: Veranschaulichung des atomistischen Bildes der Verformungsverfestigung, schematisch erläutert an je einem Korn mit 2 Gleitebenen. $\perp$= Symbol für eine Versetzung.

a noch unverformt.

b nach Einsetzen einer schwachen Verformung mit ca. 10 bis 20% Kaltumformungsgrad. Die Gleitebenen können sich noch ungestört betätigen, abgesehen von der Störung durch Nachbarkristalle, daher: ,,leicht umformbar" oder ,,niedrige Festigkeit". Zunahme der Versetzungsdichte, insbesondere auf den Gleitebenen.

c nach starker Kaltverformung (60 bis 80% Umformungsgrad). Weitgehende Blockierung der Gleitebenen durch Aufstau von Versetzungen. Ansammlung von Versetzungen im Korninnern in Wabenform (=unscharfe Subkorngrenzen). Starke ,,Verformungsverfestigung", daher ,,schwer umformbar" oder ,,hohe Festigkeit".

In Bild 106 wird die Zunahme der Versetzungsdichte bei der Kaltverformung schematisch erläutert. Bei Kaltverformungsgraden über 30 bis 40% tritt beim Aluminium, außer dem Versetzungsstau auf Gleitebenen, eine Ansammlung der Versetzungen in Wabenform im Korninnern ein, ähnlich wie dies auch in Bild 105 der Fall ist.

Die erwähnte Ansammlung von Versetzungen auf Gleitebenen und in Wabenform bleibt im kaltverformten Gitter erhalten und bewirkt durch eine erhebliche Verzerrung des Gitters gesamthaft die Kaltverfestigung. Auf die Umlagerung der Versetzungen beim Erwärmen des kaltverformten Metalles kommen wir auf Seite 131 noch zurück.

Die im Aluminiumgitter vorhandenen Fremdatome können eine merkliche bis starke Behinderung der Verschiebung von Versetzungen bewirken, was somit den Mechanismus der Legierungsverfestigung atomistisch verständlich macht (Einzelheiten siehe Seite 151). Der Widerstand, den die Versetzungen im Gitter bei ihrer Verschiebung vorfinden, kommt im übrigen in der Höhe des Wertes der 0,2%-Dehngrenze unmittelbar zum Ausdruck.

Bei der Beschreibung von Aufbau und Funktion der Versetzungen haben wir uns auf einige Grundelemente beschränkt. Es gibt eine Vielzahl von Wechselwirkungen zwischen den in Bild 100 dargestellten Gitterfehlern. Ein Beispiel dieser Art haben wir im Titelbild des Buches kennengelernt: durch Anlagern von Leerstellen an Schraubenversetzungen ordnen sich diese zu ,,Versetzungswendeln" um, die im Elektronenmikroskop deutlich sichtbar sind. Auf die Wechselwirkung zwischen Versetzungen und Fremdatomen oder Ausscheidungen kommen wir auf Seite 151 zurück.

IX. Technische Umformverfahren

Gegenüberstellung von Warm- und Kaltumformung

Die Umformung der Metalle wird in der Technik sowohl kalt als auch warm vorgenommen. Bei den Aluminiumknetwerkstoffen wird die Warmumformung meist bei Temperaturen zwischen 350 und 530 °C durchgeführt. Die Kaltumformung erfolgt bei Raumtemperatur, wobei sich das Material während der Umformung oft auf etwa 30 bis 120 °C erwärmt. Gemäß Bild 107 nimmt der für eine bestimmte, z. B. 50%ige Stauchung benötigte Stauchdruck bei allen Gebrauchsmetallen, somit auch bei den Aluminiumwerkstoffen, mit zunehmender Temperatur deutlich ab. Dies ist einer der Gründe, warum man starke Umformungen oftmals in der Wärme vornimmt.

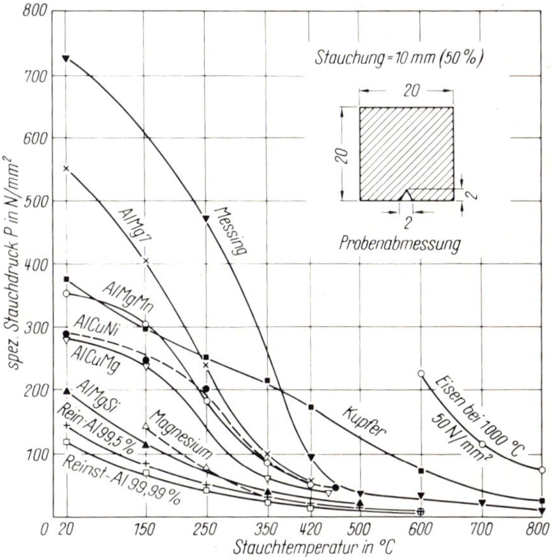

Bild 107: Stauchdruck in Abhängigkeit von der Stauchtemperatur für 50% Stauchung (nach Alusuisse).

Es gibt eine Reihe von Gründen dafür, daß man insbesondere die Endphase der Umformung bei Raumtemperatur durchführt. Die wichtigsten spezifischen Vorteile der Kaltumformung sind die folgenden:

- Festigkeitssteigerung durch Kaltverfestigung
- bessere Oberflächen als bei Warmumformung
- bei dünnen Querschnitten: größere Umformung pro Umformoperation als bei der Warmumformung.

Der zuletzt genannte Punkt bedarf kurz der Erörterung: Beispielsweise wird beim Warmwalzen von Aluminium eine wäßrige Ölemulsion als Schmiermittel verwendet. Unterhalb einer Dicke von ca. 3 bis 6 mm wird kaltgewalzt. Beim Kaltwalzen wird ein organisches Walzöl eingesetzt. Dieses weist erheblich bessere Schmiereigenschaften auf als die beim Warmwalzen übliche wäßrige Emulsion, ist allerdings bei Temperaturen oberhalb etwa 100 bis 150 °C nicht mehr stabil. Sobald im Verlaufe des Warmwalzens die Oberfläche pro Masseeinheit des Walzgutes eine gewisse Größe überschreitet, überwiegen die Nachteile der relativ ungünstigen Schmiereigenschaften des wäßrigen Schmiermittels die Vorteile der leichteren Umformbarkeit des Gefüges auf Grund der erhöhten Temperatur. Schon aus diesem Grund geht man bei einer Dicke unter 6 mm vom Warmwalzen auf das Kaltwalzen über. Hinzu kommt die erwünschte Verfestigung des Gefüges durch Kaltumformen und die Erzielung besserer Oberflächen.

Warmumformung

Thermische Behandlung vor der Warmumformung

Die Walzbarren und Preßbolzen läßt man nach dem Gießen in der Regel auf Raumtemperatur abkühlen*). Für die Warmumformung werden sie dann erneut angewärmt. Diese Anwärmung hat eine doppelte Wirkung:
- Umlagerung des Gußgefüges
- Erleichterung der Umformung

Dementsprechend können zwei verschiedene Arten der thermischen Behandlung der Barren und Bolzen vor der Warmumformung unterschieden werden:
1. Eine Hochglühung der Barren und Bolzen, worauf die anschließende Warmumformung bei etwas tieferer Temperatur erfolgt.
2. Eine Erwärmung lediglich auf die Temperatur der Warmumformung.

Diese beiden Maßnahmen werden oft in einen thermischen Zyklus zusammengefaßt. Um den Sinn dieser thermischen Behandlung verständlich machen zu können, müssen wir jedoch zuvor einen Abstecher in die Metallkunde unternehmen und uns mit einigen Gefügeumlagerungen im festen Zustand beschäftigen, die durch derartige thermische Zyklen herbeigeführt werden können.

Löslichkeit im festen Zustand

In Bild 108 ist ein für zahlreiche Aluminiumlegierungen typisches Zweistoffsystem wiedergegeben. Es ist für unsere grundsätzliche Erörterung belanglos, ob B ein reines Metall oder eine intermetallische Verbindung ist. Jedenfalls liegt sowohl im unlegierten reinen Metall A wie im Falle des Metalles (oder der Verbindung) B je ein genau definiertes Kristallgitter vor. Wir können aber in Bild 108 erkennen, daß jedes dieser beiden Gittersysteme in gewissem Ausmaß „liberal" ist, d. h. Fremdatome beherbergt. Durch die Mischkristallbildung kommen Homogenitätsbereiche zustande, welche in ihrer Breite und Temperaturabhängigkeit, je nach Legierungskomponenten, sehr unterschiedlich sind. Im Beispiel von Bild 108 ist die Kristallart I „liberaler" gegenüber den B-Atomen als die Kristallart II gegenüber den A-Atomen. Dies hängt hauptsächlich vom jeweiligen Atomradius und davon ab, wieviel Platz im „Wirtsgitter" vorhanden ist**). Bei der eutektischen Temperatur hat die Löslichkeit ein Maximum, indem der Mischkristall I bis zum Punkt a, der Mischkristall II bis zum Punkt b Fremdatome der Gattung B bzw. A „homogen" aufnimmt.

---

*) Die Warmumformung gegossener Bänder und Platten von etwa 10 bis 30 mm Dicke sowie von gegossenem Vormaterial für die Drahtherstellung von etwa 30 bis 80 mm Durchmesser stellt einen Sonderfall dar. Hier erfolgt das Warmwalzen in einem kontinuierlichen Verfahren noch in der Gießwärme, also kurz nach der Erstarrung.

**) Ob eine intermetallische Verbindung mit eigenem, definiertem Kristallsystem zustande kommt, hängt gleichfalls von den geometrischen Verhältnissen, außerdem aber von der chemischen Verwandtschaft („Affinität") der Partneratome ab.

Im Falle technischer Aluminiumlegierungen interessiert in erster Linie das Verhalten der Al-reichen Kristallart I („α-Mischkristall"). Wenn mit sinkender Temperatur die Wärmebewegung der Atome und damit die Auflockerung des Gitterbaus zurückgeht, werden immer mehr B-Atome aus dem Wirtsgitter des Mischkristalles I „herausgequetscht" und scheiden sich in der an B-Atomen reicheren Kristallart als „Einlagerungen" aus, falls man ihnen dazu Zeit läßt. Im Falle der Zusammensetzung c kann unterhalb der Temperatur T_c ein heterogenes Gefüge, d. h. eine Mischung von Kristallen I und II entstehen.

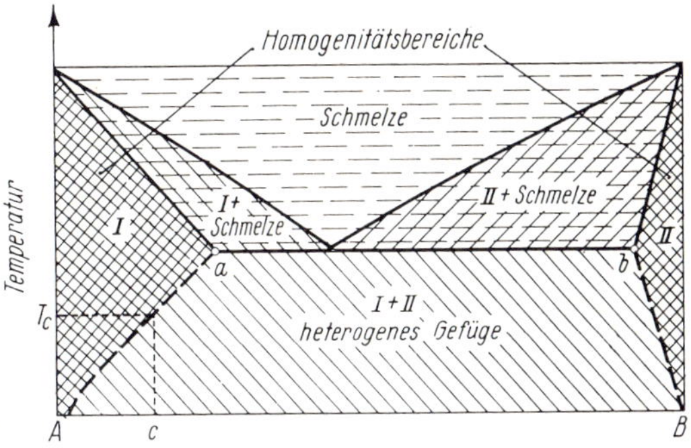

Bild 108: Binäres, eutektisches Zustandsdiagramm mit zwei Mischkristallbereichen. A = Aluminium, B = Legierungsmetall oder intermetallische Verbindung.

Der Ausscheidungsvorgang sowie der umgekehrte Vorgang der Auflösung von Ausscheidungen setzen allerdings eine gewisse atomare Beweglichkeit voraus, die ihrerseits nur bei genügend hohen Temperaturen vorhanden ist. Oberhalb 200 bis 400 °C reicht die Beweglichkeit der meisten Atome im Aluminiumgitter aus, sich bei genügend langen Glühzeiten dem „Gleichgewichtszustand" entsprechend im Gefüge anzuordnen. Dabei ist es prinzipiell gleichgültig, ob die Verschiebung des Gleichgewichtes durch Absenken der Temperatur („Heterogenisierung") oder durch Steigern der Temperatur („Auflösen" oder „Homogenisierung") erfolgte. Allerdings gibt es einige Legierungselemente, die in der Aluminiummatrix sehr träge diffundieren. So diffundiert z. B. Eisen merklich erst oberhalb 400 °C, Mangan und Chrom erst oberhalb 500 bis 550 °C.

„Homogenisierung" durch eine Barrenhochglühung oder eine Lösungsglühung

Im folgenden befassen wir uns mit der Einstellung des Gleichgewichtszustandes gemäß Zustandsdiagramm.

Der Begriff Homogenisierung wird sowohl für die Beseitigung von Übersättigung und Kornseigerung aus dem Gußgefüge als auch für das „Lösungsglühen" verwendet, d. h. für das Inlösungbringen eines zunächst ausgeschiedenen Zusatzmetalles innerhalb des homogenen Bereiches des Zustandsdiagrammes. Wir können beide Vorgänge hier gemeinsam behandeln, da das atomistische Bild recht ähnlich ist.

Es ist der Zweck einer Homogenisierungsglühung, Einlagerungen aufzulösen und die gelösten Atome im Gitter gleichmäßig zu verteilen. In jedem Falle handelt es sich darum, den Atomen bei entsprechend hoher Temperatur Zeit zu lassen, sich durch Platzwechsel im Gefüge dem Gleichgewichtszustand entsprechend anzuordnen. Im Falle von Kornseigerung und Übersättigung sind die Atome in einem „Ungleichgewicht" eingefroren. Sie sind nach dem Erstarren den für Diffusion günstigen hohen Temperaturen zu kurze Zeit ausgesetzt; beim Strangguß weniger als 1 bis 3 Minuten. Dieses Zeitintervall ist für ein Wandern der Atome über eine Strecke von ca. 0,01 bis 1,0 mm, wie dies zum Ausgleich der Kornseigerung nötig wäre, meist zu kurz. Dies bezieht sich insbesondere auf den „Gußzustand". Nach dem Verformen des Gußgefüges (durch Kneten und Kaltumformen) sind die Bedingungen für einen raschen Platzwechsel der Atome wesentlich günstiger. Im Gußgefüge sind die Heterogenitäten gröber, und die Korngröße liegt oft bei 1 mm, d. h., die Diffusionswege sind relativ lang. Durch das Kneten werden die Heterogenitäten zerkleinert, und Gefügezonen mit unterschiedlichen Gehalten an gelösten Atomen werden nahe zueinander gebracht, was die Einstellung des Gleichgewichtes durch Verkürzung der Diffusionswege sehr beschleunigt.

Bild 109: Gefüge von Strangguß-Walzbarren der Legierung AlMn. Analyse: 1% Mn + 0,67% Fe + 0,16% Si (nach Alusuisse).

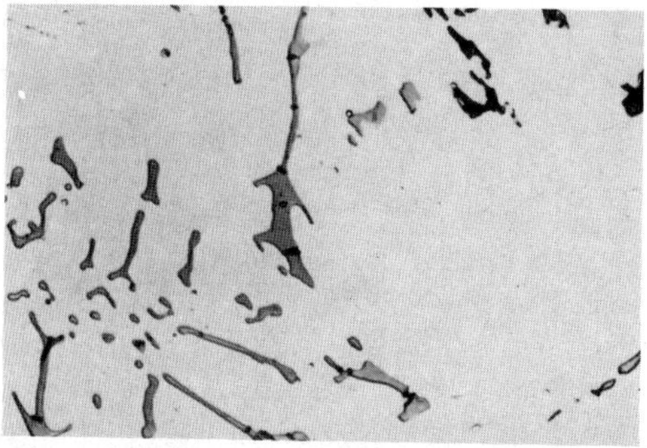

Bild 109a: Gußzustand. Kantige Ausscheidungen der mangan- und eisenhaltigen Phase in den Gußkörnern und an Korngrenzen. V = 860:1.

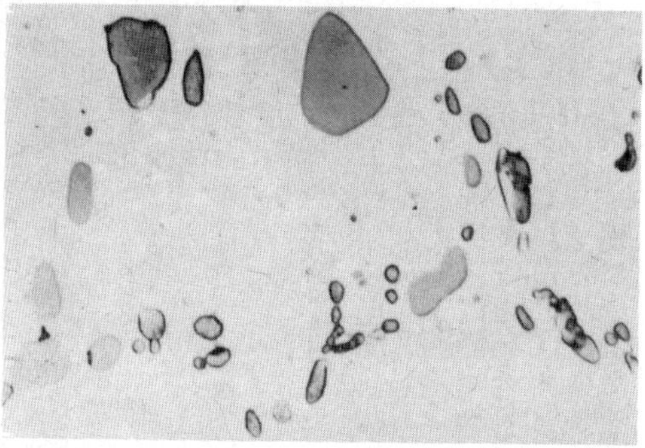

Bild 109b: Walzbarren 72h bei 600 °C geglüht, danach abgeschreckt. Durch Diffusionsvorgänge haben sich die Ausscheidungen abgerundet und vergröbert („Einformung"). V = 860:1.

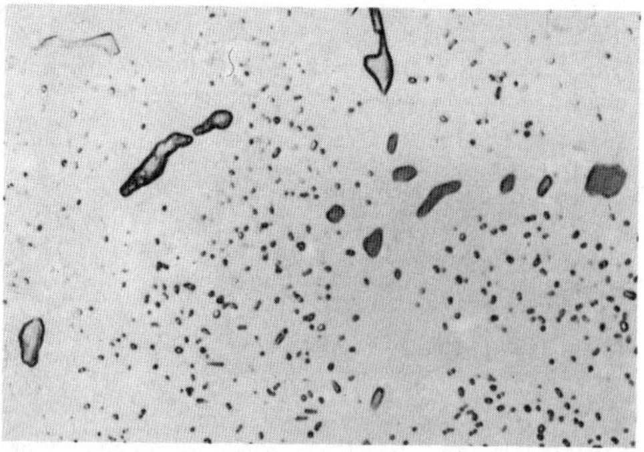

Bild 109c: Walzbarren 6 h bei 600 °C geglüht, danach über 15 h im Ofen auf 450 °C abgekühlt. Während der langsamen Abkühlung sind aus dem übersättigten Mischkristall feine AlMnFe-Ausscheidungen entstanden. Außerdem sind die gröberen Ausscheidungen aus dem Gußgefüge eingeformt worden (wegen der kürzeren Glühzeit weniger als in Bild 109b). V = 860:1.

„Heterogenisierung“

Bei einer Heterogenisierungs- oder Ausscheidungsglühung laufen die umgekehrten Vorgänge ab wie bei einer „Lösungsglühung“. Man will bei einer Heterogenisierungsglühung den gelösten Atomen die Möglichkeit geben, sich dem Gleichgewicht (d. h. dem Zustandsdiagramm) entsprechend auszuscheiden.
Hat man vor der Glühung das Gitter kalt verformt, so läuft bei der Heterogenisierung gleichzeitig eine Entfestigung oder bei höherer Temperatur eine Rekristallisation ab. Diese Vorgänge werden durch vorhandene und entstehende Ausscheidungen beeinflußt. Die bei einer Ausscheidungsglühung entstehenden Einlagerungen (Ausscheidungen) sind wesentlich feiner als die im Gußgefüge vorliegenden (vgl. z. B. hierzu Bild 109). Größe und Verteilung der Ausscheidungen lassen sich durch die Glühtemperatur und -zeit beeinflussen. Bei höheren Temperaturen oder längeren Zeiten werden die Ausscheidungen größer und weniger zahlreich.

Hochglühung

Wie bereits früher erwähnt, liegt im rasch erstarrten Stranggußgefüge eine starke Kornseigerung sowie eine Übersättigung der Legierungselemente vor. Das Gefüge befindet sich also im Ungleichgewicht. Zur Herstellung von Halbzeug, welches erhöhte Anforderungen bezüglich Umformbarkeit, Feinkorn und streifenfreiem Gefüge zu erfüllen hat, werden Walzbarren und Preßbolzen vor der Warmumformung einer Hochglühung bei einer Temperatur zwischen 550 und 630 °C unterworfen, die zur Einstellung des Gleichgewichtszustandes der Legierungselemente und insbesondere zu ihrer gleichmäßigen Verteilung innerhalb des Gefüges dient (Seite 152). Unlösliche Ausscheidungen im Gußgefüge werden bei der Hochglühung „eingeformt“, d. h., sie verlieren ihre scharfkantige Form, sie werden kompakt und abgerundet, ein Vorgang, der wesentlich zur Verbesserung der Umformbarkeit beiträgt.
Restschmelzeadern, in denen schwerlösliche Elemente (wie z. B. Eisen) angereichert vorliegen, werden bei einer Hochglühung meist nicht völlig aufgelöst. Daher eliminiert eine Hochglühung z. B. nicht die Folgen stark schwankender Zellengrößen des Gußgefüges, wie sie in Bild 39 auf Seite 50 gezeigt werden.
Die Glühdauer richtet sich nach der Korngröße und der Diffusionsgeschwindigkeit der maßgebenden Legierungskomponente. Bei einer Reihe von Legierungen ist sodann auch die Art der Abkühlung nach der Hochglühung von Wichtigkeit, bei welcher feindisperse Ausscheidungen entstehen können.
Ist eine Legierungskomponente bei maximal möglicher Hochglühungstemperatur nach dem Zustandsdiagramm nicht mehr ganz im Aluminium löslich, so vollzieht sich eine fein verteilte Ausscheidung im Innern und an den Korngrenzen der Gußkörner. Durch ein Hochtemperaturglühen wird in diesem Fall eine Heterogenisierung erreicht*). Eine typisch heterogene Legierung ist Aluminium mit Zusatz von etwa 1% Mangan.
In Bild 109 wird das Stranggußgefüge der Legierung AlMn vor und nach der Barrenhochglühung gezeigt. Im Gußzustand ist der Al-Mischkristall in bezug auf Mangan stark übersättigt. Man erkennt deutlich, daß bei dieser Hochglühung zwei verschiedene Vorgänge ablaufen:
- Vergröberung und Abrundung der relativ großen Heterogenitäten aus dem Gußgefüge.
- Entstehung feiner Ausscheidungen aus dem übersättigten Mischkristall (typischer Durchmesser einige μm).

*) Daher ist der noch vielfach gebrauchte Ausdruck „Homogenisierungsglühung“ fehl am Platze und sollte durch „Barrenhochglühung“ ersetzt werden.

In Bild 110 wird schematisch die Verteilung der Fremdatome nach einer Barrenhochglühung wiedergegeben. Man sieht, daß durch eine langsame Abkühlung nach der Barrenhochglühung feinste Ausscheidungen entstehen, welche zum überwiegenden Teil lichtmikroskopisch nicht sichtbar sind. Feindisperse Ansammlungen oder Ausscheidungen von Fremdatomen haben aber für die im Verlaufe einer späteren Verformung oder thermischen Behandlung auftretenden Gefügeumlagerungen eine besondere Bedeutung. Hierauf werden wir im Zusammenhang mit der „Rekristallisation" sowie der Festigkeitssteigerung aushärtbarer Legierungen noch zurückkommen.

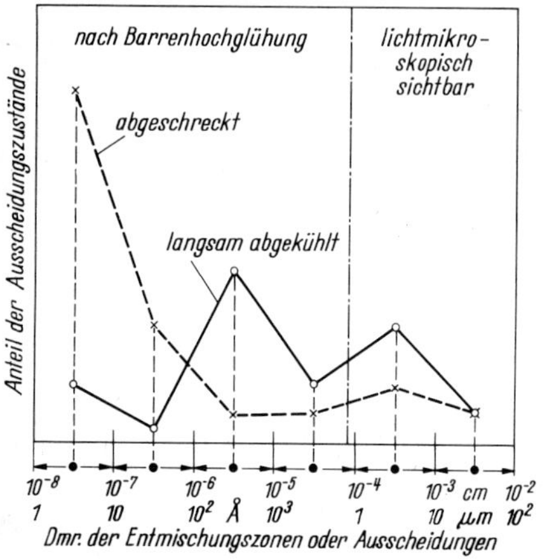

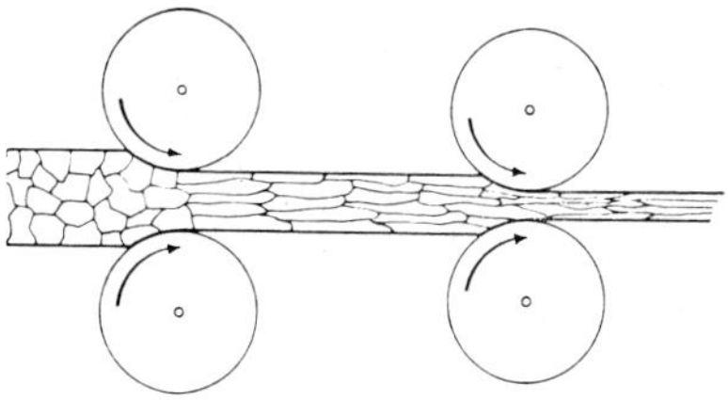

Bild 111: Streckung des Gußgefüges bei der Warmumformung. Hierbei entsteht ein langgestrecktes „lamellares" Gefüge (Umformung durch zwei „Walzstiche").
Falls Umformtemperatur und Umformgrad hoch genug sind, lagert sich das langgestreckte Gefüge unmittelbar nach seiner Entstehung in neue, annähernd kugelförmige Körner um. Einzelheiten werden später im Kapitel „Rekristallisation" beschrieben (siehe z. B. Bild 146c).

Bild 110: Angenommene Verteilungsfunktion von ausgeschiedenen Legierungselementen, z. B. von Mn- und Fe-haltigen Ausscheidungen in der Legierung AlMn (schematisch).

Eigenschaften des warmverformten Gefüges

Beim Warmwalzen und ebenso beim Strangpressen werden die Körner des Gußgefüges erheblich in die Länge gestreckt (Bild 111), z. T. auf das Zwanzigfache bei einem Umformungsgrad von 95%. Durch die Streckung werden die noch vorhandenen Einlagerungen des Gußgefüges zerkleinert und verteilt. Dies wird in den Bildern 112a bis c veranschaulicht. In Bild 112a und 112b sehen wir das Gußgefüge eines Reinaluminiumbarrens. Die Einlagerungen (eisen-siliziumhaltig) sind im Gußgefüge hauptsächlich an den Korn- und Zellengrenzen vorhanden. Nachdem der Gußbarren von etwa 200 mm auf 10 mm warm abgewalzt ist (entsprechend etwa 95% Abwalzgrad), sind die Einlagerungen bereits weitgehend in kleine Stücke zerbrochen und fein verteilt.

Die Zertrümmerung und Verteilung der Einlagerungen ist der entscheidende Vorgang bei der Umwandlung vom Gußgefüge in ein Knetgefüge. Ihm verdankt das Knetgefüge seine Kaltverformbarkeit. Bei der späteren Kaltumformung „schwimmen" die unlöslichen Partikel passiv in dem sie umgebenden Mischkristallgefüge mit, ohne dessen Umformung wesentlich zu behindern oder örtliche Risse*) hervorzurufen (Bild 112c). Beim Kaltwalzen ändert sich auch die Größe und die Verteilung der Einlagerungen nicht mehr merklich.

*) Beim Warmwalzen können aus diesem Grunde tatsächlich vorübergehend Mikrorisse im Gefüge entstehen. Unter dem Einfluß von Temperatur und Druck werden diese jedoch oft kurz nach ihrer Entstehung wieder verschweißt.

Bilder 112a bis c: Zertrümmerung der Einlagerungen des Gußgefüges beim Warm- bzw. Kaltwalzen (nach Alusuisse).

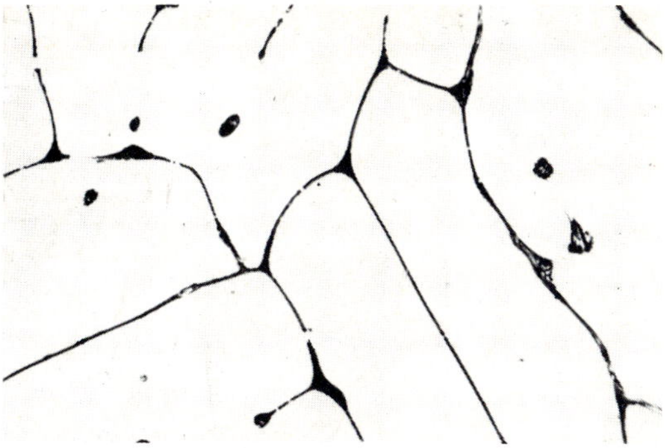

Bild 112a: Gußgefüge von Reinaluminium 99,5 (Strangguß). An den Korngrenzen und teilweise auch in den Körnern erstarrte Restschmelzeadern, angereichert an Fe und Si. V = 450:1.

Bild 112b: Vergrößerter Ausschnitt aus Bild 112a. Die groben Restschmelzeadern liegen an Korngrenzen, die feinen an Zellengrenzen (= Dendritenarme). V = 1 800:1.

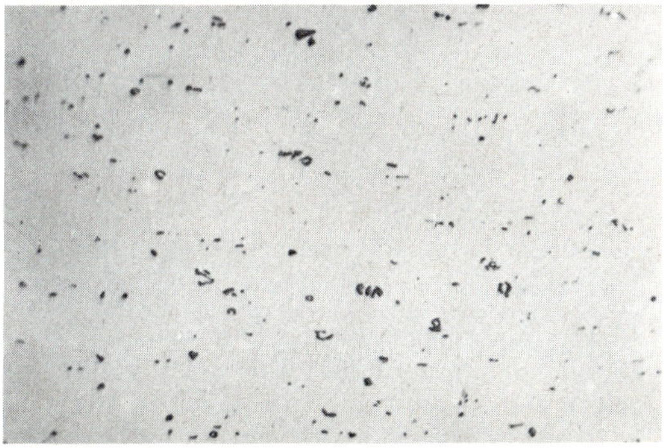

Bild 112c: Gefüge nach dem Warmwalzen von ca. 200 auf 10 mm und anschließendem Kaltwalzen auf 3 mm. V = 30:1.

Maßnahmen bei der Warmumformung und ihre Auswirkungen (kurze Übersicht)

Auch bei der Warmumformung kann man die betrieblichen Maßnahmen mit den im Gefüge ablaufenden Umlagerungen und den Beobachtungen am Endprodukt miteinander in Verbindung bringen. Es ist dies ein umfangreicher Problemkreis, aus dem wir im folgenden nur einzelne Beispiele kurz andeuten können.

Bei der Warmumformung stehen die folgenden **Maßnahmen** als besonders wichtig im Vordergrund:

- Verfahren der Warmumformung, Umformgrad
- Thermische Vorbehandlung vor der Warmumformung
- Temperatur bei Beginn und Ende der Umformung
- Abkühlung nach der Warmumformung (besonders wichtig bei aushärtbaren Legierungen).

Die letzten drei Maßnahmen werden zusammenfassend auch als ,,thermischer Zyklus" der Warmumformung bezeichnet (siehe Bild 113).

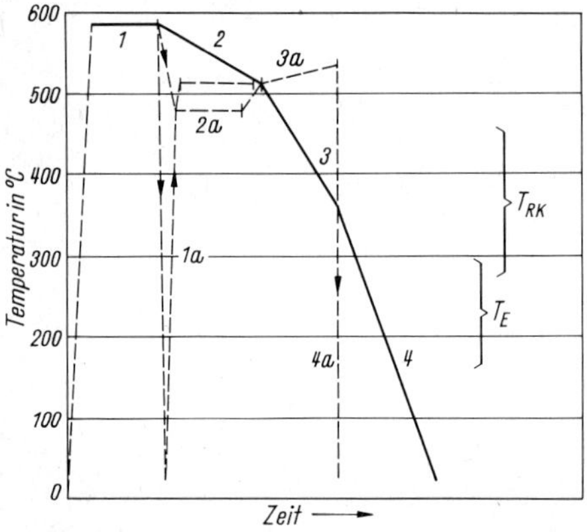

Bild 113: Thermischer Zyklus vor, während und nach der Warmumformung (schematisch). Ausgezogene Linie: typischer Zyklus beim Warmwalzen. T_E/T_{RK} Temperaturbereiche der Entfestigung und Rekristallisation, welche für Halbzeug angewendet werden.
1 Barrenhochglühung. 1 a Anwärmen auf Warmumformungstemperatur, ohne vorherige Hochglühung. 2 Heterogenisierung des Barrens durch langsame Abkühlung. 2 a Heterogenisierung duch Glühen bei tieferer Temperatur. 3 Warmumformung, typisch für Warmwalzen. 3 a Typisch für Strangpressen. 4 Abkühlung nach Warmumformung, durch langsames Erkalten. 4 a durch Abschrecken.

Bei den **Gefügeumlagerungen** sind die folgenden von besonderem Interesse:

- Ablauf von Entfestigung und Rekristallisation während oder unmittelbar nach der Warmumformung (Einzelheiten hierzu siehe Seite 133)
- Ausscheidung oder Inlösunggehen von Fremdatomen vor, während oder unmittelbar nach der Warmumformung
- Verschweißung von Gußporen während der Warmumformung
- Auftreten von Rissen (als unerwünschte Erscheinung)
- Ablauf der Warmumformung über den Querschnitt des Gefüges. In den Bildern 146 a bis e erkennt man hier deutliche Unterschiede bei Warmwalzplatten und Profilen (Seiten 134 und 135).

Die zuvor genannten Maßnahmen und Gefügeumlagerungen beeinflussen eine ganze Reihe von **Eigenschaften** des warmumformten Halbzeugs bzw. des Endprodukts, das im Anschluß an die Warmumformung kaltumgeformt oder nach Kaltumformung geglüht wurde. Die wichtigsten Eigenschaften, welche durch den Warmumformungszyklus beeinflußt werden, sind Korngröße, Festigkeitswerte, Umformbarkeit und Textur sowie dekoratives Aussehen der Oberfläche (Streifenfreiheit).

Insbesondere beeinflußt der gesamte thermische Zyklus, der in Bild 113 dargestellt wird, den Ablauf von Rekristallisation und Entfestigung (nach einer späteren Kaltumformung). Die in den wichtigsten Phasen der Warmverformung entstandenen Verteilungszustände der Fremdatome ändern sich beim Entfestigen oder bei der Rekristallisation oft nicht mehr, da die in Bild 113 eingezeichneten Temperaturbereiche T_E und T_{RK} im Regelfall erheblich tiefer liegen als derjenige der Warmverformung.
Zusammenfassend kann man sagen, daß die Warmumformung und der hierbei entstehende Verteilungszustand der Fremdatome einen dominierenden Einfluß auf die Eigenschaften des Halbzeugs ausübt. Die Kette der miteinander zusammenhängenden Maßnahmen und Gefügeveränderungen reicht vom Gußgefüge bis hin zum Endprodukt. Hierbei stellt die Warmverformung eine besonders wichtige Etappe dar.

Technische Verfahren der Warmumformung

Die Umformung in der Wärme, d. h. oberhalb von etwa 350 °C, wird auch als Kneten bezeichnet und ist auf die Knetwerkstoffe beschränkt. Abgesehen von den mit diesem Verfahren erreichbaren hohen Umformgraden dient die Warmumformung oft lediglich als notwendige Vorstufe vor einer Kaltumformung, da sich das Gußgefüge im Regelfall für eine direkte Kaltumformung nicht eignet. Die grundlegenden Vorgänge sind bei den verschiedenen technischen Verfahren der Warmumformung prinzipiell sehr ähnlich. Dies gilt auch für den thermischen Zyklus, wie er in Bild 113 beschrieben wurde. Bei den Walz- und Preßbarren wird der überwiegende Teil hochgeglüht und danach bei etwas tieferer Temperatur warmverformt. Bei der Warmumformung von Reinaluminium, bei Halbzeug mit geringen Qualitätsanforderungen und in gewissen Spezialfällen genügt es, lediglich auf Warmumformungstemperatur kurz anzuwärmen.

Warmwalzen

In Bild 111 auf Seite 108 wird die Umlagerung des Gußgefüges beim Warmwalzen schematisch beschrieben. Als Ausgangsmaterial für das Walzen dienen rechteckige Walzbarren mit einer Dicke von 200 bis 500 mm und einem Gewicht von 500 bis 8000 kg. Sie werden heute fast ausschließlich durch Stranggießen hergestellt. Diese Walzbarren werden oftmals auf beiden Breitseiten zur Beseitigung der Gußhaut und der darunter liegenden Seigerungen abgefräst. Der Barren wird beim Warmwalzen je nach den Verhältnissen in etwa sieben bis elf „Stichen"*) auf die Enddicke abgewälzt.
Bild 114 zeigt die Ansicht eines Warmwalzwerkes mit dazugehörigem Rollgang. Bild 115 erläutert schematisch das Warmwalzen und die hierbei erhaltenen Endprodukte, nämlich Warmwalzplatten bzw. warmgewalztes Band. Zur Herstellung kaltgewalzter Bänder oder Bleche unter etwa 1 mm Dicke wird heute das Warmwalzen meist bei Dicken zwischen 3 bis 6 mm abgebrochen. Die Anfangstemperatur für das Warmwalzen liegt meistens zwischen 450 und 550 °C. Während des Walzens sinkt die Temperatur des Walzgutes durch die reichliche Verwendung von wäßrigem Schmiermittel um etwa 100 bis 150 °C ab. Warmwalztemperatur und Stichprogramm haben ausschlaggebenden Einfluß auf das erzielte Gefüge, aber auch auf die Oberflächenqualität. Bei tiefer Warmwalztemperatur erhält man eine relativ glänzende Oberfläche des warmgewalzten Produktes und außerdem im Gefüge langgestreckte Körner, wie in Bild 111 dargestellt wird.

---

*) Als „Stich" bezeichnet man beim Walzen den einmaligen Durchgang des Walzgutes durch den Walzspalt.

Bild 114: Ansicht eines Walzwerkes (Warmwalzduo).

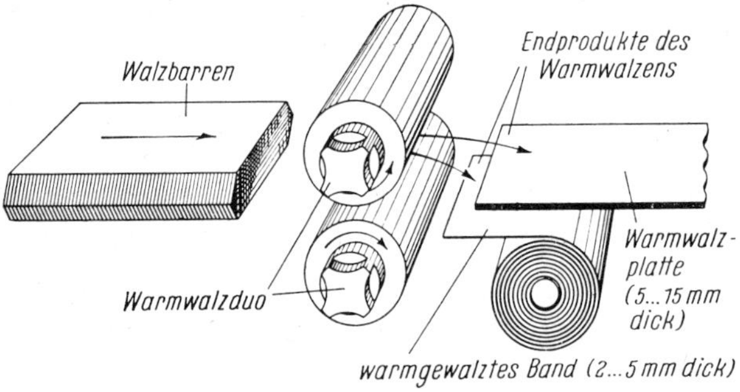

Bild 115: Schematische Darstellung des Warmwalzens.

Hohe Warmwalztemperaturen begünstigen eine Rekristallisation während oder unmittelbar nach dem Warmwalzen (siehe dazu im einzelnen Seite 133).

Nach oben ist die Warmwalztemperatur meistens dadurch begrenzt, daß 10 bis 50 °C unter der Solidustemperatur die Gußkorngrenzen erheblich an Festigkeit einbüßen, so daß beim Warmwalzen in diesem Temperaturbereich Korngrenzenrisse auftreten würden. Daher bleibt man mit den Warmwalztemperaturen auf jeden Fall in einem entsprechenden Abstand unter der Solidustemperatur.

Eine zu hohe Warmwalztemperatur ist auch darum unerwünscht, weil dann kleine Aluminiumpartikel an der Warmwalze kleben bleiben und dadurch eine rauhe Oberfläche entsteht.

Strangpressen

Bei den Losgrößen, wie sie für Aluminium und andere Nichteisenmetalle hauptsächlich in Frage kommen, ist das Strangpressen das bevorzugte Verfahren zur Herstellung von Halbzeug von beträchtlicher Länge mit konstanter Querschnittsform, wie Stangen, Rohren und Profilen. Es wird in besonderen Fällen durch das Ziehen ergänzt, wenn die Ansprüche an die Maßtoleranzen oder an die Werkstoffeigenschaften dies erforderlich machen.

Das Strangpressen hat seinen höchsten technischen Stand beim Werkstoff Aluminium erreicht, vor allem was die Vielfalt und Feingliedrigkeit der Querschnittsformen betrifft (Bild 117). Auch Profile mit mehreren Hohlräumen sind gut herstellbar, und es werden im Verhältnis zur Profilbreite geringe Wanddicken erreicht. Dadurch ist eine sehr weitgehende Anpassung an die Erfordernisse der weiteren Verarbeitung und des jeweiligen Verwendungszweckes möglich.

Im Hinblick auf die Materialeigenschaften zeichnet sich das Strangpressen dadurch aus, daß unter allseitigem Druck in einer einzigen Umformstufe eine große Formänderung erreicht wird, gekennzeichnet durch den Quotienten der Querschnittsflächen B : A in Bild 116, das sogenannte „Verpressungsverhältnis". Damit verbunden ist eine beträchtliche Erwärmung des Umformwerkstoffes.

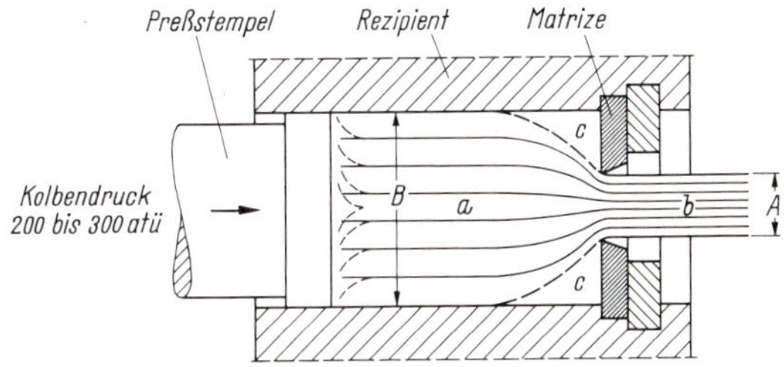

Bild 116: Umformung beim Strangpressen (schematisch). Die Gefügebereiche a, b und c sind auch in Bild 113 deutlich zu sehen. Das Verhältnis der Querschnittsflächen B:A ist ein Maß für den Umformgrad „Verpressungsverhältnis".

Vorwärtsstrangpressen (direktes Strangpressen)

Die Technologie des Strangpressens von Aluminium wird zur Zeit noch beherrscht durch das in Bild 116 gezeigte Vorwärtsstrangpressen. Dabei arbeitet man mit angewärmten Bolzen, ohne Schmierung und mit flachen Matrizen.

Meistens werden Preßbolzen mit kreisrundem Querschnitt verarbeitet, mit Durchmessern zwischen 150 und 600 mm. In Ausnahmefällen werden auch rechteckige Preßbolzen verwendet, um besonders breite Profile zu erhalten (Profilbreite über 500 bis 600 mm). Die meistverwendete Strangpreßlegierung ist der Werkstoff AlMgSi0,5, der je etwa 0,5% Magnesium bzw. Silizium enthält. Die Legierungselemente befinden sich im Strangpreßprofil in Lösung, so daß unmittelbar nach dem Strangpressen ein Abschrecken durch Anblasen mit Luft, bei höher legierten Werkstoffen mittels Wassernebel oder Sprühwasser, erfolgen kann. Die abgekühlten Profile werden dann oftmals noch einer Warmaushärtung unterworfen.

Die Austrittsgeschwindigkeit der Profile kann bei den leicht preßbaren Werkstoffen um 30 m/min und darüber liegen: Bei schwer preßbaren Werkstoffen, welche meist eine hohe Formänderungsfestigkeit mit einer niedrigen Solidustemperatur verbinden, werden wegen der Gefahr der Überhitzung nur Geschwindigkeiten erreicht, welche bis zu 25mal tiefer liegen.

Bild 118 erläutert den Materialfluß während des Vorwärtsstrangpressens einer Rundstange. Das Bild kam wie folgt zustande: Es wurde ein Preßbolzen verwendet, der aus vielen einzelnen scheibenförmigen Segmenten bestand, wobei jeweils abwechselnd zwei unterschiedliche Legierungen verwendet wurden. Anschließend wurde dann die gepreßte Stange mit dem

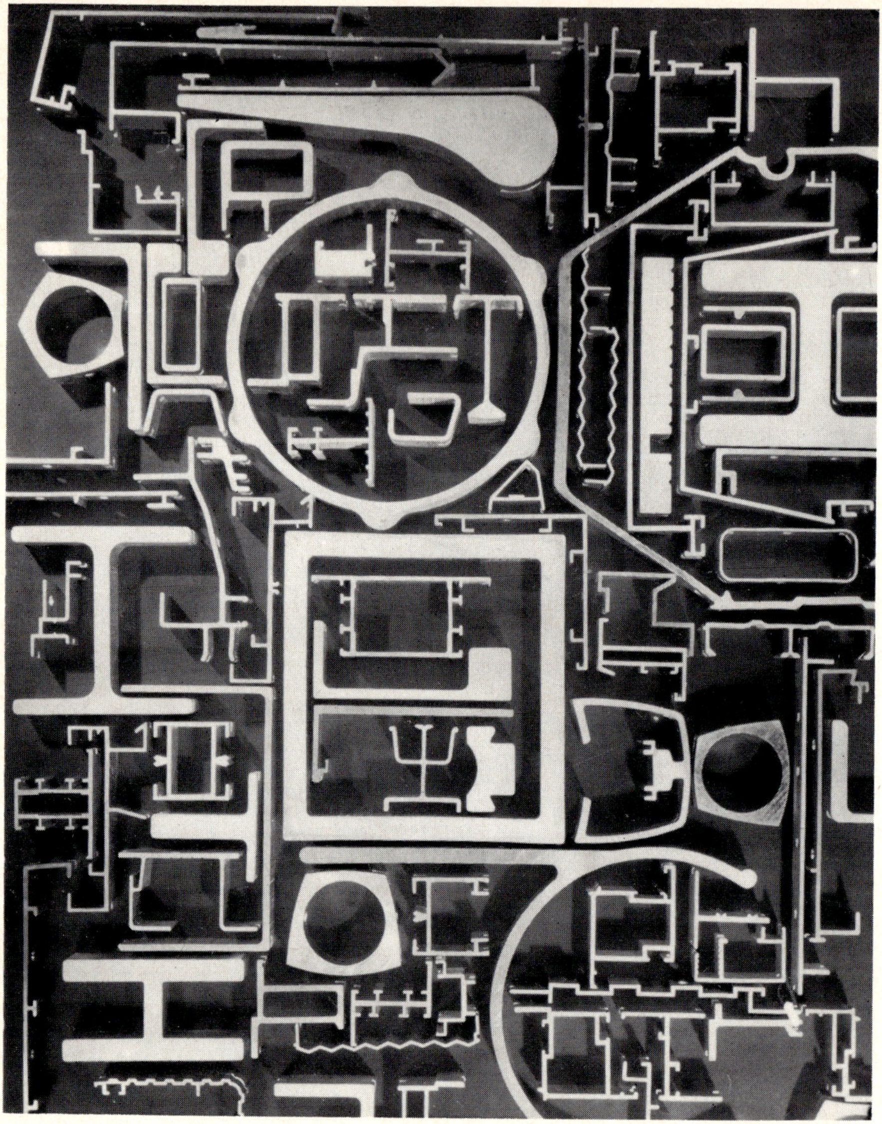

Bild 117: Querschnitte von Aluminium-Strangpreßprofilen (nach Alusuisse).

Preßrest durchgesägt. Durch Anätzung konnte man die unterschiedlichen Fließgeschwindigkeiten direkt sichtbar machen.
Die Mantelfläche des Bolzens hat sich gegenüber der Rezipientenwand überhaupt nicht verschoben; dafür mußte das Material in Bolzenmitte schneller als die vorrückende Preßscheibe gegen die Matrize fließen. Die Oberflächenschicht des Bolzens, welche Verunreinigungen wie Oxide, Seigerungen usw. enthält, wird im Laufe der Pressung vor der Preßscheibe

aufgestaucht; sie verbleibt schließlich im Preßrest und wird mit diesem entfernt, ebenso wie die in Bild 116 angedeutete ringförmige „tote Zone“ c, welche am Umformprozeß nicht beteiligt war. Dieser komplexe Materialfluß führt dazu, daß die Durchknetung des Strangpreßprofils sehr ungleichmäßig ist. Von einem kurzen, kaum durchkneteten Stück am Preßanfang abgesehen, werden im Innern des Stranges die ursprünglichen Gußkörner des Stranggußbolzens beim Strangpreßvorgang sehr gestreckt, z. B. im Verhältnis 50 : 1, so daß das Strangpreßprofil im Regelfall eine faserförmige Struktur aufweist. An der Oberfläche findet man eine Schicht, deren Dicke gegen das Preßende hin zunimmt und welche infolge der überlagerten Schubverzerrung viel stärker (15- bis 60mal) durchknetet ist. Diese Schicht kann beim Verweilen auf Preßtemperatur oder bei einer nachfolgenden Wärmebehandlung viel leichter rekristallisieren als die faserige Kernzone.

Bild 118: Fließbild zur Darstellung der Verformung beim Strangpressen. Hälfte eines teilweise verpreßten Preßbolzens. Man sieht, wie der Kern gegenüber den Randzonen voreilt. Der Preßbolzen bestand aus je 5 scheibenförmigen Elementen zweier verschiedener Legierungen, welche sich stark unterschiedlich anätzen (Cu-haltige Legierung ergibt Schwarzfärbung nach Ätzung).

Entsprechend der ungleichen Durchknetung ist auch der gesamte Temperaturverlauf während des Strangpressens relativ komplex: Die Temperatur beim Austritt aus der Matrize ergibt sich an jeder Stelle aus der Anfangstemperatur, der Erwärmung entsprechend der örtlichen Durchknetung und der Wärmeableitung in die Werkzeuge und in schwächer durchknetete Bereiche. Erwünscht ist die innerhalb der eigentlichen Umformzone entstehende erhebliche Umformwärme, soweit sie zuvor vorhandene feinste Ausscheidungen in Lösung bringt. Eine übermäßige Erwärmung führt aber zu rauhen Profiloberflächen infolge vermehrten Anklebens im Matrizenkanal und schließlich zum Aufreißen infolge örtlichen Aufschmelzens. Richtige Wahl der Bolzen- und Werkzeugtemperatur ist daher für die Qualität des Produktes und die erreichbare Preßgeschwindigkeit entscheidend.

Rückwärtsstrangpressen (indirektes Strangpressen)

Die dem Vorwärtsstrangpressen anhaftenden Nachteile der ungleichmäßigen Durchknetung und der niedrigen Preßgeschwindigkeit bei Hartlegierungen haben dazu geführt, daß andere Strangpreßverfahren in neuerer Zeit vermehrt Beachtung finden.

Beim indirekten Strangpressen gemäß Bild 119 wird die Matrize mit einer rohrförmigen Vorrichtung in den Strangpreßbolzen hineingepreßt. Somit ist die Fließrichtung des Profils entgegengesetzt zur Preßkraft. Es tritt keine Relativbewegung zwischen Bolzen und Rezipientenwand auf, wodurch der zur Überwindung der Haftreibung erforderliche Anteil der Preßkraft entfällt. Zusammen mit dem gleichmäßigeren Materialfluß ergeben sich für das indirekte Strangpressen die folgenden Vorteile:

- Erzielung höherer Umformungen (kleinere Wanddicken),
- Einsatz tieferer Strangpreßtemperaturen, dadurch höhere Strangpreßgeschwindigkeiten, insbesondere bei hochfesten Legierungen,
- Einsatz längerer Strangpreßbolzen,

– gleichmäßigeres Gefüge und gleichmäßigere Austrittstemperatur, dadurch engere Toleranzen und Vermeidung der Rekristallisation des Profiles.

Allerdings hat das Rückwärtsstrangpressen auch gewisse Nachteile: So gelangt die Oberfläche des Preßbolzens an oder unmittelbar unter die Oberfläche des Strangpreßprofils, so daß nach der anodischen Oxidation die Seigerungen des Strangpreßbolzens zu unerwünschten Streifigkeiten führen können. Außerdem ist für einen gegebenen Bolzendurchmesser der maximale Profildurchmesser kleiner als beim Vorwärtspressen, da ja der ringförmige Anteil, über welchen die Preßkräfte übertragen werden, in Abzug kommt.

In neuerer Zeit sind verschiedene Verbesserungen im Rückwärtsstrangpressen in Gang gekommen. Man kann in etwa vorhersagen, daß in einem größeren Markt für Strangpreßprofile etwa jede dritte oder vierte Strangpresse in Zukunft rückwärtspressen wird, insbesondere zur Herstellung von Profilen aus hochfesten Legierungen oder von dünnwandigen Profilen.

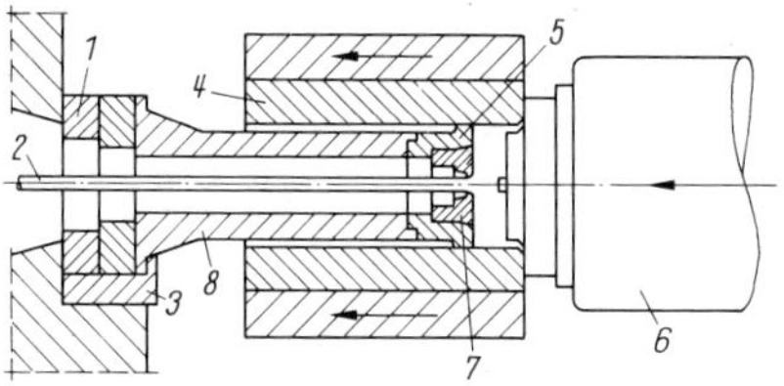

Bild 119: Arbeitsweise des indirekten Strangpressens. 1=Druckplatte, 2=Profilstrang, 3=Schieber, 4=Rezipient, 5=Werkzeugträger, 6=Plunger, 7=Werkzeug (Matrize), 8=Stempel.

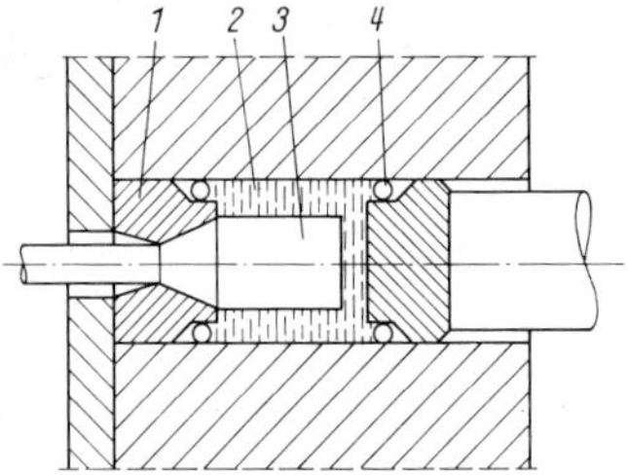

Bild 120: Arbeitsweise des hydrostatischen Strangpressens. 1=Werkzeug (Matrize), 2=Flüssigkeit unter hohem Druck, 3=Strangpreßbolzen, 4=Dichtungsring.

Strangpressen mit Schmierung

Während beim Rückwärtsstrangpressen noch eine, wenn auch dünne, stärker durchknetete und entsprechend stärker erwärmte Randzone entsteht, läßt sich beim direkten Strangpressen mit Schmierung und konischen Matrizen ein gleichmäßiger Materialfluß von der Mitte bis zur Oberfläche des Stranges erreichen. Die Preßgeschwindigkeit kann dann, unabhängig von Wärmeleitvorgängen, beliebig hoch gewählt werden. Unter den verschiedenen Ausführungsarten hat in den letzten Jahren das

Hydrostatische Strangpressen

die stärkste Förderung erfahren. Hierbei wird die Umformkraft von einer Flüssigkeit übertragen, welche den Strangpreßbolzen ringsum umgibt (siehe Abbildung 120). Die Strangpreßbolzen werden bei Raumtemperatur oder mit geringen Anwärmtemperaturen verwendet. Das Verfahren erfordert eine besondere Vorbereitung der Preßbolzen durch Anspitzen, Überdrehen, Aufbau einer Schmierschicht. Auch sind im Vergleich zum konventionellen Strangpressen

Unterschiede in den Materialeigenschaften zu erwarten. Das Verfahren wurde schon für mit Kupfer plattierte Aluminiumdrähte und Stromschienen eingesetzt, kann aber auch für das schnelle Pressen von harten Aluminiumlegierungen Bedeutung erlangen, vielleicht auch von Magnesium oder anderen schwer umformbaren Metallen.

Zusammenfassung

Ein zusammenfassendes Urteil über die Eignung verschiedener Verfahren des Strangpressens für die Lösung von Sonderaufgaben ist in Tabelle 9 wiedergegeben.

Tabelle 9: Strangpreßverfahren und deren praktische Anwendung.
(Kolloquium TU – Berlin, März 1974)

	Hydrostisches Strangpressen		Direkt **mit** Schmierung		Direkt **ohne** Schmierung		Indirekt **mit** Schmierung		Indirekt **ohne** Schmierung	
	warm	kalt	warm	kalt	warm	kalt	warm	kalt	warm	kalt
Verbundstrangpressen Kupfer mit Aluminium		×						×		
Verbundstrangpressen von Rohren Aluminium mit Aluminium		×						×	○	
Strangpressen von schwerpreßbaren Aluminiumlegierungen	○	×		×	○		○	×	○	
Strangpressen von Aluminiumrohren		×	○	×	○		○	×	○	

○ = Warmpressen mit Bolzentemperaturen zwischen 200 °C u. 450 °C
× = Kaltpressen bis 200 °C Bolzentemperatur

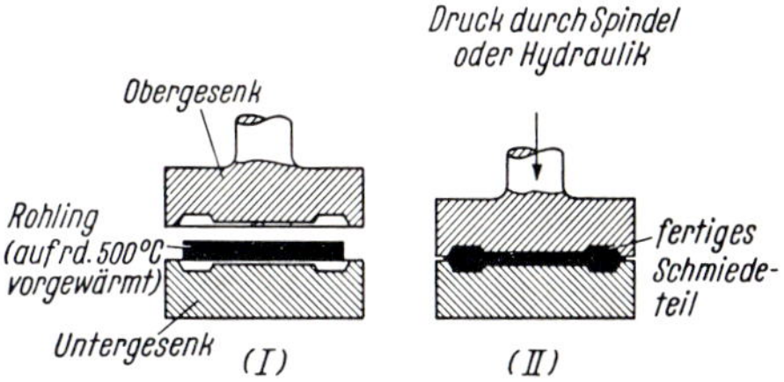

Bild 121: Schematische Darstellung des Gesenkschmiedens vor (I) bzw. nach (II) dem Schließen des Gesenkes.

Schmieden

Beim Schmieden unterscheidet man Freiformschmieden zwischen Hammer und Amboß und Gesenkschmieden, bei dem die Form des fertigen Schmiedestücks je zur Hälfte in ein Ober- und Untergesenk eingearbeitet ist (Bilder 121, 122 und 123).
Die Schmiederohlinge werden entweder durch Gießen (vorzugsweise Stranggießen) oder durch Abschneiden von stranggepreßten Profilen, vereinzelt auch aus Warmwalzplatten hergestellt. Unmittelbar vor dem Schmieden werden die Rohlinge auf 350 bis 500 °C angewärmt. Bei Schmiedeteilen werden durch die „Verdichtung" des Gefüges höhere Festigkeiten und vor allem höhere Dehnungswerte als bei Formgußteilen erreicht.

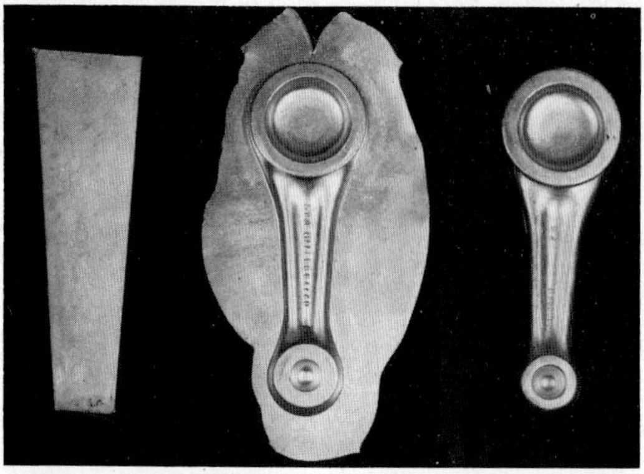

Bild 122: Werdegang eines Gesenkschmiedeteils.

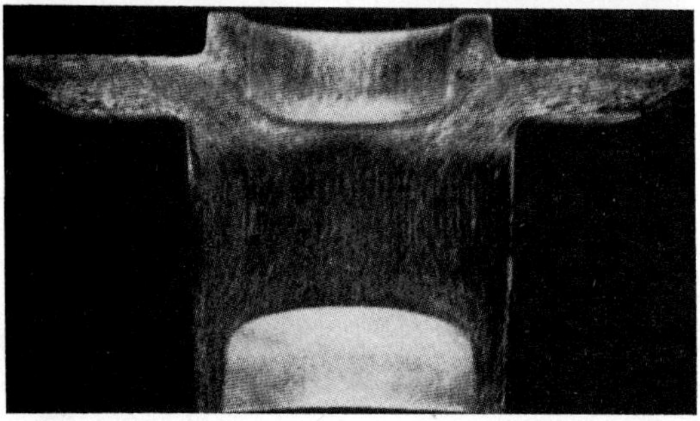

Bild 123: Korngeätzter Querschnitt durch eine im Gesenk geschmiedete Fahrzeugnabe aus der Legierung AlCuMg.

Die Festigkeitswerte quer und längs zur Fließrichtung sind beim warmverformten Fasergefüge grundsätzlich stark unterschiedlich. Querwerte sind niedriger als Längswerte. Daher ist z. B. bei mechanisch hoch beanspruchten Schmiedeteilen der Verlauf der „Fasern" wichtig. Vor allem dürfen an stark belasteten Stellen die Fasern nicht durch Fräsbearbeitung oder dergleichen angeschnitten werden.

Kaltumformung

Kaltwalzen

Im Anschluß an das Warmwalzen werden die Bleche oder Bänder oftmals kalt weiter abgewalzt. Dies ist allein schon deshalb notwendig, weil für die meisten Anwendungszwecke eine gewisse Verfestigung des Materials benötigt wird.
Teilweise wird das Abwalzen des Aluminiums in mehreren Walzgerüsten kontinuierlich durchgeführt (in einer sog. „Tandem"-Anordnung). Diesen Arbeitsgang zeigt Bild 124. Die drei abgebildeten Walzgerüste sind „Quartos", d. h., jedes Walzgerüst hat vier Walzen; die dünnen Arbeitswalzen werden durch große Stützwalzen gegen Durchbiegung geschützt. Dünne Arbeitswalzen sind vorteilhaft, da sie einen hohen Kaltwalzgrad bei geringster Schädigung der Oberfläche des Walzgutes erlauben (siehe Bild 125). Das Kaltwalzen von Bändern (Bild 124) ergibt rauhere Oberflächen als das Kaltwalzen von Blechen, bei denen die Walzrichtung öfters um 90° gedreht wird, so daß der Walzenschliff am Fertigprodukt weniger zu erkennen ist.

Wenn hochglänzende Oberflächen gewünscht werden, so werden sogenannte ,,Polierstiche" gewalzt, d. h., am Ende des Abwalzens macht man mehrere Stiche mit kleinen Abwalzgraden, wodurch die Oberfläche verdichtet und glänzend wird, ein Effekt, der durch die Verwendung von polierten Walzen noch verstärkt werden kann.

Das Kaltwalzen von Legierungen erfolgt bis zu Dicken von rund 0,05 mm; Reinaluminium kann in Folienbändern bis 0,007 mm und in einem letzten ,,Doppeltwalzstich" bis auf 0,004 mm abgewalzt werden (siehe Bild 126).

Mit zunehmendem Kaltwalzgrad wird der zur Umformung benötigte Kraftaufwand immer größer. Daher werden zur Erreichung hoher Abwalzgrade Zwischenglühungen eingeschaltet, um das verfestigte Metall wieder weich und damit leicht verformbar zu machen.

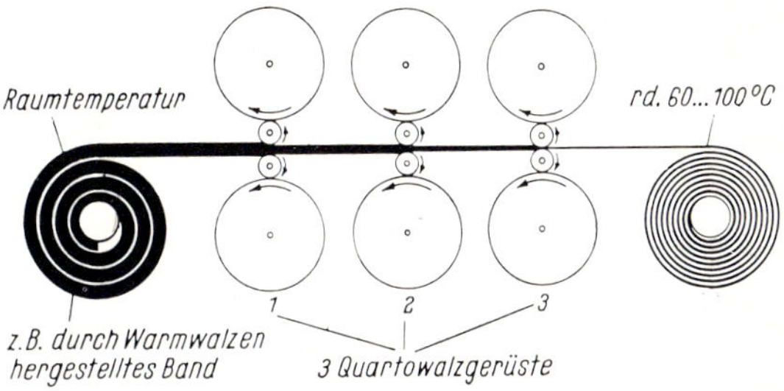

Bild 124: Kaltwalzen eines Bandes mit Walzgerüsten in Tandem-Anordnung (schematisch). Die Temperatur des Bandes nimmt beim Walzen durch die Umformungswärme etwas zu.

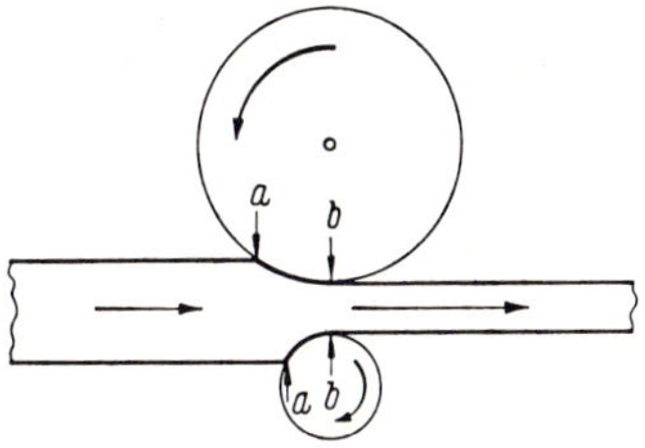

Bild 125: Der Einfluß des Walzendurchmessers auf die Reibung im Walzspalt. Innerhalb der Strecke a–b eilt das Walzgut relativ zur Walzenoberfläche vor, wobei sich die ,,Fließscheide" a je nach Walzbedingungen in Walzrichtung verschieben kann. Je kürzer die Strecke a–b ist, um so geringer ist die Beschädigung der Oberfläche des abgewalzten Bleches oder Bandes.

Bild 126: Längsschliff durch ein Paket 9 µm dicker Folien aus Al 99,5 (nach Alusuisse). Linkes Teilbild: Durch Ätzen mit 0,5%iger Flußsäure wurden die vom Gußblock herrührenden Heterogenitäten sichtbar gemacht. An diesen Einlagerungen treten teilweise durch die Folie hindurchgehende Poren auf. Rechtes Teilbild: Mit Hilfe der anodischen Oxidation und Betrachtung in polarisiertem Licht wurde das Korngefüge der weichgeglühten Folie sichtbar gemacht. Die Körner nehmen die ganze Dicke der Folie ein.

Weitere Verfahren der Massivumformung

Die Massivumformung wird vorzugsweise im Temperaturbereich der Warmumformung durchgeführt (Strangpressen, Schmieden, Warmwalzen). Einige wichtige Verfahren der Massivumformung von Aluminium sind jedoch bei Raumtemperatur durchführbar. Das Kaltwalzen wurde bereits beschrieben. Weitere Verfahren sind das Ziehen von Draht, Stangen und Rohren, das Fließpressen und das Abstrecken der Wandung von Hohlkörpern (z. B. nahtlose Dosen oder Druckgasflaschen). Während das Ziehen von Draht, Stangen und Rohren oft im Halbzeugwerk geschieht, werden Fließpressen und Abstrecken von Hohlkörpern meist zur Weiterverarbeitung von Halbzeugprodukten beim Fertigverarbeiter angewendet.

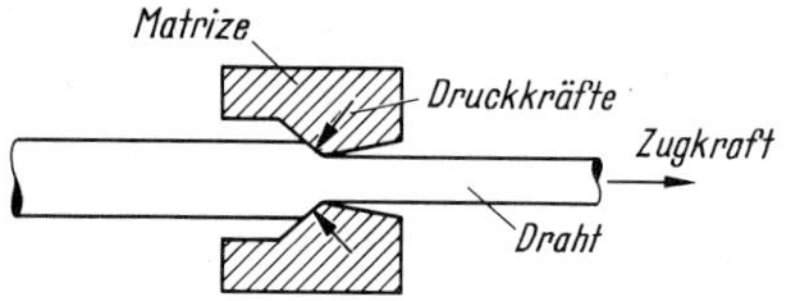

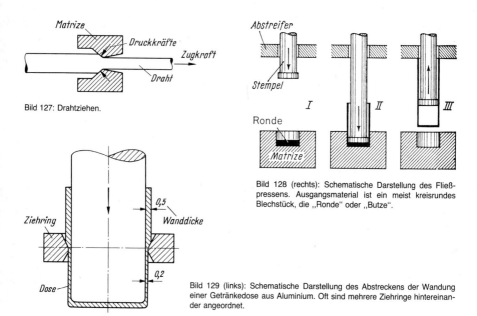

Bild 127: Drahtziehen.

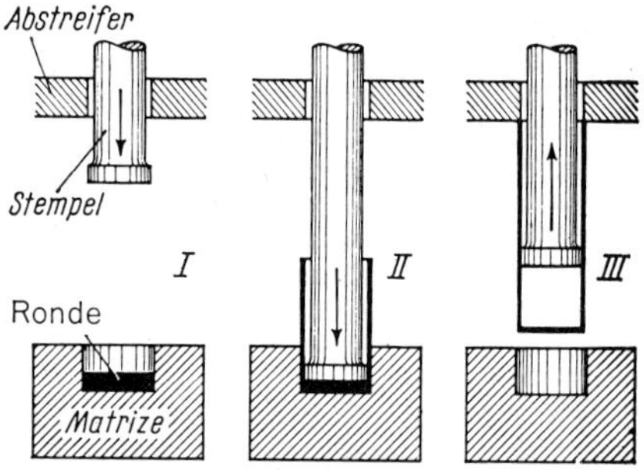

Bild 128 (rechts): Schematische Darstellung des Fließpressens. Ausgangsmaterial ist ein meist kreisrundes Blechstück, die „Ronde" oder „Butze".

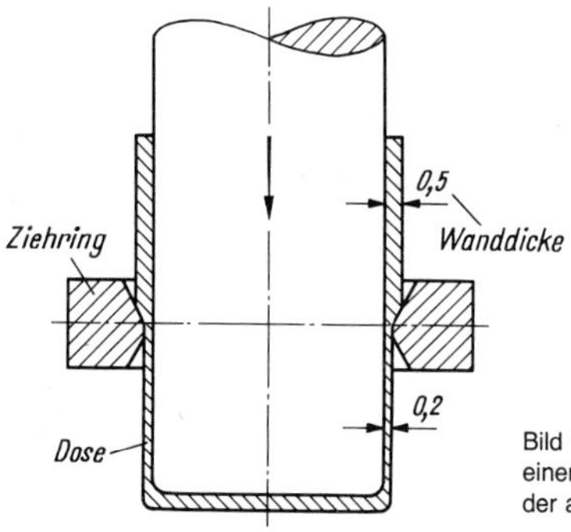

Bild 129 (links): Schematische Darstellung des Abstreckens der Wandung einer Getränkedose aus Aluminium. Oft sind mehrere Ziehringe hintereinander angeordnet.

Das Draht-, Stangen- und Rohrziehen wird ausschließlich im kalten Zustand vorgenommen, da das gezogene Aluminium die Umformkräfte übertragen muß.

Wie aus Bild 127 hervorgeht, wird die im Draht wirkende Zugkraft in der Matrize in Druckkräfte umgesetzt, die den Querschnitt des Drahtes vermindern.

Das Fließpressen wird in Bild 128 schematisch beschrieben. Da es auf Anlagen mit einer Frequenz bis zu 250 Stück pro Minute ausgeführt werden kann, hat es eine besondere Bedeutung für die Herstellung von Massenartikeln wie Tuben und Dosen, ebenso aber auch von industriellen Preßteilen, also z. B. Druckgasflaschen, Kondensatorbechern und verschiedenen anderen, meist rotationssymmetrischen Massiv- oder Hohlkörpern.

Ein Verfahren der Massivumformung, das in neuerer Zeit an Bedeutung gewinnt, ist das Abstrecken von fließgepreßten oder tiefgezogenen Näpfen zu dünnwandigen Hohlkörpern, wie dies in Bild 129 schematisch erläutert wird. Auf diese Weise können bessere Oberflächen und dünnere Wände erzielt werden, als dies mit dem Fließpressen bzw. Tiefziehen allein möglich wäre.

Verfahren der Blechumformung

Bei jeder Kaltverformung laufen im Gefüge, unabhängig vom angewendeten Verfahren, grundsätzlich die gleichen Vorgänge ab.
Im Gegensatz zur Massivumformung wird bei den Verfahren der Blechumformung die Wanddicke des Ausgangsmaterials nur wenig oder gar nicht verändert. Hier sind insbesondere das Tiefziehen, Rollformen, Verrippen, Prägen, Drücken, Biegen und Abkanten zu nennen, die der Verarbeitung von Aluminiumhalbzeug zu Fertigprodukten dienen.
Das Tiefziehen als besonders wichtiger Verformungsprozeß wird in Bild 130 schematisch dargestellt. An Tiefziehbleche werden sehr spezifische Anforderungen gestellt. Sie müssen feinkörnig und möglichst texturarm sein (niedrige Zipfelbildung). Die Bruchdehnung sollte im Regelfall mindestens 6 bis 12% betragen. Daher finden vorzugsweise halbharte, viertelharte oder weiche Bleche Verwendung. Ein weiteres Kennzeichen für die Kaltumformbarkeit, z. B. durch Tiefziehen, ist der Quotient Zugfestigkeit / 0,2%-Dehngrenze. Die Bedeutung dieses Quotienten kann man sich durch folgende Überlegung klarmachen: Die Zugfestigkeit ist ein Maß für die Größe der Umformkräfte, die vom Ziehstempel durch die Wandung des Tiefziehteils in die eigentliche Umformzone (den Ziehspalt) übertragen werden können. Die 0,2%-Dehngrenze andererseits ist maßgebend für die in der Umformzone benötigten Kräfte. Je größer dieser Quotient ist, d. h. je größer der Unterschied dieser beiden Werkstoffkennwerte, um so höher ist die Tiefziehfähigkeit und allgemein die Verformbarkeit des Materials bei der Kaltumformung.

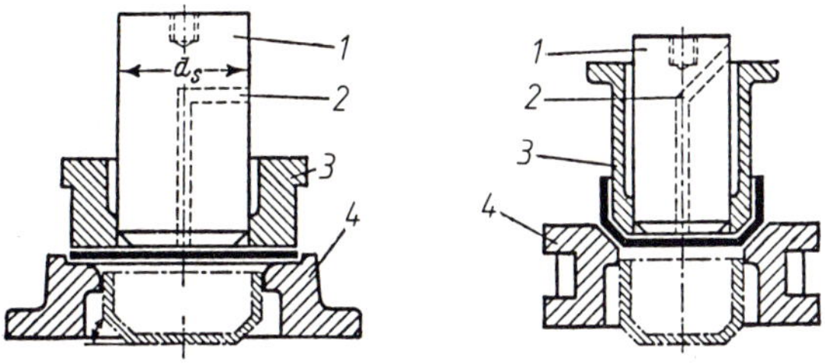

Links: Erster Arbeitsgang („Anschlag") Rechts: Zweiter Arbeitsgang („Weiterschlag").

Auf der linken Hälfte der Zeichnung ist die Ronde schwarz gekennzeichnet, in der rechten das halbfertige Tiefziehteil. d_s = Stempeldurchmesser, 1 = Ziehstempel, 2 = Entlüftung, 3 = Blechhalter, 4 = Ziehring.

Bild 130 (unten): Schematische Darstellung des Tiefziehens. Das zum Tiefziehen bestimmte Blech (meist kreisrund, daher „Ronde" genannt) ist zwischen eingefettete Backen eingespannt, von denen die eine „Blech-" oder auch „Faltenhalter" genannt wird (da bei falscher Einstellung des Backendruckes die äußeren Teile des Tiefziehteils verfaltet sein können). Falls große Tiefungen benötigt werden, wird das Tiefziehen nacheinander in mehreren Zügen durchgeführt (evtl. mit Zwischenglühungen). d_s = Stempeldurchmesser.

Von Wichtigkeit ist sodann das „Tiefziehverhältnis" β*). Das Tiefziehverhältnis beträgt für Aluminium bei Raumtemperatur maximal 2. Das Tiefziehen von Blechen aus Aluminium und Aluminiumlegierungen ist schwieriger als das Tiefziehen von Stahlblechen; Stahl hat im allgemeinen höhere Dehnungswerte, so daß das Tiefziehteil in größerem Maße aus der plastischen Dehnungsreserve des Metalls, d. h. durch eine Art von Streckziehvorgang unter Verringerung der Blechdicke herausgezogen werden kann. Dagegen muß man eine Aluminiumronde größer als eine entsprechende Stahlronde zuschneiden, so daß das Metall beim Tiefziehen durch den Faltenhalter in stärkerem Maße nachschlüpfen kann. Der dadurch entstehenden Gefahr einer Faltenbildung muß man durch eine geeignete Feineinstellung des Faltenhalters begegnen. Daher sind beim Tiefziehen im Falle einer Umstellung von Stahlblech auf Aluminiumblech oft bestimmte zusätzliche Maßnahmen notwendig.

---

*) $\beta = \dfrac{\text{Rondendurchmesser}}{\text{Stempeldurchmesser}}$

X. Beseitigung der Verformungsverfestigung durch Wärmebehandlung

Eigenschaften des kaltverformten Gefüges

Ein kaltverformtes Gefüge erkennt man nach einer durchgeführten Kornätzung daran, daß die Körner in langgestreckten Lamellen nebeneinander liegen (Bilder 131 und 146a).
Die Atomanordnung eines maximal kaltverformten Gefüges haben wir bereits kennengelernt: Die regelmäßige Anordnung der Atome im Metallgitter ist nach dem Ablauf der Gleitvorgänge weitgehend gestört. Die Gleitebenen sind blockiert, so daß eine weitere Verformung des Aluminiums immer größere Kräfte benötigt und schließlich überhaupt nicht mehr möglich ist.
Glücklicherweise hält aber die Weisheit der Natur gleich zwei Möglichkeiten bereit, die Verzerrungen des stark verformten Gitters wieder zu beseitigen: durch Weichglühen („Rekristallisieren") oder durch Erholungsglühen („Entfestigen"). Wie dies vor sich geht, darüber werden wir im folgenden einiges erfahren.

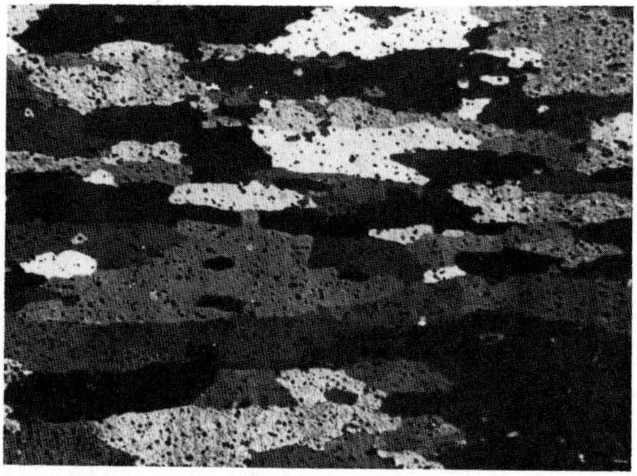

Bild 131: Geätztes Gefüge eines kaltgewalzten Bleches. Man erkennt, wie die Körner durch die Kaltverformung lang gestreckt sind.

Abbau von Gitterstörungen

Die Atome trachten stets danach, von einem energiereichen in einen energieärmeren Zustand überzugehen. Ein Teil der bei der Kaltverfestigung aufgewendeten Energie wird in der Form von Gitterverzerrungen gespeichert. Um diese zu beseitigen, ist die Wanderung von Atomen auf ihre ordnungsgemäßen Gitterplätze notwendig (siehe Seite 131). Solange aber die Beweglichkeit der Atome gering ist (d. h. bei Temperaturen unter etwa 100 °C), verläuft der Abbau der durch Kaltverformen erzeugten Gitterverzerrungen ziemlich langsam und unvollständig. Bei Temperaturen etwa zwischen 100 und 250 °C steigt die Beweglichkeit der Atome so weit an, daß rund die Hälfte der Gitterverzerrungen durch Platzwechsel von Atomen innerhalb technisch realisierbarer Zeiten abgebaut wird („Entfestigung" oder „Erholung")*). Bei höheren Tempera-

*) Bei Reinstaluminium (über 99,98% Al) und AlMg-Legierungen erfolgt eine merkliche Entfestigung bereits bei Temperaturen von etwa 50 °C.

turen (oberhalb der „Rekristallisationsschwelle") ist die Beweglichkeit der Atome im Gefüge so groß geworden, daß sich die Atome zu fehlerfreien Gitterbereichen zusammenlagern (Rekristallisation). Das rasche Wachstum eines solchen rekristallisierten Kristalls auf Kosten des verformten Gitters ist gleichfalls nur auf Grund der erhöhten Beweglichkeit der Atome möglich, welche durch die Temperatursteigerung bewirkt wurde.

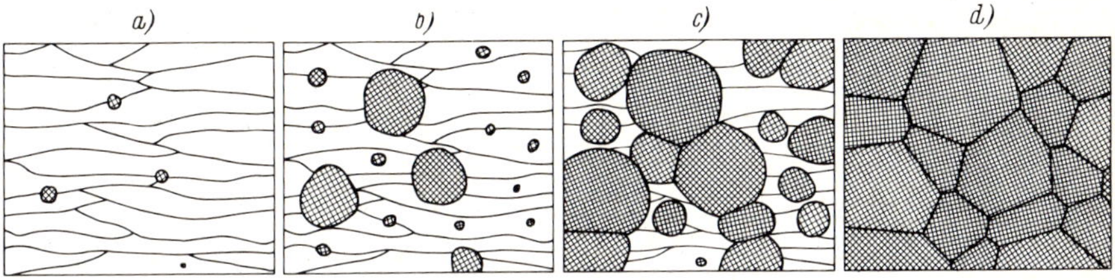

Bild 132: Keimbildung und Kornwachstum bei der Rekristallisation (schematisch). a–d sind Momentaufnahmen bei konstanter Temperatur, aber zunehmender Glühzeit.
a) Vier Rekristallisationskeime haben sich im verformten Gefüge gebildet (kurz nach Erreichen der Rekristallisationstemperatur).
b) Weitere Keime werden gebildet, während die zuvor entstandenen gewachsen sind.
c) Die Keime wachsen weiter. Einige der Rekristallisationskörner stoßen bereits aneinander und behindern sich dadurch gegenseitig im Wachstum.
d) Die primäre Rekristallisation ist vollständig abgeschlossen. Aus dem kaltverfestigten Korngefüge ist das „Rekristallisationsgefüge" entstanden.

Herstellung des „weichen" Zustandes durch Rekristallisation

Zur Herstellung des weichen Zustandes wird das kaltverformte Material (z. B. hart abgewalztes Blech) für eine Zeit von einigen Minuten bis zu mehreren Stunden, je nach Ofenkonstruktion und sonstigen Bedingungen, auf hohe Temperatur gebracht. Im Falle von Reinaluminium werden im allgemeinen Temperaturen von 300 bis 400 °C für die Weichglühung gewählt.
Bei einer solchen Weichglühung läuft der Vorgang ab, der bereits als „Rekristallisation" definiert wurde, d. h., es bildet sich ein neues Kristallgefüge im festen Zustand (während ja das Gußgefüge aus der Schmelze entstanden ist).
Der Vorgang der Rekristallisation erinnert in gewisser Weise an die Kristallisation aus der Schmelze.
Im Bild 132 wird erläutert, wie innerhalb des stark verformten Aluminiumgitters sogenannte Rekristallisationskeime wirksam werden, von denen aus ein relativ fehlerfreies Kristallgefüge wächst. Wenn man diesen Vorgang nach wenigen Sekunden unterbricht (durch Abkühlen der Probe), hat man folgendes Bild: Einige Rekristallisationskörner sind bereits auf Kosten des sie umgebenden kaltverformten Gefüges gewachsen, während der größere Teil des kaltverfestigten Gefüges noch nicht rekristallisiert ist (siehe Bild 132b). Mit zunehmender Glühzeit schreitet die Rekristallisation weiter fort, und schließlich hat sich das gesamte Gefüge in neue Rekristallisationskörner umgelagert, wie man nach einer Kornätzung leicht erkennen kann.
Bei der Rekristallisation ändern sich die Festigkeitseigenschaften erheblich. Die Zugfestigkeit nimmt ab und erreicht die Werte des weichen Zustandes, während gleichzeitig die Bruchdehnung entsprechend ansteigt. Bild 133a zeigt den zeitlichen Ablauf dieser Eigenschaftsänderung am Beispiel der Zugfestigkeit. Der Übergang vom Zustand hart in den Zustand weich

erscheint in Bild 133a stetig, obwohl die entsprechende Gefügeumwandlung ein unstetiger Vorgang ist. Betrachtet man nämlich einen bestimmten kleinen Gefügebereich während der Rekristallisation, so ist er entweder hart (d. h. noch weitgehend mit den bei der Kaltverformung erzeugten Versetzungsanhäufungen versehen) oder weich (d. h. rekristallisiert).
Mit steigender Temperatur nimmt die Rekristallisationsgeschwindigkeit infolge der erhöhten atomaren Beweglichkeit zu. Daraus geht hervor, daß die Rekristallisation (bei einer vorgegebenen Glühdauer) nur dann eintritt, wenn eine bestimmte Glühtemperatur, die sogenannte „Rekristallisationsschwelle", überschritten worden ist (Bild 133b). Sie ist von der Legierung und von dem vorliegenden Kaltumformgrad abhängig und muß für die jeweilige Glühdauer von Fall zu Fall ermittelt werden.

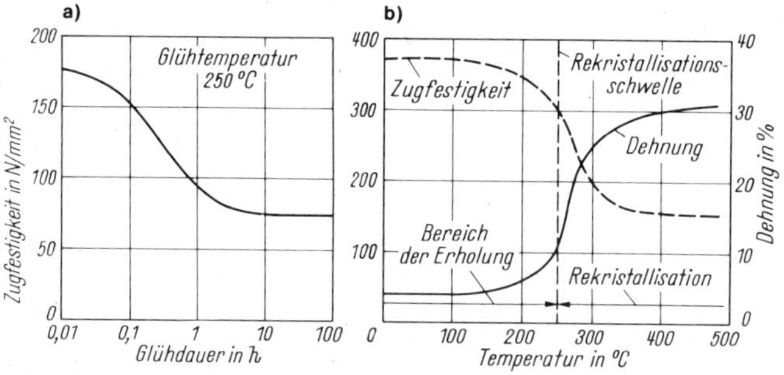

Bilder 133a und b: Abhängigkeit der Zugfestigkeit und Dehnung von der Glühtemperatur und Glühdauer. Ausgangsmaterial: walzhartes Blech aus Reinaluminium. Bild a: Bei 250 °C dauert es einige Stunden, bis die Rekristallisation abgelaufen ist. (Der Zugversuch mittelt über noch nicht und bereits rekristallisierte Gefügebereiche. Atomar betrachtet ist die Rekristallisation ein stetiger Vorgang.) Bild b: Die Glühdauer betrug je 5 min bei der angegebenen Temperatur. Die Erholung erreicht wegen der relativ kurzen Glühdauer kein starkes Ausmaß. Die Rekristallisationsschwelle ist deutlich ausgeprägt und liegt bei ca. 250 °C. Man erkennt, daß oberhalb von ca. 400 °C die primäre Rekristallisation vollständig abgeschlossen ist.

Die Temperatur beginnender Rekristallisation („Rekristallisationsschwelle") wird insbesondere durch folgende Faktoren beeinflußt:

a) Legierungszusätze: Die Rekristallisationstemperatur steigt vor allem durch einen Gehalt an gelöstem oder feindispers ausgeschiedenem Mn, Fe, Zr oder Cr.

b) Glühzeit: Je kürzer diese ist, um so höher liegt die Rekristallisationsschwelle. Ein maximal kaltverformtes Reinaluminiumblech rekristallisiert z. B. bei 500 °C in einigen Sekunden, bei 380 °C in einigen Minuten, bei 280 °C in einigen Stunden.

c) Kaltumformgrad: Mit zunehmender Kaltverfestigung sinkt die Rekristallisationsschwelle stetig ab. Bei Reinaluminium gelten z. B. für 2 Stunden Glühzeit folgende Zahlen:

Kaltumformgrad in %	Temperatur vollständiger Rekristallisation in °C
5	500
20	400
40	360
80	320
98	300

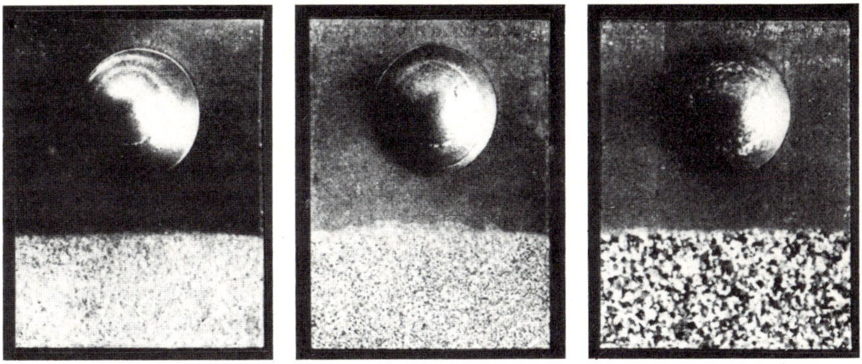

Bild 134: Drei verschiedene Korngrößen nach Rekristallisation unter verschiedenen Glühbedingungen. Die untere Hälfte der Blechabschnitte wurde auf Korn geätzt, in die obere Hälfte wurde jeweils ein kleines Näpfchen durch Tiefziehen hineingedrückt (Erichsen-Probe). Man erkennt, ausgenommen bei der feinsten Korngröße, an den Näpfen eine rauhe Oberfläche („Orangenhaut").

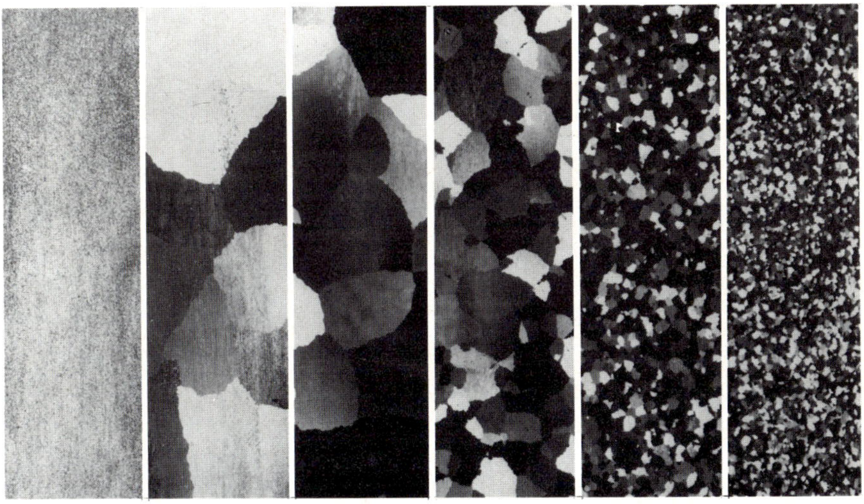

0% 2% 4% 6% 8% 10%

Bild 135a: Rekristallisationskorngröße in Abhängigkeit vom Kaltverformungsgrad (die eingetragenen Zahlen geben den vor dem Weichglühen vorliegenden Kaltwalzgrad an) (nach Alusuisse).

Im allgemeinen ist ein feinkörnig rekristallisiertes Gefüge wünschenswert, d. h., man will z. B. etwa 400 bis 1000 Körner/mm^2 haben. Diesen feinkörnigen Zustand erreicht man dann, wenn möglichst viele Rekristallisationskeime zur gleichen Zeit wirksam werden. Wenn dies nicht der Fall ist, erhält man ein mittelfeines oder sogar ein grobes Gefüge, was meist unerwünscht ist, wie wir bereits früher gesehen haben, da ja beim Verformen eines grobkörnigen Gefüges die „Orangenhaut" auftritt (Bild 134).

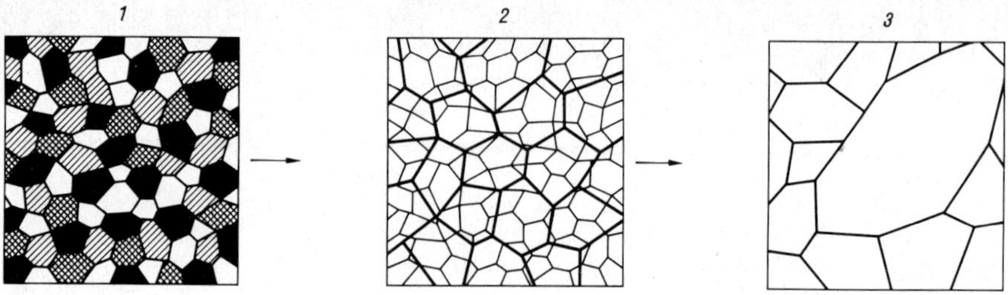

Bild 135b: Primäre Rekristallisation und Kornvergröberung an einem durch Walzen kalt verformten Blech, schematisch (nach G. Masing).
1. Die „primäre" Rekristallisation ist abgeschlossen, es hat sich ein rekristallisiertes und daher weiches Gefüge gebildet. Die annähernd regellose Orientierung der Körner ist nach der Ätzung des Gefüges erkennbar und in der Zeichnung entsprechend angedeutet.
2. Nach Abschluß der primären Rekristallisation wurde die Glühung längere Zeit oder mit erhöhter Temperatur fortgesetzt: einige Körner mit einer hinsichtlich Wachstum besonders günstigen Orientierung haben die benachbarten Körner aufgezehrt.
3. An Stelle (oder nach) der Kornvergröberung kann die sekundäre Rekristallisation auftreten, wobei einzelne „Riesenkörner" wachsen. Die sekundäre Rekristallisation tritt insbesondere bei langen Glühzeiten, bei hohen Temperaturen und nach vorheriger hoher Kaltverformung auf, und zwar dann, wenn in benachbarten Körnern das Inlösunggehen eines zuerst heterogen ausgeschiedenen Legierungselementes mit zeitlichem Abstand erfolgt.

Bild 136: Tiefziehteil aus AlMg3, nach Zwischenglühung rekristallisiert; man beachte die Grobkornbildung im Bereich schwacher Umformung.

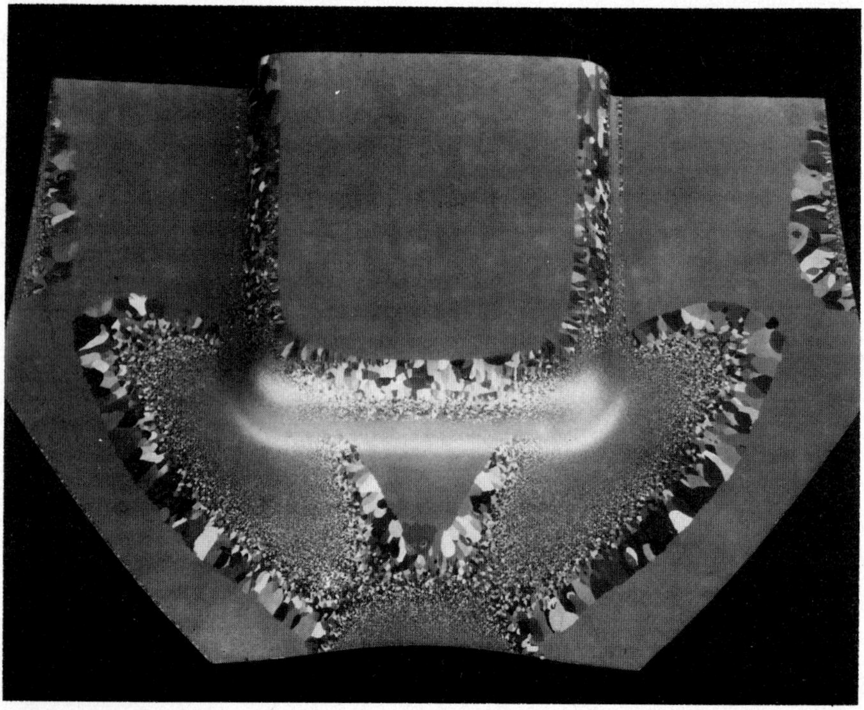

Um ein feinkörniges Gefüge zu erhalten, gilt im allgemeinen die Grundregel, daß das in Frage kommende Blech eine nicht zu geringe Kaltverformung (möglichst nicht unter 30 bis 50%) besitzt und möglichst rasch auf die Rekristallisationstemperatur aufgeheizt wird. Wenn dies beachtet wird, bereitet es meist keine Schwierigkeiten, ein feines Korn zu erzielen.

Ein äußerst grobes Korn erhält man vor allem dann, wenn Material mit dem „kritischen" Reckgrad, d. h. einer Kaltverformung von etwa 2 bis 10%, weichgeglüht wird (siehe Bild 135a). Diese Gefahr besteht z. B. dann, wenn an tiefgezogenen Teilen mit stark unterschiedlichen Verformungsgraden eine Weichglühung vorgenommen wird. Dabei kann dann in den schwach verformten Zonen der kritische Reckgrad vorliegen (Bild 136).

Sobald das kaltverformte Gefüge sich restlos in Rekristallisationskörner umgelagert hat, ist die „primäre Rekristallisation" zum Abschluß gekommen. Wenn man danach die Glühung längere Zeit fortsetzt oder die Glühtemperatur erhöht, sind die Bedingungen für das Auftreten einer Kornvergröberung und schließlich der „sekundären Rekristallisation" günstig, wobei einzelne der rekristallisierten Körner auf Kosten ihrer Nachbarkörner wachsen (Bild 135b). Die „sekundäre Rekristallisation" ist wegen der damit verbundenen inhomogenen Korngröße unerwünscht und sollte durch geeignete Wahl der Rekristallisationsbedingungen vermieden werden.

Die vorliegenden Erfahrungen zeigen, daß ein grobes Korn beim Weichglühen auf folgende Weise hervorgerufen werden kann:

a) durch zu niedrige Kaltverformung
b) durch zu langsames Aufheizen (insbesondere bei AlMn-Legierungen)
c) durch zu hohe Glühtemperatur
d) durch zu lange Glühzeit
e) durch ungünstige Werkstoffzusammensetzung (z. B. zu tiefer Fe-Gehalt)
f) durch ungünstige Verteilung der Fremdatome im Gefüge. Diese wird meistens durch eine Übersättigung der Legierungselemente im rasch erstarrten Gußgefüge (Mn, Fe) im Zusammenwirken mit einer ungeeigneten thermischen Vorgeschichte bedingt.

Beseitigung der Gitterverzerrungen durch „Entfestigung"

Wenn man das kalt umgeformte Aluminium unterhalb der Rekristallisationstemperatur glüht, tritt ein stetiger Abbau der Anhäufung von Gitterfehlern ein. Dieser Vorgang wird „Entfestigung" oder auch „Erholung"*) genannt und verläuft relativ langsam. Auch ist durch Entfestigen im allgemeinen nur etwa die Hälfte der Verformungsverfestigung abzubauen, während eine Rekristallisation die Verfestigung vollständig beseitigt.

Nach starker Kaltverformung nimmt man die Entfestigung meist bei Temperaturen von 150 bis 250 °C und Glühzeiten bis zu etwa 15 Stunden vor. Man erkennt leicht den Unterschied zwischen Rekristallisation und Entfestigung, wenn man in Bild 137 die Veränderung der Festigkeitseigenschaften in Abhängigkeit von Glühdauer und Glühtemperatur verfolgt (siehe dazu auch Bild 133). Bei der Entfestigung tritt keine unstetige Änderung der Festigkeitseigenschaften auf. Es geht auch keine Umlagerung des Korngefüges vor sich, sondern die langgestreckten Lamellen der verformten Körner bleiben bei der Entfestigungsglühung erhalten.

Wie Bild 137 zeigt, haben Entfestigung und Rekristallisation bei der Legierung AlMg3Mn auf die Verringerung der 0,2%-Dehngrenze und auf den Anstieg der Bruchdehnung einen deutlicheren

---

*) „Erholung" ist genaugenommen ein übergeordneter Begriff, der die Veränderung der verschiedensten Eigenschaften des verformten Gefüges in Abhängigkeit von Temperatur und Zeit umfaßt. Entfestigung ist somit die Erholung der Festigkeitswerte bei erhöhter Temperatur.

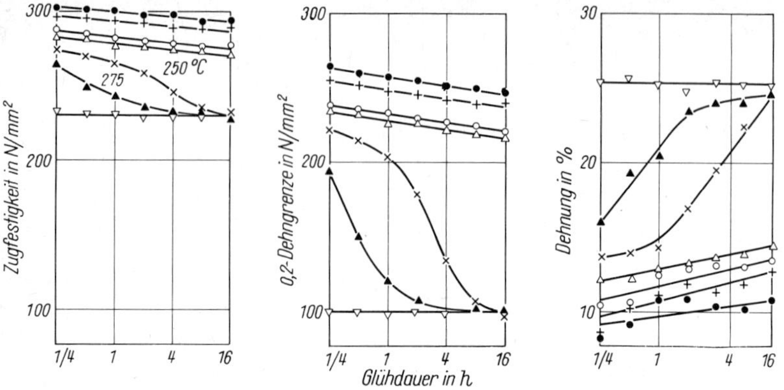

Bild 137: Einfluß von Glühzeit und Glühtemperatur auf die Festigkeitswerte von Blechen aus AlMg3Mn (nach Y. Bresson u. M. Renouard).
Ausgangswerte: R_m=33,5 N/mm²; $R_{p0,2}$=29,2 N/mm²; A_{10}=10%; Zusammensetzung: 2,8% Mg; 0,5% Mn. ● Glühtemperatur 150 °C; + Glühtemperatur 175 °C; ○=Glühtemperatur 200 °C; △ Glühtemperatur 225 °C; × Glühtemperatur 250 °C; ▲ Glühtemperatur 275 °C; ▽ Glühtemperatur 300 °C.

Einfluß als auf die Zugfestigkeit. Diese ist auch im weichgeglühten Zustand noch relativ hoch, auf Grund der Legierungsverfestigung durch die gelösten Magnesiumatome.

In der Praxis wird bei der Entfestigungsglühung folgendermaßen vorgegangen: die Rekristallisationsschwelle liegt z. B. bei einem hartgewalzten AlMg3Mn-Blech von 1 mm Dicke bei 250 °C, d. h., oberhalb dieser Temperatur setzt die Rekristallisation ein (bei mehrstündiger Glühung). Im vorliegenden Falle beginnt die Rekristallisation bei einer Glühtemperatur von 250 °C nach etwa einer Stunde und ist nach 16 Stunden beendet.

Bei 275 °C ist die Rekristallisation nach etwa 4 Stunden und bei 300 °C nach weniger als 15 Minuten abgeschlossen. Wenn nun für bestimmte Verwendungszwecke ein ,,halbhartes" Blech verlangt wird, so kann man z. B. eine Entfestigungsglühung 10 oder 20 °C unter der Rekristallisationsschwelle durchführen, wobei die Gitterspannungen etwa zur Hälfte abgebaut werden. Dies bewirkt, daß die Dehnung deutlich anwächst, während Zugfestigkeit und 0,2%-Dehngrenze noch nicht allzusehr absinken.

Hieraus wird verständlich, warum halbhart entfestigte Bleche recht beliebt sind: sie haben eine gewisse Umformfähigkeit und trotzdem eine mittlere Festigkeit.

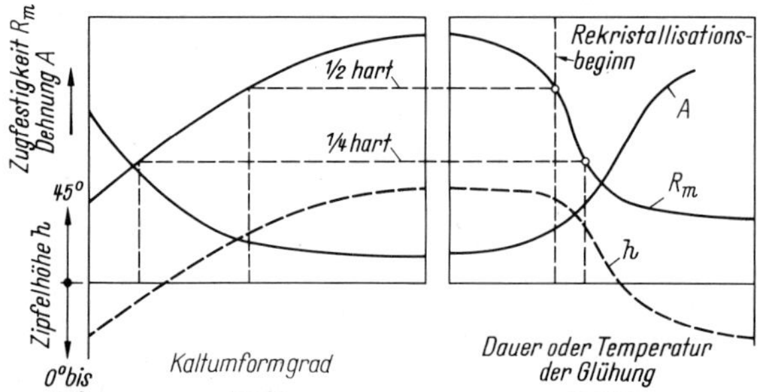

Bild 138: Schematische Übersicht über die Abhängigkeit von Zugfestigkeit R_m, Dehnung A und Zipfelhöhe h von Kaltwalzgrad, Entfestigung und Rekristallisation bei Reinaluminium Al 99,5.

Der im rechten Teil der Abbildung schematisch angedeutete Beginn der Rekristallisation ist von einer Reihe von Faktoren abhängig, insbesondere von der Kombination der gewählten Glühzeit und Glühtemperatur. Der eingezeichnete Fall dürfte am ehesten für relativ kurze Glühzeiten gelten.

Zwei Methoden zur Herstellung von Material mit geringer oder mittlerer Kaltverfestigung („halbhartes Material“)

Halbharte Bleche werden für solche Umformvorgänge geschätzt, bei denen nur ein Teil des Bleches einer stärkeren Umformung unterworfen wird. Dies ist z. B. bei der Herstellung von Aluminiumdosen oder Karosserieteilen der Fall. Für solche Zwecke wären weiche Bleche wenig geeignet, da an den beim Verarbeiten nicht mehr verformten Stellen das Material zu weich wäre und zu leicht eingebeult werden könnte. Harte Bleche sind aber auch nicht geeignet, da sie ja nicht mehr genügend verformt werden können.

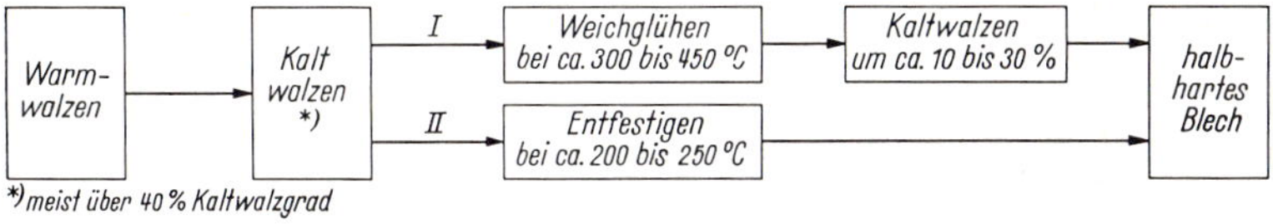

Bild 139: Zwei verschiedene Wege (I und II) zur Herstellung halbharter Bleche (Reinaluminium oder nicht aushärtbare Legierungen).

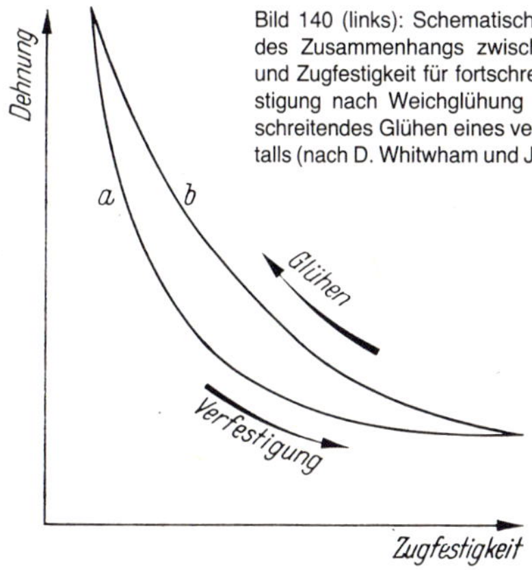

Bild 140 (links): Schematische Darstellung des Zusammenhangs zwischen Dehnung und Zugfestigkeit für fortschreitende Verfestigung nach Weichglühung bzw. für fortschreitendes Glühen eines verfestigten Metalls (nach D. Whitwham und J. Hérenguel).

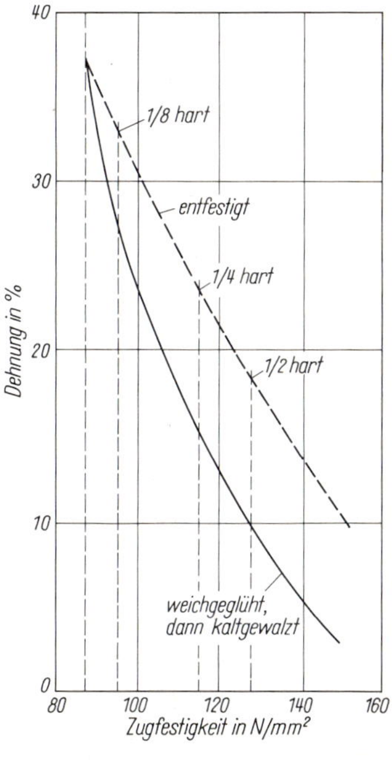

Bild 141 (rechts): Zusammenhang zwischen Dehnung und Zugfestigkeit von Blechen Al 99,5, die entweder entfestigt oder nach Weichglühung abgewalzt wurden. Beim Zustand 1/4hart und 1/2hart entfestigt hat außer der Entfestigung die Rekristallisation merklich eingesetzt (nach J. Hérenguel).

In Bild 138 wird eine schematische Übersicht über den Einfluß des Kaltwalzens und einer anschließenden Glühung der harten Bleche auf Zugfestigkeit, Bruchdehnung und Zipfelbildung gegeben. Man erkennt, daß man z. B. den halbharten oder einviertelharten Zustand jeweils auf zweierlei Weise erreichen kann. Dies wird in Bild 139 am Beispiel der Herstellung von halbharten Blechen im einzelnen erläutert. Der erste Weg zum halbharten Zustand verläuft so, daß man die Bleche zunächst weichglüht („rekristallisiert“) und danach, je nach Legierung, etwa 10 bis 30% abwalzt (bei Reinaluminium ca. 30%).

Der zweite Weg ist durch eine Entfestigung nach Kaltverformung gegeben. In den Bildern 137 und 138 kommt zum Ausdruck, daß durch das Kaltwalzen nach einer Weichglühung bzw. durch eine Wärmebehandlung nach dem Kaltwalzen ein beträchtlicher Spielraum in den Festigkeitseigenschaften durchlaufen werden kann. Jedoch ist das Verhältnis von Zugfestigkeit zu Dehnung bei den beiden Methoden nicht gleich (vgl. hierzu Bilder 140 und 141). Das Entfestigen ergibt vergleichsweise höhere Dehnungswerte, was z. B. für das Streckziehen oder Tiefziehen günstig ist.

a: Zustand walzhart. V=350:1.

b: 2 Stunden bei 150 °C entfestigt. V=350:1.

Bilder 142a und b: Elektronenmikroskopische Durchstrahlungsaufnahmen des Subkorngefüges von Reinstaluminium, 0,1 mm dick (nach Alusuisse).

Entfestigung und Rekristallisation bei atomistischer Betrachtung

Die Beseitigung der Gitterspannungen durch die beiden in der Überschrift genannten Arten der thermischen Behandlung geht ähnlich vor sich: Die Atome trachten danach, wieder in ihren ordnungsgemäßen Gitterverband zurückzukehren; die erhöhte Temperatur ermöglicht ihnen dies. Bei der Rekristallisation gelingt die Neuordnung der Atome weitgehend, bei der Entfestigung nur teilweise. Die Entfestigung bewirkt jedoch, daß ein merklicher Teil der Versetzungsaufstauungen abgebaut wird, so daß die Gleitebenen sich erneut betätigen können.

Bereits früher haben wir einige typische Versetzungsdichten angegeben:

	Versetzungslinien/cm^2
Nach starker Kaltverformung	ca. 10^{12}
Nach Entfestigung	ca. 10^{10}
Nach Rekristallisation und im Gußgefüge	ca. 10^7 bis 10^8

Bei der Entfestigungsglühung wandern die Versetzungen aus den bei der Kaltverformung entstandenen Aufstauungen zu einem merklichen Teil heraus, wobei sie sich teilweise in Subkorngrenzen ansammeln. Hierbei wird die Versetzungsdichte als Kenngröße für die Kaltverfestigung merklich reduziert, und zwar im wesentlichen durch Auslöschung von Versetzungen entgegengesetzten Vorzeichens (worauf wir hier im einzelnen nicht eingehen können).
Bild 142 gibt zwei elektronenmikroskopische Aufnahmen wieder, welche das Auftreten von Subkörnern im kaltverformten und entfestigten Zustand veranschaulichen. Die Subkörner haben meistens einen Durchmesser von 1 bis 5 μm. Daher wird zu ihrer Untersuchung vorzugsweise das Elektronenmikroskop herangezogen.
Während der Rekristallisation verschwinden die Versetzungsanhäufungen auf Gleitebenen nahezu vollständig, ebenso auch diejenigen an den Subkorngrenzen. In Bild 143 erkennt man, daß die Subkorngrenzen durch die ablaufende Rekristallisation völlig eliminiert werden.

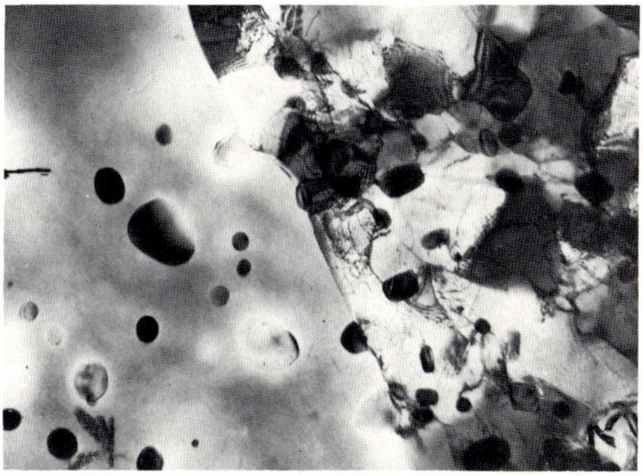

Bild 143: Al mit 5% Cu, nach 50% Kaltverformung auf 400 °C aufgeheizt. Rekristallisationsfront, welche im vorliegenden Falle von links nach rechts durch das Gefüge wandert. Man erkennt, daß nach Durchzug der Rekristallisations-Korngrenze die Subkörner verschwunden sind. In der Aluminiummatrix (α-Mischkristall) sind kleine Ausscheidungen der Θ-Phase eingebettet, welche sich bei der Rekristallisation etwas vergröbern und abrunden (nach U. Köster). V=11 500:1.

Entstehung von Subkörnern

Um die Subkornbildung zu verstehen, müssen wir einen kleinen Abstecher in die Versetzungstheorie machen. Es zeigt sich nämlich, daß eine Subkorngrenze mit einer kleinen Winkelabweichung in der Orientierung der angrenzenden Körner durch die Ansammlung von Versetzungen in einer Versetzungs-,,Wand" erzeugt wird. Bild 144 zeigt die Anordnung der Versetzungen in einer solchen Subkorngrenze.
Bei der Entfestigung ordnen sich die Versetzungen in der Weise übereinander an, daß eine Subkorngrenze gebildet wird. Je mehr Versetzungen dabei in eine Subkorngrenze eingegliedert werden, um so größer wird die Winkeldifferenz in der Orientierung der beiden angrenzenden Subkörner. Man erkennt in Bild 142a deutlich, daß bereits bei der Verformung Subkörner gebildet werden. Charakteristisch für den kaltverformten Zustand sind unscharf ausgebildete Subkorngrenzen und Anhäufungen von Versetzungen auch im Innern der Subkörner.

Bild 142b zeigt die gleiche Probe wie Bild 142a, jedoch im entfestigten Zustand. Im Inneren der Subkörner finden sich nur relativ wenige Versetzungen, da diese zu den Subkorngrenzen abgewandert sind. Die Subkorngrenzen sind viel schärfer ausgebildet als im kaltverformten Zustand, da die Orientierungsunterschiede zwischen aneinandergrenzenden Subkörnern größer geworden sind. Außerdem hat bei einigen Subkörnern bereits ein kräftiges Subkornwachstum eingesetzt.

Wenn man das Aluminium bei sehr tiefen Temperaturen verformt und untersucht (z. B. in flüssiger Luft bei −193 °C), bleibt die Subkornbildung aus. Man erkennt daraus, daß die Wanderung von Versetzungen, ähnlich wie die Diffusion von Fremdatomen, mit zunehmender Temperatur stark erleichtert wird. Bei Raumtemperatur reicht die Geschwindigkeit bereits zur Bildung von Subkorngrenzen aus.

Die Subkörner haben im kaltverformten oder entfestigten Zustand untereinander Winkelabweichungen bis zu etwa 2°. Die Subkörner sind somit die kleinsten sichtbaren Bausteine, aus denen sich das Metallgefüge zusammensetzt, da die einzelnen Atome selbst ja nicht sichtbar zu machen sind.

Nach der Rekristallisation bleiben an den Subkorngrenzen nur äußerst kleine Winkelabweichungen in der Größenordnung von einer Winkelminute oder darunter übrig. Die Subkorngrenzen sind daher nicht mehr sichtbar und haben auch keine verfestigende Wirkung mehr.

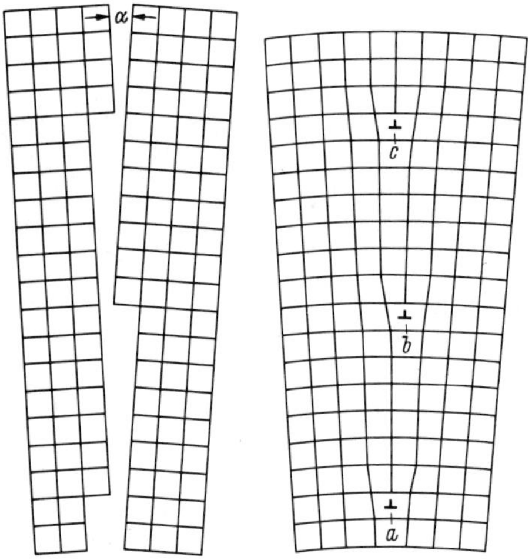

Bild 144: Subkorngrenze (oder „Kleinwinkel-Korngrenze"). Zwei um einen kleinen Winkel α zueinander geneigte Kristallelemente (linker Bildteil) können durch Einfügen übereinanderliegender Versetzungen a, b, c (⊥) in einen festen Gitterverband gebracht werden (rechter Bildteil).

Einfluß von Fremdatomen auf Erholung und Rekristallisation

P. Lelong und Mitarbeiter haben die Auswirkungen dieser feinverteilten Ausscheidungen genauer untersucht. In Bild 145 erkennt man den Einfluß einer Barrenhochglühung mit anschließender Ausscheidungsglühung bei 500 °C auf die Korngröße nach Weichglühung. Man erkennt, daß Bleche aus Barren, die ohne Barrenhochglühung warmgewalzt wurden, zu Kornwachstum neigen, sobald die gesamte Glühbehandlung länger als 5 Minuten dauert. Dies ist insbesondere bei tiefen Glühtemperaturen (etwa 400 °C) sehr ausgeprägt.

Dagegen ist die durch eine geeignete thermische Vorbehandlung der Walzbarren erreichte feindisperse Ausscheidung bei Glühtemperaturen bis zu 500 °C stabil und vermag ein Kornwachstum völlig zu unterdrücken. Erst bei höheren Glühtemperaturen (wie z. B. 600 °C) lösen sich die feinen Ausscheidungen wieder auf, und ein gewisses Kornwachstum kommt in Gang. Im übrigen veranschaulicht das Bild, daß beim Stoßglühen (Glühzeit maximal 5 Minuten) unter Anwendung von genügend hoher Temperatur auch ohne spezielle thermische Vorbehandlung der Walzbarren ein feines Korn erzielt werden kann. Nach den Ergebnissen von P. Lelong und Mitarbeitern sowie von P. A. Beck und Mitarbeitern erreicht die Kornverfeinerung ein Maximum, wenn die Ausscheidung einen gewissen kritischen Dispersionsgrad hat. Dann bleibt die wandernde Korngrenze an den ausgeschiedenen Partikeln hängen, was in Bild 145 mit einer elektronenmikroskopischen Aufnahme veranschaulicht wird.

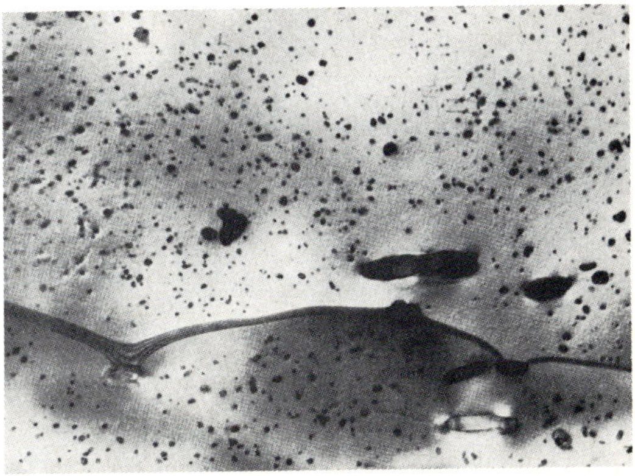

Bild 145: Elektronenmikroskopische Durchstrahlaufnahme von weichgeglühtem Aluminium-Mangan-Blech. Verankerung der Korngrenze an manganhaltigen Ausscheidungen (nach P. Lelong). V=2200:1.

Auftreten von Rekristallisation und Entfestigung bei der Warmverformung

Die beiden beschriebenen Vorgänge spielen bei der Warmverformung des Aluminiums, d. h. also z. B. beim Warmwalzen, Strangpressen, Gesenkschmieden oder Warmtiefziehen, eine wichtige Rolle. Beim Warmverformen werden die dem Gitter aufgezwungenen Verzerrungen durch Entfestigung oder Rekristallisation unmittelbar nach der Entstehung weitgehend wieder abgebaut. Dies ist somit der Hauptgrund dafür, daß bei der Warmverformung von Aluminium wesentlich geringere Kräfte aufzuwenden sind als bei der Kaltverformung. Ein weiterer Grund ist darin zu sehen, daß bei hoher Temperatur mehr Gleitebenen wirksam werden als bei niedriger Temperatur.

Während einer Warmverformung tritt auf jeden Fall eine merkliche Entfestigung auf. Das Ausmaß gleichzeitig erfolgender Rekristallisation hängt von Temperatur und Verformungsgrad ab, welche beträchtliche Unterschiede über den Querschnitt des Materials haben können. Warmwalzplatten sind unter Umständen nur an der stark verformten Oberfläche rekristallisiert (Bild 146a) oder weisen über den Querschnitt starke Unterschiede in der Korngröße auf (Bild 146b). Diese Verhältnisse beobachtet man vor allem bei Legierungen, bei denen die Rekristallisationsschwelle wesentlich höher als bei Reinaluminium liegt. Hinzu kommt, daß bei schwacher Verfestigung die Rekristallisationsschwelle ohnehin höher liegt. Bei der Warmverformung wird

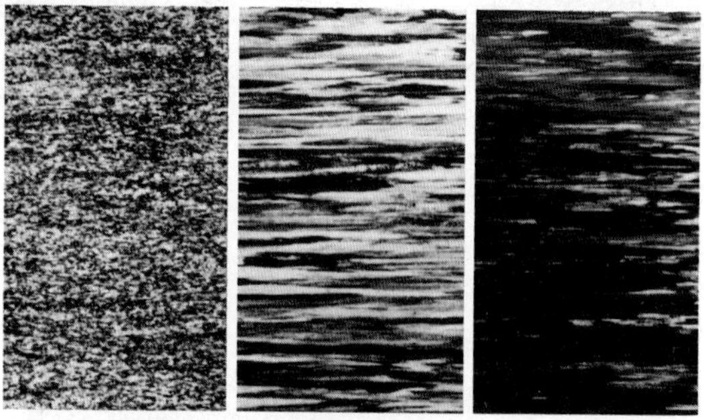

Bild 146a: Warmwalzplatte, welche zu kalt oder mit zu kleinen Stichabnahmen warm gewalzt wurde (Legierung AlMn). Nur eine dünne Oberflächenzone ist rekristallisiert, während im Inneren der Platte die Gußkörner langgestreckt wurden und nicht rekristallisierten, so daß dort ein dem Kaltwalzen entsprechender Gefügebau vorliegt. Links: Oberfläche, Mitte: 2 mm tief, rechts: 4 mm tief.

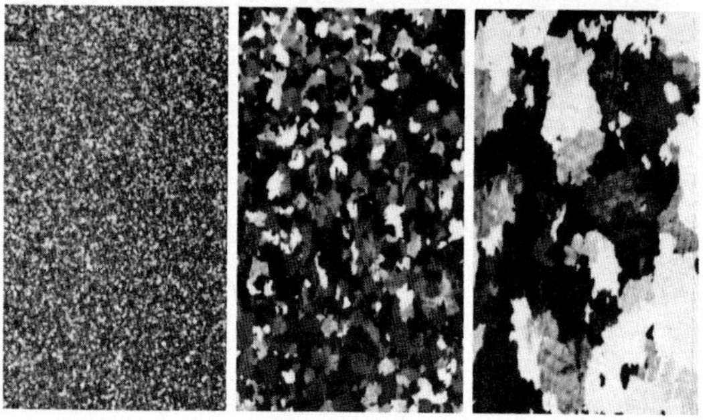

Bild 146b: Stark unterschiedliche Korngröße in einer beim Warmwalzen vollständig rekristallisierten Warmwalzplatte (Legierung AlMgSi). In Oberflächennähe war beim Walzen der Verformungsgrad höher und die Temperatur niedriger. Beides hat in der Richtung einer zur Plattenoberfläche hin abnehmenden Rekristallisationskorngröße gewirkt. Links: Oberfläche, Mitte: 2 mm tief, rechts: 4 mm tief.

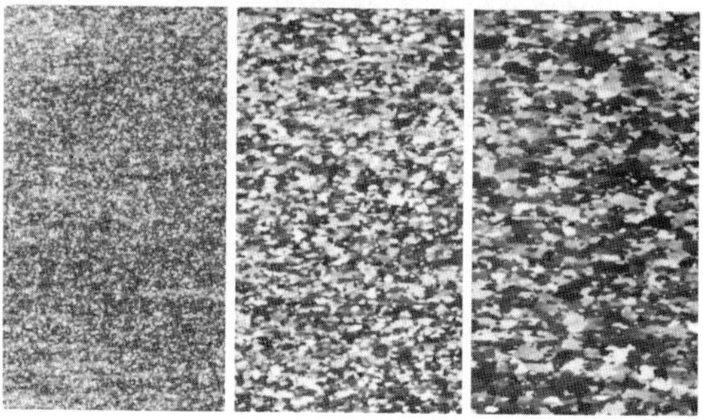

Bild 146c: Warmwalzplatte, welche durch hinreichend hohe Warmwalztemperatur und starke Stichabnahme nahezu gleichmäßig rekristallisiert ist bei feiner bis mittlerer Korngröße. Links: Oberfläche, Mitte: 2 mm tief, rechts: 4 mm tief.

Bilder 146a bis c: Korngeätzte Abschnitte aus Warmwalzplatten. Warmwalztemperaturen: 400 bis 500 °C. Plattendicke: ca. 8 mm. Durch Abfräsen wurde auch das Gefüge 2 und 4 mm tief parallel zur Plattenoberfläche sichtbar gemacht.

nur eine geringe Verfestigung des Materials hervorgerufen. Daher kann bei warmverformten Legierungen die Rekristallisationsschwelle ohne weiteres über 400 bis 450 °C liegen, so daß das Gefüge während des Knetens nicht oder nur teilweise rekristallisiert.

Um eine gleichmäßig und feinkörnig rekristallisierte Warmwalzplatte zu erhalten, bedarf es starker Durchknetung bei genügend hoher Temperatur (Bild 146c). Allerdings darf die Temperatur der Warmumformung auch nicht zu hoch sein (Gefahr von grobkörniger Rekristallisation bzw. von Korngrenzenrissen).

Entsprechende Beobachtungen kann man auch an stranggepreßten Profilen machen: diese sind unmittelbar nach dem Pressen manchmal teilweise oder ganz rekristallisiert (bei Reinaluminium oder bei starker Durchknetung).

Im allgemeinen sind aber gepreßte Profile nicht rekristallisiert, sondern nur entfestigt. Die Hauptursache liegt darin, daß das frisch gepreßte Profil unmittelbar nach der Warmumformung,

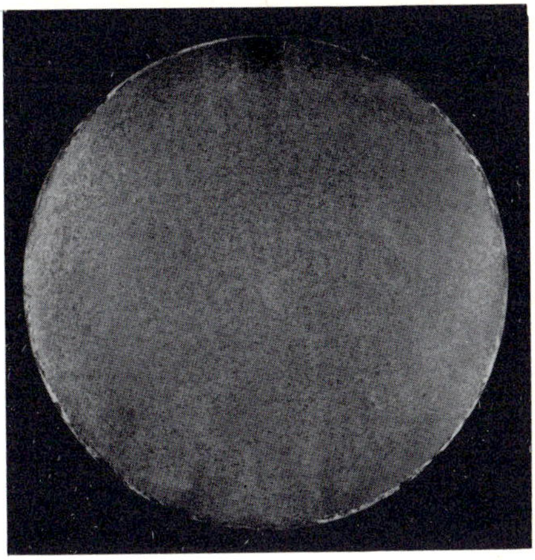

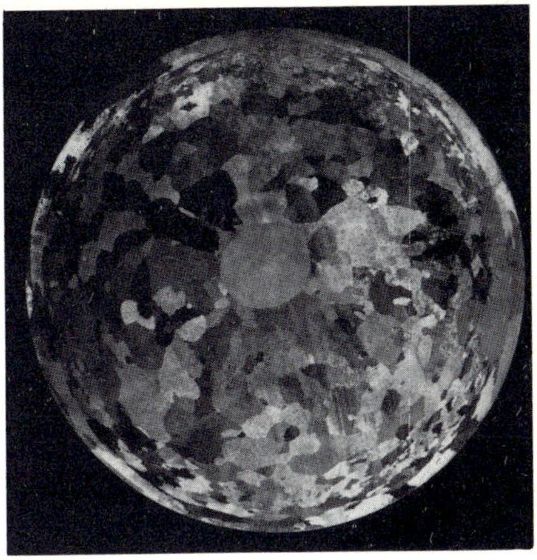

Bild 146d: Stranggepreßte Stange aus der Legierung AlCuMg, ausgehärtet. Korngeätzter Querschnitt durch den repräsentativen Teil der Rundstange. Das Innere der Stange besteht aus Fasergefüge und weist somit keine Rekristallisation auf. Nur eine dünne, stark verformte Oberflächenzone ist rekristallisiert. – Bild 146e: Preßende, nur im Zentrum des Profils nicht rekristallisiertes Gefüge.

im Regelfall in etwa 10 bis 100 Sekunden, auf Temperaturen unter 200 °C abgekühlt wird, jedenfalls bei den meist verpreßten aushärtbaren Legierungen vom Typ AlMgSi. Bei Strangpreßlegierungen wird oft Mangan oder Chrom zugesetzt, um die Rekristallisation während oder unmittelbar nach dem Strangpressen zu unterdrücken. Hierdurch bleibt das Fasergefüge erhalten, so daß die Festigkeitswerte in Preßrichtung, auch bei ausgehärteten Legierungen, erheblich höher liegen als bei einem rekristallisierten Gefüge („Preßeffekt"). Allerdings ist der Gefügezustand über Querschnitt und Länge eines Preßprofils oftmals uneinheitlich. Einmal wird der Umformgrad gegen Preßende immer höher; außerdem herrschen an der Oberfläche des Profils, durch die Reibung an der Matrizenwand, allgemein andere Umformverhältnisse als im Inneren des Preßstranges. Somit erscheint der Befund von Bild 146d und e verständlich.

Bild 146d zeigt das Gefüge einer gepreßten Rundstange. Der bei weitem größte Teil des Querschnittes besteht aus Fasergefüge, nur an der Oberfläche tritt eine dünne rekristallisierte Zone auf. An der Oberfläche von Preßprofilen ist bei einigen Legierungen ein mittleres oder grobes Korn nicht zu vermeiden, aber auch meistens tolerierbar, da ja die Festigkeitswerte des Fasergefüges bei weitem dominieren. Bei dekorativen Anwendungen kann die rekristallisierte Oberflächenzone von Profilen allerdings störend sein (vermehrte Polierarbeit, Streifigkeit).

Ursachen für streifiges oder streifenfreies Gefüge nach Verformung

Durch die starke Querschnittsabnahme von etwa 50:1 bis 80:1 kann beim Strangpressen ein gleichmäßigeres Gefüge erreicht werden als durch Abwalzen, wo oft ein streifiges Gefüge auftritt (Bild 147). Das teilweise Verbleiben von ungenügend durchkneteten Gußkörnern oder das Auftreten von grobem Rekristallisationskorn im warmverformten Gefüge ist aus mehreren Gründen unerwünscht: Die Umrisse nach dem Kneten noch vorhandener großer Kristalle

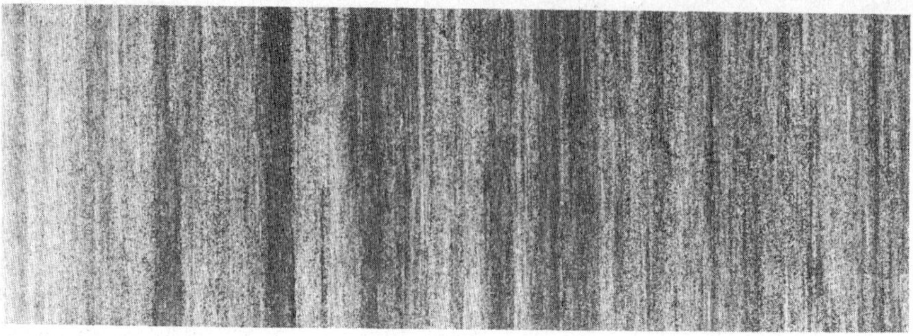

Bild 147: Weiches Reinaluminiumblech (korngeätzt) mit feinkörnigem, aber streifigem Gefüge. Dieses ist durch grobes Gußkorn verursacht, welches sich auch nach zweimaliger Rekristallisation noch abzeichnet. Diese Streifigkeit kommt nach dem Ätzen oder Eloxieren deutlich zum Vorschein.

können auch nach einer anschließenden Kaltverformung oftmals wiedererkannt werden (z. B. nach dem Eloxieren als streifiges Gefüge).

Ein grobes Gußkorn (Korngröße über etwa 3 mm) kann sich am Halbzeug abzeichnen, auch wenn beim Warmverformen Rekristallisation erfolgt ist.

Die Abzeichnung großer Gußkörner auch nach starker Kaltverformung erscheint ohne weiteres verständlich. Wie wir wissen, sind die Gußkörner saumartig von Heterogenitäten umgeben. Diese Korngrenzensubstanz wird durch eine Rekristallisation in ihrer Lage gar nicht und durch weiteres Kaltverformen meist nur in einer Richtung verschoben. Die lokale Anreicherung von Einlagerungen kann nach dem Beizen, Polieren oder Anodisieren (Eloxieren) von Blechen oder Profilen in Gestalt eines streifigen Gefüges wiedererkannt werden, da die Einlagerungen meistens von Chemikalien stärker oder schwächer als das Grundgefüge angegriffen werden oder die Oxidhaut verfärben (Bild 147).

Außer der Größe der Gußkörner ist auch die Zellengröße des Gußgefüges von Wichtigkeit für die Streifigkeit des Halbzeuges. Grobzelliges Gefüge oder starke Schwankungen in der Zellengröße sind unerwünscht (siehe dazu Bild 39 auf Seite 50). Heute kann man durch verfeinerte Stranggießverfahren Walzbarren mit feinzelligem, feinkörnigem und gleichmäßigem Gußgefüge herstellen, welches streifenfreie Bleche ergibt.

Ähnliches gilt für grobes Rekristallisationskorn im gekneteten Material, welches sich auch nach starkem weiteren Kaltverformen und erneuter Rekristallisation störend bemerkbar machen kann. Wenn beispielsweise eine grobkörnige Warmwalzplatte von 8 mm auf 1 mm kalt abgewalzt und das Blech dann rekristallisiert wird, so entsteht zwar ein feinkörniges Blech, das jedoch eine Vorzugsorientierung („Textur") der einzelnen kleinen Kristalle aufweist.

Die aus einem ehemaligen großen Korn (Gußkorn oder Rekristallisationskorn) nach hinreichend hoher Kaltverformung und erneuter Rekristallisation entstandenen kleinen Kristalle sind alle ähnlich orientiert. Daher erkennt man auch im feinkörnigen Gefüge die ehemaligen großen „Mutter-Kristalle" wieder.

Somit gilt die Regel, in allen Stadien der Halbzeugfertigung (d. h. beim Gießen ebenso wie beim Warmverformen oder Zwischenglühen) ein grobes Korn zu vermeiden, um ein fertiges Produkt mit möglichst gleichmäßigen Oberflächen- und Verformungseigenschaften zu gewinnen („quasiisotroper" Zustand).

Wenn man von vereinzelten Ausnahmen absieht, gelingt es heute bei allen Knetwerkstoffen, diese Forderung weitgehend zu erfüllen.

Anlagen zur thermischen Behandlung von Aluminium im Gußgefüge oder Halbzeug

In den vorangegangenen Kapiteln wurden die Gefügeänderungen bei thermischer Behandlung erklärt. Hierbei zeigte sich bereits, daß die Wärmebehandlung der Aluminiumwerkstoffe die genaue Einhaltung von Temperaturen und zeitlichen Abläufen verlangt, innerhalb eines gewissen zulässigen Streubandes. Dementsprechend müssen Ofenanlagen zur Wärmebehandlung entsprechend konstruiert sein und auf genaue Betriebsweise hin richtig unterhalten werden, um die Reproduzierbarkeit der thermischen Behandlung zu gewährleisten.

Für die thermische Behandlung von Stranggußbarren und Bolzen sowie von Gußstücken, Schmiedeteilen und Aluminiumhalbzeug verschiedenster Art werden überwiegend Kammeröfen verwendet. Im Regelfall befinden sich im Glühgut Thermoelemente, welche es gestatten, den de facto ablaufenden Temperaturzeitzyklus zu verfolgen und die Meßwerte auch zur Steuerung und Regelung des Ofens heranzuziehen. Neuerdings haben zunächst in den USA, dann auch in Westeuropa, Durchlauföfen zur thermischen Behandlung von Blechen und Bändern rasch Eingang gefunden. Anfänglich wurden vorzugsweise Bleche thermisch behandelt, z. B. zur Lösungsglühung von AlMgSi-Blechen. Seit der Einführung von Luftkissenöfen (Air Floater) beginnen diese zu dominieren. Beschädigungen der heißen Blechoberfläche während der thermischen Behandlung können vermieden werden. Die heißen Ofengase treten aus Düsen aus und tragen das zu erwärmende Band, ohne daß es in Kontakt mit irgendwelchen mechanischen Führungselementen kommt. Außer dieser Tragfunktion bewirken die ,,gas jets" eine sehr rasche Erwärmung und nach der Behandlung auch eine Abkühlung des Bandes. Somit haben Durchlaufglühöfen mindestens zwei Zonen, manchmal bis zu fünf Zonen, bevor das hinlänglich abgekühlte Band die Austrittsrollen passiert.

Die thermische Behandlung von gewickelten Bändern mit Bundgewichten bis zu 10 Tonnen beschränkt sich auf das Weichglühen und Entfestigungsglühen. Dabei gibt es bereits Probleme, da ja die äußeren Schichten des Bandes erheblich länger erwärmt werden als das Kernmaterial, so daß eine präzise Entfestigung in schweren Bandbunden nicht möglich ist, jedenfalls nicht bis zum Zustand halbhart. Wohl aber gelingt es, die Zustände $^1/_4$hart oder $^3/_8$hart in Bandbunden durch Entfestigungsglühen in Kammeröfen zu erzielen.

Sowohl in Kammeröfen als auch in Banddurchlaufglühöfen wird zu Anfang des Glühzyklus ein Glühmedium verwendet, welches höhere Temperaturen hat als die gewünschte Metalltemperatur, um ein rasches Aufheizen zu bewirken. In Kammeröfen wird vielfach Schutzgas anstelle von Luft oder Direktbeheizung mit heißen Verbrennungsgasen gewählt, um insbesondere Verfärbungen der Halbzeugoberfläche zu verhindern. Die thermische Behandlung von Gußmaterial (Strangguß, Formguß) erfolgt hingegen meistens in heißer Luft oder durch Direktbeaufschlagung mit heißen Abgasen.

Zur Energieeinsparung werden inzwischen vermehrt Glühöfen verwendet, bei denen ein Wärmeaustausch zwischen dem heißen Glühgut und der nächsten noch kalten Charge bewirkt wird. Meistens finden hierzu Luft/Luft-Wärmetauscher Verwendung, und es werden zum Beispiel zur Erwärmung von Walzbarren oder Preßbolzen U-förmige Ofenanlagen eingesetzt, teilweise auch ringförmige, damit das heiße Glühgut nahe dem frisch chargierten kalten Glühgut austritt. Bei Stranggußbarren oder -bolzen aus aushärtbaren Legierungen oder zur Erzielung von Feinkorn bei AlMn-Walzbarren wird vielfach nach einer Barrenhochglühung eine Stufenabkühlung oder eine langsame Abkühlung mit definierter Abkühlungsgeschwindigkeit gewählt, damit die während der Hochglühung gelösten Legierungselemente in feinen Ausscheidungen vorliegen. Hierzu gibt es eine Vielzahl von Verfahren.

XI. Legierungsverfestigung

1. Einführung

Wie bei den übrigen Gebrauchsmetallen, so kann man auch bei Aluminium auf zwei verschiedenen Wegen eine erhöhte Festigkeit erzielen, und zwar durch „Verformungsverfestigung" oder durch „Legierungsverfestigung"*). Beide Verfestigungsarten können gleichzeitig zur Anwendung gelangen. Wie wir bereits erfahren haben, beruht die Verformungsverfestigung darauf, daß die zur plastischen Verformung notwendige Versetzungsbewegung mit zunehmender Kaltverformung durch gegenseitiges Verknäueln oder durch das Aufstauen von Versetzungen immer mehr erschwert wird.

Die Legierungsverfestigung beruht hingegen auf der Wechselwirkung von Versetzungslinien mit Fremdatomen. Grundsätzlich haben die Fremdatome einen anderen Atomdurchmesser als die Aluminiumatome und wirken daher bei Zugabe zum Aluminium in jedem Falle als Störung im Gitter (siehe dazu z. B. Seite 99, Bild 100, Gitterfehler b). Nun wirken nicht alle Arten von Fremdatomen in dieser Hinsicht gleich stark. Außerdem kommt es darauf an, ob die Fremdatome im Mischkristall gelöst oder in mehr oder minder feiner Verteilung innerhalb des Aluminiumgitters ausgeschieden vorliegen. Je nach Verteilungszustand erschweren die Fremdatome die Verschiebung von Versetzungen und damit den Ablauf der plastischen Verformung in sehr unterschiedlichem Ausmaß. Dementsprechend wird die Legierungsverfestigung unterteilt in Verfestigung durch Mischkristallbildung („naturharte Legierungen") und Verfestigung durch Ausscheidung von vorher gelösten Legierungsbestandteilen („aushärtbare Legierungen").

Nicht aushärtbare Legierungen („naturharte" Legierungen)

Reinaluminium vom Reinheitsgrad 99,5% enthält insgesamt etwa 0,4% Eisen und Silizium und ist damit eigentlich schon eine Legierung des Reinstaluminiums. Die Zugfestigkeit ist gegenüber derjenigen von Reinstaluminium durch die vorhandenen Eisen- und Siliziumatome im unverformten Zustand nahezu verdoppelt (Tabelle 10). Normalerweise zählt man Reinaluminium nicht zu den Legierungen, da es seinen natürlichen Gehalt an Eisen und Silizium zwangsläufig im Verlaufe seiner Erzeugung durch die Elektrolyse erhält. Von einer Legierung spricht man nur dann, wenn dem Aluminium absichtlich andere Elemente zugegeben werden.

Die nicht aushärtbaren Knetlegierungen enthalten Magnesiumzusätze von 0,5 bis 5% und/oder Manganzusätze bis zu 1,2%. Wirksam für die Festigkeitssteigerung sind im Falle der „nicht aushärtbaren" Knetlegierungen hauptsächlich in Lösung befindliche Atome, die das Aluminiumgitter verspannen und dadurch verfestigen. Mit gelösten Magnesiumatomen erreicht man eine mittlere bis hohe Verfestigung (Tabelle 10). Manganatome wirken im Mischkristallverband ebenfalls verfestigend, allerdings erheblich schwächer als gleich große Magnesiumzusätze**) (Vergleichsbasis: Prozent der Masse). Lichtmikroskopisch gut sichtbare Einlagerungen („Hete-

*) Eine dritte Art der Verfestigung kann durch Dispersion von unlöslichen Bestandteilen, z. B. durch feinste Oxideinlagerungen in Aluminium, erreicht werden („Dispersionsverfestigung"). Mit pulvermetallurgischen Verfahren wird so ein hochwarmfester Sinterwerkstoff erhalten, der unter dem Namen SAP (Sinter-Aluminium-Pulver) bekannt geworden ist. Diese Bezeichnungen werden in DIN nicht verwendet, sind in der Praxis jedoch üblich.

**) Bei Magnesiumgehalten über etwa 3% wirkt ein Manganzusatz von 0,5 bis 1% relativ stark verfestigend und kommt daher oft zur Anwendung.

Tabelle 10: Festigkeitswerte von Walzhalbzeug aus naturharten (nicht aushärtbaren) Aluminiumwerkstoffen (nach DIN)

Kurzzeichen nach DIN	Legierungs-bestandteile %	Zustand[1]	Zug-festigkeit R_m[2] in N/mm²	0,2%-Dehn-grenze $R_{p0,2}$[2] in N/mm²	Bruch-dehnung A_{10}[2] in %	Brinell-härte HB[3]
Al99,98 R W4[4]		weich	35	–	(3)	–
Al99,98 R F14[4]		hart	40	–	(5)	–
AlRMg1 W10	Mg 0,8–1,1	weich	100	35–60	20	30
AlRMg1 F14		halbhart	140	110	4	45
AlRMg1 F18		hart	180	160	3	55
Al99,5 W7	max. 0,5 zul.	weich	65	(20)[5]	35	20
Al99,5 F11	Beimengungen	halbhart	110	90	4	35
Al99,5 F13		hart	150	130	3	40
AlMn W9	Mn 0,9–1,5	weich	90	35	21	28
AlMn F14	Mg max. 0,3	halbhart	140	120	4	45
AlMn F19		hart	185	165	2	55
AlMg3 F19	Mg 2,6–3,6	weich	190	80	17	50
AlMg3 F24	Mn max. 0,5	halbhart	240	190	8	73
AlMg3 F29	Cr max. 0,3	hart	290	250	2	85
AlMg4,5Mn W28	Mg 4,0–4,9	weich	275	125	15	70
AlMg4,5Mn G35	Mn 0,4–1,0	verfestigt	345	270	5	100
	Cr 0,05–0,25					

[1]) Diese Bezeichnungen werden in DIN nicht mehr verwendet, sind aber in der Praxis üblich.
[2]) Mindestwerte.
[3]) Ungefähre Werte.
[4]) Lediglich als Blechwerkstoff (Dicke 40 bis 109 μm) genormt, daher wird die Bruchdehnung mit einer anderen Auswertungsmethode ermittelt, die Werte sind **nicht** vergleichbar!
[5]) Nicht genormter Mindestwert, genormter Höchstwert 55 N/mm².

rogenitäten"), wie sie z. B. bei höheren Eisen- oder Mangangehalten auftreten, haben nur eine relativ geringe verfestigende Wirkung. Es ist verständlich, daß grobe Ausscheidungen im gekneteten Gefüge die Versetzungsbewegung auf den Gleitebenen nur wenig erschweren. Zahlreiche Gleitebenen laufen in der Nachbarschaft einer solchen Einlagerung unbehindert vorbei. Gelöste oder in feinster Dispersion ausgeschiedene Atome dagegen erzeugen im gesamten Gitter Verspannungen und behindern hierdurch die Wanderung der Versetzungslinien.

Die naturharten Legierungen haben große Anwendungsgebiete. Man verwendet sie an Stelle von Reinaluminium, wenn eine höhere Festigkeit benötigt wird.

Vielfach werden Bleche aus nicht aushärtbaren Legierungen vom Halbzeugwerk im Zustand „halbhart" oder „hart" verlangt, d. h., zu der Legierungsverfestigung ist eine durch Kaltverformung bewirkte Verfestigung hinzugefügt worden (siehe Tabelle 10).

Aushärtbare Legierungen

Die Entdeckung der ersten ,,aushärtbaren" technischen Aluminiumlegierung erfolgte durch Alfred Wilm im Jahre 1906. Damals fand Wilm den Legierungstyp des ,,Duralumin"*). Beim Duralumin werden dem Aluminium etwa 4,5% Kupfer sowie 0,5 bis 1% Magnesium und 0,5% Mangan zugesetzt.

Fast könnte man sagen, daß die Erfindung des Duralumins einem Zufall zu verdanken ist: Wilm hatte einen Laboranten beauftragt, die Festigkeitseigenschaften verschiedener AlCuMg-Legierungen zu prüfen. Da das Wochenende herannahte, ließ der Laborant die Proben vor der Prüfung bis zum Montag liegen. Am Montag fand man aber eine ungewöhnlich hohe Festigkeit vor, die sich beim Liegen der Duraluminproben bei Zimmertemperatur innerhalb von etwa 2 Tagen von allein eingestellt hatte. Diesen Vorgang nennt man ,,Aushärtung".

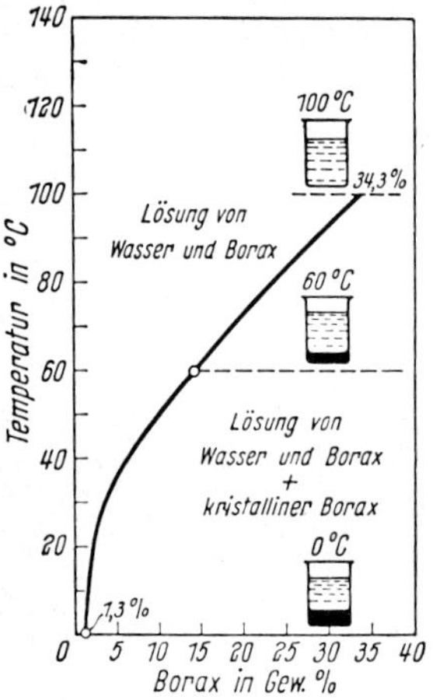

Bild 148: Löslichkeit von Borax in Wasser.

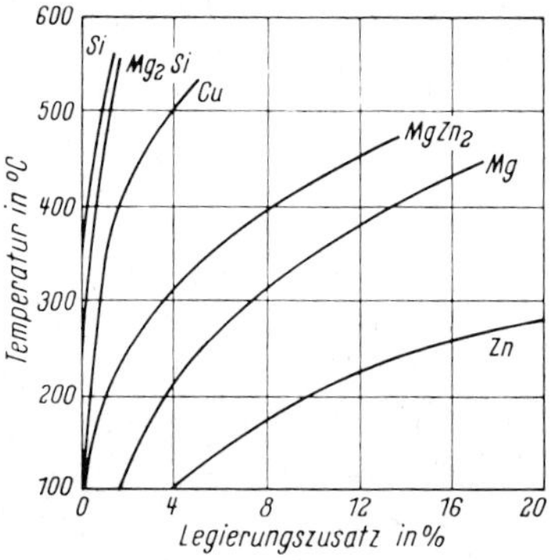

Bild 149: Löslichkeit von Legierungszusätzen im Aluminium in Abhängigkeit von der Temperatur. Rechts von jeder Kurve liegt der ,,heterogene" Bereich, und links von jeder Kurve liegt der ,,homogene" Bereich, innerhalb dessen der in Frage kommende Legierungszusatz in Aluminium gelöst ist.

Welche Legierungen sind aushärtbar?

Aushärtbare Legierungen erhält man allgemein durch Zusatz solcher Legierungsmetalle, deren ,,Löslichkeit" im festen Aluminium mit steigender Temperatur zunimmt. Wie wir bereits erfahren haben, sind bestimmte Zusatzmetalle (wie Kupfer oder Magnesium) auch im festen Zustand in erheblichem Ausmaß im Aluminium löslich.

Bei der ,,Lösung" zweier Metalle ineinander entstehen ,,Mischkristalle" (Bild 108, Seite 105). Das entsprechende Gefüge wird ,,homogen" genannt, im Unterschied zum ,,heterogenen" Gefüge, in dem die nicht gelösten Zusatzmetalle als Fremdkristalle (,,Einlagerungen" oder ,,Heterogenitäten") ausgeschieden vorliegen.

Man hat ganz ähnliche Verhältnisse beim Lösen eines Salzes (z. B. Borax) in Wasser: Bild 148 läßt erkennen, daß bei 0 °C 1,3%, bei 60 °C 15% und bei 100 °C 34,3% Borax im Wasser löslich sind. Der Vergleich mit Bild 149 zeigt nun, daß eine ganze Reihe von Metallen im festen

*) geschütztes Markenwort.

Zustand im Aluminium löslich sind, wobei – genau wie bei der Lösung von Borax im Wasser – der Prozentsatz des gelösten Zusatzmetalles mit steigender Temperatur zunimmt. Bild 149 gibt Ausschnitte aus den entsprechenden Zustandsdiagrammen wieder.
Beim Einbringen zweier Legierungsmetalle in geeigneter Kombination kann die Löslichkeitskurve wesentlich anders verlaufen als beim Einbringen eines der beiden Metalle allein: Wenn man z. B. Magnesiumatome (Mg) und Siliziumatome (Si) im Verhältnis 2:1 dem Aluminium zulegiert, so bildet sich eine „intermetallische" Verbindung Mg_2Si; in dieser Form ist die Löslichkeit des Magnesiums im Aluminium stark verringert, da die Mg-Atome dazu neigen, sich in der Form von Mg_2Si auszuscheiden. Analoges gilt für die Löslichkeit der Zinkatome (Zn), die stark zurückgeht, wenn das Zink gemeinsam mit Magnesium entsprechend der intermetallischen Phase $MgZn_2$ zugegeben wird. Alle in Bild 149 aufgeführten Legierungsmetalle oder Metallpaare können für aushärtbare Aluminiumlegierungen herangezogen werden. Allerdings sind die Aushärtungseffekte bei den üblichen Al-Si-, Al-Mg- und Al-Zn-Legierungen relativ schwach.
Bei Knetlegierungen geht man nicht gern über 8% des Hauptlegierungselements hinaus, da sonst die Legierungen für eine Umformung zu spröde werden und die Korrosionsbeständigkeit bei einer Reihe von Legierungen merklich abnehmen würde. Man benutzt bei Knetlegierungen zur Aushärtung insbesondere die mit sinkender Temperatur abnehmende Löslichkeit des Kupfers (Cu) bzw. die der Elementkombination Mg_2Si oder $MgZn_2$. Bild 149 läßt erkennen, daß die beiden letztgenannten Elementkombinationen bei prozentual geringen Gesamtzusätzen die Löslichkeitskurve der Mg- bzw. Zn-Atome stark nach links verschieben, was den Weg zu den aushärtbaren „ternären" Knetlegierungen weist, d. h. zu Legierungen aus 3 Elementen.

Einige aushärtbare Knetlegierungen

Aus Gründen, die wir bereits kennengelernt haben, verwendet man bei den aushärtbaren Knetlegierungen mindestens 2 Legierungszusätze. Das darüber hinaus meist vorhandene Mangan steigert, soweit es gelöst ist, die Festigkeitswerte durch Mischkristallbildung und wird außerdem oft zur Kornverfeinerung zugesetzt, da das Mangan bei der Rekristallisation das Kornwachstum hemmt. Die folgenden aushärtbaren Legierungsgruppen sind besonders wichtig (siehe Tabelle 11, Seite 143).

Legierungen vom Typ AlMgSi haben einen Zusatz von je etwa 0,4 bis 1% Magnesium und Silizium sowie teils auch von Mangan. Diese Legierungen werden meistens bei einer Temperatur von 140 bis 160 °C warmausgehärtet. AlMgSi-Legierungen erreichen mittlere bis hohe Festigkeitswerte bei gleichzeitig guter Korrosionsbeständigkeit. Bei den Legierungen der Gattung AlMgSi hat man eine Aushärtung aus einem „ternären Löslichkeitsfeld", d. h., die Magnesium- und Siliziumatome bewirken gemeinsam die Aushärtung, in dem Bestreben, eine Ausscheidung der Zusammensetzung Mg_2Si zu bilden. Daher hat man bei AlMgSi-Legierungen meist Zusammensetzungen nahe einem Atomverhältnis Mg:Si = 2:1.

Legierungen vom Typ AlCuMg („Duralumin"). In erster Linie wirkt das Kupfer aushärtend. Der Magnesiumzusatz bewirkt die Kaltaushärtung der Legierung und ergibt außerdem eine Steigerung der erreichbaren Festigkeitswerte. Die Legierung erreicht nach mehrtägigem Auslagern bei Raumtemperatur etwa die Festigkeitswerte des normalen Baustahls (Bild 150). In Bild 151 werden Kalt- und Warmaushärtung der Legierung AlCuMg2 gegenübergestellt.

Legierungen vom Typ AlZnMg oder AlZnMgCu sind hochfeste Werkstoffe ähnlich AlCuMg, jedoch mit einem Zinkzusatz an Stelle von Kupfer (AlZnMg) oder gleichzeitig mit einem Kupferzusatz (AlZnMgCu).

In den AlZnMg-Legierungen wirkt in erster Linie die Tendenz zur Ausscheidung der Verbindung $MgZn_2$ aushärtend.

Die AlZnMg-Legierungen werden in unterschiedlichen Zusammensetzungen verwendet. Zur Zeit dominieren Legierungen mit etwa 4,5% Zn und 1,3% Mg, welche gute Verarbeitbarkeit beim Strangpressen oder Walzen mit befriedigender Korrosionsbeständigkeit kombinieren.

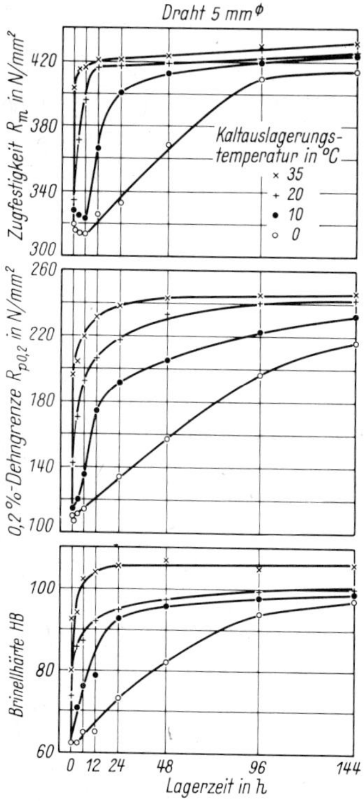

Bild 150: Einfluß der Kaltauslagerungstemperatur auf die Aushärtung von AlCuMg1 (nach v. Zeerleder).

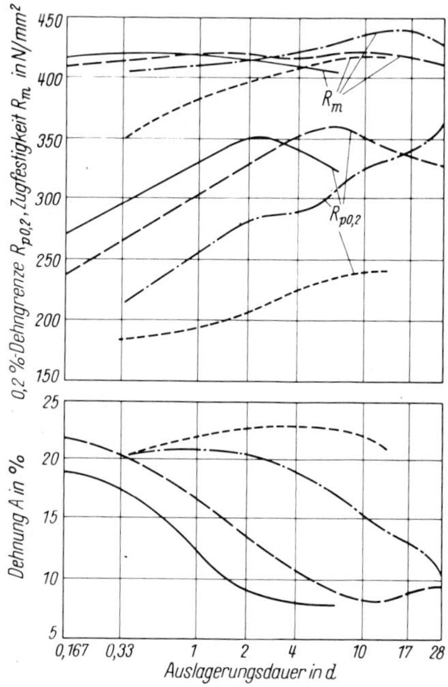

Bild 151: Veränderung der Festigkeitswerte von AlCuMg2-Blechen im Verlaufe der Aushärtung bei verschiedenen Auslagerungstemperaturen (nach P. Brenner).

———— 175 °C	—·—·— 140 °C
— — — — 160 °C	- - - - - 20 °C

Die AlZnMg-Legierungen härten bei Raumtemperatur auf mittlere bis hohe Festigkeiten aus, wobei dies einige Wochen oder bei tiefen Temperaturen einige Monate dauert. Maximale Festigkeiten erreicht man durch Warmaushärten bei ca. 130 bis 170 °C.

Die Legierungsgruppe AlZnMgCu zeichnet sich dadurch aus, daß sie unter den Aluminiumlegierungen die höchsten Festigkeitswerte erreicht, welche über die des normalen Baustahls hinausgehen. Die Aushärtung erfolgt in der Wärme (bei 120 bis 160 °C).

Tabelle 11: Festigkeitswerte von Strangpreßprofilen aus aushärtbaren Aluminiumlegierungen

Werkstoff-Kurzzeichen nach DIN	Legierungs-bestandteile in %	Zustand	Zug-festigkeit R_m[1]) in N/mm²	0,2%-Dehn-grenze $R_{p0,2}$[1]) in N/mm²	Bruch-dehnung A_{10}[1]) in %	Brinell-härte HB[2])
AlMgSi0,5 F13	Mg0,35–0,6	kaltausgehärtet	130	65	13	45
AlMgSi0,5 F22	Mn max. 0,1	warmausgehärtet	215	160	10	70
AlMgSi0,5 F25	Si 0,3–0,6	warmausgehärtet	245	195	8	75
AlMgSi1 F28	Mg 0,6–1,2	warmausgehärtet	275	200	10	80
AlMgSi1 F31	Si 0,7–1,3					
	Mn 0,4–1,0	warmausgehärtet	310	260	8	95
AlZn4,5Mg1[3])	Zn 4,0–5,0	weich[3])	220	–	13	45
AlZn4,5Mg1[3])	Mg 1,0–1,4					
	Mn 0,05–0,5	kaltausgehärtet[3])	320	220	10	70
AlZn4,5Mg1 F35	Cr 0,1–0,35					
	Ti+Zr 0,08–0,25	warmausgehärtet	350	290	8	105
AlZnMgCu1,5 F53	Zn 5,1–6,1					
	Mg 2,1–2,9	warmausgehärtet	530	460	6	150
	Cu 1,2–2,0					
	Cr 0,18–0,28					

[1]) Mindestwerte. [2]) Ungefähre Werte. [3]) Nicht genormte Werkstoffzustände.

Gesichtspunkte bei der Auswahl einer aushärtbaren Legierung

Ein wichtiger Vorteil von Halbzeug aus aushärtbaren Legierungen liegt in der Erzielung einer hohen 0,2%-Dehngrenze bei gleichzeitig hohen Dehnungswerten, d. h. guter Umformbarkeit. Dies geht beispielsweise aus Bild 151 hervor.
Man erkennt, daß nach Aushärtung von AlCuMg2-Blechen die Dehnung (A_{10}) 10 bis 20% beträgt, während die 0,2%-Dehngrenze Werte von etwa 350 N/mm² erreicht. Hierin liegt der grundsätzliche Unterschied zu den nichtaushärtbaren Knetlegierungen. Bei diesen können durch starkes Kaltverformen Werte der 0,2%-Dehngrenze von etwa 250 bis 300 N/mm² erreicht werden, jedoch geht hierbei die Dehnung auf relativ kleine Werte zurück. Bild 151 zeigt im übrigen, daß im Verlauf der Warmaushärtung auf maximale Festigkeitswerte die Dehnungswerte abnehmen. Dies ist auf die Entstehung von relativ groben Ausscheidungen zurückzuführen. In der duktilen Aluminiummatrix bilden diese Ausscheidungen kleine innere Kerbstellen, welche das Absinken der Dehnungswerte bewirken*).
Die hohen Festigkeitswerte der aushärtbaren Legierungen werden teilweise auch mit gewissen Nachteilen erkauft. Eine aushärtbare Aluminiumlegierung wird man dann wählen, wenn hohe oder höchste Dehngrenzenwerte benötigt werden. In Fällen, wo mittlere oder niedrige Festigkeiten genügen, wird man auf nicht aushärtbare Legierungen oder auf unlegiertes Aluminium zurückgreifen, da dieses Material leichter verformbar, bei Temperaturbehandlung unempfindlicher und somit leichter zu handhaben ist.
Hat man sich für die Verwendung einer aushärtbaren Legierung entschieden, so kommt es darauf an, ob man maximale Festigkeit benötigt. In diesem Falle muß man eine deutlich reduzierte Korrosionsbeständigkeit in Kauf nehmen durch Verwendung einer kupferhaltigen

*) Diese Erscheinung ist besonders deutlich bei der Überhärtung (d. h. bei zu intensiver Warmaushärtung) zu beobachten, und zwar bei allen aushärtbaren Aluminiumlegierungen.

Legierung. Jedoch kann die Korrosionsempfindlichkeit durch Plattierschichten – z. B. aus Reinaluminium – oder sonstige Schutzschichten weitgehend eliminiert werden. Wenn man nicht gerade maximale Festigkeitswerte benötigt, kommen die Legierungstypen AlZnMg und AlMgSi (beide warmausgehärtet) in Betracht. Letztere Legierung ist im Korrosionswiderstand überlegen, jedoch ist ihre Anwendung, z. B. im Fahrzeugbau, manchmal dadurch behindert, daß nach dem Schweißen oder Warmbiegen ein erneutes Aushärten und Warmauslagern notwendig ist, was meist wegen des Fehlens entsprechender großdimensionierter Anlagen nicht ausgeführt werden kann. In dieser Beziehung weist die Legierungsgruppe AlZnMg interessante Vorteile auf. Sie härtet nach dem Schweißen und Warmumformen im Laufe einiger Zeit auch kalt wieder aus und findet daher in neuerer Zeit, z. B. für den Fahrzeugbau, Beachtung. Allerdings sollte diese Legierung nach der Aushärtung nicht mehr umgeformt werden, da dies das Auftreten von Spannungskorrosion begünstigt. Zusätzliches Warmaushärten nach dem Schweißen oder Warmbiegen senkt die Spannungskorrosionsanfälligkeit erheblich.

Beinahe jeder Legierungszusatz bewirkt neben den beabsichtigten auch noch weitere Folgeerscheinungen, die manchmal unerwünscht sind. Manche Zusätze, welche für die Kornverfeinerung im Gußgefüge nützlich sind (Fe oder Ti) oder die Rekristallisation hemmen und damit eine Grobkornbildung bei der Lösungsglühung verhindern (Mn, Zr oder Cr), verschlechtern z. B. das Aussehen von anodischen Oxidschichten.

Ein anderes Beispiel ist der Mangangehalt von AlMgSi-Knetlegierungen. Manganfreie Legierungen lassen sich leichter verarbeiten, z. B. durch Strangpressen, haben aber eine merklich niedrigere Kerbschlagzähigkeit als die manganhaltigen AlMgSi-Legierungen.

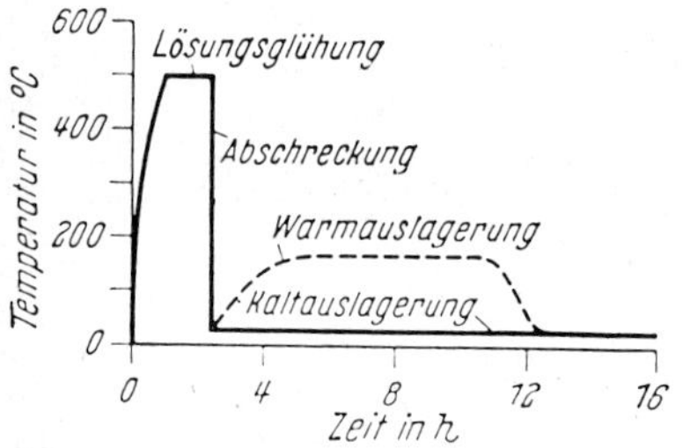

Bild 152: Schema der Aushärtung von AlCuMg.

Metallkundliche Grundlagen der Aushärtung
Die Aushärtungsoperationen

Die Aushärtung selbst erfolgt in 3 aufeinanderfolgenden Etappen:

1. Lösungsglühen bei einer Temperatur oberhalb der Löslichkeitskurve.*)
2. Abschrecken, meist in Wasser, teilweise an der Luft; bei Gußteilen zur Vermeidung von Abschreckspannungen auch in angewärmtem Öl.
3. Auslagern bei Raumtemperatur („Kaltauslagern") oder bei erhöhter Temperatur bis zu etwa 170 °C („Warmauslagern").**)

In Bild 152 ist der zeitliche Verlauf der 3 Vorgänge wiedergegeben, und zwar für die Legierung AlCuMg.

---

*) Beim Strangpressen kann die separate Lösungsglühung oft entfallen, da das frisch gepreßte Profil bereits einen Gefügezustand aufweist, der demjenigen nach dem Lösungsglühen entspricht.

**) Statt „Auslagern" spricht man oft von „Aushärten", was aber vermieden werden sollte, solange man eine Maßnahme beschreibt. Aber auch zur Beschreibung der beim Auslagern erfolgenden Gefügeumlagerung eignet sich das Wort „Aushärten" nicht gut.

Bei einer gegebenen Legierung erkennt man ihre Aushärtbarkeit sowie den Temperaturbereich für eine Lösungsglühung aus dem Zustandsdiagramm, und zwar aus dem unteren Teil, der den festen Zustand kennzeichnet (Bild 149).
Im folgenden werden wir die Maßnahmen der Aushärtungsoperationen mit den dabei beobachteten Gefügeumlagerungen behandeln.

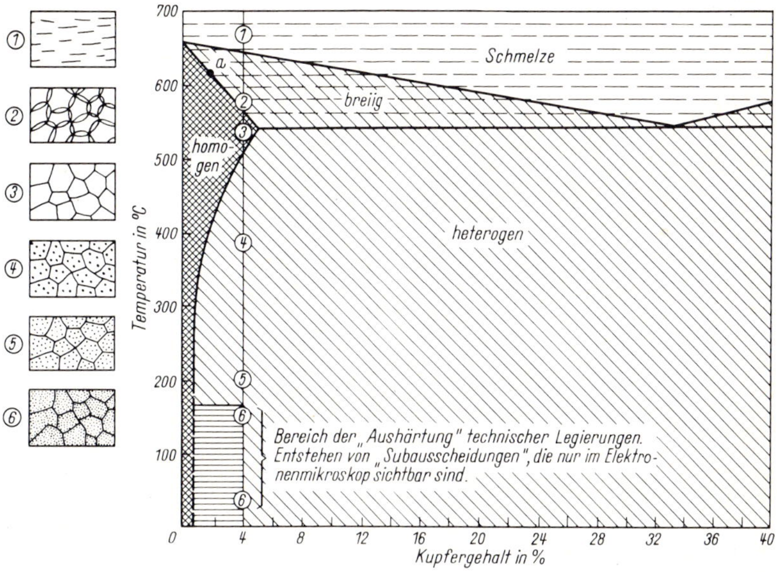

Bild 153: Zusammenhang zwischen Zustandsdiagramm und Gefügebildern beim System Aluminium-Kupfer. Die schematischen Gefügebilder gehören zu einem Kupfergehalt von 4%.

Übersicht über die Gefügezustände

Die Gefügezustände, welche eine aushärtbare Legierung vom Guß bis zur Aushärtung durchläuft, werden am Beispiel des Systems Al-Cu in Bild 153 schematisch beschrieben.

1. Alles Metall ist flüssig.
2. Zwischen den Primärkörnern ist etwas Schmelze eingelagert. Diesen Gefügezustand erhält man auch beim „Überhitzen" während der Lösungsglühung, also dann, wenn durch einen Fehler während der Lösungsglühung die Temperatur etwas über der Soliduslinie liegt.
3. Homogenes Gefüge, erhalten z. B. durch Lösungsglühung bei ca. 520 °C und anschließendes Abschrecken.
4. Gefüge 4 entsteht aus dem homogenen Gefüge durch Glühen bei 400 °C. Es bilden sich relativ grobe Ausscheidungen einer kupferreichen Phase ($CuAl_2$). Man erhält durch diese „Heterogenisierungsglühung" den maximal weichgeglühten Zustand.
5. Gefüge nach heterogenisierender Glühung bei ca. 200 °C. Dieses Gefüge ergibt sich, wenn man die Aushärtung bei zu hoher Temperatur durchführt, so daß Kupferausscheidungen mittlerer Größe entstehen. Ein solches Gefüge ist unerwünscht, da es eine schlechtere Korrosionsbeständigkeit und eine geringere Festigkeit als der maximal ausgehärtete Zustand

hat. Die Festigkeitswerte sind aber wesentlich höher als bei Gefüge 4, so daß das Gefüge 5 auch als weichgeglühter Zustand nicht erwünscht ist.

6. Gefügezustand der ausgehärteten Legierung. Dieser wird auf folgende Weise erhalten: Durch Lösungsglühen wird zunächst ein homogenes Gefüge erzeugt (Gefüge 3). Danach wird möglichst rasch in Wasser abgeschreckt. Erfolgt die Abschreckung zu langsam, so treten bereits sichtbare Ausscheidungen auf, d. h. das unerwünschte Gefüge 5. Das rasch abgeschreckte Gefüge läßt auch nach der Aushärtung keine im Lichtmikroskop sichtbaren Ausscheidungen erkennen. (Eisen- und manganhaltige Ausscheidungen sind hier ausgenommen. Sie spielen bei der Aushärtung keine merkliche Rolle.)

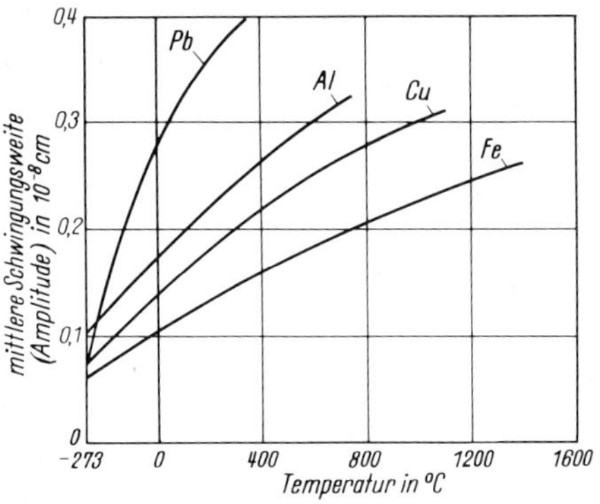

Bild 154: Wärmeschwingung der Atome in Metallkristallen in Abhängigkeit von der Temperatur.

Atomistische Betrachtung

Löslichkeit und Diffusion von Fremdatomen im Mischkristallgitter

Die Wärmebewegung der Atome

Die Atome führen im Metall ununterbrochen kleine Vibrationen um ihre Ruhelage aus. Diese werden gemäß Bild 154 mit zunehmender Temperatur größer und erleichtern das Wandern von Atomen innerhalb des Gitters („Diffusion").

Die Erleichterung der Diffusion im Metallgitter mit zunehmender Temperatur ist außerdem auf die Zunahme der Leerstellen im Gitter zurückzuführen.

Die mit der Temperatur zunehmenden Schwingungen der Atome bewirken somit, daß die Atome öfter auf dem Wege über Leerstellen ihren Platz im Gitter wechseln.

Entmischung im festen Zustand

In Bild 155 wird die atomistische Beschreibung der Ausscheidungszustände und ihrer Nomenklatur gegeben.

In Teilbild a wurde nochmals in Erinnerung gerufen, daß eine regellose Verteilung der Fremdatome identisch mit dem „gelösten" Zustand ist (auch bei Übersättigung).

Bei Temperaturen unter etwa 100 °C bis 150 °C ist die Auflockerung des Gitters so gering, daß auch bei tagelanger oder wochenlanger Erwärmung die theoretisch (d. h. nach dem Gleichgewicht) „ausgewiesenen" Fremdatome nicht mehr so weit zu wandern vermögen, daß es zur Ausbildung sichtbarer Ausscheidungen kommen könnte. Wohl aber entstehen kleinste Entmi-

schungszonen der Fremdatome, welche die Festigkeitssteigerung der aushärtbaren Legierungen bewirken.
Bei der Auslagerung des zuvor lösungsgeglühten und dann abgeschreckten Materials entstehen im Gefüge der aushärtbaren Legierungen bei den Auslagerungstemperaturen zwischen Raumtemperatur und etwa 150 °C kohärente oder teilkohärente kleinste Ausscheidungen, wie sie in Bild 155b und c schematisch beschrieben sind.

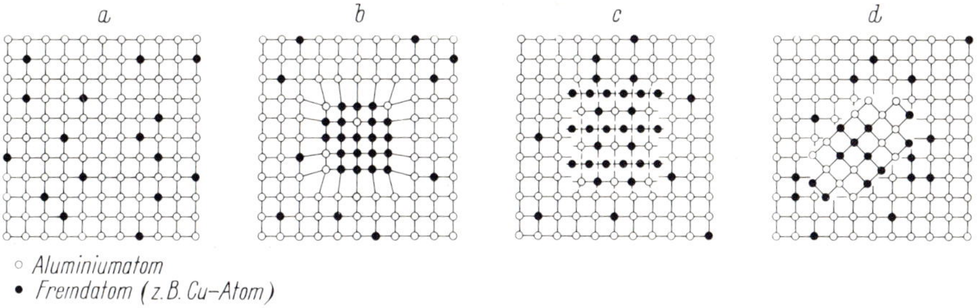

Bild 155a bis d: Schematische Darstellung
a) eines Mischkristalls mit statistischer Verteilung der Fremdatome
b) einer kohärenten Entmischung
c) einer teilweise kohärenten Zwischenphase im Mischkristallgitter. Die senkrecht verlaufenden Netzebenen sind kohärent, die horizontal verlaufenden dagegen sind inkohärent
d) einer inkohärenten Ausscheidung

Bildung von „Zonen" oder kohärenten Teilchen

Bei den in Bild 155b und c beschriebenen Ausscheidungen handelt es sich um relativ kleine Ansammlungen von Fremdatomen in Gestalt sogenannter „Zonen" innerhalb des Mischkristalls. Das Gitter der Matrix (aluminiumreicher α-Mischkristall) behält dabei ganz oder teilweise seine Kontinuität auf den Netzebenen (Bild 155b, c). Dementsprechend spricht man auch von kohärenten bzw. teilkohärenten Ausscheidungen, da sie mit dem Aluminiumgitter einen stetigen bzw. teilweise stetigen Zusammenhang („Kohärenz") haben. Diese Zonen können plättchen-, nadel- oder klumpenförmig sein und haben meistens Abmessungen zwischen 10 und einigen 100 Atomabständen, so daß sie lichtmikroskopisch nicht feststellbar sind*).
Das Härtemaximum bei der Aushärtung wird oftmals durch teilkohärente Ausscheidungen (oder „Zwischenphasen") bewirkt.
In Bild 159 sieht man einen sehr stark (71 000fach) vergrößerten Schliff durch ein teilkohärentes Teilchen. An der kohärenten Grenzfläche erkennt man im Aluminiumgitter Spannungshöfe als Anzeichen für die starken inneren Spannungen, welche hier vorliegen.

Ausscheidung inkohärenter Teilchen

Es handelt sich hier um die Ansammlung der Fremdatome in kleinen und kleinsten Kristallen, welche teilweise Aluminiumatome enthalten (z. B. Al_2Cu), sonst aber intermetallische Verbindungen der Fremdatome darstellen (z. B. $MgZn_2$ oder Mg_2Si). In jedem Falle weicht der

*) Die Zonen können auch mit dem Elektronenmikroskop nicht in allen Fällen sichtbar gemacht werden (bei kontrastarmen Fremdatomen).

Gitterbau dieser Ausscheidungen von demjenigen der Aluminiummatrix vollkommen ab (Bild 155d). Der Durchmesser dieser auch als „Heterogenitäten" bezeichneten Ausscheidungen liegt zwischen etwa 0,02 und 5 µm, so daß nur die gröberen Ausscheidungen (über etwa 1 µm∅) lichtmikroskopisch sichtbar sind*).

Ablauf von Ausscheidungsvorgängen

Früher glaubte man, daß bei den aushärtbaren Aluminiumlegierungen die Kaltaushärtung durch Zonenbildung erfolgt, während die Warmaushärtung durch inkohärente Ausscheidungen zustande kommt.

Die bei der Aushärtung ablaufenden Gefügeumlagerungen sind aber in Wirklichkeit nicht so einfach zu unterteilen. Mit zunehmender Temperatur der Auslagerung laufen meistens nacheinander und auch gleichzeitig verschiedene Entmischungs- und Ausscheidungsvorgänge ab. Dies wird nunmehr im einzelnen am Beispiel einer Legierung aus Aluminium (Al) und 4% Kupfer (Cu) gezeigt.

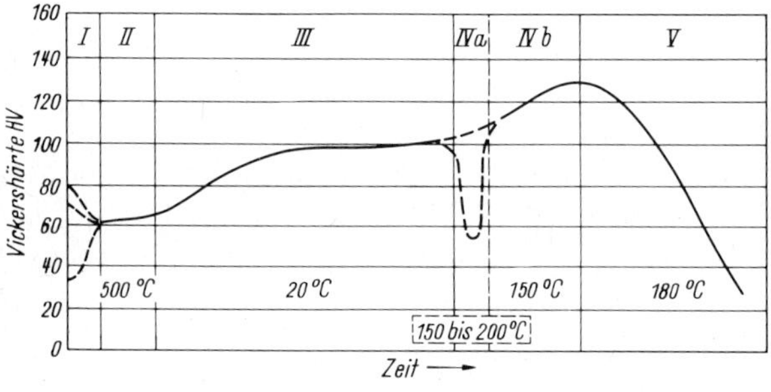

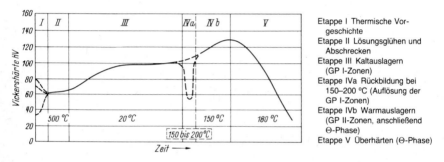

Etappe I Thermische Vorgeschichte
Etappe II Lösungsglühen und Abschrecken
Etappe III Kaltauslagern (GP I-Zonen)
Etappe IVa Rückbildung bei 150–200 °C (Auflösung der GP I-Zonen)
Etappe IVb Warmauslagern (GP II-Zonen, anschließend Θ-Phase)
Etappe V Überhärten (Θ-Phase)

Bild 156: Aushärtungsverhalten einer Aluminiumlegierung mit ca. 4% Kupfer. Einzelheiten siehe Tabelle 12.

Bei einer Legierung mit 4% Kupferzusatz lassen sich die bei den Aushärtungsoperationen ablaufenden Gefügeumlagerungen in insgesamt 5 Etappen unterteilen, was in Bild 156 dargestellt ist.

Etappe I kennzeichnet den Gefügezustand vor der Lösungsglühung. Die Ausscheidungen können teils aus dem Gußgefüge, teils aus vorangegangenen heterogenisierenden thermischen Behandlungen stammen. Die Härtewerte sind daher sehr variabel.

In Etappe II werden die schon ausgeschiedenen für die Aushärtung wichtigen Kupferatome bei 500 °C wieder in Lösung gebracht. Durch diese Lösungsglühung wird außerdem eine zuvor erfolgte Verformungsverfestigung oder Aushärtung abgebaut. Danach wird das Material von der Lösungsglühtemperatur auf Raumtemperatur abgeschreckt.

Bei der Kaltauslagerung (Etappe III) beginnt der Zerfall des eingefrorenen übersättigten Mischkristalls durch kohärente Ausscheidung. Es bilden sich mit Kupfer angereicherte Zonen, die nur wenige Atomlagen dick sind. Sie werden nach ihren Entdeckern Guinier-Preston-Zonen

*) Dies sind Durchmesser der im festen Zustand entstandenen Ausscheidungen. Die bei der Erstarrung entstehenden Heterogenitäten des Gußgefüges sind teilweise erheblich größer.

Tabelle 12: Aushärtungsverhalten einer Aluminiumlegierung mit ca. 4% Kupfer.

Stufe	Wärmebehandlung	Verteilungszustand der Kupferatome	Größe der Ausscheidungen D = Durchmesser S = Dicke	Erreichbare Härte HV	Bild Nr.
I	keine, außer thermischer Vorgeschichte	Großenteils Ausscheidung als Gleichgewichtsphase Al_2Cu	D: 1–10 μm	30–70	143 163
II	Lösungsglühen + Abschrecken	Alles Cu in Lösung	–	60	–
III	Kaltauslagern bei Raumtemperatur	Ansammlung in GP I-Zonen, kohärent	D: bis 100 Å S: ca. 2 Å	100	–
IVa	Kurzer Wärmestoß auf ca. 150–200 °C	Auflösung der GP I-Zonen durch „Rückbildung"	–	40–70	–
IVb	Warmauslagern bei 150 °C Weiteres Warmauslagern bei 150 °C	Ansammlung in GP II-Zonen, kohärent Vermehrte Ansammlung in GP II-Zonen, kohärent und Ausscheidung als Θ'-Phase, teilkohärent	D: 100–700 Å S: 10–50 Å D: 0,5–1 μm S: 30–100 Å	120 130	157 158–160
V	Überhärten durch zu hohe Temperatur oder zu lange Zeit	Ausscheidung als Θ-Phase (Gleichgewichtsphase), inkohärent	D: ca. 0,1–3 μm S: etwa gleich wie D	ca. 30	143 160 163

(abgekürzt GP-Zonen) benannt. Sie verspannen das Aluminiumgitter und bilden zugleich wegen ihrer großen Anzahl ein dichtes Netz von Hindernissen für die Verschiebung von Versetzungslinien während eines Verformungsvorganges. Die bei Raumtemperatur entstehenden äußerst dünnen Entmischungszonen werden GP I-Zonen genannt. Sie wachsen bei anschließender Warmaushärtung nicht einfach weiter, sondern sie lösen sich bei kurzzeitiger Erwärmung auf 150–200 °C zunächst auf, ein Vorgang, der als „Rückbildung" bezeichnet wird und zu einem temporären Härterückgang führt (Bild 156, Etappe IVa).

Dies deutet im übrigen auch darauf hin, daß die Anordnung der aushärtenden Atome nach Warmauslagerung grundsätzlich anders ist als nach Kaltauslagerung.

Eine Warmauslagerung bei erhöhter Temperatur gemäß Etappe IVb bewirkt nach Ablauf der Rückbildung zunächst die Anreicherung von Kupfer-Atomen in GP II-Zonen (Bild 157). Bei Fortdauer der Warmauslagerung bei ca. 150 °C erfolgt die Ausbildung einer metastabilen Phase Θ', die zwar in ihrer chemischen Zusammensetzung mit der Gleichgewichtsphase $CuAl_2$ übereinstimmt, jedoch ein anderes Kristallgitter aufweist (Bilder 158 bis 160). Während des Auftretens der GP II-Zonen bzw. eines Gemisches aus GP II und Θ' wird das Härtemaximum erreicht.

Sobald nur Θ'-Teilchen vorliegen, ist man bereits im Bereich der Überhärtung, gekennzeichnet durch Rückgang von Härte, Zugfestigkeit und Bruchdehnung.

Wird die Auslagerung bei Temperaturen zwischen etwa 170 ° und 300 °C durchgeführt, so kommt es zur Bildung relativ grober Ausscheidungen der Gleichgewichtsphase $CuAl_2$, die bereits im Lichtmikroskop sichtbar sind. Das Aluminium ist jetzt weicher als im abgeschreckten Zustand, da die Mischkristallverfestigung durch die gelösten Kupferatome fortfällt.

Bild 157: Mit der Aluminiummatrix kohärente GP II-Zonen im System Al-Cu bei 5% Cu (nach M. v. Heimendahl). V = 77000 : 1.

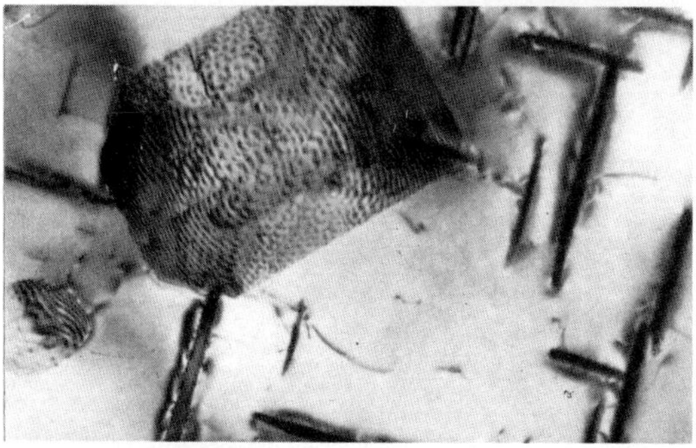

Bild 158: Teilkohärente Θ'-Platten auf allen drei Würfelebenen im System Al-Cu. Ein großes Teilchen mit Grenzflächenversetzungen (und die zugehörige Würfelfläche) liegt mit der kohärenten Gitterebene parallel zur Probenoberfläche. Die Versetzungen überbrücken die kleine Differenz in der Gitterkonstanten zwischen der Aluminiummatrix und dem Θ'-Teilchen, in gewisser Analogie zu einer Subkorngrenze, wo eingelagerte Versetzungen kleine Orientierungsdifferenzen überbrücken (siehe Bild 144, Seite 132) (nach U. Köster). V = 20600 : 1.

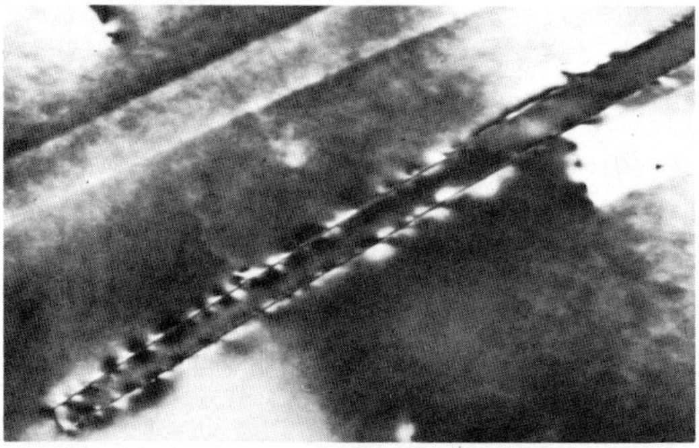

Bild 159: Θ'-Teilchen im System Al-Cu mit starken Spannungsfeldern längs der kohärenten Grenzfläche (nach U. Köster). V = 71000 : 1.

Bild 160: Beginn der Überhärtung im System Al-Cu durch Vergröberung der Θ'-Teilchen im Korninnern. Außerdem erkennt man relativ grobe Θ-Ausscheidungen (inkohärent) an einer Korngrenze (nach U. Köster). V = 15400 : 1.

Verfestigung durch ausgeschiedene Fremdatome

Die Behinderung der Versetzungsbewegung durch Wechselwirkung mit Fremdatomen kommt auf folgende Weise zustande (Bild 161):
Gelöste oder in Zonen vorliegende Fremdatome erzeugen in der Aluminiummatrix Spannungshöfe, welche die Annäherung von Versetzungen erschweren. Nach Überwindung dieses Hindernisses werden Entmischungszonen oder feinste Ausscheidungen bis etwa 150 Å Durchmesser von wandernden Versetzungen unter entsprechendem Energieaufwand durchschnitten. Beides gemeinsam bewirkt eine erhebliche Steigerung der Spannung, welche notwendig ist, um Versetzungen durch das Gitter zu verschieben (erkennbar an einer erhöhten 0,2%-Dehngrenze).

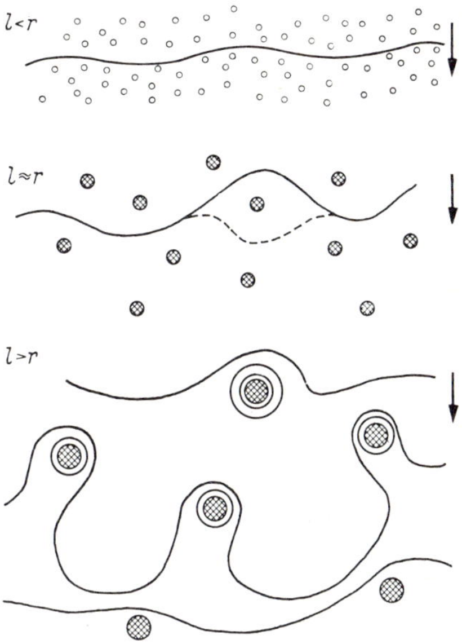

Bild 161 a bis c: Bewegung einer Versetzungslinie durch einen Kristall mit Ausscheidungen von verschiedenen Dispersionsgraden (schematisch), l = mittlerer Abstand zwischen den Ausscheidungen, r = Krümmungsradius, den die Versetzungslinie unter dem Einfluß der vorliegenden inneren Spannung annehmen kann. Pfeil = Bewegungsrichtung der Versetzung.

Ausscheidungen, deren Durchmesser größer als etwa 150 Å ist, werden von Versetzungen meist nicht mehr durchschnitten. Vielmehr werden die Versetzungen an diesen Ausscheidungen lokal verankert, wobei sie aber noch eine gewisse Beweglichkeit in den freien Räumen zwischen den Ausscheidungen behalten.
Solange die Ausscheidungsteilchen von den Versetzungen durchschnitten werden, steigt die Dehngrenze im allgemeinen mit zunehmendem Durchmesser der Ausscheidungen. Beim Übergang von Bild 161a zu Bild b resultiert also eine Erhöhung der 0,2%-Dehngrenze. Erst wenn der in Bild c beschriebene Umgehungsmechanismus einsetzt, nimmt die 0,2%-Dehngrenze mit zunehmender Vergrößerung des Abstandes der Ausscheidungen ab.
Wir haben uns auf eine kurzgefaßte Beschreibung der Wechselwirkung zwischen Ausscheidungen und Versetzungen beschränkt, wobei der Einfluß von Abstand und Durchmesser der Ausscheidungen nicht separat behandelt wurde. Es lag uns daran, bei den aushärtbaren Legierungen den Zusammenhang zwischen getroffenen Maßnahmen, den daraus resultierenden Vorgängen im Gefüge sowie den Beobachtungen über die Eigenschaften des Endproduktes (Festigkeitswerte) durch atomistische Betrachtungsweise in einer vereinfachten Darstellung zu erläutern.

Mitwirkung von Leerstellen bei Ausscheidungsvorgängen

Bisher sind wir auf die Mitwirkung der Leerstellen bei den Aushärtungsvorgängen nicht weiter eingegangen. Bereits auf Seite 99 hatten wir darauf hingewiesen, daß der Platzwechsel von Atomen im festen Zustand an das Vorhandensein von Leerstellen gebunden ist. An der gleichen Stelle ist auch der im Gleichgewicht befindliche Anteil an Leerstellen im Aluminiumgitter für verschiedene Temperaturen angegeben.
Durch rasches Abschrecken von ca. 500 °C gelingt es, einen sehr hohen Überschuß an Leerstellen im Gefüge einzufrieren. Diese Leerstellen haben aber bei Raumtemperatur und bei leicht erhöhter Temperatur eine hohe Beweglichkeit und ermöglichen die Ausscheidungsvorgänge während der Auslagerung aushärtbarer Legierungen.
Hierfür zwei anschauliche Beispiele:

1. Wird eine AlCu4-Legierung nach Lösungsglühen und Abschrecken kurzzeitig auf 200 °C erwärmt (ca. 1 Min.), so verschwinden die übersättigten Leerstellen in „Senken" (z. B. Korngrenzen), und beim anschließenden Auslagern sind alle Aushärtungsvorgänge äußerst verlangsamt. Im vorliegenden Fall sind also die Leerstellen bei 200 °C viel beweglicher als die Kupferatome.
2. Die Legierung AlCuMg zeigt beim Auslagern bei Raumtemperatur eine markante Kaltaushärtung, nicht aber die Legierung AlCu4. Der Grund dürfte darin zu sehen sein, daß die relativ großen Magnesiumatome in ihrer Nachbarschaft eingefrorene Leerstellen in lockerer Bindung festhalten, die dann nach und nach bei Raumtemperatur zu Senken diffundieren und dabei den Kupferatomen die Ansammlung in GP-Zonen ermöglichen.

Spezielles über aushärtbare Legierungen
Gefügeumlagerungen beim Hochglühen und Strangpressen von AlMgSi

An technischen Legierungen liegen bisher nur wenige Studien über die in der Praxis auftretenden Entmischungs- und Ausscheidungsvorgänge vor. Wir geben im folgenden für die Legierung AlMgSi0,5 einige Hinweise über die anzunehmenden Gefügeumlagerungen. Bereits in Bild 110 auf Seite 108 war das Spektrum der Entmischungszonen und Ausscheidungen schematisch beschrieben worden, welches bei der Legierung AlMn nach einer Hochglühung anzunehmen ist.
Analoge Verhältnisse liegen auch bei der Legierung AlMgSi0,5 vor. In Bild 162 wird schematisch dargestellt, welche maximale und durchschnittliche Größe von Ausscheidungen und Entmischungszonen im Gefüge dieser Legierung anzunehmen sind, wenn ein Preßbolzen und das hergestellte Profil den heute üblichen thermischen Zyklus durchläuft. Gemäß Bild 162 wird durch langsame Abkühlung des Preßbolzens erreicht, daß nach der Hochglühung ein merklicher Teil der Mg- und Si-Atome beim Einsetzen des Strangpreßvorganges in Form von Ausscheidungen mittlerer Größe vorliegt, um die Legierungsverfestigung und somit den Kraftbedarf beim Strangpressen zu verringern*).
Während des Strangpressens und unmittelbar danach gehen die Ausscheidungen größtenteils wieder in Lösung.
Je heterogener der Preßbolzen nach der Hochglühung vorliegt, um so wichtiger ist es, daß vor und während des Strangpressens die Mg_2Si-Ausscheidungen vor dem Abschrecken des Profils

*) Diese Feststellung gilt für Bolzen, welche vor dem Verpressen nur kurz auf ca. 420 bis 460 °C angewärmt werden (z. B. induktiv), so daß die vorliegenden Ausscheidungen noch nicht in Lösung gehen.

weitgehend in Lösung gebracht werden, um bei der anschließenden Auslagerung die Festigkeitswerte genügend hoch zu erhalten.

Ein wichtiges Kriterium ist insbesondere die Austrittstemperatur des Profils, welche bei AlMgSi0,5 oftmals zwischen etwa 470 und 530 °C liegt, wobei diese Temperatur mit zunehmender Bolzentemperatur, steigender Preßgeschwindigkeit und erhöhtem Verpressungsgrad zunimmt. Das Vorliegen gröberer Ausscheidungen erleichtert das Anpressen, jedoch müssen die Arbeitsbedingungen so gewählt werden, daß die Ausscheidungen bis zum Abschrecken des Profils wieder weitgehend in Lösung gegangen sind.

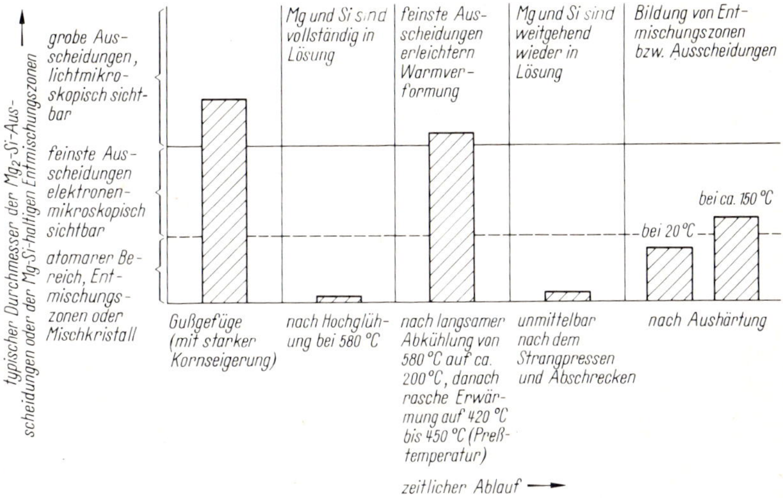

Bild 162: Schematische Darstellung der Umlagerung von Mg und Si bei der Fertigung von Profilen aus AlMgSi0,5.

Mögliche Fehler bei der Wärmebehandlung einer aushärtbaren Legierung

Das Gefügebild 2 in Bild 153 veranschaulicht, was geschieht, wenn man die Temperatur der Lösungsglühung zu hoch wählt: es bilden sich dann Anschmelzungen an den Korngrenzen; eine solche ,,verbrannte" Legierung ist unbrauchbar und muß eingeschmolzen werden.

Sodann ist es z. B. bei den typischen AlCuMg- und den Mn- oder Cr-haltigen AlMgSi1-Legierungen wichtig, nach dem Lösungsglühen das Abschrecken ohne jede Verzögerung vorzunehmen. Bereits 10 bis 30 Sekunden ,,Vorkühlzeit" auf Temperaturen innerhalb des heterogenen Gebietes (d. h. auf z. B. 300–450 °C) ergeben beginnende grobe Ausscheidungen (Gefüge 4 in Bild 153) und damit Festigkeitsverluste nach dem Abschrecken und Aushärten*).

Andere aushärtbare Legierungen vertragen hingegen ohne Nachteil eine milde Abschreckung (z. B. durch Anblasen mit Luft nach der Lösungsglühung). Hierzu gehören die Legierung AlZnMg1 sowie niedrig legiertes AlCuMg mit etwa 2% Cu-Gehalt und das Mn-arme niedrig legierte AlMgSi. Allgemein gilt die Regel, daß die Abkühlung nach der Lösungsglühung um so langsamer erfolgen darf, je niedriger der Gehalt an aushärtbaren Legierungselementen ist, d. h.,

*) Vor allem verschlechtert sich die Korrosionsbeständigkeit (siehe Bild 169). Analoges ereignet sich beim Schweißen von ausgehärteten Legierungen, wobei nahe der Schweißnaht durch die dort einsetzende Heterogenisierung ein Festigkeitsverlust auftritt, wenn nicht erneut ausgehärtet und ausgelagert wird.

Tabelle 13: Einige Angaben über das Abschrecken aushärtbarer Legierungen nach einer Lösungsglühung

Legierung	Lösungsglühtemperatur	Abkühlung auf < 200 °C	Typisches Abschreckmedium
AlCuMg1 (mit etwa 4% Cu-Gehalt)	500 °C	5–15 sec	Wasser
Niedrig legiertes AlCuMg (mit 2% Cu-Gehalt)	475–505 °C	40–60 sec	Wasser, bei Blechen unter 1,5 mm auch rasch bewegte Luft
AlMgSi1 (je ca. 1% Si und 1% Mg mit Mn-Zusatz)	540 °C	20–30 sec	Wasser bei > 3 mm Wanddicke, bewegte Luft bei < 3 mm Wanddicke
AlMgSi0,5 (je ca. 0,5% Mg und 0,5% Si)	530 °C	40–60 sec	Wasser bei > 5 mm Wanddicke, Luft bei < 5 mm Wanddicke
AlZnMg1 (mit 4–5% Zn)	450 °C	5–20 min	bewegte Luft
AlZnMgCu (mit 6% Zn, 2% Mg, 1,5% Cu)	530 °C	30–40 sec	Wasser oder Sprühnebel

je geringer die Übersättigung bei z. B. 300 °C ist, um so geringer ist die Ausscheidungsgeschwindigkeit bei dieser Temperatur. Bei einigen Legierungen, beispielsweise AlMgSi, wird die Ausscheidungsgeschwindigkeit des Magnesiumsilizids in starkem Maße durch Legierungszusätze wie Mangan und Chrom erhöht.
Prinzipiell schreckt man stets so milde ab, als dies ohne Festigkeitseinbuße am ausgehärteten Halbzeug und ohne Verschlechterung des Korrosionsverhaltens (z. B. bei AlCuMg) möglich ist, um die bei der Abschreckung entstehenden inneren Spannungen gering zu halten. Diese können Verwerfungen hervorrufen, was teure Richtarbeiten notwendig macht. Daher wendet man beim Strangpressen von dünnwandigen Profilen aus AlMgSi0,5,vorzugsweise die Luftabschreckung an, während die stärker übersättigte Legierung AlMgSi1 im Regelfall mit Wasser abgeschreckt wird wegen der erheblich höheren Ausscheidungsgeschwindigkeit des Mg_2Si.
Das Abschreckverfahren richtet sich im übrigen nach der Wanddicke. In Tabelle 13 sind einige Richtzahlen für das Abschrecken wiedergegeben.
Es ist kennzeichnend für die ausgehärteten Legierungen, daß sie gegenüber Temperaturen oberhalb 120 bis 160 °C empfindlich sind, wenn diese längere Zeit einwirken. Man erhält dann grobe Ausscheidungen gemäß Bild 160. Daher hat es keinen Zweck, die ausgehärteten Legierungen zu ,,entfestigen", da sich dabei die Gefügeeigenschaften zu sehr verschlechtern. Dies gilt auch für AlMg-Legierungen mit über 4% Magnesium.
Durch eine Entfestigungsglühung bei z. B. 250 °C geht zwar die Festigkeit zurück, durch die entstehenden Ausscheidungen aber bekommt man eine stark erhöhte Korrosionsempfindlichkeit, welche vor allem die Korngrenzen betrifft. An den Korngrenzen setzen Ausscheidungsvorgänge besonders rasch ein. Dies geht aus Bild 163 deutlich hervor. Wir wissen bereits, daß in der Nähe der Korngrenzen der Gitterbau teilweise gestört ist, so daß dort mehr Platz zwischen den Aluminiumatomen vorhanden ist. Dies wirkt sich in einer erhöhten Beweglichkeit (,,Diffusionsgeschwindigkeit") der Fremdatome aus. Der helle Saum in der Nähe der Korngrenzen kommt dadurch zustande, daß übersättigte Leerstellen sich bevorzugt an den Korngrenzen auflösen. Daher sind in der Nachbarschaft einer Korngrenze die Ausscheidungsvorgänge verzögert. Wenn man also aushärtbare Legierungen bis in den Bereich der Entfestigung erwärmt, bewirken die insbesondere an den Korngrenzen entstehenden Ausscheidungen und/oder der ausscheidungsfreie Saum eine lokale starke ,,Potentialdifferenz" und damit eine Anfälligkeit gegenüber ,,Korngrenzenkorrosion", Einzelheiten siehe Seite 162.

Vorgänge beim Weichglühen einer aushärtbaren Legierung

Wie schon im vorangegangenen Kapitel erwähnt wurde, kann eine Glühung bei höherer Temperatur die Aushärtung wieder rückgängig machen. Z. B. wird in einer AlCu-Legierung durch die größere Beweglichkeit der Kupferatome die Gleichgewichtsphase $CuAl_2$ gebildet, welche bei längerer Glühzeit zu großen mikroskopisch gut sichtbaren Ausscheidungen („Einlagerungen") anwächst (Bild 163). Diese haben nur eine geringe verfestigende Wirkung. Aushärtbare Legierungen werden meist bei Temperaturen zwischen 350 bis 400 °C weichgeglüht.

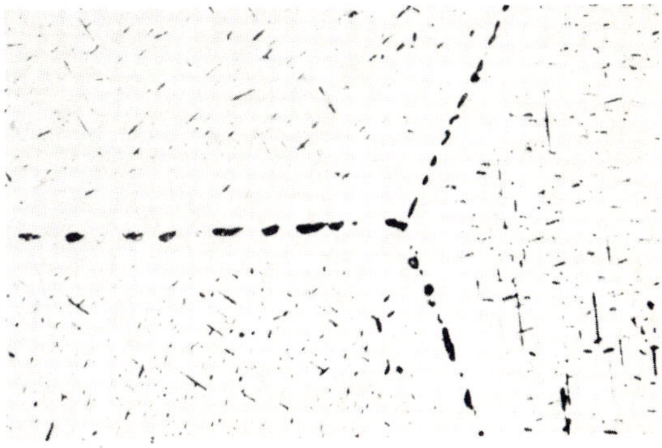

Bild 163: Schliffbild eines AlCuMg-Bleches bei 400 °C heterogenisiert (nach Hanemann und Schrader). Die kupferhaltigen Ausscheidungen sind bevorzugt an den Korngrenzen erfolgt. Es tritt ein ausscheidungsfreier Saum in der Nähe der Korngrenzen auf. V = 5800 : 1.

Nach dem Weichglühen muß man langsam abkühlen (am besten mit weniger als 30 °C/ Stunde). Bild 149 zeigt, daß bei 350 bis 400 °C bei fast allen Legierungszusätzen, die aushärtbare Legierungen ergeben, bereits eine wesentlich höhere Löslichkeit vorliegt als bei Raumtemperatur. Wenn man also nach dem Weichglühen rasch abkühlt (oder sogar in Wasser abschreckt), erhält man beim Auslagern immer noch eine gewisse Aushärtung, die aber für den weichen Zustand unerwünscht ist. Durch langsames Abkühlen bis auf Temperaturen von etwa 200 °C bringt man die bei höherer Temperatur gelösten Atome in groben Einlagerungen zur Ausscheidung und entzieht sie damit einer verfestigenden Wirkung. So gelangt man zum „weichen Zustand" einer aushärtbaren Legierung und kann eine Formgebung relativ leicht vornehmen, zumal bei der Weichglühung neben der Heterogenisierung eine Rekristallisation erfolgt. Wenn man nach dem Weichglühen oder nach anschließender Umformung den ausgehärteten Zustand wieder zu erhalten wünscht, bringt man durch eine Lösungsglühung alle Einlagerungen zunächst wieder in Lösung, schreckt ab und lagert dann aus. Hier sehen wir deutlich den Unterschied zu nichtaushärtbaren Legierungen oder zum Reinaluminium. Wenn diese Werkstoffe weichgeglüht sind, ist die Erweichung endgültig, wenn nicht erneut umgeformt wird.

Umformen von aushärtbaren Legierungen

Die Warmumformung setzt ein Gefüge voraus, das keine groben Heterogenitäten oder Poren enthalten darf, da wegen der Kerbempfindlichkeit der hochfesten Legierungen an diesen Stellen sonst Trennbrüche entstehen würden.

Die Formgebung von Blechen durch Kaltumformen (Abkanten, Streckziehen, Tiefziehen etc.) wird vorzugsweise im lösungsgeglühten Zustand durchgeführt, teilweise auch nach Weichglühung. In vereinzelten Sonderfällen wird eine Blechumformung auch nach einer kurzzeitigen

Rückbildungsglühung (z. B. einige Minuten bei 180 bis 200 °C) vorgenommen. Welche thermische Behandlung der Kaltumformung vorausgehen sollte, hängt von einer Vielzahl von Faktoren ab, insbesondere von der auftretenden Kaltaushärtung zwischen Lösungsglühen und Umformen, den zulässigen Umformkräften, dem Umformgrad und der Möglichkeit einer Lösungsglühung nach dem Umformen, wobei aber unerwünschtes Kornwachstum auftreten kann. Im Regelfall gibt man dem Umformen nach dem Lösungsglühen den Vorzug.

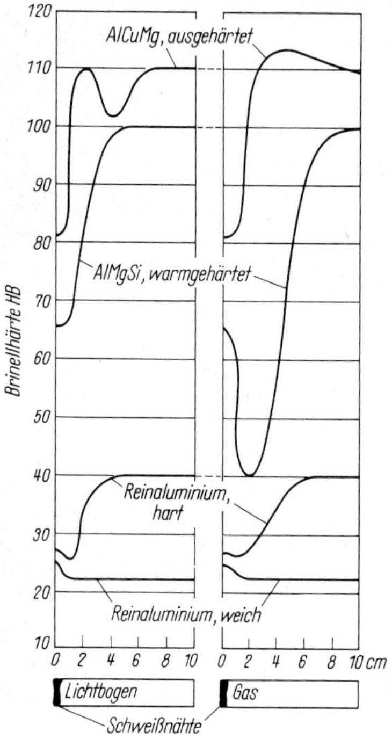

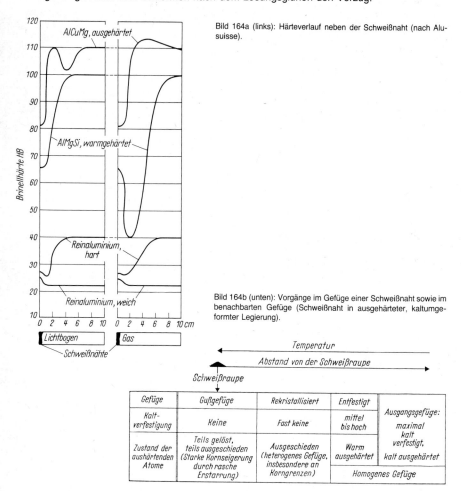

Bild 164a (links): Härteverlauf neben der Schweißnaht (nach Alusuisse).

Bild 164b (unten): Vorgänge im Gefüge einer Schweißnaht sowie im benachbarten Gefüge (Schweißnaht in ausgehärteter, kaltumgeformter Legierung).

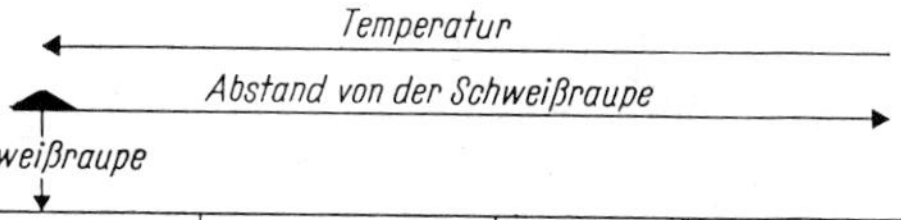

Gefüge	Gußgefüge	Rekristallisiert	Entfestigt	Ausgangsgefüge:
Kaltverfestigung	Keine	Fast keine	mittel bis hoch	maximal kalt verfestigt,
Zustand der aushärtenden Atome	Teils gelöst, teils ausgeschieden (Starke Kornseigerung durch rasche Erstarrung)	Ausgeschieden (heterogenes Gefüge, insbesondere an Korngrenzen)	Warm ausgehärtet	kalt ausgehärtet
			Homogenes Gefüge	

Gleichzeitiges Auftreten verschiedener Vorgänge in Gefüge und Atomanordnung: erläutert am Beispiel der Schweißnaht

Bild 164a gibt für Reinaluminium und ausgehärtete Legierungen den Verlauf der Härte in der Nähe einer Schweißnaht wieder. Beim Schweißen erzeugt man im Gefüge ein starkes Temperaturgefälle. In der eigentlichen Schweißzone hat man Temperaturen über dem Schmelzpunkt, in den folgenden Gefügezonen durchläuft man stetig abnehmende Temperaturen. In den nahe benachbarten Gefügezonen laufen daher gleichzeitig verschiedene Umlagerungen ab. Beim Schweißen von kaltverformtem Material aus einer ausgehärteten Legierung treten gleichzeitig fünf verschiedene Vorgänge auf: Beseitigung der Kaltaushärtung, Entstehung von rekristalli-

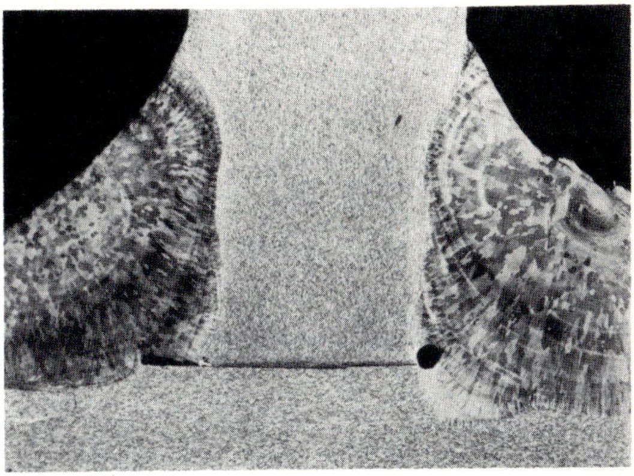

Bild 165: Schliffbild einer T-Schweißung von AlZnMg1. V = 4 : 1.

siertem und entfestigtem Gußgefüge sowie Warmaushärtung und Heterogenisierung. Wie Bild 164b deutlich zeigt, ist die Ursache aller ablaufenden Vorgänge zwar dieselbe, nämlich eine für kurze Zeit gesteigerte Beweglichkeit der Atome. Dieselbe Ursache bewirkt aber nun durch Wanderung oder Umlagerung von Atomen sechs unabhängige und in ihren Auswirkungen grundverschiedene Vorgänge. Die Bilder 164a und 165 geben einen empirischen Befund, der nur teilweise zum Verständnis der Grundvorgänge führen kann, da diese sich in ihren Auswirkungen überdecken. Erst wenn man in der Lage ist, etwa nach Art von Bild 164b, die einzelnen Prozesse getrennt voneinander zu betrachten, kann man die Auswirkungen beispielsweise bezüglich Festigkeit oder Korrosion übersehen.

XII. Korrosionsverhalten des Aluminiums

Durch Korrosion wollen die Metalle „zurück zur Natur". Der Ausdruck Korrosion leitet sich von dem lateinischen Wort „corrodere", d. h. „benagen", ab. Als Korrosion bezeichnet man die große Gruppe der verschiedenen Anfressungs- oder Auflösungsvorgänge, denen ein Metall im Laufe der Zeit unterliegen kann.

Das Aluminium muß als ein ausgesprochen korrosionsbeständiges Gebrauchsmetall gelten, da es sich in vielen Fällen ohne jeden Schutzanstrich oder sonstigen Oberflächenschutz verwenden läßt. Das ungeschützte Aluminium ist bei Bewitterung, im Süßwasser, im Meerwasser sowie gegenüber vielen Lebensmitteln und Chemikalien durchaus beständig, solange die richtigen Werkstoffe und thermischen Behandlungen sowie geeignete Verbindungsverfahren angewendet werden. Es gibt viele Beispiele für die lange Lebensdauer des Aluminiums, z. B. das Dach der St.-Joachims-Kirche in Rom, das sich ohne Oberflächenschutz seit 1897 in gutem Zustand befindet (kleine Pittings von weniger als 0,1 mm Tiefe, Werkstoff: Reinaluminium mit 0,5% Fe und 0,9% Si als Verunreinigung).

Gerade wegen der umfangreichen Anwendung ungeschützten Aluminiums ist es aber wünschenswert, die Ursachen zu kennen, welche eine Korrosion des Aluminiums hervorrufen können. Wir werden im folgenden sehen, daß ein wirkliches Verständnis der Korrosionsvorgänge erst dann möglich wird, wenn man sie einmal „von innen her" betrachtet, d. h. den Elementarvorgängen nachgeht.

Die Korrosionsprozesse sind vorwiegend Oxidationsvorgänge, d. h., es bildet sich als Korrosionsprodukt ein Metalloxid (= Verbindung zwischen Metall und Sauerstoff). Im Falle des Eisens entsteht Rost (Eisenoxid), im Falle des Aluminiums weißes, wasserhaltiges Aluminiumoxid als Korrosionsprodukt.

Bekanntlich kommen die Gebrauchsmetalle in der Natur nicht gediegen, d. h. metallisch vor, sondern man findet sie meist an Sauerstoff gebunden. Dies ist chemisch betrachtet der stabilste Zustand, da die Bindung zwischen den unedlen Gebrauchsmetallen und dem Sauerstoff sehr fest ist. Aluminium wird in Form von wasserhaltigem Oxid (im „Bauxit") in der Erdrinde gefunden. Annähernd gleiche Verbindungen sind auch in den Korrosionsprodukten enthalten. Wenn man nun im Hochofen (beim Eisen) oder in der Elektrolysezelle (beim Aluminium) dem Metalloxid unter Aufwendung größerer Energiemengen den Sauerstoff entreißt und das reine Metall gewinnt, so bringt man damit die Metallatome künstlich auf ein höheres Energieniveau.

Ähnlich liegen die Verhältnisse, wenn man z. B. Wasser unter Energieaufwand in ein hochgelegenes Reservoir pumpt: Man muß dafür Sorge tragen, daß das Reservoir gut abgedichtet wird, denn Wasser hat die Tendenz, über alle verfügbaren Möglichkeiten wieder nach unten, auf ein tieferes Energieniveau zu gelangen. Je undichter die Wand des Reservoirs ist, um so rascher ist dann das Wasser wieder auf dem tieferen Niveau angelangt. Um den Vergleich fortzuführen, kann man sagen, daß auch das unedle Gebrauchsmetall in einer möglichst schützenden Hülle aufbewahrt werden muß, um es daran zu hindern, im Verlaufe von Korrosionsvorgängen wieder in den energieärmeren Zustand des Metalloxides zurückzukehren.

Als solche schützende Hülle, die den künstlich in den Gitterverband des metallischen Zustandes gezwungenen Metallatomen ein „zurück zur Natur" unmöglich machen oder erschweren soll, dient im Falle des Eisens eine Schutzschicht aus edlerem Metall – z. B. Chrom – oder ein ständig zu erneuernder Schutzanstrich. Je mehr schwache Stellen eine solche Schutzschicht hat, um so mehr Metallatome gehen in den energieärmeren Zustand des Oxides über und sind dann als Roststellen zu erkennen.

Bild 166: Korrosionsprüfstand in Meeresatmosphäre.

Glücklicherweise hat die Natur dem metallischen Aluminium gleich eine schützende Hülle in Gestalt der natürlichen Oxidhaut mit auf den Weg gegeben. Schabt man sie ab, so verbindet sich das freigelegte Aluminium sofort wieder mit dem Luftsauerstoff. Dabei verbaut sich aber der Sauerstoff schon innerhalb kurzer Zeit selbst den Weg, da das entstehende Aluminiumoxid einen dichtschließenden Film auf der Oberfläche bildet, der dem Sauerstoff oder anderen angreifenden Flüssigkeiten und Gasen den Zutritt zu den Aluminiumatomen verwehrt. Dagegen bildet das Eisen bei der Reaktion mit dem Luftsauerstoff keine dichtschließende Oxidhaut – vielmehr blättert das entstehende Oxid (von rotbrauner Farbe) in einzelnen Schuppen ab, so daß dieser „Rost" für das Eisen fast gar keine Schutzwirkung hat.

Korrosionsarten bei Aluminium

Bei Eisen liegt der Problemkreis der Korrosionsfälle verhältnismäßig einfach. Zunächst hat sich jeder daran gewöhnt, daß das ungeschützte Eisen rostet. Auch geht der Angriff auf das Eisen oft flächenförmig ohne weitere Besonderheiten vor sich, und man kann leicht abschätzen, daß unter bestimmten Bedingungen ungeschütztes Eisen nach einer gewissen Anzahl von Jahren wieder in Eisenoxid zurückverwandelt und somit in den Ausgangszustand zurückgekehrt sein wird. Dagegen ist die Situation beim Aluminium in mancher Hinsicht unterschiedlich. Oftmals wird vom Aluminium erwartet, daß es völlig immun gegen jeden Korrosionsangriff sein soll. So einfach liegen die Verhältnisse nun aber doch nicht, was den Laien unter Umständen überrascht.

Unterschied zwischen trockenen und feuchten Korrosionsmedien

Man kann die Vorgänge der Metallauflösung in zwei große Gruppen unterteilen:
1. Der Angriff ohne Anwesenheit von Wasser.
2. Die Auflösung bei Anwesenheit von Wasser.

Die erstgenannte Gruppe ist sehr einfach zu behandeln und hat für Aluminium im allgemeinen in der Praxis eine untergeordnete Bedeutung.

Bei Zimmertemperatur reagiert das Aluminium mit dem Luftsauerstoff, jedoch kommt dieser Oxidationsvorgang schon bei einer sehr dünnen Oxidhaut von etwa 0,01 µm Dicke zum Stillstand (1 µm = $^{1}/_{1000}$ mm).

Des weiteren entstehen durch Reibung an blanken Berührungsstellen Oberflächenschädigungen, die als Reibkorrosion oder Reiboxidation bezeichnet werden.

Bei hohen Temperaturen, z. B. oberhalb 500 °C, reagiert das Aluminium mit dem Sauerstoff unter Bildung von dickeren Oxidschichten. Das dabei an der Oberfläche gebildete Aluminiumoxid schützt auch in diesem Falle das darunterliegende Metall vor dem weiteren Angriff des Sauerstoffes. Bei einer Temperatur von etwa 600 °C erreicht die Schicht eine Dicke von rd. 0,1 mm.

Nunmehr wollen wir uns um das Verständnis der zweiten und wichtigeren Gruppe der Zersetzungserscheinungen bemühen, nämlich der Auflösungsvorgänge bei Anwesenheit von Wasser. Zunächst ist zu berücksichtigen, daß auch auf scheinbar trockenem Aluminium meist eine dünne Wasserhaut anwesend ist, die auf Adsorption und Kondenswasserbildung zurückzuführen ist. Wenn daher z. B. ein Aluminiumblech, das trockener, stark aggressiver Industrieatmosphäre ausgesetzt wurde, angegriffen wird, so ist in diesem Falle die Korrosion in Wirklichkeit unter Mitwirkung der auf der Oberfläche befindlichen dünnen Flüssigkeitshaut vor sich gegangen. Dennoch darf man hieraus nicht den Schluß herleiten, daß Wasser generell den Korrosionsangriff begünstigt. Häufiges Regnen ist im Bereich aggressiver Atmosphären sogar günstig, da hierdurch aggressive Ablagerungen weggewaschen werden. Sodann bilden sich vielfach, durch den Kontakt zwischen Wasser oder wäßrigen Lösungen und dem Aluminium, wirksame Schutzschichten.

Flächenhafte Korrosion, Beständigkeit des Aluminiums gegen diverse Agenzien

Aluminium erleidet bei der Bewitterung in Meeres- und Industrieklima im allgemeinen einen flächenhaften Angriff, der allerdings im Regelfall durch die Bildung eines dichten Oxidbelages zum Stillstand kommt, oder sich jedenfalls sehr verlangsamt (Bild 167). Beim Wachstum dieser Oxidschichten geht allerdings der metallische Glanz der Aluminiumoberfläche verloren. Teilweise treten auch zahlreiche kleinste Pittings geringer Tiefe auf, die durch Oxide verschlossen werden.

Bei der atmosphärischen Korrosion spielt die Luftfeuchtigkeit in Kombination mit geringen Spuren aggressiver Agenzien in der Luft eine besondere Rolle, insbesondere von Schwefeldioxid (aus Verbrennungsgasen) und Kochsalz (in Meeresnähe).

Je nach dem Verunreinigungsgrad der Luft und dem Temperaturzyklus, den die Aluminiumoberfläche durchläuft, tritt die atmosphärische Korrosion oberhalb von etwa 60 bis 80% relativer Luftfeuchtigkeit verstärkt auf.

Die Bildung von Kondenswasser in aggressiver Industrieatmosphäre ist oftmals die Ursache einer Korrosion, z. B. bei Profiloberflächen. Beim Strangpressen bildet sich zunächst eine oxidfreie Oberfläche, auf welcher, je nach den zufälligen Bedingungen, eine mehr oder weniger gut schützende Oxidschicht entsteht. Stapel von Profilen sollten daher nicht starken Temperaturschwankungen in Industrieatmosphäre ausgesetzt sein, da sonst eine leichte Oberflächenkorrosion in Gang kommt, welche erhöhte Polierarbeiten notwendig macht. Trockene Lagerung der Profilstapel ist daher angezeigt, damit die Kondenswasserbildung auf den Profiloberflächen verringert wird. Auch bei Bandbunden ist die Kondenswasserbildung unerwünscht, da das Wasser durch Kapillarwirkung von den Schnittkanten her einige cm weit zwischen die Windungen eindringt und dort Verfärbungen oder oberflächliche Korrosion verursachen kann.

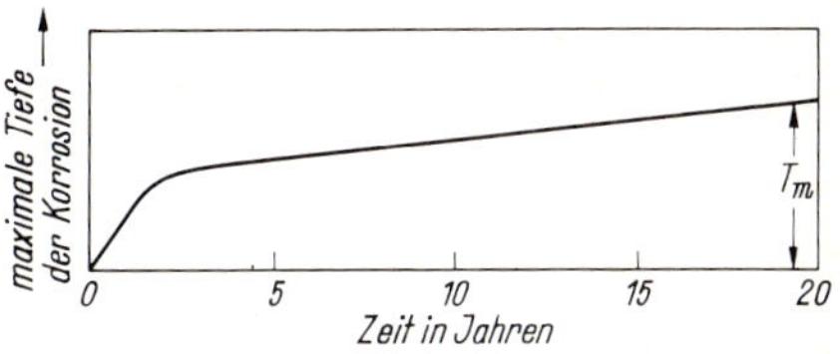

Bild 167: Typische Korrosionskurve bei atmosphärischer Korrosion. T_m = ca. 0,01 bis 0,1 mm, je nach Aggressivität der Luft.

Das Verhalten des Aluminiums im Kontakt mit Wässern kann hier nur kurz gestreift werden. In Meerwasser sind insbesondere AlMg-Legierungen sehr beständig. In hartem Leitungswasser entsteht bei Temperaturen oberhalb etwa 50 °C eine graue Oxidschicht (Brunnenwasserschwärzung). Dies kann durch vorherige Aufbringung einer geeigneten Schutzschicht verhindert werden. Kaltes Leitungswasser kann das Aluminium angreifen, wenn aggressive Bestandteile im Wasser enthalten sind.

Abschließend soll noch kurz auf starken flächenhaften Angriff hingewiesen werden, der allerdings in der Praxis gar nicht vorkommen sollte:

Wenn Aluminium mit einem starken Lösungsmittel wie z. B. Natron- oder Kalilauge, Flußsäure, Salzsäure, Schwefelsäure oder schwefelige Säure in Berührung kommt, entstehen Aluminiumverbindungen, die im Angriffsmittel löslich sind. Der Angriff erstreckt sich dann als gleichmäßige Abtragung auf die gesamte Berührungsfläche und kann je nach Lösungsmittel mit der Zeit linear, ansteigend oder abnehmend verlaufen.

Im allgemeinen ist die Oxidhaut des Aluminiums zwischen pH = 5 bis 8 beständig*), wobei es bei Anwesenheit spezieller Ionen erhebliche Ausnahmen gibt. Z. B. greifen konzentrierte Salpetersäure (pH = 1), Eisessig (pH = 3) und Ammoniak (pH = 13) das Aluminium nicht oder nur geringfügig an.

Örtliche Korrosion (Lochfraß)

Bei dieser Art des Angriffes bilden sich örtliche Anfressungen (Bild 168). Kleine Lochfraß-Stellen heilen in vielen Fällen selbst aus. Sie werden oft als „Pittings" bezeichnet.

Die als Korrosionsprodukte entstehenden Aluminiumoxide verschließen wie ein Pfropfen die kleine Angriffsstelle, so daß dem angreifenden Wasser schließlich der Zutritt verwehrt ist, worauf der Korrosionsvorgang an dieser Stelle zum Stillstand kommt. Wenn das Aluminium z. B. einer aggressiven Flüssigkeit ausgesetzt wurde, ist nachher oftmals auf der Oberfläche eine Anzahl kleiner angefressener Stellen zu sehen, die sich durch Korrosionsprodukte selbst geschlossen und ausgeheilt haben. Unter ungünstigen Bedingungen kann der Lochfraß allerdings auch ein Blech durchlöchern.

*) Der pH-Wert ist ein Maß dafür, inwieweit eine wässerige Lösung sauer (pH 1 bis 7) oder alkalisch (pH 7 bis 14) ist.

Kommt es zur Lochfraßbildung, so wird diese von zwei verschiedenen Faktoren beeinflußt. Erstens vom angreifenden Medium (z. B. können saure Speisen bei Aluminiumgeschirr nach längerer Einwirkung Lochfraß erzeugen). Zweitens spielt die Metallzusammensetzung als Faktor eine Rolle. Bei einer Reihe von Knetwerkstoffen begünstigt ein kleiner Kupfergehalt (ca. 0,1%) einen flächenförmigen Angriff. Die Legierung AlMn hat ein etwas günstigeres Pittingverhalten als Reinaluminium. Werkstoffzusammensetzung und Gefügezustand sind aber in den seltensten Fällen die Ursache einer überraschend auftretenden, verstärkten Pittingbildung. Vielmehr ist das Korrosionsmedium meistens die Ursache. Abscheidungen von Schwermetallen oder von Kohle (eingebrannte Speisereste) begünstigen die Lochfraßbildung durch Bildung galvanischer Elemente.

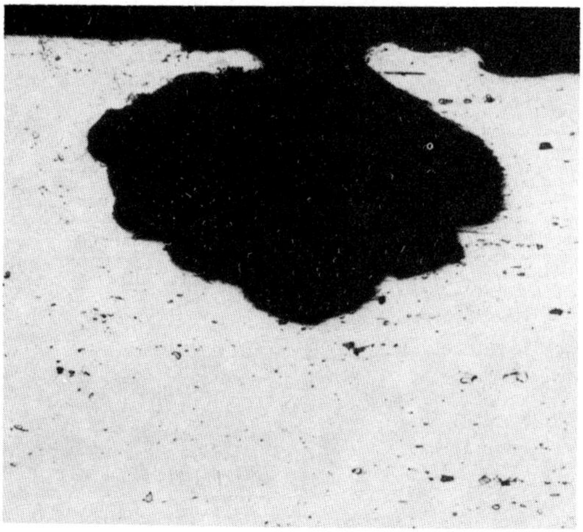

Bild 168: Lokale Korrosionsstelle an Aluminium. „Lochfraß" oder „Pitting".

Interkristalline Korrosion

Die interkristalline Korrosion tritt entlang den Korngrenzen auf und kann hierdurch einen weitgehenden Rückgang der Festigkeit verursachen. Bei Knetlegierungen mit über 3,5% Mg-Gehalt sowie bei AlCuMg- oder AlZnMgCu-Legierungen kann diese Korrosionsart auftreten, aber nur dann, wenn Fehler in der Wärmebehandlung vorliegen. Wird z. B. die Legierung AlCuMg Temperaturen zwischen 200 und 400 °C ausgesetzt, so bilden sich an den Korngrenzen kleine kupferhaltige Ausscheidungen, während in den Randzonen der Körner (Kornsaum) eine entsprechende Verarmung an Kupfer eintritt. Ein ähnlicher Gefügezustand wird erhalten, wenn man diese Legierung oder z. B. die Legierung AlZnMgCu nach dem Lösungsglühen nicht schnell genug abschreckt. Setzt man sie dann einer aggressiven Umgebung aus, so dringt die Korrosion rasch entlang den Korngrenzen in das Metall hinein, was zu einer weitgehenden Gefügeauflockerung führen kann (Bild 169).
Ein ähnlicher Fall kann bei den höherprozentigen AlMg-Werkstoffen beobachtet werden. Enthält z. B. das kaltverformte Material übersättigt gelöstes Magnesium, so scheidet sich dieses bei z. B. 100 bis 200 °C in relativ kurzer Zeit an den Korngrenzen als Al_3Mg_2 (β-Phase) aus. Da diese intermetallische Verbindung erheblich unedler ist als die Matrix (der α-Mischkristall), wird sie bei Korrosionseinwirkung bevorzugt angegriffen.

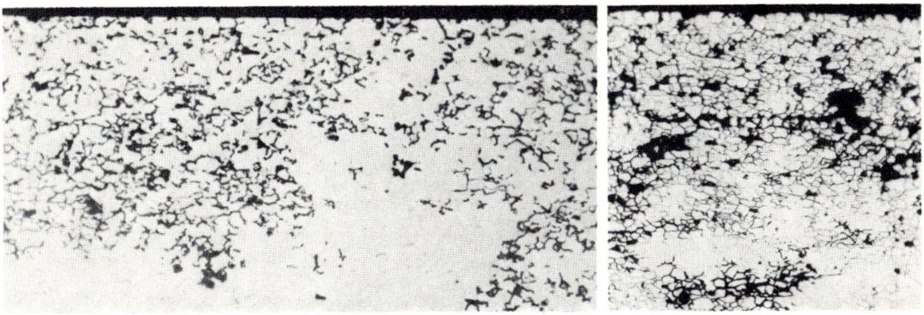

Bild 169: Einfluß der Vorkühlzeit auf die interkristalline Korrosion von AlCuMg (links: Vorkühlzeit 20 s, rechts: Vorkühlzeit 60 s). 3 Tage in 3%iger Kochsalzlösung mit Zusatz von 1% Salzsäure korrodiert. Als Vorkühlzeit wird die Zeit bezeichnet, die nach dem Lösungsglühen bis zum Einbringen in das Abschreckbad verstreicht. Bei zu langen Vorkühlzeiten sinkt die Temperatur von 500 °C langsam ab, und es bilden sich feine Kupferausscheidungen an den Korngrenzen, durch welche die Korngrenzenkorrosion begünstigt wird. V = 110 : 1 (links), V = 130 : 1 (rechts).

In Bild 170 werden 3 verschiedene Gefügezustände der Legierung AlMg7 erläutert, welche sich bezüglich interkristalliner Korrosion stark unterscheiden. Sobald die unedlen Ausscheidungen in den Korngrenzen einen zusammenhängenden Saum bilden, kann die interkristalline Korrosion rasch fortschreiten, vor allem wenn die Oberfläche des Materials unter merklichen elastischen Zugspannungen steht. Eine Legierung mit 4 oder 5% Mg-Gehalt ist somit anfällig gegenüber interkristalliner Korrosion und ,,Spannungskorrosion", wenn Fehler in der thermischen Behandlung vorliegen. Heute wird dies aber einwandfrei beherrscht, indem man z. B. bei Zwischendicke des Materials eine heterogenisierende Weichglühung vornimmt und hierdurch das Vorhandensein von übersättigt gelöstem Magnesium weitgehend verhindert. Auch eine Glühung bei Enddicke ist geeignet, den zusammenhängenden Ausscheidungssaum an den Korngrenzen zu zerstören. Nach einer Glühung bei z. B. 300 °C erhält man gemäß Bild 170c das Perlschnurgefüge, in dem sich die β-Phase in Tröpfchenform koaguliert hat, was die Anfälligkeit gegen Korngrenzenkorrosion stark herabsetzt. Das angreifende Medium kann bei dieser Gefügeausbildung nur die an der Oberfläche liegenden Ausscheidungen auflösen, d. h., die Korngrenzenkorrosion geht nicht tiefer.

Bild 170: Gefügebilder von AlMg7-Blechen, welche zunächst bei 400 °C 6 Stunden lösungsgeglüht und anschließend abgeschreckt wurden. Die darauffolgende thermische Behandlung ist jeweils verschieden. a) Nur lösungsgeglüht und abgeschreckt, b) Lösungsgeglüht, abgeschreckt, 4 Tage bei 100 °C angelassen, c) Lösungsgeglüht, abgeschreckt, 10 Tage bei 300 °C angelassen, ,,Perlschnurgefüge". Das in Bild b wiedergegebene Gefüge ist stark anfällig gegenüber interkristalliner Korrosion, das in Bild c hingegen vollkommen immun (nach Alusuisse). V = 130 : 1.

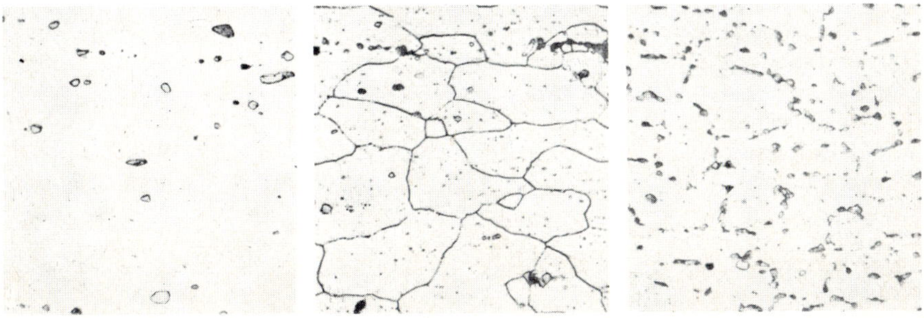

a/b/c

Spannungsrißkorrosion

Bei der Spannungsrißkorrosion können in Gefügebereichen, deren Oberfläche unter Zugspannung steht, relativ rasch Risse auftreten. Dabei ist oft kein merklicher Gewichtsverlust zu beobachten. Zur Vereinfachung spricht man anstelle von Spannungsrißkorrosion meistens nur von Spannungskorrosion. Beispielsweise können hoch magnesiumhaltige Legierungen (mit über 3,5% Mg-Gehalt) sowie die AlZnMg- und AlZnMgCu-Legierungen in gewissem Ausmaß spannungskorrosionsempfindlich sein.

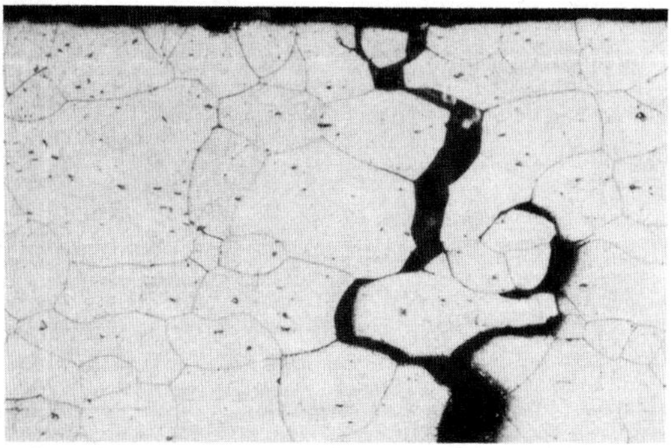

Bild 171: Interkristalliner Spannungskorrosionsriß an der Oberfläche eines Strangpreßprofils aus der Legierung AlZnMg1. Das Gefüge ist rekristallisiert, was den Ablauf der Spannungsrißkorrosion begünstigt.

Die Spannungskorrosion verläuft bei Aluminium immer interkristallin (Bild 171). Es gibt aber Legierungen und Werkstoffzustände, welche zur interkristallinen Korrosion neigen, nicht aber zur Spannungskorrosion, z. B. AlMgSi unter ungünstigen Korrosionsbedingungen. Daher müssen die beiden genannten Korrosionsphänomene getrennt behandelt werden.

Die Spannungskorrosion ist in ihren Ursachen noch nicht vollständig geklärt. Die Anfälligkeit für Spannungskorrosion stellt man experimentell z. B. durch die Schlaufenprobe fest: Ein schlaufenförmig gespanntes Blech wird in eine Prüflösung eingesetzt und dann die Zeitdauer bestimmt, innerhalb welcher im Bereich der hohen Zugspannungen ein Bruch erfolgt (Bild 172). Bei stark spannungskorrosionsempfindlichen Legierungen kann dieser Bruch schon nach wenigen Stunden eintreten, wenn in der Vorgeschichte des Materials gewisse Fehler – z. B. in der Wärmebehandlung – vorliegen.

Es gibt stets vier Ursachen, die in ihrem Zusammenwirken Spannungsrißkorrosion erzeugen können:

1. Legierungszusammensetzung
2. Gefügezustand
3. Äußere oder innere Zugspannungen nahe der Oberfläche, welche über etwa 50% der 0,2%-Dehngrenze betragen.
4. Korrosionsmedium.

Da gewisse Legierungen (z. B. die Gruppe AlZnMg) auf Grund ihrer Zusammensetzung die Voraussetzungen für Spannungskorrosion mitbringen und Korrosionsmedien hinlänglicher Aggressivität oft im Spiele sind, kommt es bei diesen Legierungen besonders auf die Punkte 2 und 3 an.

Es gibt heute bereits eine Reihe wirksamer Maßnahmen, um die Spannungskorrosion zu verhindern, insbesondere durch geeignete Wahl aller thermischen Behandlungen.

Auch Feinheiten der Legierungszusammensetzung, Gefügezustand und Kornform spielen eine wichtige Rolle. So ist z. B. ein Fasergefüge stets resistenter gegen Spannungskorrosion als ein rekristallisiertes Gefüge. Bei letzterem verlaufen die Korngrenzen zu einem merklichen Teil etwa senkrecht zur Oberfläche, was die Fortpflanzung eines durch Spannungskorrosion verursachten Risses begünstigt. Zusätze von Chrom, Zirkon und Mangan erhöhen die Temperatur der Rekristallisation bei der Warmumformung, was bewirken kann, daß in Profilen oder warmgewalzten Blechen das Fasergefüge erhalten bleibt.

Ferner kommt es darauf an, daß bei der Verarbeitung des Materials nach der Aushärtung keine starken Spannungen in das Material hineingebracht werden. Bei vorgegebener Legierung und thermischer Behandlung ist die Höhe der elastischen Zugspannungen nahe der Oberfläche das maßgebliche Kriterium für die Lebensdauer eines Werkstückes (Bild 173).

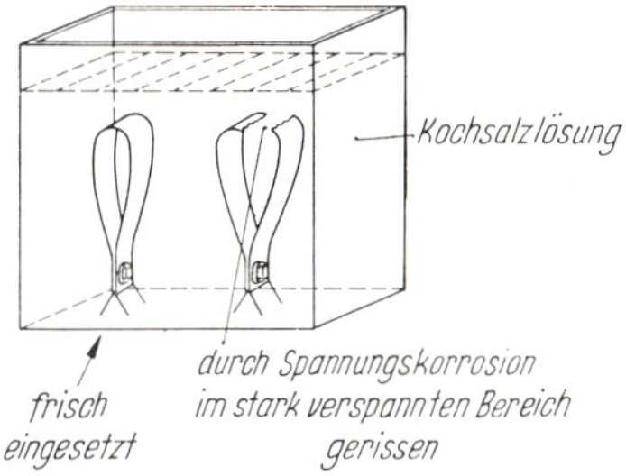

Bild 172 (links): Prüfung der Spannungskorrosionsanfälligkeit, Schlaufenprobe.

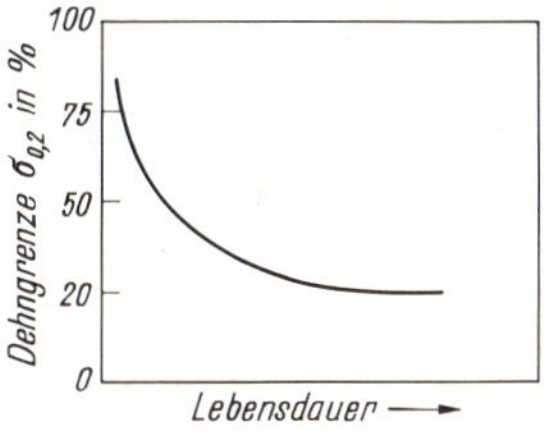

Bild 173: Lebensdauer von Proben mit relativ ungünstiger Vorgeschichte bei der Prüfung auf Spannungskorrosion in Abhängigkeit von elastischen Zugspannungen in der Probenoberfläche (schematisch).

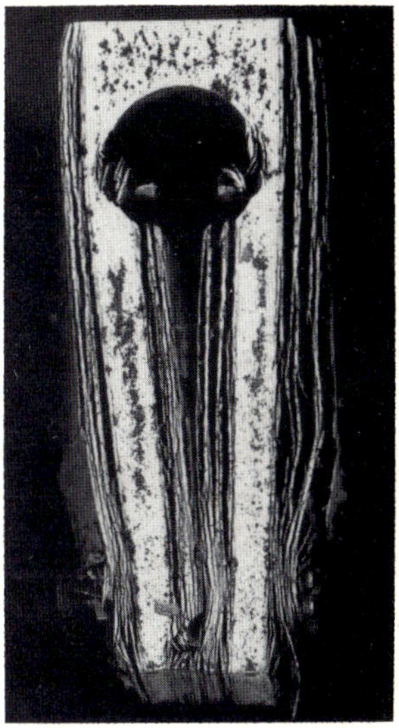

Bild 174: Extremer Fall von Schichtkorrosion an einer kaltausgehärteten Probe aus AlZnMg1 nach Einwirkung eines aggressiven Korrosionsmediums. Die Probe hatte Fasergefüge, und der Angriff folgt der in die Länge gestreckten Kornseigerung des Gußgefüges.

Schichtkorrosion

Hierbei schreitet die Korrosion schichtartig parallel zur Oberfläche fort (Bild 174). Es handelt sich dabei um einen Spezialfall der Korrosion, welcher vor allem bei Fasergefüge beobachtet wird, teilweise aber auch im rekristallisierten Gefüge (bei Vorliegen streifenartig verteilter Seigerungen aus dem Gußgefüge). Die entstehenden Korrosionsprodukte können nahe der Oberfläche ein Auffächern oder Abblättern der einzelnen nicht angegriffenen Schichten bewirken. Schichtkorrosion kann in aggressiven Medien bei allen aushärtbaren Knetlegierungen (bei AlMgSi in schwacher Form) und bei stark kaltverformten AlMg-Legierungen mit über 3% Mg-Gehalt beobachtet werden. Da die Schichtkorrosion sich meist auf einen Gefügebereich nahe den Schnittkanten beschränkt, führt sie selten zu schweren Schäden, welche im Regelfalle ja nur durch eine starke Schwächung des Querschnittes hervorgerufen werden.

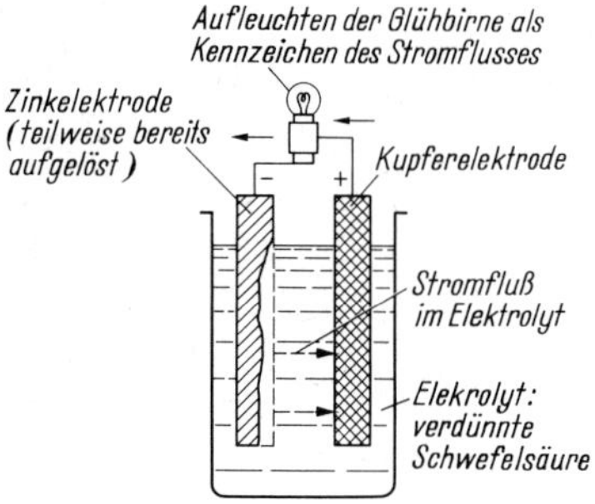

Bild 175: Galvanisches Element.

Galvanische Korrosion (Kontaktkorrosion)

Der klassische Fall galvanischer Korrosion des Aluminiums tritt dann auf, wenn das Aluminium mit einem wesentlich edleren Metall – z. B. Kupfer – metallisch verbunden wird, z. B. durch Nieten. Ist eine solche Verbindung der Feuchtigkeit ausgesetzt, so wird das unedlere Metall angegriffen. Im Bild 175 die Zinkelektrode oder im Falle von Bild 176 das Aluminium. Um aber die für das Aluminium besonders gefährliche galvanische Korrosion und die Mittel zu ihrer Verhütung verstehen zu können, wollen wir im folgenden zunächst einen Abstecher in die Elektrochemie machen.

Prinzip eines galvanischen Elementes

Wir alle kennen galvanische Elemente in der Gestalt von Taschenlampenbatterien. Die Arbeitsweise solcher Elemente erklärt sich daraus, daß die Metalle verschieden „edel" sind. Wie wir wissen, werden Gold und Platin auch durch starke Säuren so gut wie gar nicht angegriffen und gelten daher als besonders edel, im Unterschied zu anderen Metallen wie Eisen und Aluminium, die als relativ unedle Metalle anzusehen sind. Kupfer oder Zinn nehmen dagegen bezügl. ihrer Edelkeit eine Mittelstellung ein. Diese allgemeinen Erfahrungstatsachen sind präziser zu fassen, wenn man die Metalle in der sogenannten „Spannungsreihe" anordnet (Tabelle 14). Bringt man ein unedles Metall in eine Säure, z. B. Zink in Schwefelsäure, so geht es in Lösung. Dabei verwandeln sich die Zinkatome in „Zink-Ionen", welche dann in der Schwefelsäure gelöst sind. Bei diesem Lösungsvorgang wird aber das Zink elektrisch aufgeladen, da ein Zinkatom in ein Zink-Ion und 2 Elektronen zerlegt wird, wobei die beiden Elektronen im metallischen Zink gespeichert werden und dieses gegenüber der Schwefelsäurelösung negativ aufladen. Die Zinkionen dagegen sind positiv geladen, da fehlende Elektronen eine positive Ladung bewirken.
Auch das Aluminium lädt sich negativ auf, wenn es in Lösung geht. Hierbei gibt jedes Aluminiumion 3 negative Elektrizitätsteilchen („Elektronen") an das Metall ab. – Die elektrische Aufladung des sich auflösenden Metalles gegenüber einer Lösung seiner eigenen Ionen kann

Tabelle 14: Potential verschiedener metallischer Werkstoffe gegen Reinaluminium 99,5 in luftgesättigter 2% NaCl-Lösung, Richtwerte in Millivolt (nach Alusuisse).

Gold	+ 1000	*G-AlSi12*	+ 30 bis + 60
Chromnickelstahl 18/8	+ 850	*Kadmium*	0 bis + 20
Quecksilber	+ 750	*AlMn*	+ 10 bis + 20
Silber	+ 700 bis +800	*AlMgSi 1*	0 bis + 10
Kupfer	+ 550	*Reinaluminium 99,5%*	0
Messing (30% Zn)	+ 500	*AlMgMn*	− 10 bis 0
Nickel	+ 480	*AlZnMgCu 1,5*	− 20 bis − 10
Zinn	+ 300	*AlMg3*	− 30 bis − 20
Blei	+ 250	*AlZn1*	− 150
AlCuMg, kaltausgehärtet	+ 150 bis +180	*Zink*	− 300
Eisen	+ 100	*Magnesium*	− 850
G-AlCu4 Ti	+ 100		

man exakt messen und in Volt angeben. Auf diese Weise entsteht dann die ,,Spannungsreihe der Metalle“. Sie zeigt, daß die edlen Metalle eine hohe positive Spannung aufweisen, die mit abnehmender Edelkeit der Metalle immer niedriger und schließlich sogar negativ wird. Je tiefer ein Metall in der Spannungsreihe steht, um so größer ist sein Bestreben, sich aufzulösen. Statt Spannung benutzt man auch den Ausdruck ,,Potential“*).

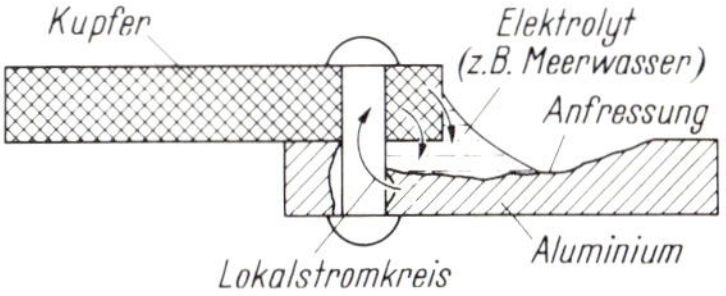

Bild 176: Kontaktelement Al-Cu, verursacht durch ungeeignetes Verbindungsverfahren (Vernieten mit direktem metallischem Kontakt).

Nimmt man nun zwei verschiedene Metalle und setzt sie in eine stromleitende Lösung ein, so erhält man zwischen den beiden Metallen eine elektrische Spannung (auch ,,Potentialdifferenz“ genannt), welche etwa der Differenz der beiden Metalle in der Spannungsreihe entspricht. Dies wird am einfachsten an dem ,,Voltaschen Element“ veranschaulicht, bei dem sich ein Kupferblech und ein Zinkblech in einer verdünnten Säure befinden. Zwischen beiden Blechen tritt dann eine elektrische Spannung auf (Bild 168). Entsprechend der Stellung von Kupfer und Zink in der Spannungsreihe beträgt diese etwa 1 Volt. Verbindet man beide Bleche durch einen Draht, so fließen durch diesen die bei der Auflösung des Zinks frei werdenden Elektronen zum Kupfer und entladen dort positiv geladene Wasserstoffionen. Der Strom hört erst dann auf zu fließen, wenn sich alles Zink aufgelöst hat.

Es ist durch Konvention üblich, als Richtung des elektrischen Stromes diejenige von Plus nach Minus anzunehmen. Die Bewegung der Elektronen in den Metallen ist der so definierten Stromrichtung gerade entgegengesetzt.

Die Stärke des Angriffs des unedleren Metalles bei Kontaktkorrosion oder des Zinks im Voltaschen Element wird von der Stromstärke bestimmt. Potentialunterschied und Stromstärke hängen von der Art des Elektrolyten, seiner Konzentration, seinem pH-Wert und den in diesem Elektrolyten an den Elektrodenoberflächen gebildeten Deckschichten ab. Dies sind im allgemeinen isolierende oder halbleitende Oxidschichten, die dem Metall einen edleren Charakter verleihen. Man spricht dann von einer Passivierung der Oberfläche. Durch die Oxidhaut wird beispielsweise das ,,Potential“ des Aluminiums um etwa 1 Volt zu positiveren Werten hin verschoben (,,chemische Passivierung“, die in Tabelle 14 bereits berücksichtigt ist).

---

*) Als Normalpotential bezeichnet man die Spannung eines Metalles in einer definierten (,,einmolaren“) Lösung seiner Ionen gegenüber einer Wasserstoffelektrode.

Voraussetzungen für das Auftreten der galvanischen Korrosion (Kontaktkorrosion)

Wir können an Hand von Bild 176 erkennen, daß der Angriff sich bevorzugt auf die Stelle konzentriert, an der die drei beteiligten Partner, d. h. die beiden Metalle und der Elektrolyt, zusammenstoßen. An dieser Stelle sind die elektrischen Korrosionsströme am intensivsten. Der Angriff kann bis zur völligen Durchlöcherung, z. B. eines Aluminiumbleches, in der näheren Umgebung des edleren Metalles führen.
In Bild 176 ist die räumliche Anordnung des galvanischen Elementes zwar verändert, aber im Grunde sind die Verhältnisse gleich geblieben. Man spricht in diesem Falle von einem „Kontaktelement". Durch den Umstand, daß die beiden Metalle unterschiedlicher Edelkeit jetzt innerhalb der angreifenden Flüssigkeit unmittelbaren Kontakt haben, sind die Voraussetzungen für das Zustandekommen eines galvanischen Stromkreises erfüllt:
1. Stromleitende (in unserem Fall metallische) Verbindung zweier Metalle unterschiedlicher Edelkeit,
2. Benetzung beider Metalle mit dem gleichen aggressiven, stromleitenden Elektrolyten.

Maßnahmen gegen die Kontaktkorrosion

Wir können aus der Spannungsreihe der Elemente leicht ersehen, welche Metalle edler als Aluminium sind und daher im Kontakt mit Aluminium eine galvanische Korrosion auslösen können. Dies gilt besonders für Kupfer, Messing, Zinn, Blei, Nickel und Eisen. Immer wenn Aluminium mit diesen Metallen leitend verbunden ist (z. B. durch Verschrauben oder Vernieten), besteht bei Hinzutreten von Feuchtigkeit, d. h. innerhalb eines „Elektrolyten", die Möglichkeit der galvanischen Korrosion. Trotzdem kann man aber zwei Metalle unterschiedlicher Edelkeit, beispielsweise Aluminium und Eisen, unbedenklich fest miteinander verschrauben, wenn dafür gesorgt ist, daß eine der beiden bereits genannten Grundvoraussetzungen der galvanischen Korrosion nicht vorhanden ist:
1. Entweder sorgt man dafür, daß die beiden miteinander verbundenen Metalle keinen metallisch leitenden Kontakt haben. Dies ist dadurch möglich, daß man beim Verschrauben von z. B. Aluminium und Eisen eine isolierende Zwischenschicht zwischen die Metalle und auch rings um die verwendete Schraube legt. Auf diese Weise können keine Elektronen von dem unedleren Metall zum edleren fließen, der Kreis des galvanischen Stromes ist unterbrochen und eine Zersetzung des unedleren Metalles wird verhindert.
2. Oder man vermeidet den Zutritt von Feuchtigkeit, z. B. durch einen Anstrich. Wie aber bereits erwähnt wurde, kann das Entstehen dünner Flüssigkeitshäute meist nicht unterbunden werden, so daß man in der Praxis immer dann, wenn das Aluminium mit einem edleren Metall fest verbunden werden soll, eine isolierende Zwischenschicht anstreben wird.
An Stelle der aufwendigen Maßnahme 1. (vollständige Isolation der beiden Metalle gegeneinander), die in vielen Fällen nicht realisierbar ist, genügt es in der Praxis oft, die unmittelbaren Berührungsflächen und eine gewisse Umgebung gegen den Zutritt des Elektrolyten abzudichten. Dadurch nimmt man den im Elektrolyten fließenden Korrosionsströmen die Möglichkeit, durch kurze Stromwege (niedriger elektrischer Widerstand) ihre volle Intensität zu entwickeln. Der Angriff kann so meist auf ein geringes, unschädliches Maß herabgesetzt werden*).

---

*) Die Abdichtung der Berührungsflächen hat noch einen zweiten Grund.
In engen Spalten zwischen verschiedenen (in etwas geringerem Ausmaß auch zwischen gleichen) Metallen wird durch die schlechte Verbindung zur Außenluft meist der Sauerstoff knapp und überdies ungleichmäßig verteilt (an der Öffnung reichlicher

Dies hat vielfache technische Bedeutung. Beispielsweise muß im Schiffbau oftmals Aluminium mit Stahl verbunden werden. Seewasser ist aber gleichzeitig ein gut leitender Elektrolyt. Wird jedoch die Isolierung sorgfältig durchgeführt und gleichzeitig die Kontaktfläche (Spalt) gut abgedichtet, so ist das Aluminium auch in mechanischer Verbindung mit einem edleren Metall wie Eisen in Seeatmosphäre beständig.

Korrosion durch Abscheidung edlerer Metalle auf einer Aluminiumoberfläche

Hierbei handelt es sich um einen Sonderfall der galvanischen Korrosion. Wenn der Elektrolyt Salze edlerer Metalle, insbesondere von Kupfer, Zinn, Quecksilber, gelöst enthält, scheidet sich das edlere Metall in kleinen Inseln auf der Oberfläche ab, und die Lokalkorrosion kommt in Gang.

Ein Beispiel dafür sind Korrosionsfälle an Aluminiumbehältern für Most oder Wein. Diese Fruchtsäfte können durch Pflanzenspritzmittel einen gewissen Gehalt an Kupfersalzen aufweisen, der unter Umständen schon ausreicht, um Kupfer abzuscheiden, so daß das Aluminium unter Lokalelementbildung angegriffen wird. Für die Praxis wichtig ist sodann auch die Abscheidung von Kupfer aus kupferhaltigem Leitungswasser. Die schädliche Wirkung von Quecksilber und seinen Salzen (letztere in wäßriger Lösung) auf das Korrosionsverhalten des Aluminiums beruht neben der Kontaktelementbildung vor allem darauf, daß die schützende Oxidhaut durch Quecksilber zerstört und ihre Neubildung verhindert wird. Bereits relativ kleine Spuren können starke Korrosionsschäden nach sich ziehen.

Korrosionsbeständigkeit verschiedener Legierungen

Die Kenntnis der „galvanischen Korrosion" liefert auch den Schlüssel zum Verständnis dafür, daß die einzelnen Aluminiumlegierungen eine unterschiedliche Korrosionsbeständigkeit aufweisen. Denn die im Aluminium vorhandenen Fremdatome und insbesondere die eingelagerten Fremdkristalle können gleichfalls eine Lokalelementwirkung hervorrufen, durch welche die Zersetzung des Aluminiums beschleunigt werden kann. Reinstaluminium wird in verdünnter Salzsäure fast gar nicht, Reinaluminium (99,7%) mäßig und eine kupferhaltige Legierung sehr stark angegriffen.

Bekanntlich hat Reinstaluminium (Al 99,99%) ein vollständig homogenes Gefüge, d. h. es ist frei von eingelagerten Fremdkristallen. Wenn daher in seine Oberfläche nicht gerade irgendwelche Fremdmetallflitter eingewalzt oder sonstwie eingepreßt wurden, stellt Reinstaluminium ein Metall dar, welches frei von eingelagerten Lokalelementen ist. Dies hat zur Folge, daß man das Reinstaluminium sogar sehr aggressiven Elektrolyten ohne merklichen Angriff längere Zeit aussetzen kann, denn die beim Inlösunggehen des Aluminiums frei werdenden Elektronen können nicht oder nur äußerst langsam abfließen. Dagegen korrodiert Reinaluminium in stark aggressiven Flüssigkeiten merklich stärker. Die eingelagerten eisen- und siliziumhaltigen Fremdkristalle sind in der Spannungsreihe bis zu 0,3 Volt edler als das Aluminium selbst und verursachen daher kleine Lokalelemente (Bild 177).

---

als am Grund der Spalte). Das führt durch verschiedene Mechanismen (unterschiedliche Sauerstoffkonzentration der Elektrolyten, unterschiedliche Passivierung der Metalle) zu einem elektrochemischen Angriff, der der Kontaktkorrosion im Wesen sehr nahesteht.

Diese Art des Angriffs heißt Spaltkorrosion. Man spricht auch von Belüftungselementen. Die wirksamste Gegenmaßnahme ist Abdichten der Spalten. Sorgfältige Beobachtungen haben ergeben, daß manche Schäden, die man bisher auf Kontaktelementbildung zurückgeführt hat, in Wirklichkeit auf Spaltkorrosion beruhen.

Hier ist allerdings hinzuzufügen, daß das Reinaluminium mit einem Al-Gehalt von mindestens 98,3% und einem Eisengehalt unter 0,9% für die meisten Fälle der Praxis als durchaus korrosionsbeständig gelten muß, dank der Schutzwirkung der Oxidschicht. Der in Bild 177 und 178 skizzierte Fall sowie die Beobachtung, daß Reinstaluminium beständiger ist als Reinaluminium, basiert auf der Voraussetzung der Einwirkung eines relativ stark aggressiven Korrosionsmediums, das in der Praxis gar nicht vorkommen sollte. Dennoch kann man auch in schwach angreifenden Medien feststellen, daß bei einer Zunahme des Eisengehaltes von z. B. 0,2 auf 0,7% die Korrosionsbeständigkeit von Reinaluminium und den meisten kupferfreien Knetlegierungen bereits etwas zurückgeht. Ähnliches gilt für den Siliziumgehalt, insbesondere von AlMg-Legierungen, teilweise auch von Reinaluminium.

Bild 177: Winzige Lokalelemente, verursacht durch eingelagerte edlere Fremdkristalle („Heterogenitäten").

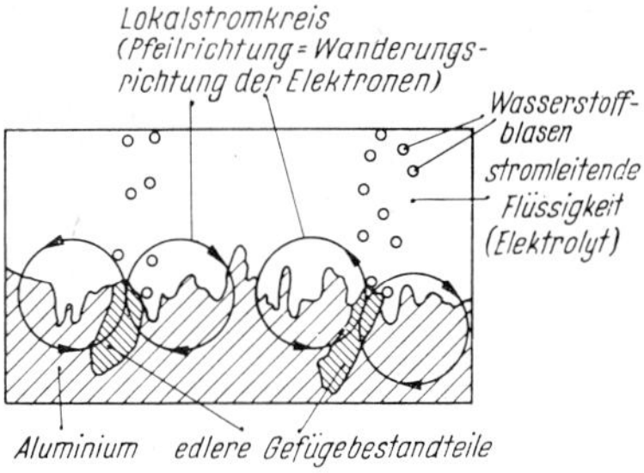

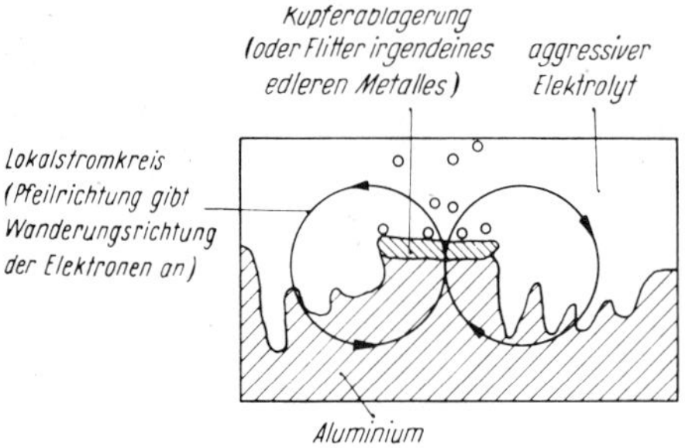

Bild 178: Ablagerung oder Flitter eines edleren Metalles verursachen Lokalelementbildung.

Besonders stark korrosionsbeschleunigend wirkt sich ein Kupfergehalt im Aluminium aus. Bild 178 veranschaulicht, wie solche Lokalelemente bei kupferhaltigem Aluminium oder bei Aufbringung von Flittern eines anderen edleren Metalles wirken. Bei kupferhaltigen Legierungen wirkt das Kupfer sozusagen auf einem Umweg: Zuerst geht das Kupfer in Lösung und scheidet sich dann wieder ab, worauf das Lokalelement perfekt ist.

Andererseits kann sich ein geringer Kupfergehalt auch günstig auswirken. Das gilt für schwächer angreifende Medien, z. B. Witterungseinfluß, und zwar für solche Legierungen, die unter diesen Bedingungen nur an einzelnen Punkten (Gefügeheterogenitäten) angegriffen werden. Durch einen kleinen Kupferzusatz wird erreicht, daß sich der Angriff auf viele kleinere Pittings gleichmäßig verteilt, die harmloser sind als wenige und größere Löcher.

Die Spannungsreihe zeigt, daß die korrosionsfesten Legierungen, die in der Hauptsache Magnesium, Mangan und teilweise Silizium enthalten, praktisch das gleiche Potential wie Reinaluminium aufweisen. Die heterogenen Gefügebestandteile dieser korrosionsfesten Legierungen weisen keine oder nur geringe Unterschiede in ihrer Edelkeit gegenüber Aluminium auf. Daher kommt es, daß die eingelagerten Fremdkristalle im Falle der korrosionsfesten Legierungen keine Lokalelementwirkung nach sich ziehen.

Korrosionsschutz des Aluminiums durch seine natürliche Oxidhaut

Wir haben bereits erfahren, daß Aluminium ständig mit einer dünnen Oxidhaut bedeckt ist. Diese ist transparent, so daß der metallische Glanz des Aluminiums erhalten bleibt, im Unterschied zu Eisen, dessen Oxid rotbraun aussieht. Die Oxidhaut des Aluminiums ist am ehesten mit einer dünnen Glasur vergleichbar, welche den elektrischen Strom nicht oder nur schlecht leitet und damit die galvanischen Reaktionen an der Oberfläche stark abschwächt.

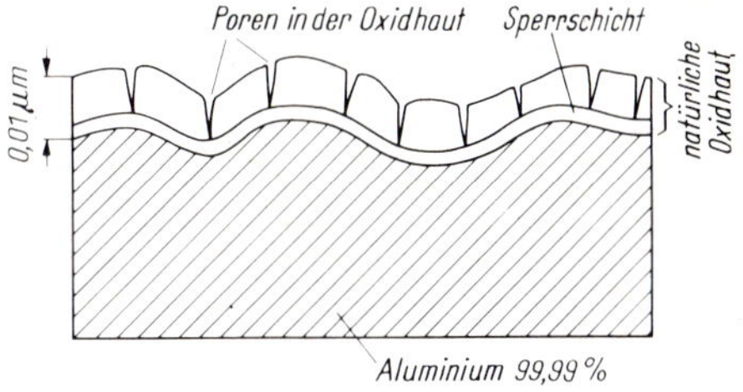

Bild 179: Natürliche Oxidhaut auf Reinstaluminium (99,99% Aluminium). Die Abbildung läßt erkennen, daß die Oxidhaut das Aluminium wie eine Art Glasur bedeckt.

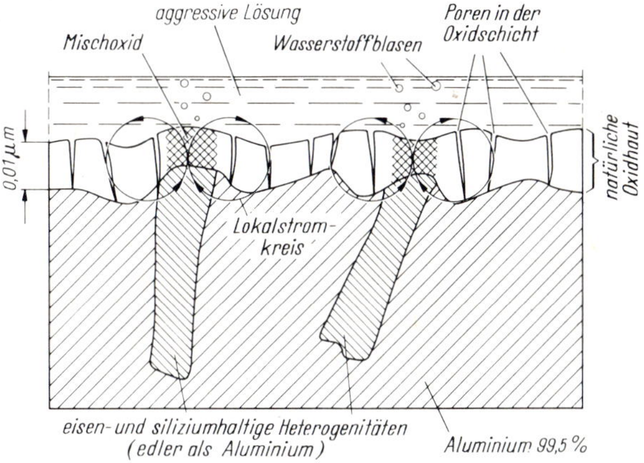

Bild 180: Korrosion von oxidschichtbedecktem Reinaluminium in einer aggressiven Lösung.
Das Bild läßt folgendes erkennen: Die Einlagerungen im Aluminium sind wesentlich größer als die Dicke der natürlichen Oxidhaut. Da die natürliche Oxidhaut in das Metall hineinwächst, weist sie an solchen Stellen, an denen Einlagerungen im Gefüge liegen, eine anomale Zusammensetzung auf. Vorausgesetzt, daß ein aggressives Medium Kontakt mit der Oberfläche hat, bilden sich somit auch bei Gegenwart der Oxidhaut kleine Lokalelemente. Die am Grunde der natürlichen Oxidhaut liegende Sperrschicht wurde nicht eingezeichnet.

Wie in Bild 179 erläutert wird, besteht die natürliche Oxidhaut des Aluminiums aus einer äußerst dünnen kompakten Grundschicht („Sperrschicht" oder „barrier layer") und einer darauf liegenden wasserhaltigen Deckschicht, deren Dicke im Regelfall etwa 0,005 bis 0,01 μm beträgt. Eine so dünne Oxidhaut hat aber eine Anzahl von Poren und schwachen Stellen, an denen ein Inlösunggehen des metallischen Aluminiums doch noch möglich ist (Bild 179). Wenn aber in einer solchen Pore Aluminium in Lösung geht, verstopft das Korrosionsprodukt im allgemeinen die kleine Angriffsstelle, so daß der Angriff zum Stillstand kommt (Bild 188, oberer Teil).
Wenn man einen Querschliff durch die dünne natürliche Oxidhaut anfertigt, so erkennt man, daß sie in ihrer Dicke gewisse Schwankungen zeigt und daß im übrigen die Oxidhaut den Unebenheiten der Oberfläche genau folgt.

Enthält das Aluminium gelöste Legierungselemente, so werden diese in die Oxidhaut eingebaut. Bei AlMg-Legierungen weist die Oxidhaut einen erheblich höheren Magnesiumgehalt auf, als dies der Legierungszusammensetzung entspricht, insbesondere nach einer Glühung. Somit können Oberflächen von AlMg-Halbzeug nach einer Weichglühung eine gewisse Graufärbung aufweisen (daher wird AlMg-Walzhalbzeug oftmals in Schutzgas statt in Luft geglüht).
Da die natürliche Oxidhaut teilweise in das Metall hineinwächst, weist sie an Stellen, an denen eine Einlagerung im Aluminiumgefüge vorliegt, eine anomale Zusammensetzung auf (Bild 180). Das Aluminiumoxid selbst ist ein sehr guter Isolator, während z. B. ein eisenhaltiges Aluminiumoxid als Halbleiter gelten muß, der somit die Elektronen in gewissem Ausmaß passieren läßt und damit den Ablauf der galvanischen Korrosion ermöglicht. Ähnlich liegen auch die Verhältnisse, wenn man die Oxidhaut künstlich verstärkt, z. B. durch anodische Oxidation. Die Oxidhaut ist also keine dicht geschlossene Schicht, die alle Eigenschaften des Grundmetalls zudeckt, wie dies z. B. bei einem dichten Farbanstrich der Fall wäre. Vielmehr beeinflussen die Gefügebestandteile des Aluminiums gleichzeitig auch die Zusammensetzung der Oxidhaut.

Verstärkte Oxidschichten

Die Schutzwirkung der Oxidhaut wird um so stärker, je dicker sie ist und je weniger Poren oder halbleitende Bereiche sie aufweist. Die Dicke der Oxidhaut läßt sich durch eine Reihe von Verfahren steigern, wobei sie je nach Verfahren eine unterschiedliche Struktur oder chemische Zusammensetzung aufweist. Je dicker die Oxidhaut ist, um so mehr behindert sie den Abtransport der beim Inlösunggehen von Aluminium frei werdenden Elektronen und um so mehr hält sie angreifende Lösungen vom Grundmetall ab. In diesem Zusammenhang soll daran erinnert werden, daß auch die Oxidschichten im Grunde als Korrosionsprodukte aufzufassen sind. Das im Falle des Aluminiums bei weitem am häufigsten festgestellte Korrosionsprodukt ist wasserhaltiges Aluminiumoxid. Je nach den vorliegenden Bedingungen scheidet sich das wasserhaltige Oxid als festhaftende Schutzschicht bzw. als lockeres Korrosionsprodukt ab, oder aber es geht im Angriffsmedium in Lösung. Bei den Schutzschichten spricht man auch von „künstlich verstärkten" Oxidschichten. Diese werden schon seit Jahren für den Korrosionsschutz des Aluminiums mit Erfolg angewandt. Man kennt zwei Gruppen von Verfahren:

Verstärkung der Oxidhaut durch chemische Reaktion

Bereits durch die Reaktion zwischen kochendem Wasser (oder -dampf) und Aluminium kann die natürliche Oxidhaut etwa auf das 10- bis 100fache ihrer normalen Dicke verstärkt werden. Hierbei entsteht eine wasserhaltige Oxidschicht („Böhmitschicht"), die eine gewisse Korrosionsschutzwirkung ausübt und sich vor allem gut zur Lackverankerung eignet, ebenso auch zur Verhinderung der Brunnenwasserschwärzung.
Seit Jahren werden in der Oberflächentechnik Chromatier- und Phosphatier-Verfahren angewandt, mit denen durch saure, chromat- oder phosphathaltige Lösungen Schutzschichten bis zur 100fachen Dicke der natürlichen Oxidhaut erzeugt werden können, wobei gleichzeitig Chromate bzw. Phosphate in die Oxidhaut eingelagert werden, die ihr eine gelbliche bis grünliche Färbung verleihen, wie sie als Blendschutz, z. B. für Bedachungen oder Gebäudeverkleidungen erwünscht ist. Durch solche chemisch verstärkte Oxidschichten wird der Korrosionswiderstand des Aluminiums bereits merklich verbessert. Hauptsächlich finden allerdings

chemisch verstärkte Oxidschichten als Haftgrundschichten zur Verbesserung der Lackverankerung Verwendung.

In neuerer Zeit werden chemische Verfahren auch zur Farbgebung verwendet, so beispielsweise das Chemalor®-Verfahren. Es lassen sich schwarze Überzüge von 2 bis 4 mm Dicke herstellen.

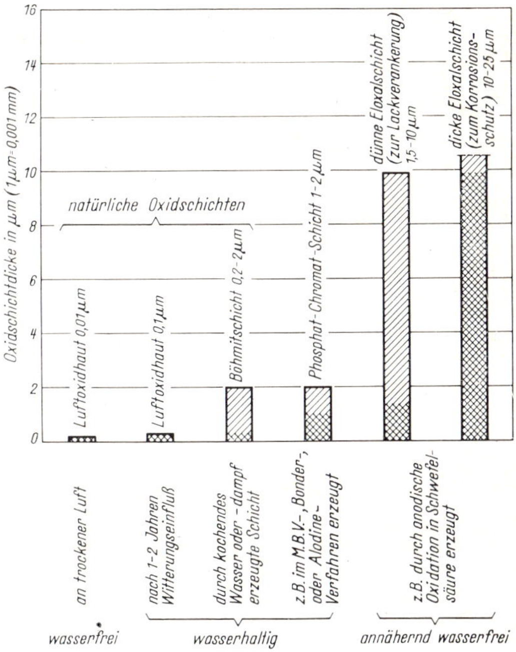

Bild 181: Übersicht über die Dicke verschiedener Oxidschichten auf Aluminium. Alodine, Bonder, Chemalor, Eloxal, sind geschützte Markenworte.

Verstärkung der natürlichen Oxidhaut durch anodische Oxidation (Anodisierung, Eloxierung®)

Bei den bekanntesten Verfahren wird das Aluminium als positiver Pol einer Gleichspannungsquelle in eine Schwefelsäurelösung eingetaucht („Eloxieren" ist eine Abkürzung von „Elektrolytisch Oxidieren"). Der durchfließende Gleichstrom erzeugt beim Anodisieren auf der Aluminiumoberfläche eine farblose Oxidschicht, die durchschnittlich 1000mal dicker als die natürliche Oxidhaut, d. h. etwa 10 bis 20 µm dick, ist. Einen Überblick über die Dicke verschiedener Oxidschichten gibt Bild 181.

Zunächst ist die anodische Oxidschicht porös, was durchaus erwünscht ist, da man in diese Poren Farbstoffe einlagern und damit der anodisierten Aluminiumoberfläche außer dem Korrosionsschutz gleichzeitig farbliche Effekte verleihen kann. Zur Verbesserung des Korrosionsschutzes werden dann allerdings die Poren auf geeignete Weise geschlossen, z. B. durch einen Quellungsprozeß des Oxids, der durch eine Nachbehandlung in kochendem Wasser ausgelöst wird (Verdichten, „Sealing") oder durch korrosionsfeste Lacke.

Solche verdichteten anodischen Oxidschichten von etwa 25 µm Dicke ergeben einen ausgezeichneten Korrosionsschutz und erlauben, das Aluminium z. B. auch in aggressiver Industrieatmosphäre zu verwenden, wo die Schutzwirkung der dünnen natürlichen Oxidhaut oftmals nicht mehr ausreicht, um das ursprüngliche, metallblanke Aussehen von Aluminiumbauteilen (Fenster, Hochhausfassaden) zu bewahren. Durch Eloxalschichten kann man auch empfindliche, hochglänzende Oberflächen schützen und dauerhaft erhalten, was in der Praxis in großem Umfang geschieht, z. B. bei Zierteilen an Automobilen, Reflektoren, Haushaltgeräten, Modeschmuck u. a. m.

Der Korrosionsschutz durch anodische Oxidation ist – u. a. auf Grund der höheren Schichtdicke und -härte – dem Schutz durch chemisch aufgebrachte Schichten weitaus überlegen.

Einfluß der Werkstoffzusammensetzung und des Gefügezustandes auf das Aussehen einer anodischen Oxidschicht

Gefügezustand und Legierungszusammensetzung des Aluminiums beeinflussen ganz entscheidend das Aussehen der Oxidschichten. Dies ist nicht verwunderlich, denn Oxidschichten wachsen ja in das Aluminium hinein (Bild 182). Auf hochreinem Aluminium mit mehr als etwa 99,8% Al-Gehalt sind anodische Oxidschichten im allgemeinen wasserklar, so daß der metallische Glanz der Oberfläche vollständig erhalten bleibt. Dasselbe gilt auch nach Zusatz von Magnesium zur Steigerung der Festigkeit. Der Legierungstyp AlMg wird in beträchtlichen Mengen für dekorative Zwecke verwendet, z. B. für Zierleisten.

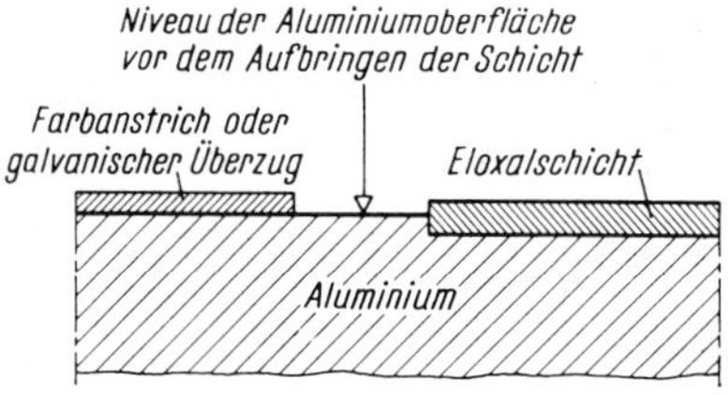

Bild 182: Unterschied zwischen einem Überzug und einer in das Aluminium hineingewachsenen Oxidschicht (anodische Oxidschicht, natürliche Oxidhaut usw.).

Mit zunehmendem Gehalt an Einlagerungen im Aluminium wird die Eloxalschicht dunkler gefärbt und ihre Korrosionsbeständigkeit nimmt etwas ab. Bei Reinaluminium (etwa 99,3 bis 99,5% Aluminiumgehalt) und den darauf basierenden homogenen Legierungen ist die Verfärbung der Schicht noch relativ gering. Somit entstehen auf handelsüblichen AlMgSi- und AlMg-Legierungen nahezu transparente anodische Oxidschichten von guter Korrosionsbeständigkeit.

Die Eigenfärbung anodisch erzeugter Oxidschichten

a) im GS-Verfahren

Wichtig sind sodann die anodischen Oxidschichten mit Eigenfärbung für Architekturzwecke. Es handelt sich hier um graue, schwarze, bronze- oder olivfarbene Oxidschichten, welche sehr hohe Witterungsbeständigkeit aufweisen. Die grauen und dunkelgrauen Farbtönungen werden an Legierungen mit Si-Gehalten von etwa 3 bis 5% erhalten unter Anwendung des normalen Anodisierungsverfahrens in Schwefelsäure (GS-Verfahren).

b) in Spezial-Elektrolyten

Durch Anodisieren in Elektrolyten, die als Hauptbestandteil oder als Zusätze organische Säuren enthalten, werden auf Legierungen, die im GS-Verfahren transparente Schichten ergeben, eigenfarbige Oxidschichten erzeugt.

Auch hier hat die Legierungszusammensetzung und thermische Vorgeschichte wieder einen wesentlichen Einfluß auf die Färbung der Oxidschicht. Die thermische Vorgeschichte beeinflußt die Verteilung der Fremdatome, welche in einer spezifischen Dispersion für die erwünschte Färbung besonders wirksam sind. Weitere wichtige Einflußgrößen auf die Farbe der Oxidschicht sind die Dicke der anodischen Oxidschicht, die Stromdichte bei der Anodisierung, die Anodisiertemperatur und die Elektrolytzusammensetzung.

Die Ursachen der Eigenfarbe anodischer Oxidschichten sind weiterhin Gegenstand von Untersuchungen. Die wichtigsten Theorien sind:

- Die meisten Ausscheidungen werden, wegen der geringen chemischen Reaktivität des Elektrolyten, nicht aufgelöst und daher in die Oxidschicht eingelagert, die dadurch getrübt wird.
- Die Oxidschicht ist von hoher optischer Inhomogenität. Durch Lichtbrechung und Lichtabsorption erscheint die Oxidschicht gefärbt.
- Die hohe Oxidationsgeschwindigkeit bewirkt die Ablösung von Aluminiumflittern, die wegen des verlorengegangenen Stromkontaktes zum Grundmetall unoxidiert in die Oxidschicht eingelagert werden. Die beobachtete Farbe ist eine Folge der Lichtbrechung an den Aluminiumflittern.
- Durch die Entladung von Aluminiumionen in der Oxidschicht entstehen viele feine, örtlich getrennte Anhäufungen von Aluminium-„Wolken". Diese „Clusterbildung" ist Ursache der Farbe.
- Die Farbe ist eine Folge der defekten Elektronenstruktur des Oxids.
- Durch elektrochemische Vorgänge werden Kohlenstoffteilchen oder andere Abbauprodukte der organischen Säure aus dem Elektrolyt gebildet und in die Oxidschicht eingelagert.
- Die Farbe ist eine Folge von Reduktionsprodukten des Sulfations.

Die in Spezialelektrolyten erzeugten eigenfarbigen Oxidschichten sind von hoher Härte und hervorragender Lichtechtheit. Eine Reihe von Verfahren kamen Ende der fünfziger Jahre zur breiten Verwendung in der Außenarchitektur (Tabelle 15).

Tabelle 15: Verfahren zur Eigenfärbung anodischer Oxidschichten

Verfahren	Firma	Hauptbestandteil der Elektrolyten
Colodur	Friedr. Blasberg GmbH	Maleinsäure
Duranodic	Alcoa	Sulfophtalsäure
Kalcolor	Kaiser Aluminum and Chemical Corp.	Sulfosalicylsäure
Permalux	Alusuisse	Maleinsäure
Veroxal	VAW	Maleinsäure

Die Herstellung des Halbzeuges und die Oberflächenbehandlung erfordern große Sorgfalt zur Erzeugung gleichmäßiger, reproduzierbarer Farbtöne. In Europa werden daher heute Verfahren, bei denen die anodisch erzeugte, transparente Oxidschicht erst nachträglich dauerhaft eingefärbt wird, bevorzugt.

Die elektrolytische Färbung

In neuerer Zeit haben die elektrolytischen Metallsalzfärbeverfahren, zu denen die Grundlage bereits 1936 von Cabani (It. Pat. Nr. 339.232) gelegt wurde, an Bedeutung gewonnen. Hier werden die in einem üblichen Anodisierprozeß, z. B. im GS-Verfahren hergestellten, normalerweise farblosen Oxidschichten in einer Metallsalzlösung elektrolytisch mit Wechselstrom ge-

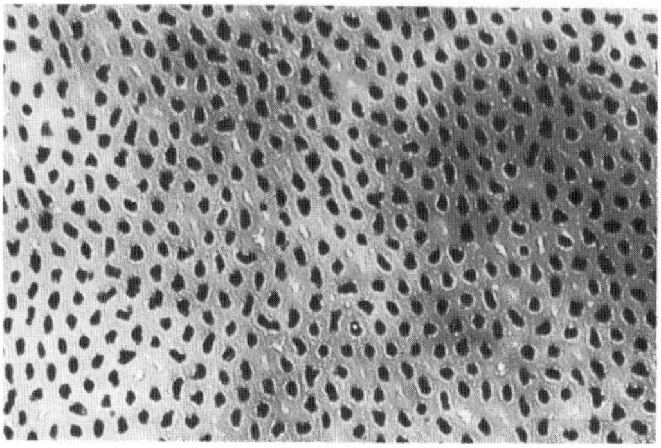

Bild 183: Elektrolytisch gefärbte Probe, Poren der Oxidschicht mit elektrolytisch abgeschiedenem Nickel. Elektronenmikroskopische Durchstrahlaufnahme, V = 115000 : 1.

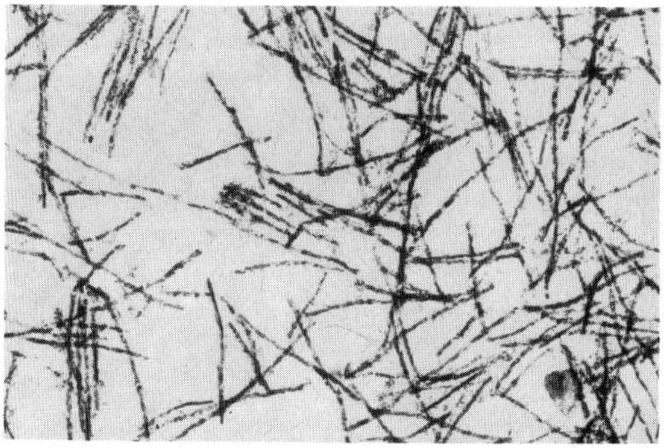

Bild 184: Das bei der elektrolytischen Färbung abgeschiedene Metall bleibt nach Auflösung der Oxidschicht in Form von Fasern auf der Oberfläche zurück. Elektronenmikroskopische Durchstrahlaufnahme, V = 26500 : 1.

Bild 185: Teilbild a stellt das Elektronenbild (Metall auf der linken Bildseite) dar, das Röntgenbild b zeigt die Verteilung von Aluminium. Der größten Aluminiumkonzentration im Metall folgt die in der Oxidschicht. Aus Teilbild c (Mikrosondenaufnahme) ist die Nickelverteilung ersichtlich. Man erkennt deutlich die Nickeleinlagerungen am Grund der Oxidschicht.

a b c

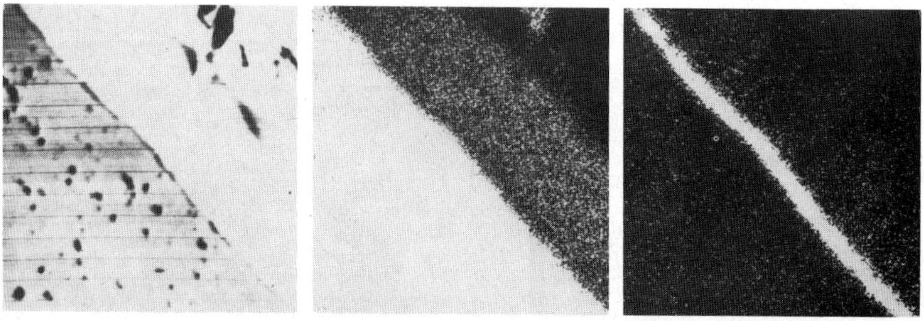

Tabelle 16: Verfahren zur elektrolytischen Färbung anodischer Oxidschichten

Verfahren	Firma	Verfahren	Firma
Anolok	Alcan	Korundalor	Korundalwerk Paul Keller GmbH
Colinal	Alusuisse	Metachemcolor	Metall- und Oberflächen-chemie GmbH
Coloranodic	Eduard Hueck		
Colorox	Josef Gartner	Metoxal	VAW
Elektrocolor	Langbein-Pfanhauser Werke AG	Oxicolor	Riedel & Co.
Eurocolor 800	Pechiney	Variocolor	Blasberg & Co.

färbt. Dabei werden die Metallionen am Grund der Oxidschichtporen abgeschieden. Während anfänglich die Abscheidung von Metalloxiden oder -hydroxiden vermutet wurde, bestätigen neuere Untersuchungen die Ansicht, daß die Abscheidungen in den Schichtporen in metallischer Form vorliegen. Metallgefüllte Oxidschichtporen zeigt Bild 183. Wird die Oxidschicht aufgelöst, bleiben die Metallfasern zurück (Bild 184). Die Betrachtung eines Querschliffs in der Elektronenmikrosonde führt zu Bild 185.

Bei diesen Verfahren ist die Farbe weitgehend unabhängig vom Werkstoff. Sie wird vielmehr von den elektrischen Bedingungen im Verlaufe der Färbung bestimmt. Nach der Färbung wird die Oxidschicht auf übliche Weise verdichtet. Die auf diesem Weg erreichten Farben sind praktisch lichtecht; die Farbskala von hellbraun über dunkelbraun bis schwarz steht im Vordergrund der kommerziellen Verwertung. Die Verfahren finden in Europa und Japan breite Verwendung in der Außenarchitektur *(Tabelle 16).*

Anorganische Schutzschichten

Glasartige farbige Schutzschichten von 60–80 μm Dicke erhält man durch Emaillieren. Für Aluminium wurden niedrigschmelzende Emails entwickelt, die bei Temperaturen um 500 °C eingebrannt werden. Es eignen sich somit nur Reinaluminium und Al-Legierungen mit hohem Schmelzpunkt (z. B. AlMn, AlMgSi) zum Emaillieren. Die naturharten Legierungen verlieren dabei ihre Kaltverfestigung. Die harten Emailschichten werden auf fertig bearbeitete, mindestens 1 mm dicke Bleche aufgebracht. Die Schichten ergeben einen dauerhaften Witterungsschutz und haben sich für Fassadenelemente gut bewährt.

Neuerdings finden Emailschichten auch auf Aluminiumgeschirr Anwendung. Zur Erhöhung der Beulfestigkeit werden teilweise aushärtbare Legierungen, z. B. AlZnMg eingesetzt, wobei zur Verankerung der Emaillierung geeignete Plattierschichten Verwendung finden (AlMn oder Reinaluminium).

Organische Schutzschichten

Zu den organischen Schutzschichten gehören zunächst einmal die Kunstharzlacke, die lufttrocknend sein können oder eingebrannt werden. Sodann sind aufgeklebte Kunststoff-Folien und schmelzflüssig aufgebrachte Kunststoffschichten zu erwähnen.

Das Aufbringen der organischen Beschichtung erfolgt meist in Bandform. Für den Verpackungssektor beträgt die Dicke der Aluminiumbänder meist etwa 0,01 bis 0,25 mm, für den Architektursektor 0,3 bis 1,5 mm. Für den letztgenannten Fall tritt das industrielle Einbrennlak-

kieren mit Acryl-, Melamin- und Epoxydharzlacken in den Vordergrund. Die Lackschichten in unbegrenzter Farbauswahl werden bei Temperaturen bis maximal 300 °C eingebrannt. Die Schichtdicke beträgt meistens 15–25 μm. Einbrennlackiertes Aluminium ist nachträglich umformbar und hat bei Schichtdicken von etwa 25 μm bei Außenbewitterung eine Lebenserwartung von 10 bis 20 Jahren.
Einen sehr guten Korrosionsschutz erzielt man bei Aluminiumblechen durch Aufkleben (Aufkaschieren) von Kunststoff-Folien von ca. 100 μm Dicke. Aluminiumfolie wird häufig mit aufgeschmolzenen Kunststoffen, vorwiegend Polyäthylen, beschichtet, insbesondere für den Verpackungssektor.

Lackverankerung auf Oxidschichten

Allgemein ist der Korrosionsschutz durch anodische Oxidschichten sehr wirksam. Durchschnittlich kann man damit rechnen, daß diese den Korrosionswiderstand des Aluminiums etwa auf das 10- bis 100fache erhöhen. Wenn man anodische Oxidschichten mit korrosionsfesten Lacken imprägniert, ist der erzielte Korrosionsschutz noch erheblich höher.
Grundsätzlich kann man feststellen, daß Lackschichten auf Aluminium dann für den Korrosionsschutz besonders wirkungsvoll sind, wenn sie auf eine verstärkte Oxidhaut aufgebracht werden. Diese saugt dann den Schutzlack teilweise auf und verbindet ihn festhaftend mit dem Grundmetall, denn die natürlichen oder nach geeigneten Verfahren künstlich verstärkten Oxidhäute sind untrennbar mit dem Aluminium verwachsen. Da die natürliche Oxidhaut sehr dünn ist, reicht ihre Saugfähigkeit für viele Lacksorten nicht aus, um eine einwandfreie Haftung der Lackschicht zu erreichen. Daher wird vor der Anwendung korrosionsfester Lackierungen oftmals eine geeignete Verankerungsschicht aufgebracht. Hier stehen Chromat- und Phosphatschichten im Vordergrund.

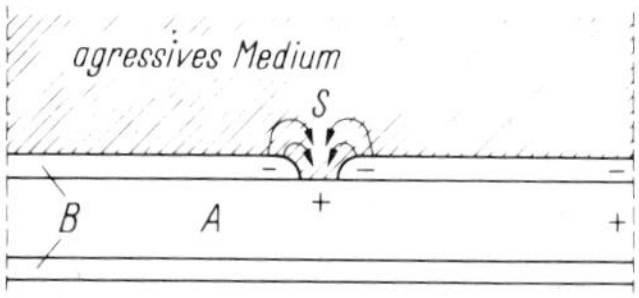

Bild 186: Kathodischer Schutz des Kernwerkstoffes durch eine Plattierschicht mit tieferem Potential. A: Blech aus relativ korrosionsanfälliger Legierung (z. B. AlCuMg). B: Plattierschicht in ca. 5 bis 10% der gesamten Blechdicke aus Reinaluminium oder AlZn-Legierung. S: Schützender Lokalstrom.

Metallische Schutzschichten

Hochfeste, weniger korrosionsbeständige Aluminium-Legierungen wie z. B. AlCuMg oder AlZnMgCu werden in der Praxis zum Zwecke des Korrosionsschutzes häufig mit Reinaluminium, AlMn oder AlZn-Legierungen walzplattiert. Die Plattierschicht ist in der Regel unedler und übt somit einen ,,kathodischen" Schutz aus, welcher an Schnittkanten oder lokalen Beschädigungen der Plattierschicht einen Angriff auf den edleren Kernwerkstoff verhindert (Bild 186). Die Plattierschichtdicke beträgt ca. 5–10% der Blechdicke je Seite. Durch die Plattierung erreicht man auch häufig eine bessere Walzbarkeit des Kernwerkstoffes. Für Sonderzwecke wird Aluminium durch Walzplattieren oder Metallspritzen mit anderen Metallen wie Cu, Pb, Zn, Sn, Cd oder rostfreiem Stahl beschichtet.

Korrosionsprüfung

Die Prüfverfahren sind sehr mannigfach („Salzsprühbad, Wechseltauchbad, Ermittlung der Reaktionszahl" usw.). Es gibt zwei grundsätzlich verschiedene Gruppen von Korrosionsprüfbedingungen:

A. Das Korrosionsmedium zerstört die Oxidhaut ganz oder weitgehend.

B. Das Korrosionsmedium greift nur an Poren oder schwachen Stellen der Oxidhaut an, wobei deren Selbstheilung den Angriff aufhalten oder verlangsamen kann.

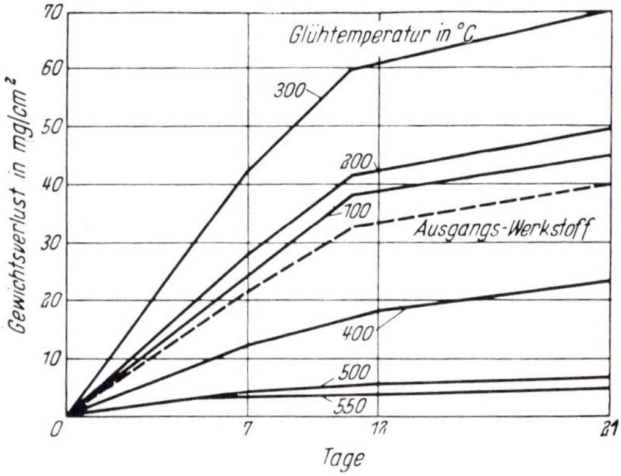

Bild 187: Gewichtsverlust von Aluminiumblechen in Salzsäure konstanter Konzentration und Temperatur in Abhängigkeit von der Glühbehandlung. Ausgangswerkstoff: Reinaluminium, walzhart.

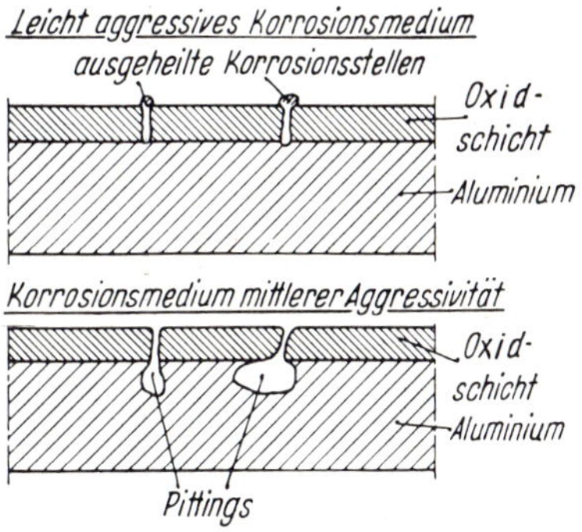

Bild 188: Aluminium in Korrosionsmedien von leichter oder mittlerer Aggressivität. Die Poren und Pittings sind im oberen Teilbild weitgehend mit wasserhaltigem Oxid, dem „Korrosionsprodukt", ausgefüllt.

Ergebnisse, die in einem Korrosionsmedium gemäß A. (z. B. in Natronlauge oder einer starken Säure) erhalten wurden, können nicht oder nur sehr beschränkt auf ein Korrosionsmedium gemäß B. (z. B. leicht aggressive Lebensmittel oder Industrieatmosphäre) übertragen werden.
In Salzsäure, die jede Oxidschicht radikal auflöst, findet man z. B. einen Einfluß der Glühbehandlung des Metalles auf die Lösungsgeschwindigkeit: Je heterogener das Gefüge, um so stärker ist die Lokalelementwirkung und damit die Auflösung (siehe Bild 187).
In schwach aggressiven Medien überwiegt dagegen der Einfluß der Oxidhaut, und es kommt in erster Linie darauf an, ob entstehende Poren ausheilen (Bild 188 oben) oder nicht (Bild 188 unten); im letzteren Falle hilft oftmals eine Verstärkung der Oxidschicht.

Das Korrosionsverhalten des Aluminiums: Zusammenfassung

In einer Vielzahl von Anwendungen des Aluminiums oder seiner Legierungen reicht der Schutz, den die natürliche Oxidhaut ergibt, zur Unterdrückung von Korrosionsprozessen vollkommen aus. Die natürliche Oxidhaut ist trotz ihrer sehr geringen Dicke erstaunlich widerstandsfähig und wächst sofort nach, wenn sie z. B. mechanisch zerstört wird, sie hat also „selbstheilende Eigenschaften". Wenn Aluminium Wind und Wetter ausgesetzt wird, so wächst die Oxidhaut im Laufe von 1 bis 2 Jahren langsam weiter, bis ihre Dicke ausreicht, um einen weiteren Angriff auf das Grundmetall zu verhindern.

Nicht nur bei der atmosphärischen Korrosion, sondern auch beim Kontakt zwischen Aluminium und vielen Flüssigkeiten und Gasen bildet sich ein stabiles Gleichgewicht zwischen dem Angriff auf die Oxidschicht und deren Nachwachsen oder Ausheilen.

Ein Korrosionsangriff auf das Aluminium kann insbesondere auftreten:

1. Wenn günstige Voraussetzungen für galvanische Korrosion gegeben sind (z. B. durch leitende Verbindung mit Schwermetallen).
2. Wenn leicht aggressive Flüssigkeiten oder leicht aggressive Atmosphären im Kontakt mit dem Aluminium stehen.
3. Wenn stark aggressive Flüssigkeiten oder Gase Kontakt mit dem Aluminium haben.

Bei den Korrosionsfällen nach Gruppe 1. und 3. hilft eine Verstärkung der Oxidhaut im allgemeinen nicht, da im Falle 1. die galvanische Korrosion nach und nach in immer vorhandenen kleinen Poren der Oxidhaut zu arbeiten beginnt und im Falle 3. ein stark aggressives Medium auch anodische Oxidschichten auflösen würde. Dagegen ist bei der großen Gruppe von Medien leichter bis mittlerer Aggressivität (2.) eine künstliche Verstärkung der Oxidhaut in der Praxis ausreichend: z. B. zum Schutz von Aluminium gegenüber Industrieatmosphären, schwach sauren oder leicht alkalischen Flüssigkeiten, Lebensmitteln usw.

Zusammenfassend ist festzuhalten, daß eine große und noch lange nicht ausgeschöpfte Fülle von Anwendungsmöglichkeiten vorliegt, bei denen das Aluminium mit oder ohne künstlich verstärkte Oxidschicht als absolut korrosionsbeständig gelten muß und vielfach anderen Gebrauchsmetallen überlegen ist. Die umfangreiche Skala festhaftender Oxidfilme verschiedener Widerstandsfähigkeit hat in diesem Sinne sehr zur Verbreitung des Aluminiums beigetragen.

Erklärung wichtiger Fachausdrücke

I Einführung

I (1) Folie	Dünn ausgewalztes Aluminium unterhalb einer Dicke von 0,02 mm. Folie kann bis auf 0,003 mm Dicke abgewalzt werden. Aluminiumfolie wird hauptsächlich als Verpackungsmaterial, in der Elektrotechnik und als Dämmaterial verwendet.
I (2) Elektrolyse	Hierbei wird Gleichstrom durch ein stromleitendes Bad geleitet. Von den stromleitenden, in Lösung befindlichen Molekülen wandern positiv geladene Partikel (Kationen) unter dem Einfluß des Gleichstroms zur Kathode, die Anionen, welche negativ geladen sind, zur Anode. Sie werden dort entladen und abgeschieden.
I (3) Hall-Héroult-Verfahren	Der Amerikaner Charles Martin Hall und der Franzose Paul L. T. Héroult haben unabhängig voneinander 1886 dasselbe Verfahren erfunden, nach dem heute noch Aluminium elektrolytisch gewonnen wird. Es handelt sich um eine Schmelzflußelektrolyse bei über 900 °C, wobei der Elektrolyt eine Salzschmelze darstellt, welcher periodisch Aluminiumoxid beigegeben wird. Eine historische Kuriosität: Hall und Héroult wurden beide im gleichen Jahr geboren (1863) und sind auch im gleichen Jahr gestorben (1914).
I (4) Bauxit	Hauptrohstoff für die Aluminiumoxid- und Aluminiumgewinnung, genannt nach dem Ort „Les Baux" in Südfrankreich. Bauxit enthält etwa 40 bis 55% Aluminiumoxid (Al_2O_3) sowie Verunreinigungen, hauptsächlich Eisenoxide.
I (5) IBA (International Bauxite Association)	Ein Kartell, mit Hauptquartier in Jamaika, gebildet von Ländern, die mehr als ²/₃ der Welt-Bauxitproduktion repräsentieren. Die IBA-Mitglieder erheben eine Abgabe (levy), die an den Aluminiummetallpreis gebunden ist.
I (6) Aluminiumfluorid	Chemische Formel AlF_3. Wichtiger Zusatz zum Elektrolyten im Hall-Héroult-Verfahren. Aluminiumfluorid wird entweder aus dem natürlich vorkommenden Mineral Flußspat oder aus einem Nebenprodukt der Düngemittelindustrie (Kieselfluorwasserstoffsäure) gewonnen.
I (7) Petrolkoks	Petrolkoks ist das Haupteinsatzmaterial für die Herstellung von Anoden für den Hall-Héroult-Prozeß. Petrolkoks wird aus den Rückständen der Erdölraffinierung hergestellt, und zwar durch Verkokung. Der Petrolkoks muß einen hinlänglich hohen Reinheitsgrad haben, um Aluminium von 99,0 oder 99,9% Reinheit zu erzeugen. Wichtig ist auch ein niedriger Schwefelgehalt im Hinblick auf die Postulate des Umweltschutzes.
I (8) Eingekapselte Zellen	Seit einiger Zeit werden die einzelnen Elektrolysezellen mit einer Blechhaube abgedeckt, welche alle Abgase einfängt und einer Rückgewinnungsanlage zuführt.

II Gewinnung und Verarbeitung des Aluminiums

II (1)	Aluminiumoxidwerk (Tonerdewerk)	Chemieanlage, die Bauxit zu Aluminiumoxid (Tonerde) aufbereitet. Die Aluminiumoxidwerke arbeiten fast ausschließlich nach dem Bayer-Verfahren. Dabei wird Bauxit in heißer Natronlauge gelöst. Die Verunreinigungen werden als sogenannter Rotschlamm abfiltriert. Durch Verdünnen und Abkühlung des Filtrates wird Aluminiumoxid (Tonerde) ausgefällt.
II (2)	Aluminiumhütte	Sie gewinnt (Hütten-)Aluminium aus Aluminiumoxid (Tonerde), hauptsächlich unter Anwendung des Hall-Héroult-Verfahrens.
II (3)	Hüttenaluminium	Hier handelt es sich um das Endprodukt der Aluminiumoxidelektrolyse mit einem Reinheitsgrad von 99,0 bis 99,9% Aluminium.
II (4)	Kryolith	Kryolith, ein Mineral aus Natrium- und Aluminiumfluorid. Kommt in Grönland natürlich vor, wird heute aber hauptsächlich synthetisch hergestellt. Es wird dem Elektrolysebad im Hall-Héroult-Verfahren zugesetzt.
II (5)	Anoden	Es handelt sich um die Stromzuführung des Gleichstroms (positiver Pol) in den Elektrolyten. Anoden werden aus einer Mischung von Petrolkoks sowie Teer und Pech hergestellt. Heute dominieren Anodenblöcke, welche in einer separaten Anodenfabrik hergestellt und dabei auf Temperaturen von etwa 1 300 °C erwärmt wurden. Solche Blöcke haben ein Volumen von etwa 1 m^3. Außerdem gibt es auch sogenannte Söderberganoden, bei welchen sich eine pastose Mischung aus Petrolkoks, Teer und Pech in einer Stahlhülle durch Schwerkraft nach unten bewegt und durch die hohe Temperatur des Elektrolysebads verfestigt wird. Die Söderberganoden werden in Ländern mit strengen Auflagen für Arbeitsplatzhygiene und Emissionskontrolle mehr und mehr aus dem Verkehr gezogen, da bei diesem Verfahren Teer und Pechdämpfe entweichen.
II (6)	Fluoremissionen	In der Aluminiumhütte werden geringe Mengen von Fluorverbindungen freigesetzt, teils in Form von fluorhaltigem Staub, teils als Fluorwasserstoff. In den letzten Jahren wurden in fast allen Ländern Emissionswerte festgesetzt, welche von der Aluminiumindustrie eingehalten werden müssen.
II (7)	Abgasreinigungssysteme	Sie dienen zur Entfernung fluorhaltiger Verbindungen aus den Abgasen der Elektrolysezellen. Neuerdings werden gekapselte Zellen eingesetzt, in Verbindung mit Trockenreinigungsanlagen, in denen Aluminiumoxid als Adsorptionsmittel wirkt. Das angereicherte Aluminiumoxid wird in die Zellen zurückgeführt. Zahlreiche Hütten benutzen auch nasse Abgasreinigungsanlagen, in denen Wasser oder wäßrige Lösungen zur Behandlung der Abgase eingesetzt werden. Vielfach wird dabei Kryolith zurückgewonnen.
II (8)	Aluminiumchloridelektrolyse	Neues Verfahren, veröffentlicht 1974 von Alcoa, bei dem, anstelle von Fluoriden beim Hall-Héroult-Prozeß, Aluminiumchlorid elektrolysiert wird. Die Aluminiumchloridelektrolyse soll zu Energieein-

sparungen bis zu 30% führen. Auf der anderen Seite muß bei der Aluminiumchloridherstellung ein kohlenstoffhaltiges Reduktionsmittel eingesetzt werden, wodurch die Energieeinsparungen bei der Elektrolyse teilweise kompensiert werden. Eine Versuchsanlage von Alcoa ging 1976 in Betrieb.

II (9) Reinstaluminium — Metall mit einem Reinheitsgrad von 99,99% Aluminium. Früher hauptsächlich durch eine zweite Elektrolyse produziert, neuerdings durch langsames Erstarren und Dekantieren.

II (10) Sekundäraluminium — wird aus Schrott hergestellt. Als Altschrott wird dabei Metall bezeichnet, das sich bereits als Produkt im Markt befunden hat. Etwa 1/4 des Einsatzmaterials der Sekundäraluminiumindustrie ist Altschrott, der Rest Neuschrott, der bei der Herstellung und Verarbeitung von Halbzeug entsteht und wieder eingeschmolzen wird.

II (11) Recyclierung — Meistens wird hierunter das Umschmelzen von Aluminiumschrott zu Sekundäraluminium verstanden.

II (12) Energiebilanz — Rechnung, bei der die Energieaufwendungen zur Herstellung des Aluminiums verglichen werden mit der durch Recyclieren rückgewinnbaren Energie (Energiebank) sowie Energieeinsparungen, welche durch das Aluminiumprodukt in der Anwendung erzielt werden können, beispielsweise im Vergleich zu einem gleichwertigen, aber schwereren Stahlprodukt.

II (13) Strangguß — Verfahren, bei dem flüssiges Aluminium kontinuierlich durch eine wassergekühlte Kokille vergossen wird, und zwar zu rechteckigen Walzbarren, quadratischen Drahtbarren oder runden Strangpreßbolzen.

II (14) Gattieren — Mit Gattieren bezeichnet man das Zusetzen von Legierungsmetallen zu einer Schmelze.

II (15) Formguß — Formguß wird in drei verschiedenen Verfahren produziert: Sandguß, Kokillenguß und Druckguß.

II (16) Halbzeugwerk — Das Halbzeugwerk verarbeitet Stranggußbarren, entweder von einer Aluminiumhütte oder von einer eigenen Gießerei, durch Abwalzen, Strangpressen oder Schmieden zu Aluminiumhalbzeug.

II (17) Aluminiumhalbzeug — Sammelbegriff für Halbfertigprodukte, die entweder aus dem Halbzeugwerk stammen (Bleche, Bänder, Folien, Strangpreßprofile oder Schmiedeteile) oder als Gußteile aus Gießereien.

II (18) Spanabhebende Formgebungsverfahren, „Spanen" — Durch Drehen, Hobeln, Fräsen, Bohren, Sägen, Feilen usw. wird dem Werkstück die gewünschte Form verliehen. Dabei fallen Späne an.

II (19) Fließpressen — Ein in eine Matrize eingelegter Rohling wird durch Stempeldruck zum Fließen gebracht. Dieses Umformverfahren wird zur Herstellung von Dosen, Tuben und Röhrchen für die Verpackungsindustrie sowie von Druckflaschen, Kondensatorenbechern und anderen technischen Fließpreßteilen angewendet. Durch Fließpressen können vor allem dünnwandige Hohlkörper auf wirtschaftliche Weise hergestellt werden.

II (20) Drücken	Ein spanloses Formgebungsverfahren mit handwerklicher Arbeitsweise, durch das ausschließlich Rundkörper hergestellt werden, auch solche mit Einziehungen. Das Drücken ist ein billigeres Verfahren als das Tiefziehen, weil der Aufwand an Maschinen gering ist. Man benötigt eine rotierende Vorrichtung, in welche eine Ronde eingespannt und dann während der Rotation durch seitlichen Druck umgeformt wird.
II (21) Beizen	Chemisches Oberflächenbehandlungsverfahren. Es gibt für Aluminium eine Reihe von Beizverfahren, die verschiedenen Zwekken dienen, z. B. der Entfernung der Guß- oder Walzhaut, der Vorbehandlung der Oberfläche vor der Aufbringung einer Lack- oder verstärkten Oxidschicht, der Erzielung einer dekorativen Wirkung oder der Sichtbarmachung des Kristallgefüges zu Prüfzwecken. Bei den letzten beiden Verfahren spricht man auch von „Ätzen".
II (22) Glänzen	Chemisches bzw. elektrolytisches Oberflächenbehandlungsverfahren. Auf geeigneten Werkstoffen können damit hochglänzende Oberflächen erzeugt werden. Reinstaluminium und hochreines Aluminium von über 99,8% Al-Gehalt, oftmals mit Zusatz von 0,5 bis 2% Mg, eignen sich besonders gut für eine Glänzbehandlung. Anwendungsgebiete geglänzter Teile sind: Reflektoren, Schmuck, Fahrzeugbau, Außen- und Innenarchitektur, Kunstgewerbe. Um den Glanz zu schützen, wird nach dem Glänzen eine verstärkte Oxidschicht aufgebracht (meist durch anodische Oxidation in Schwefelsäure).
II (23) Anodische Oxidation („Eloxieren®")	Durch anodische Oxidation wird eine künstlich verstärkte Oxidschicht erzeugt, die etwa 0,02 bis 0,03 mm dick ist. Diese Schicht erhöht den Korrosionswiderstand des Aluminiums bedeutend. Anodische Oxidation dient der Erhaltung des Reflexionsvermögens sowie dem Schutz geglänzter und polierter Aluminiumflächen, vor allem gegen Witterungseinflüsse.
II (24) Schutzgas-Schweißverfahren	Beim Schutzgas-Schweißverfahren dient ein Lichtbogen, der zwischen einer Wolframelektrode oder dem kontinuierlich zugeführten Schweißzusatzdraht und dem Werkstück entsteht, als Wärmequelle. Lichtbogen und Schweißzone sind dabei durch einen Argonstrom gegen den Zutritt von Sauerstoff aus der Luft abgeschirmt. Das Verfahren macht das Arbeiten ohne Flußmittel möglich (Argon ist ein Edelgas, das auch mit flüssigem Aluminium nicht reagiert).
II (25) Aluminiumlegierung	Von einer Aluminiumlegierung spricht man dann, wenn dem Reinst- oder Reinaluminium metallische Zusätze („Gattierungsmetalle") beigegeben werden. Zweck der Zusätze ist es, Werkstoffe mit bestimmten Eigenschaften zu erhalten, z. B. mit erhöhter Festigkeit. Die wichtigsten Legierungszusätze für Aluminium sind: Magnesium, Kupfer, Silizium, Mangan und Zink.
II (26) Knetlegierungen	Diese werden im Regelfall im Stranggießverfahren zu Bolzen, Barren oder Bändern vergossen und anschließend durch span-

lose Warmumformung („Kneten") wie Pressen, Schmieden, Walzen usw. weiter verarbeitet. Knetlegierungen weisen ein besonders gutes Umformverhalten bei mittleren bis hohen Festigkeitswerten auf.

II (27) Gußlegierungen — Diese werden für Formgußteile verwendet. Die meisten Gußlegierungen zeichnen sich durch gutes Formfüllungsvermögen und geringe Rißanfälligkeit des soeben erstarrten Gußgefüges aus.

III Innerer Aufbau des Aluminiums

III (1) Gitterbau — Hierunter versteht man das System, nach dem die Atome im festen Metall im „Kristallgitter" angeordnet sind.

III (2) Kristallin — Feste Körper, deren Atome in einem bestimmten „Kristallgitter" angeordnet sind, werden als kristallin bezeichnet. Alle festen Metalle sind kristallin. Typisches Merkmal der Kristalle ist die „Anisotropie", d. h. die Richtungsabhängigkeit ihrer Eigenschaften wie Festigkeit, Formbarkeit, Leitfähigkeit usw.

III (3) Amorph — Substanzen, deren Atome keine regelmäßige Anordnung aufweisen, sind amorph: z. B. Flüssigkeiten, geschmolzene Metalle, Glas, Gummi. Im festen Zustand amorphe Substanzen sind bei tiefen Temperaturen spröde, bei erhöhten Temperaturen nimmt ihre Festigkeit sprunghaft ab (dadurch markante Unterschiede zu den Metallen).

IV Entstehung des Gußgefüges

IV (1) Metallgefüge — Als Metallgefüge wird der innere Aufbau eines Metalls bezeichnet. In Abhängigkeit von der Vorgeschichte des Gefüges spricht man von Gußgefüge, verformtem Gefüge, weichgeglühtem („rekristallisiertem") Gefüge. Jedes Gefüge setzt sich aus einzelnen Körnern (Kristallen) zusammen, wobei innerhalb eines Korns die Atome einheitlich ausgerichtet sind. Es ist zu unterscheiden zwischen

1. Gußkörnern: Sie entstehen bei der Kristallisation aus der Schmelze, s. a. IV (5).
2. Verformten Körnern: Diese entstehen bei der Warm- oder Kaltumformung und sind meist langgestreckt.
3. Rekristallisationskörnern: Sie entstehen beim Weichglühen.

Die Größe der Körner spielt eine wichtige Rolle bei der Weiterverarbeitung des Metalls. Die Korngröße liegt beim gegossenen Metall im allgemeinen zwischen 0,01 und 1 mm, doch sind Gußkörner u. U. wesentlich größer. Grobes Korn ist grundsätzlich unerwünscht. Die Körner können durch Anätzen der Oberfläche

mit einem bestimmten Säuregemisch sichtbar gemacht werden („Kornätzung").
Über die Entstehung der Körner siehe „Gußkorn" und „Rekristallisation".

IV (2) Spezifische Wärme
ist die Wärmemenge, die erforderlich ist, um 1 g, 1 dm^3 oder 1 Mol eines Körpers um 1 Grad zu erwärmen. Für Aluminium beträgt die durchschnittliche spez. Wärme 1,05 J/g K.

IV (3) Schmelzwärme
Wärmemenge, die nötig ist, um 1 g des betreffenden Metalls nach Erreichen der Schmelztemperatur aus dem festen in den flüssigen Zustand zu überführen; bei Aluminium sind 396 J/g nötig („latente Schmelzwärme").
Die Schmelzwärme liefert den Aluminiumatomen die notwendige Bewegungsenergie, um sich aus dem Metallgitter zu lösen, d. h. in den flüssigen Zustand überzugehen (s. a. „Erstarrungswärme").

IV (4) Erstarrungswärme
Wärmemenge, die aus 1 g des betreffenden Metalls (nach Abkühlung auf die Schmelztemperatur) frei wird und abgeführt werden muß, um die Schmelze vom flüssigen in den festen Zustand übergehen zu lassen. Der absolute Betrag ist gleichgroß wie derjenige der Schmelzwärme (bei Aluminium also 396 J/g).

IV (5) Gußkorn
Bei der Erstarrung bilden sich in der Schmelze an vielen Stellen Kristallisationskeime. Ein Keim wächst schnell weiter und bildet dabei ein Gußkorn. Die einzelnen Gußkörner stoßen schließlich zusammen, wodurch sie sich gegenseitig am weiteren Wachstum hindern. Größe und Form der Gußkörner sind durch die Erstarrungsbedingungen sowie die Legierungselemente bedingt. Die Gesamtheit der Gußkörner wird als Gußgefüge bezeichnet.

IV (6) Elementarzelle
Die Elementarzelle des Aluminiums ist kubisch flächenzentriert und besteht aus je einem Aluminiumatom an den Ecken eines Würfels und einem zusätzlichen Atom in der Mitte der Würfelflächen. Es gibt also 8 Eckenatome in jeder Elementarzelle, aber da jede von diesen von 8 benachbarten Elementarzellen eingeschlossen ist, gehört nur $^1/_8$ dieser Atome zu jeder Elementarzelle. Die 6 Atome auf den Würfelflächen gehören jeweils zu 2 benachbarten Würfeln, so daß nur die Hälfte von ihnen zu einem Einzelwürfel gehört. Daher ist die Gesamtzahl von Atomen pro Elementarzelle $8 \times {}^1/_8$, plus $6 \times {}^1/_2 = 4$. Ein Korn oder Kristall besteht aus zahlreichen solcher Elementarzellen.

IV (7) Netzebene
Innerhalb eines Korns sind die Aluminiumatome in einem einheitlichen Gitter ausgerichtet. Als Netzebenen bezeichnet man die ungekrümmten Flächen, in denen die Mittelpunkte von mindestens 3 Atomen liegen.

IV (8) Restschmelze
Beim Erstarren wird an der Gußkorngrenze eine an Legierungselementen stark angereicherte Restschmelze zusammengedrängt und friert dort ein. Korngrenzen stellen im allgemeinen die schwächsten Stellen im Gefüge dar.

IV (9) Kornätzung, auch „Makroätzung"
Durch Anätzen der Oberfläche mit stark verdünnten Säuregemischen wird das Gefüge sichtbar gemacht (s. a. IV (16)). Bei der

Ätzung werden Gitterebenen freigelegt. Die einzelnen Körner reflektieren das Licht auf Grund ihrer verschiedenen Winkel zum einfallenden Strahl in unterschiedlicher Stärke.

IV (10) Stengelkristalle

sind große langgestreckte Gußkörner, die sich bevorzugt nahe der Kokillenwand auf Grund des dort herrschenden, gerichteten Wärmeentzugs bilden.

IV (11) Dendriten

Im Gußgefüge auftretende Kristalle mit stark eingefurchter Oberfläche.

IV (12) Homogene Legierungen

Legierungen, bei welchen der Gehalt der Zusatzmetalle innerhalb der maximalen Löslichkeit liegt, so daß das Gefüge nach einer Lösungsglühung nahe der Solidustemperatur aus ,,Mischkristallen" einheitlicher Zusammensetzung besteht (,,homogenes Gefüge"). Unterhalb der Solidustemperatur nimmt die Löslichkeit ab. Daher können auch die homogenen Legierungen ein Gefüge aus zwei Kristallarten aufweisen, und zwar durch ,,Kornseigerung" oder nach einer ,,Heterogenisierungsglühung".

IV (13) Mischkristall

Wenn ein Metall (B) in Aluminium (A) im festen Zustand löslich ist, so bilden die beiden Atomsorten A und B einen Mischkristall. Die Fremdatome (B-Atome) verteilen sich unregelmäßig innerhalb des Aluminiumgitters. Bei den Aluminiumlegierungen bilden die gelösten Legierungsmetalle grundsätzlich ,,Substitutionsmischkristalle", d. h. es ist im Gitter ein Teil der Aluminiumatome durch Fremdatome ersetzt (substituiert).
In Aluminium gelöster Wasserstoff bildet dagegen ,,Einlagerungsmischkristalle". Die sehr kleinen Wasserstoffatome können sich auf ,,Zwischengitterplätzen" anordnen, wobei die Aluminiumatome auf ihren Gitterplätzen verbleiben.

IV (14) Heterogene Legierungen

Legierungen, bei denen der Gehalt der Zusatzmetalle über der maximalen Löslichkeit der betreffenden Zusatzmetalle im festen Aluminium liegt. Im Gefüge sind daher an Zusatzmetall angereicherte Kristalle (,,Heterogenitäten") zwischen und in den Aluminiumkörnern eingelagert. In heterogenen Legierungen liegen mindestens zwei Kristallarten nebeneinander vor. Ein Teil der Fremdatome ist auch in der heterogenen Legierung im Aluminiumgitter unter Mischkristallbildung gelöst.

IV (15) Fremdatome

Die Atome der zum Aluminium zugesetzten Legierungsmetalle sowie der natürlichen Verunreinigungen werden als ,,Fremdatome" bezeichnet.

IV (16) Makrogefüge

Als Makrogefüge bezeichnet man den mit bloßem Auge sichtbaren Gefügebau, der nach einer Kornätzung deutlich erkennbar wird.

IV (17) Mikrogefüge

Um das Mikrogefüge zu untersuchen, wird ein polierter Metallschliff mit Ätzmitteln geätzt. Danach erfolgt die Beobachtung unter dem Metallmikroskop bei etwa 50- bis 1000facher Vergrößerung oder nach besonderer Präparation im Elektronenmikroskop bei Vergrößerungen bis zu etwa 150000fach.

V Verfeinerte Untersuchung der Entstehung und der Eigenschaften des Gußgefüges

V (1) Schliff	Aus dem Werkstoff wird eine Probe entnommen und die interessierende Schnittfläche auf Hochglanz poliert. Danach wird das ,,Mikrogefüge" untersucht.
V (2) Heterogenität oder Einlagerung	Als Heterogenität bezeichnet man in das Grundgefüge eingebettete Fremdkristalle, deren Gitterbau von dem des volumenmäßig dominierenden Grundgefüges (der ,,Matrix") abweicht. Heterogenitäten können beim Erstarren oder bei einer ,,Heterogenisierungsglühung" entstehen (dann auch ,,Ausscheidungen" genannt). Erstere sind relativ groß, letztere wesentlich feiner.
V (3) Erstarrungskurve	Eine über den Schmelzpunkt hinaus erhitzte Schmelze wird der langsamen Abkühlung überlassen. Mit Hilfe eines eingetauchten Thermometers mißt man den zeitlichen Verlauf der Temperatur. Sobald die Erstarrung beginnt, tritt durch die freiwerdende Erstarrungswärme eine Verzögerung der Abkühlung ein. Graphisch dargestellt (Temperatur gegen Zeit aufgetragen) ergibt sich die Erstarrungskurve. Die Aufnahme von Erstarrungskurven wird auch als ,,thermische Analyse" bezeichnet.
V (4) Erstarrungs- oder Aufschmelzintervall	Temperaturbereich zwischen Liquidus- und Solidustemperatur (s. V (5), (6)). Alle Legierungen mit Ausnahme der eutektischen haben ein merkliches Erstarrungsintervall, das bis über 100 °C betragen kann. Beim Aufschmelzen wird das gleiche Temperaturintervall durchlaufen.
V (5) Liquidustemperatur	Diejenige Temperatur, bei der beim Abkühlen der Schmelze die Erstarrung beginnt bzw. beim Aufheizen der festen Legierung das Aufschmelzen abgeschlossen ist.
V (6) Solidustemperatur	Diejenige Temperatur, bei der beim Abkühlen die Erstarrung abgeschlossen ist bzw. beim Aufheizen der festen Legierung das Aufschmelzen beginnt.
V (7) Zustandsdiagramm (Masseprozent, Atomprozent)	Zustandsdiagramme werden aus einer großen Zahl einzelner Erstarrungskurven (s. V (3)) konstruiert und geben für die in Frage kommenden Legierungssysteme die Liquidus- und Solidustemperaturen sowie Umwandlungen im festen Zustand an. Hieraus resultieren ,,Zustandsfelder" in Abhängigkeit von Temperatur und Legierungszusatz. Zwischen Solidus- und Liquiduslinie liegt z. B. das Zustandsfeld des teilweise erstarrten Gefüges.
V (8) Kornseigerung (auch Kristall- oder Mikroseigerung)	Eine Kornseigerung bewirkt, daß in Lösung befindliche Legierungsmetalle über den Querschnitt eines Kornes unterschiedlich verteilt sind. Bei den meist verwendeten ,,untereutektischen" Legierungen ist der Gehalt an zulegierten Metallen im Innern des Korns geringer und in der Nähe der Korngrenzen höher, als es dem Durchschnittswert entspricht.
V (9) Löslichkeitsgrenze	Als Löslichkeitsgrenze bezeichnet man den maximalen Zusatz von Legierungsmetall, der in Funktion der Temperatur gemäß

dem Zustandsdiagramm im Aluminium im Gleichgewicht gelöst ist. Im festen Aluminium sind löslich:

Magnesium (Mg) bis zu max. 17,4%
Kupfer (Cu) bis zu max. 5,7%
Silizium (Si) bis zu max. 1,65%

Mit sinkender Temperatur nimmt die Löslichkeit stetig ab.

V (10) Zonenkristall — Ein mit Kornseigerung behafteter Kristall, bei dem sich der Gehalt an Legierungsmetallen („Fremdatomen") in konzentrischen Ringen ändert.

V (11) Eutektikum — Feinzelliges Gefüge, entstanden aus zwei gleichzeitig erstarrenden Kristallarten. Im eutektischen Gefüge treten daher keine „Primärkristalle" auf (s. V (13)). Das Eutektikum (oder eine „eutektische Legierung") erstarrt bei der eutektischen Temperatur.

V (12) Eutektische Legierung — Legierung, welche genau die Zusammensetzung des „eutektischen Punktes" im Zustandsdiagramm aufweist. Beispiel: Gußlegierung aus Aluminium mit ca. 13% Silizium („Silumin"®). Typische Merkmale: Fehlen eines Temperaturintervalls beim Erstarren oder Aufschmelzen, sehr feinzelliges Gußgefüge, bestehend aus „Eutektikum".

V (13) Primärkristall — Beim Erstarren einer heterogenen Legierung nennt man die zuerst erstarrende Kristallart „Primärkristall".

V (14) Entartetes Eutektikum — Dominiert eine Kristallart bei der eutektischen Kristallisation, so entsteht ein entartetes Eutektikum, dessen feinzellige Struktur gestört ist.

V (15) Untereutektische Legierung — Legierung, deren Gehalt an Legierungselement geringer ist, als es der eutektischen Zusammensetzung entspricht. In einer untereutektischen, heterogenen Legierung sind die zuerst erstarrenden „Primärkristalle" ärmer an Fremdatomen als die durchschnittliche Zusammensetzung der Legierung. Das Eutektikum ist an Legierungselementen angereichert und bildet meist einen Saum rings um die zuerst erstarrten, aluminiumreichen Primärkristalle. Alle Knetlegierungen und ein großer Teil der Gußlegierungen sind untereutektisch.

V (16) Übereutektische Legierung — Legierung, deren Gehalt an Legierungselement größer ist als der des Eutektikums. Die Primärkristalle enthalten mehr vom Zusatzmetall als es der Legierungszusammensetzung entspricht. Beispiel: Kolbenlegierungen.

V (17) Zellen — Im Gußgefüge sind die Körner oftmals in Zellen unterteilt. An einer Zellengrenze weist die Konzentration an Legierungselementen eine unstetige Änderung auf (meistens ein Maximum), während die Orientierung des Aluminiumgitters sich an einer Zellengrenze nicht ändert, da die Zellen Dendritenarme des gleichen Kristalls sind.

VI Technische Gießverfahren

VI (1) Formguß	Die Schmelze wird in Formen gegossen, die dem Gußstück die gewünschte Gestalt geben. Als Endbearbeitung bedarf es in der Regel nur noch spanabhebender Maßnahmen, in seltenen Fällen einer plastischen Umformung. Für den Formguß werden „Gußlegierungen" (s. II (24)) verwendet.
VI (2) Kokille	Metallische Dauerform, in der die Schmelze zur Erstarrung gebracht wird.
VI (3) Kokillenguß	Gießen in metallische Dauerformen, in der Regel im Wirkungssinne der Schwerkraft.
VI (4) Sandguß	Die Schmelze wird in eine Sandform gegossen. Sandguß erstarrt langsamer als Kokillenguß. Jeder Guß bedarf einer neuen Form.
VI (5) Druckguß	Beim Druckguß wird die Schmelze unter erhöhtem Druck (bis zu 100 bar) der Form zugeführt.
VI (6) Speiser	Speiser sind der Ort der letzten Erstarrung am Gußstück; sie sind ein Schmelzereservoir zum Ausgleich des bei der Erstarrung der Schmelze zu einem festen Gußkörper auftretenden physikalisch bedingten Volumendefizits.
VI (7) Lunker	Die Volumenschrumpfung von rd. 4 bis 7%, welche bei den Aluminiumwerkstoffen während der Erstarrung eintritt, kann zu Hohlstellen im Gußgefüge führen. Von Lunkern spricht man, wenn diese Hohlräume mit dem bloßen Auge leicht erkannt werden können. Es ist zu unterscheiden zwischen Innenlunkern (Hohlräume im Gußteil oder Barren) und Außenlunkern, eingefallenen Stellen auf der Oberfläche. Bei sehr kleinen Innenlunkern spricht man von Mikrolunkern oder „porösem Guß".
VI (8) Blockguß	Gegossene Blöcke verschiedener Abmessungen und Gewichte bilden das Ausgangsmaterial für die Verarbeitung durch Warmumformung („Kneten"). Für den Blockguß werden Knetlegierungen verwendet. Als Gießverfahren dominiert Strangguß (s. VI (11)).
VI (9) Seigerung	Als Seigerung bezeichnet man die ungleichmäßige Verteilung zulegierter Metalle im Gefüge (s. „Korn- bzw. Blockseigerung").
VI (10) Blockseigerung	Auch Makroseigerung genannt. Sie stellt eine Ansammlung von Legierungselementen in den zuletzt erstarrten Kernzonen des Gußstückes oder Gußblockes dar. „Umgekehrte Blockseigerung" tritt typisch beim Blockguß, in Gestalt einer Anreicherung der Legierungselemente in den Außenzonen des Blockes, auf. Die durch Blockseigerung entstandenen Schwankungen der analytischen Zusammensetzung über den Barrenquerschnitt können durch eine nachträgliche Wärmebehandlung (Homogenisierungsglühung) nicht ausgeglichen werden, wie dies bei der Kornseigerung innerhalb des Korns möglich ist.
VI (11) Strangguß oder Wasserguß	Ein Verfahren, bei dem das Gießen – z. B. von Walzbarren oder Preßbolzen – halbkontinuierlich geschieht. Das Verfahren wird

meistens in vertikaler, in neuerer Zeit auch in horizontaler Gießrichtung angewendet. Dabei werden „Stränge“ von mehreren Metern Länge erhalten, beim horizontalen Gießen können durch vollkontinuierliches Arbeiten „endlose“ Stränge gegossen werden. Beim vertikalen Gießen wird die Aluminiumschmelze in eine wassergekühlte Kokille von etwa 10 cm Höhe gegossen, die nach unten offen ist und dort bei Gießbeginn durch einen stetig absenkbaren Tisch abgeschlossen wird. Die Erstarrung und Wärmeableitung erfolgen beim Strangguß sehr schnell. Dies wirkt sich günstig auf die Gefügeausbildung aus.

VI (12) Sumpf

Als Sumpf bezeichnet man das innerhalb der Stranggießkokille befindliche flüssige Metall, das nach unten durch die Erstarrungsfront und seitlich durch die Kokillenwand begrenzt wird. Die Sumpftiefe und Sumpfform sind von dem Einlaufsystem der Schmelze und von der Wärmeableitung abhängig.

VI (13) Hochglühung von Barren oder Bolzen

Um die durch Kornseigerung entstandenen Unterschiede im Gehalt an Fremdatomen innerhalb des Gefüges durch „Diffusion“ zum Ausgleich zu bringen, wird eine Glühung bei möglichst hohen Temperaturen (nahe unter der „Solidustemperatur“) durchgeführt und der Gleichgewichtszustand hergestellt. Diese Hochglühung – zwischen etwa 500 und 640 °C – wird teilweise als „Homogenisierungsglühung“ bezeichnet, was aber nicht zutreffend ist, da während dieser Glühung oftmals Ausscheidungen auftreten. Der Ausdruck „Homogenisierungsglühung“ wird auch für das Lösungsglühen (s. XI (9)) verwendet.

VI (14) Diffusion

Platzwechsel von Fremdatomen oder Aluminiumatomen in der Aluminiummatrix (der letztgenannte Fall wird auch als Selbstdiffusion bezeichnet).
Diffusion kann bereits bei Raumtemperatur auftreten (bei der Kaltaushärtung), hat aber spezielle Bedeutung bei Temperaturen oberhalb 100 °C. Je nach Legierungszusammensetzung und Auslagerungstemperatur können Ausscheidungen entweder entstehen oder in Lösung gehen.

VI (15) Tütenguß

Der Tütenguß stellt ein Mittelding zwischen Kokillen- und Strangguß dar (s. VI (3) bzw. (11)). Die Schmelze wird in eine dünnwandige Metallkokille („Tüte“) gefüllt. Danach wird durch Kühlwasser eine von unten nach oben fortschreitende Erstarrung bewirkt. Bei diesem Verfahren kann die allgemein angestrebte scheibenförmige Erstarrung – welche günstige Gefügeeigenschaften zur Folge hat – weitgehend erreicht werden. Der Tütenguß wird nur selten angewendet, z. B. zum Gießen von Bolzen aus hochfesten Legierungen.

VI (16) Bandguß

Beim Bandgießen werden „endlose“ Bänder oder Platten von etwa 5 bis 20 mm Dicke und einer Breite von maximal etwa 2 m vergossen. Vorzugsweise werden Kokillen verwendet, welche mit der soeben erstarrten Oberfläche ein Stück weit mitwandern.

VII Eigenschaften und Verhalten des Aluminiums bei der Umformung

VII (1) Umformung oder Verformung	Eine durch Krafteinwirkung erzwungene Formänderung. Heute wird der Ausdruck ,,Umformung" vorzugsweise für die technologischen Verfahren verwendet, während der Ausdruck ,,Verformung" am ehesten im Rahmen der metallkundlichen Grundlagen vorkommt (Kaltverformter Zustand, elastische Verformung usw.).
VII (2) Elastische Verformung	Bei der elastischen Verformung nimmt der verformte Körper seine Ausgangsgestalt wieder ein, wenn die verformende Kraft nicht mehr einwirkt. Gummi ist ein typisch elastisches Material.
VII (3) Plastische oder bleibende Verformung	Diese Formgebungsart bildet die Grundlage der Umformung der Knetlegierungen und ist dadurch gekennzeichnet, daß nach Aufheben der verformenden Kraft die erzwungene Formänderung bestehen bleibt. Plastilin ist ein Stoff, der ausschließlich plastisch verformbar ist.
VII (4) Harter Zustand	Als ,,hart" bezeichnet man Halbzeug (z. B. Blech), welches einen hohen Kaltverfestigungsgrad aufweist (s. a. VII (15)).
VII (5) Weicher Zustand	Als ,,weich" bezeichnet man Aluminiumhalbzeug (z. B. Blech), welches einer Glühung bei ca. 300 bis 500 °C unterworfen wurde. Diese Glühung bewirkt einen völligen Abbau der Verformungsverfestigung durch eine Kornumlagerung (,,Rekristallisation") und eine teilweise Beseitigung der Legierungsverfestigung durch Ausscheiden von Legierungsmetallen (,,Heterogenisierung").
VII (6) Zerreißversuch (Zugversuch)	Unter genau definierten Bedingungen wird ein Stab aus dem zu prüfenden Werkstoff auf sein Verhalten unter Zugbelastung geprüft. Durch den Zerreißversuch können die mechanischen Eigenschaften sowie die Umformbarkeit des Werkstoffes festgestellt werden, z. B. Elastizitätsgrenze, Zugfestigkeit, Bruchdehnung.
VII (7) Spannung	Als Spannung bezeichnet man eine auf den Querschnitt, z. B. des Zerreißstabes, bezogene Last. Je nach Richtung der Belastung spricht man von Zugspannung oder Druckspannung. Beim Zugversuch (,,Zerreißversuch") wird statt der in N gemessenen Zuglast meist die Zugspannung in N/mm^2 angegeben.
VII (8) Proportionalitätsbereich (Hookesche Gerade)	Im Zerreißversuch wird die Dehnung des Probestabes unter steigender Zugbelastung festgestellt. Anfangs, bei geringer Belastung, steigt die Dehnung proportional zur steigenden Belastung an, d. h. zweifache Zuglast=zweifache Dehnung usw. Innerhalb dieses ,,Proportionalitätsbereiches" erfolgt die Dehnung rein elastisch, d. h. bei Abnahme des Gewichts geht der Stab auf seine Ausgangslänge zurück. Der Proportionalitätsbereich ergibt im Zerreißdiagramm graphisch dargestellt die ,,Hookesche Gerade". Die Neigung der Hookeschen Geraden entspricht dem Elastizitätsmodul des Werkstoffs.
VII (9) Dehngrenze	Im Zerreißversuch (s. VII (16)) wird diejenige Zugspannung als 0,2%-Dehngrenze (früher ,,Streckgrenze") bezeichnet, welche 0,2% bleibende Dehnung hervorruft (gemessen in N/mm^2).

VII (10)	Kaltumformung	Alle spanlosen Formgebungsverfahren, die ohne Vorwärmen durchgeführt werden, ergeben eine Kaltumformung des Gefüges (Kaltwalzen, Drücken, Tiefziehen usw.). Zweck der Kaltumformung ist neben der Formgebung die Kaltverfestigung des Gefüges. Die Abgrenzung zur Warmumformung ist nicht ganz scharf. Wegen der auftretenden Verfestigung kann bei Temperaturen bis etwa 250 °C noch von Kaltumformung gesprochen werden.
VII (11)	Verfestigung	Steigerung der Festigkeitseigenschaften des Metalls durch Kaltumformen („Verformungsverfestigung") oder Zulegieren von Zusatzmetallen („Legierungsverfestigung" s. XI (1)).
VII (12)	Verformungsverfestigung	Bei der plastischen Verformung werden Versetzungen (VIII (4)) nach einem gewissen Gleitvorgang fixiert. Die hierdurch bewirkte Verfestigung erschwert weitere Gleitvorgänge im Metallgefüge, so daß die Verformbarkeit des Metalls verringert wird.
VII (13)	Zugfestigkeit	Im Zerreißversuch (s. VII (6)) bezeichnet man als Zugfestigkeit diejenige Zugspannung (in N/mm^2), bei welcher der Probestab bricht.
VII (14)	Kaltwalzgrad	Der Kaltwalzgrad berechnet sich nach: $\frac{\text{Ausgangsdicke} - \text{Enddicke}}{\text{Ausgangsdicke}} \times 100$ (in %) Reinaluminiumbleche werden bei einem Kaltwalzgrad von etwa 60 bis 90% als hart, von etwa 20 bis 50% als halbhart und ohne Kaltverformung als weich bezeichnet.
VII (15)	Härte	Die Härte eines Bleches kann unmittelbar gemessen werden, z. B. als „Brinellhärte". Jedoch geben solche Messungen nur rohe Anhaltspunkte für die Umformbarkeit. Der Ausdruck „hart" ist im übrigen unscharf in seiner Anwendung. Wenn z. B. von „hartem Blech" die Rede ist, meint man meistens ein maximal kaltverfestigtes, wobei diese Bezeichnung entschieden vorzuziehen ist, denn „Härte" kann ja auch durch Legierungsverfestigung erzielt werden.
VII (16)	Dehnung	Als Dehnung (A) bezeichnet man beim Zugversuch oder allgemein dann, wenn ein Metall gedehnt wird, die Größe: $\frac{\text{Endlänge} - \text{Ausgangslänge}}{\text{Ausgangslänge}} \times 100$ (in %) I. Elastische Dehnung: Die Endlänge wird unter Zuglast ermittelt. Ein Gummiband zeigt z. B. nur elastische Dehnung. Falls gleichzeitig elastische und plastische Dehnung auftreten, so wird letztere von der unter Last ermittelten Gesamtdehnung in Abzug gebracht, um die elastische Dehnung zu erhalten. II. Plastische oder bleibende Dehnung: Die Endlänge wird nach Aufhebung der Zugbelastung ermittelt.

III. Bruchdehnung:

Oft nur als „Dehnung“ bezeichnet. Sie wird nach dem Reißen des Zugstabes ermittelt und gibt ein Maß für die plastische Verformbarkeit des geprüften Materials. Sie ist abhängig von der (Ausgangs-)Prüflänge. Meistens beträgt diese bei zylindrischen Proben das 5- oder 10fache des Probendurchmessers (Bezeichnung: A_5 bzw. A_{10}).

VIII Elementarvorgänge bei Verformung und Verfestigung

VIII (1) Elastizitätsmodul

Die zur elastischen Verformung eines Materials aufzuwendende Kraft wird durch den E-Modul definiert.

$$\text{E-Modul} = \frac{\text{Zugspannung}}{\text{Dehnung}}$$ (im Bereich der „Hookeschen Geraden“ s. VII (8)).

Bei einer elastischen Dehnung von 1 = 100%, entsprechend einer elastischen Verdopplung der Stablänge unter Zugbelastung, ist gemäß vorstehender Formel die dafür notwendige Zugspannung gleich dem E-Modul in N/mm². Es handelt sich hier allerdings um ein Gedankenexperiment in Gestalt einer Extrapolation der Hookeschen Geraden (die maximale elastische Dehnung liegt bei Aluminium unter 1%).

VIII (2) Trägheitsmoment (eines Profils)

Das Trägheitsmoment ist ein Begriff aus der technischen Mechanik. Es wächst mit den geometrischen Abmessungen eines Profils und ist vom Werkstoff unabhängig. (Dimension = cm^4).

Zusammen mit dem E-Modul des verwendeten Werkstoffs bestimmt das Trägheitsmoment das Maß der Durchbiegung, z. B. von Trägern, unter definierten Belastungsverhältnissen. Um die elastische Durchbiegung klein zu halten, muß das Trägheitsmoment groß sein. Dies wird dadurch erreicht, daß von der zur Verfügung stehenden Masse möglichst viel an die Peripherie des in Richtung der Haupt-Belastungskomponente möglichst großen Profilquerschnitts verlegt wird.

VIII (3) Gleitung

Grundvorgang der plastischen Verformung eines Metalls. Dabei gleiten einzelne Bereiche der Kristalle auf Gleitebenen gegeneinander ab. „Makroskopisches Gleiten“, da die Gleitstufen auf der Oberfläche des verformten Metalls oft sichtbar sind: s. a. VIII (6).

VIII (4) Versetzung

Linienförmige Störung des regelmäßigen Gitterbaus. Im atomaren Bereich kann die Verfestigung durch Fixierung von Versetzungen erklärt werden.

VIII (5) Leerstelle

Fehlen eines Atoms im Kristallgitter. In der Technik entstehen Leerstellen vor allem durch Kaltumformen sowie durch Erwärmen. Leerstellen sind die Voraussetzung für Atombewegungen im festen Zustand („Diffusion“: VI (14)).

VIII (6) Orangenhaut	Rauhe und narbige Oberfläche, welche nach dem Umformen z. B. eines grobkörnigen Aluminiumbleches zu beobachten ist. Ursache der Orangenhaut ist das Heraustreten abgeglittener Teile der einzelnen Körner aus der Oberfläche. Bei feinkörnigem Gefüge tritt die Orangenhaut nicht auf, da die einzelnen Kristalle nur äußerst kleine Gleitstufen erzeugen.
VIII (7) Einkristall	Ein Stück Metall, das eine einheitliche Orientierung aller Atome aufweist und somit aus einem einzigen Korn (Kristall) besteht.
VIII (8) Gleitebene	Auf den Gleitebenen können die Versetzungen und somit ganze Gruppen von Atomen verschoben werden. Dies ist die Grundlage der bleibenden Verformung von Metallen. Die Lage der Gleitebenen ist im Gitterbau genau definiert.
VIII (9) Textur	Als Textur bezeichnet man die gleiche oder ähnliche Orientierung zahlreicher benachbart liegender Körner („Kristalle") eines Gefüges. Kristalle neigen dazu, sich in bestimmten „Vorzugslagen" anzuordnen. Dies ist sowohl bei der Erstarrung des Gußgefüges (Gußtextur) als auch bei der Formgebung (Verformungstextur) und bei der Weichglühung der Fall (Rekristallisationstextur).
VIII (10) Parabelbildung	Auf der Oberfläche von Tiefziehteilen kann man gelegentlich parabelförmige Linien beobachten. Sie sind durch das Gefüge des verwendeten Bleches bedingt. Man erkennt dies daran, daß die Parabeln symmetrisch zur Walzrichtung liegen. Ein texturfreies Blech gibt keine Parabeln (und auch keine Zipfel).
VIII (11) Zipfelbildung	Beim Tiefziehen von Blechen kann oftmals ein ungleichmäßiges Fließen des Metalls beobachtet werden, was an der oberen Kante des Tiefziehteils zum Auftreten von 4 oder 8 „Zipfeln" führt. Diese Zipfel sind unter 45° oder 90° zur Walzrichtung gelegen und bedingen einen zusätzlichen Materialabfall bei der Herstellung des Tiefziehteils. Ursache der Zipfel sind Texturen innerhalb des Gefüges.
VIII (12) Isotroper bzw. anisotroper Zustand	Amorphe Substanzen sind isotrop, d. h. ihre Eigenschaften sind nicht richtungsabhängig. Z. B. sind ihre physikalischen Eigenschaften oder ihre Umformbarkeit nach allen Richtungen hin gleich. Dagegen ist ein Kristall anisotrop, d. h. seine Eigenschaften weisen eine deutliche Richtungsabhängigkeit auf. So erfolgt die Verformung nur auf Gleitebenen, deren Lage innerhalb des Kristalls genau definiert ist.
VIII (13) Quasiisotroper Zustand	Dieser weist ein texturfreies feinkörniges Gefüge auf, in dem die kleinen Kristalle wahllos („statistisch") orientiert sind. Ihre Eigenschaften mitteln sich gegenseitig aus, so daß ein aus vielen Kristallen zusammengesetzter Gefügebereich z. B. keine Richtungsabhängigkeit der Verformung mehr erkennen läßt.

IX Technische Umformverfahren

IX (1) Spanlose Formgebungsverfahren	Zur Herstellung von Halbzeug oder Fertigfabrikaten wird das Metall plastisch (d. h. bleibend) verformt, z. B. durch Walzen, Pressen, Ziehen, Drücken, Schmieden usw. Späne fallen also bei diesem Verfahren nicht an.
IX (2) Massivumformung	Bei der Massivumformung wird der Querschnitt des Blocks oder des Halbzeugs stark verändert (z. B. beim Walzen, Pressen, Ziehen, Abstreckziehen usw.).
IX (3) Blechumformung	Bei der Blechumformung wird die Dicke des Blechs nicht wesentlich verändert (Biegen, Tiefziehen, Verrippen).
IX (4) Strangpressen	Beim Strangpressen wird ein Preßbolzen im „heißplastischen Zustand", d. h. bei rd. 400 bis 500 °C, unter Anwendung von Druck durch eine Matrize gepreßt, deren Öffnung die Form des gewünschten Stabs, Profils oder Rohrs hat. Meist werden hierzu hydraulische Pressen mit einigen 1 000 Tonnen Preßkraft verwendet (s. a. X (1)).
IX (5) Fließfaser (Fasertextur)	Nach dem Umformen, z. B. durch Strangpressen oder Schmieden, kann man die ehemaligen Gußkörner oftmals gut wiedererkennen. Sie sind durch die Umformung stark in die Länge gestreckt worden, so daß man eine Anzahl parallel laufender „Fasern" vorfindet, deren Begrenzung die Heterogenitäten der Korngrenzensubstanz des ehemaligen Gußgefüges sind.
IX (6) Tiefziehen	Gehört zu den spanlosen Formgebungsverfahren. Durch Stempeldruck wird ein Blechausschnitt („Ronde" oder „Platine") zu einem Hohlkörper runden oder mehreckigen Querschnitts geformt (z. B. Kochtopf).
IX (7) Gußhaut	Als Gußhaut bezeichnet man die verstärkte Oxidhaut, welche auf der Oberfläche von Gußteilen oder Gußblöcken zu finden ist. Zur Gußhaut rechnet man oft auch die unmittelbar unter der Oxidhaut liegenden „Ausschwitzungen", die der gegossenen Oberfläche ein rauhes Aussehen verleihen. Da in den Ausschwitzungen Legierungselemente angereichert sind, wird die Gußhaut einschließlich der Ausschwitzungen oft durch Abfräsen beseitigt.
IX (8) Walzgerüst	Als Walzgerüst bezeichnet man eine Anlage, bestehend aus dem Walzenständer und den darin enthaltenen Walzen (meist 2 bis 4 Walzen übereinanderliegend).
IX (9) Duo	Walzgerüst, welches nur zwei Arbeitswalzen enthält.
IX (10) Quarto	Bei einem Quarto sind 4 Walzen übereinander angeordnet. Dabei haben die beiden Innenwalzen (Arbeitswalzen) einen wesentlich kleineren Durchmesser als die beiden äußeren Walzen (Stützwalzen).
IX (11) Tandemanordnung	Beim Tandemwalzen werden mehrere hintereinanderstehende Walzgerüste zur kontinuierlichen Umformung z. B. von Aluminiumbändern benutzt.
IX (12) Warmwalzen	Das Warmwalzen findet bei 350 bis 550 °C statt. In diesem ersten Stadium des Abwalzens werden aus den Gußblöcken Warm-

walzplatten (rd. 5 bis 15 mm dick) oder warmgewalzte Bänder (rd. 2 bis 5 mm dick) hergestellt, welche anschließend meistens kalt weitergewalzt werden (s. a. X (1)).

IX (13) Kaltwalzen — Das Kaltwalzen findet bei Raumtemperatur statt. Das Walzgut erreicht durch die Verformungsarbeit Temperaturen bis zu etwa 150 °C.

X Beseitigung der Verformungsverfestigung durch Wärmebehandlung

X (1) Kneten — Umformung bei rd. 350 bis 550 °C („Warmformgebung"). Warmwalzen, Schmieden oder Strangpressen sind typische Knetverfahren. Durch das Kneten werden verbesserte und gleichmäßige Gefügeeigenschaften erzielt. Die groben Heterogenitäten des Gußgefüges werden zerbrochen. Erst das geknetete Gefüge verträgt hohe Kaltumformgrade. Das Kneten dient oft auch der Formgebung.

X (2) Rekristallisation — Als Rekristallisation bezeichnet man die Umlagerung eines kaltverformten in ein entspanntes Metallgefüge, wobei die Umlagerung im festen Zustand bei genügend hoher Temperatur erfolgt (oberhalb der Rekristallisationsschwelle s. X (4)).
Während die verformten Körner meist lang gestreckt sind, weisen die rekristallisierten Körner annähernd gleich lange Achsen auf. Die Rekristallisation erfolgt im Gefüge durch Keimbildung und -wachstum, letzteres durch Wanderung von Korngrenzen.

X (3) Weichglühung — Als Weichglühung bezeichnet man eine Glühung oberhalb der Rekristallisationstemperatur. Bei der Weichglühung wird die durch Kaltumformen erzeugte Verformungsverfestigung wieder rückgängig gemacht. Bei aushärtbaren Legierungen legt man die Weichglühtemperatur so, daß außer der Rekristallisation eine möglichst weitgehende Ausscheidung der aushärtenden Legierungskomponenten in „Heterogenitäten" erfolgt. Verstärkt wird dieser Effekt durch langsames Abkühlen (s. a. XI (8)).

X (4) Rekristallisationsschwelle — Temperatur, oberhalb welcher die Bildung neuer Körner innerhalb eines verformten Gefüges einsetzt. Die Höhe der Rekristallisationsschwelle ist von mehreren Faktoren abhängig. Mit steigendem Umformungsgrad und zunehmender Glühzeit wird die Rekristallisationsschwelle zu tieferen Temperaturen verschoben.

X (5) Kritischer Reckgrad — Der kritische Reckgrad entspricht einer Kaltumformung von etwa 3–10%. Ein derart schwach umgeformtes Gefüge ergibt bei anschließender Weichglühung ein besonders grobes Korn.

X (6) Sekundäre Rekristallisation — Wenn man nach hoher Kaltumformung eine Weichglühung bei hoher Temperatur längere Zeit fortsetzt, so durchläuft das Kornwachstum eine zweite Stufe. Bei dieser sekundären Rekristallisation wachsen einzelne der in der ersten Stufe bereits vollständig rekristallisierten Körner auf Kosten ihrer Nachbarn, wodurch schließlich einzelne Riesenkörner entstehen.

X (7) Entfestigung (Erholung)

Als Entfestigung bezeichnet man den nur teilweisen Abbau der Verformungsverfestigung durch eine Glühung unterhalb der Rekristallisationsschwelle, z. B. bei etwa 150 bis 250 °C. Bei der Entfestigung tritt im Gegensatz zur Rekristallisation noch keine sichtbare Gefügeumlagerung auf, und die Kaltverfestigung wird bei vielkristallinem Material nur zu maximal 50 bis 60% beseitigt. Die Entfestigung ist einer der Vorgänge, die unter dem Sammelbegriff „Erholung“ zusammengefaßt werden. Z. B. tritt bei schwacher Erwärmung bereits eine Erholung verschiedener physikalischer Eigenschaften – wie der elektrischen Leitfähigkeit – ein, während eine Entfestigung erst bei etwas höheren Temperaturen zu beobachten ist.

XI Legierungsverfestigung

XI (1) Legierungsverfestigung

Durch Zugabe von Legierungselementen zu Reinaluminium oder Reinstaluminium wird eine Verfestigung des Metalls erzielt. Die Verschiebung von Versetzungen im Aluminiumgitter wird durch die zugegebenen Fremdatome erschwert. Verfestigend wirken in erster Linie gelöste Atome. Durch die „Aushärtung“ wird die verfestigende Wirkung der zuvor in übersättigter Lösung vorgelegenen Atome erheblich weiter gesteigert. In groben Heterogenitäten ausgeschiedene Fremdatome wirken bei den („untereutektischen“) Knetlegierungen nur relativ wenig verfestigend.

XI (2) Nicht aushärtbare Legierungen

Bei diesen, auch „naturharte Legierungen“ genannt, kann die Festigkeit durch eine nachträgliche Wärmebehandlung nicht gesteigert werden. Die „Legierungsverfestigung“ der naturharten Legierungen ist durch gelöste Atome bedingt.

XI (3) Aushärtbare Legierungen

Diese lassen sich in ihren Festigkeitseigenschaften durch einen Aushärtungsprozeß wesentlich verbessern. Dieser gliedert sich in drei Teilvorgänge:

1. Lösungsglühen
2. Abschrecken
3. Auslagern

Die beim Auslagern auftretende Festigkeitssteigerung entsteht durch die Ausscheidung der in übersättigter Lösung befindlichen Atome in feinsten Teilchen. Die Auslagerung erfolgt entweder bei Raumtemperatur („Kaltaushärtung“) oder bei 120 bis 180 °C („Warmaushärtung“).

XI (4) Intermetallische Verbindung

Verbindung zwischen zwei (oder mehreren) Metallen, wobei die Atome in einem speziellen Gitterbau angeordnet sind. Beispiel: Verbindung $FeAl_3$, hierbei ist in dem in Frage kommenden Gitter 3 Aluminiumatomen je ein Eisenatom zugeordnet.
Andere intermetallische Verbindungen, die keine Al-Atome enthalten (Mg_2Si, $MgZn_2$ und viele weitere), kommen ebenfalls in Aluminiumlegierungen als Heterogenitäten vor.

XI (5) Ternäre Legierung	Legierung, die hauptsächlich aus insgesamt 3 Metallen besteht.
XI (6) Binäre Legierung	Legierung, die hauptsächlich aus insgesamt 2 Metallen besteht.
XI (7) Zonen	Ansammlung von Fremdatomen in kleinsten Bereichen, wobei die Kontinuität des Aluminiumgitters gewahrt bleibt („kohärente Ausscheidung").
XI (8) Heterogenisierungsglühung	Bei einer solchen Glühung werden gelöste Fremdatome in mikroskopisch sichtbaren Fremdkristallen (Heterogenitäten) ausgeschieden. Die so entstandenen Ausscheidungen sind wesentlich feiner als diejenigen im Gußgefüge. Ob eine Glühung bei einer bestimmten Temperatur eine heterogenisierende Wirkung hat, erkennt man außer am Schliffbild an einer Zunahme der elektrischen Leitfähigkeit oder schon durch Vergleich der thermischen Vorgeschichte mit dem Zustandsdiagramm.
XI (9) Lösungsglühen	Glühen zum Inlösungbringen von Legierungzusätzen bei aushärtbaren Legierungen (s. XI (3)). Die zweckmäßig zu wählende Glühtemperatur entnimmt man dem Zustandsdiagramm. Sie beträgt je nach Legierung 450–565 °C.

XII Das Korrosionsverhalten des Aluminiums

XII (1) Korrosion	Auflösung des Metalls durch elektrolytische, chemische oder thermische Einflüsse (letzteres auch als „Verzunderung" bezeichnet).
XII (2) Lochfraß	Korrosionsform, bei welcher der Angriff auf das Metall kleine Löcher hervorruft.
XII (3) Galvanische Korrosion	Diese wird hervorgerufen durch den Kontakt zweier verschieden edler Metalle, welche gemeinsam von einem stromleitenden Elektrolyt benetzt sind. Im Fall des Aluminiums kann die galvanische Korrosion insbesondere durch folgende Ursachen hervorgerufen werden: 1. Durch metallisch leitenden Kontakt mit einem edleren Metall (z. B. Kupfer). 2. Durch Heterogenitäten, die im Metallgefüge vorkommen und edler sind als das Aluminium. 3. Durch Schwermetall-Ionen, z. B. Kupfer-Ionen, in der angreifenden Flüssigkeit (dem „Elektrolyten").
XII (4) Galvanisches Element	Zwei miteinander im Kontakt befindliche, verschieden edle Metalle, die in einen „Elektrolyt" eintauchen, bilden ein galvanisches Element, welchem Strom entnommen werden kann (z. B. Volta-Element aus Zink und Kupfer).
XII (5) Spannungsreihe der Metalle	Die Metalle können entsprechend ihrem mehr oder minder edlen Charakter in einer Spannungsreihe angeordnet werden. Maßgebend für die Reihenfolge ist das (elektrochemische) „Potential" des Metalls, welches gegen eine Vergleichselektrode unmittelbar in Volt gemessen werden kann. Meist benutzt man eine sogenannte Wasserstoffelektrode zur Vergleichsmessung. Metalle, welche sich in Säuren unter Wasserstoffentwicklung auflösen,

haben dann ein negatives, die übrigen Metalle ein positives Potential (in vereinfachter Darstellung).

XII (6) Potentialdifferenz	Je größer der Abstand („die Potentialdifferenz") zweier Metalle in der Spannungsreihe ist, um so stärker tritt die galvanische Korrosion zu Lasten des unedleren Metalls auf, wenn beide ein galvanisches Element bilden.
XII (7) Lokalelement	Ein galvanisches Element von sehr kleiner Dimension. Ein Lokalelement kann auf einer Metalloberfläche aus mehreren Gründen entstehen, z. B. wenn dort lokal ein Fremdmetallflitter oder eine edlere Einlagerung im Gefüge oder eine schwache Stelle der Oxidhaut vorliegt.
XII (8) Lokalströme	Innerhalb eines Lokalelements kann zwischen anodischen und kathodischen Flächen unterschieden werden. An den Anoden geht das Aluminium in Lösung. Der durch das Lokalelement fließende elektrische Strom wird als Lokalstrom bezeichnet. Dieser entspricht somit dem aus einem galvanischen Element entnommenen Strom und ist ein Maß für die auftretende Lokalkorrosion.
XII (9) Interkristalline Korrosion	Entlang von Korngrenzen angreifende Korrosion. Diese Korrosionsart tritt vorzugsweise bei hochfesten kupferhaltigen oder magnesiumhaltigen Legierungen auf, wenn durch ungeeignete thermische Vorbehandlung an den Korngrenzen ein zusammenhängender Film von Ausscheidungen vorliegt, welche unedler oder merklich edler als die Aluminiummatrix sind (im letzteren Fall erfolgt der Angriff in unmittelbarer Nachbarschaft der Korngrenzen).
XII (10) Spannungskorrosion	Sonderfall der interkristallinen Korrosion, der bei bestimmten Legierungen in empfindlichen Gefügezuständen auftritt, falls merkliche Zugspannungen an der Oberfläche vorliegen (über etwa 50% des Dehngrenzenwertes).
XII (11) Schichtkorrosion	Verlauf der Korrosion parallel zum Fasergefüge oder zu schichtartigen Seigerungen.
XII (12) Oxidschicht	Die natürliche Oxidhaut schützt das Aluminium vor den meisten Agenzien des täglichen Gebrauchs. An trockener Luft ist sie etwa 0,005 μm dick, kann aber durch Einwirkung von Feuchtigkeit auf 1 μm anwachsen, wobei diese Schicht als ein nützliches (schützendes) Korrosionsprodukt aufgefaßt werden kann. Verstärkte Oxidschichten können chemisch oder elektrolytisch erzeugt werden („anodische Oxidation"). Letztere sind im Regelfall bis zu etwa 30 μm dick und erhöhen die Korrosionsbeständigkeit des Aluminiums ganz erheblich.
XII (13) Plattierschicht	Bei korrosionsanfälligen Legierungen (insbesondere den kupferhaltigen) wird oft eine unedlere Plattierschicht aufgebracht, zum „kathodischen Fernschutz" des Kernwerkstoffes. Die Plattierschicht besteht meistens aus Reinaluminium, AlMn oder einer Legierung mit etwa 1% Zn, die durch ihr unedles Potential für den kathodischen Fernschutz besonders wirksam ist.

Metallkundliche Vorgänge bei der Herstellung von Aluminiumhalbzeug

Eine entsprechende Zusammenfassung wird in der Falttafel (Buchende) gegeben. Auf diese Weise wird es dem Leser möglich, sich rasch über alle abgehandelten Verfahren zu orientieren.

Bei den technologischen Verfahren der Herstellung von Aluminiumhalbzeug ist zwischen der beabsichtigten und der in Kauf genommenen Wirkung eines Verfahrens zu unterscheiden. Oft können die einzelnen Folgeerscheinungen nicht klar getrennt werden, z. B. kann das Abwalzen, Schmieden oder Strangpressen, je nach dem in Frage kommenden Anwendungsgebiet, in erster Linie der Formgebung, der Durchknetung oder der Verfestigung dienen.

Dementsprechend sind Zweck und Folgeerscheinung eines bestimmten Verfahrens jeweils in einer Spalte der genannten Tabelle zusammen aufgeführt. Außerdem gibt die Tabelle Auskunft über die Veränderung im Gefügebau, wobei derselbe Vorgang, sowohl bei verhältnismäßig geringer Vergrößerung („Makro- oder Mikrogefüge") als auch parallel dazu, in seiner Auswirkung auf die Atomanordnung, also bei sehr starker Vergrößerung, beschrieben wird. Wir wollen nun an Hand der Falttafel kurz die wichtigsten Vorgänge rekapitulieren.

I. Ausgangsmaterial für die Halbzeugherstellung

Dafür dienen Barren, Bolzen, Bänder, welche fast ausschließlich im Strangguß hergestellt werden.

Kennzeichen des Gußgefüges: Die einzelnen Gußkörner sind von Fremdmetalleinlagerungen („Heterogenitäten") umgeben.

II. Erwärmen vor dem Warmumformen

Je nach der gewählten Temperatur bezweckt das Erwärmen entweder das Erreichen einer leichten Umformbarkeit oder die gleichmäßige Verteilung gelöster Legierungselemente innerhalb des Gußgefüges: „Hochglühung" bei Temperaturen nahe unter der „Solidustemperatur". Gelegentlich ist mit dem Erwärmen auch noch als dritter Zweck die Beseitigung von starken Verspannungen im Gußstück verbunden.

III. Warmumformung

Durch Warmumformen gelingt es, mit relativ geringem Kraftaufwand eine Durchknetung und Formgebung zu erzielen. Der Gefügezustand nach Abschluß der Warmumformung kann je nach Legierung, Umformtemperatur und Formgebungsverfahren starke Unterschiede aufweisen. Entweder ist das Gefüge nach dem Warmumformen ganz oder teilweise rekristallisiert oder lediglich entfestigt.

Das Gußgefüge rekristallisiert sehr träge. Bei der Warmumformung würde eine Rekristallisation erst bei bedeutend höheren Umformgraden auftreten als bei einer gleich großen Kaltumformung am bereits gekneteten Gefüge.

Wenn man Halbzeug von genau definierten Eigenschaften erhalten will, muß das Erwärmen vor dem Warmumformen, wie auch das Warmumformen selbst bezüglich Temperatur und zeitlichem Ablauf möglichst genau kontrolliert werden, da die thermische Vorgeschichte einen ausschlaggebenden Einfluß auf den Gefügezustand des Halbzeugs hat. Ideal ist, am Ende der Warmumformung ein feinkörniges, seigerungsfreies sowie möglichst texturarmes Gefüge als Ausgangsbasis für die Kaltformgebung zu erreichen. Oft stellt aber die Warmumformung das Ende der Halbzeugherstellung dar (Strangpreßprodukte, Schmiedeteile, warmgewalzte Konstruktionsbleche).

IV. Kaltumformung

Zum Kaltumformen benötigt man im Regelfall ein zuvor geknetetes (d. h. warmumgeformtes) Gefüge. Beim Kaltumformen von Barren oder Bolzen würde das Gußgefüge bei relativ kleinen Umformgraden auseinanderbrechen, da die großen spröden Heterogenitäten beim Umformen in der Kälte als Kerbstellen wirken. Bei der Warmumformung werden hingegen die Heterogenitäten des Gußgefüges zertrümmert, ohne daß Trennbrüche auftreten. Nach Abschluß der Warmumformung treibt man die Kaltumformung im allgemeinen so weit, bis der benötigte Kraftaufwand zu hoch wird. Will man zur weiteren Dickenreduktion z. B. des Drahtes oder Bleches die Kaltumformung weiter fortsetzen, so wird das Material entweder weichgeglüht oder entfestigt. Diese beiden Glühverfahren können aber auch die Endstufe der Halbzeugfertigung darstellen, wenn nämlich weiches oder entfestigtes Material benötigt wird, um bei späterer Formgebung ein formungsfähiges Gefüge zu haben (z. B. beim Tiefziehen).

V. Weichglühen

Beim Weichglühen können mehrere Vorgänge gleichzeitig ablaufen. Der einfachste Fall liegt dann vor, wenn das Weichglühen von Rein- oder Reinstaluminium nach vorherigem Kaltwalzen durchgeführt wird. Man hat es dann hauptsächlich mit einer Umlagerung des Korngefüges, also mit einer Rekristallisation zu tun.
Bei Legierungen erfolgt außer der Rekristallisation noch eine Umlagerung der als Legierungselemente zugesetzten Fremdatome. Da die Rekristallisationstemperatur meistens um 300 bis 450 °C gewählt wird, also tiefer als bei der vorangegangenen Warmumformung, tritt bei der Weichglühung eine Ausscheidung (Heterogenisierung) der Legierungselemente ein.

VI. Entfestigung

Für die Entfestigung gilt analog das unter V. für das Weichglühen Gesagte. Man hat also den klassischen Fall einer reinen Entfestigung nur beim Reinaluminium oder Reinstaluminium. Bei Legie-

	rungen können Ausscheidungsvorgänge erfolgen. Im übrigen treten Entfestigungsvorgänge automatisch bei jeder Warmumformung auf.
VII. Lösungsglühen und Abschrecken	Diese beiden Arbeitsgänge kommen nur für aushärtbare Legierungen in Betracht. Wenn eine vorherige Kaltumformung des Materials gegeben ist, so tritt im allgemeinen gleichzeitig eine Rekristallisation auf. Diese kann durch kurzzeitige Lösungsglühung und/oder den Zusatz rekristallisationshemmender Elemente zurückgedrängt werden, was zur Erhaltung des Fasergefüges oft erwünscht ist („Preßeffekt", Verringerung der Anfälligkeit gegen Spannungskorrosion). Die übrigen Vorgänge sind in der Tabelle beschrieben.
VIII. Aushärten	Der Ausgangspunkt für das Aushärten ist dadurch gegeben, daß nach dem Abschrecken die in übersättigter Lösung vorliegenden Legierungsatome sowie die eingeschreckten Leerstellen sich in einem Zwangszustand befinden, solange sie im Aluminiumgitter statistisch verteilt vorliegen. Im Verlauf der Aushärtung finden Ausscheidungsvorgänge statt, welche eine Festigkeitssteigerung bewirken. Je nach der Art der Legierung führt man die Auslagerung bei Raumtemperatur (Kaltaushärtung, z. B. bei AlCuMg) durch oder bei erhöhter Temperatur von z. B. 150 °C (Warmaushärtung z. B. bei AlMgSi).

Sachverzeichnis

Physikalische Eigenschaften von Reinaluminium 99,5%

Nach Aluminium-Taschenbuch, 13. Auflage, und Altenpohl, Aluminium und Aluminiumlegierungen

Atomgewicht	26,98	
Ordnungszahl	13	
Kristallstruktur, kubisch flächenzentriert, Gitterabstand (Kantenlänge des Elementarkubus)	$4{,}0496 \cdot 10^{-8}$	cm
Dichte bei 20 °C (293 K)	2,71	g/cm^3
Wärmeleitfähigkeit	2,1–2,3	W/cm K
Wärmeausdehnungskoeffizient 20 bis 100 °C (293 bis 373 K)	23,5	$\frac{1}{K \cdot 10^6}$
Volumenzunahme beim Übergang vom festen zum flüssigen Zustand	6,5	%
Schmelzpunkt	658	°C
Spezifische Wärme bei 20 °C (293 K)	0,9	J/g K
Spezifische Wärme bei 658 °C (931 K) fest	1,13	J/g K
Spezifische Wärme bei 700 °C (973 K)	1,045	J/g K
Mittlere spezifische Wärme von 0 bis 658 °C (273 bis 931 K) (fest)	1,045	J/g K
Schmelzwärme	396	J/g
Verdampfungswärme bei 1,01325 bar (= 1 atm)	$1{,}1 \times 10^4$	J/g
Siedepunkt	2270 (2543)	°C (K)
Elektrische Leitfähigkeit	34–36	m/Ohm mm
Spezifischer elektrischer Widerstand bei 20 °C (293 K) [2]	$2{,}65 \times 10^{-6}$	Ohm cm
Temperaturabhängigkeit des elektrischen Widerstandes	$1{,}15 \times 10^{-8}$	Ohm cm/K
Elektrochemisches Äquivalent	$9{,}33 \cdot 10^{-5}$	g/A·s
Elastizitätsmodul E	$7{,}2 \cdot 10^4$	N/mm^2
Gleitmodul G	$2{,}7 \cdot 10^4$	N/mm^2
Querkontraktionszahl (Poissonsche Zahl)	0,34	

[1]) Geschätzter Wert [2]) 24 h bei 300 °C geglüht

Übersicht über Vorgänge im Gefüge und in der Atomanordnung

Die beiden unteren Reihen betreffen nur die aushärtbaren Legierungen. Alle übrige

a	b	c	d
Arbeitsverfahren	**Ausgangsmaterial**	**Endprodukt**	**Zweck des Verfahrens**
1. Erwärmen vor dem Warmumformen **2. Hochglühung** Temperatur: 300 bis 640 °C	*kalte* *Gußbarren*	*rd. 300 bis 640 °C warme*	*1. Erzielun leichter Umformb* *2. Beseitig Kornseig und Über gung im gefüge* (bei länger Glühzeiten z. B. 3 bis den möglic nahe unter Solidustem
Warmumformen z. B. Warmwalzen Temperatur: 300 bis 550 °C	*vorgewärmte Barren*	*Warmwalzplatten, warmgewalztes Band*	*1. Durchkne* *2. Formgeb*
Kaltumformen z. B. Kaltwalzen Temperatur: 20 bis ca. 250 °C	*Warmwalzplatten* (5 bis 15 mm dick) *warmgewalzte Bänder* (2 bis 5 mm dick) *weichgeglühtes Blech oder Band* (rd. 0,5 bis 5 mm)	*kaltgewalzte Bleche, Bänder, Folien.* Hoher Kaltwalzgrad ergibt „hartes" Material. Geringerer Kaltwalzgrad ergibt „halbhartes" Material	*1. Formgebu* *2. Verfestigu*

Entfestigung Nicht bei aushärtbaren Legierungen oder bei Mg-Gehalten über 4% Temperatur: ca. 150 bis 300 °C	*kaltgewalztes Blech* mit meistens über 40% Kaltwalzgrad	*entfestigtes Blech* („halbhart")	*Herstellung mittlerer Umformbarkei* erzeugt durch Verringerung de Verformungsver-festigung um etv 10 bis 50% des Ausgangswertes
Weichglühen Temperatur: ca. 250 bis 550 °C	*kaltgewalztes Blech* mit mindestens 25%, meistens mit über 40% Kaltwalzgrad	*weiches Blech*	*Herstellung leichter Umformbarke bewirkt durch* 1. Beseitigung c Verformungsv festigung dur Rekristallisati 2. Verringerung Legierungsve festigung dur teilweises Au scheiden der Legierungsel in Einlagerur („Heterogeni
Lösungsglühen, danach Abschrecken Nur bei aushärtbaren Legierungen Temperatur: 450 bis 550 °C	*warmverformtes, kaltverfestigtes oder weichgeglühtes Material*	*lösungsgeglühtes Material* (auf Raumtemperatur abgeschreckt)	*Schaffung d Voraussetzu zum Aushärt*
Auslagern Nur bei aushärtbaren Legierungen. Temperatur: Raumtemperatur bis 165 °C	*lösungsgeglühtes und danach abgeschrecktes Material*	*ausgehärtetes Material*	*Erreichen maximaler Festigkeits*